普通高等教育“十三五”规划教材
微电子与集成电路设计系列规划教材

嵌入式系统芯片设计
——基于 CKCPU

张培勇　严晓浪　著

電子工業出版社
Publishing House of Electronics Industry
北京·BEIJING

内 容 简 介

本书介绍 AMBA/AXI 总线嵌入式 CPU 片上系统硬件电路设计，通过一系列相关实验构建完整的 SoC 硬件电路，主要内容包括：CKCPU 简介、SoC 芯片设计入门、AXI 总线协议、AXI Master 模块设计、并行接口 LCD 和摄像头控制模块设计、AXI IIC 设计、SPI 模块设计、AHB 总线 CK803、MIPI 全高清摄像 SoC 设计、运动控制与中断、MP3 播放器设计、MJPEG 视频播放器设计。本书提供配套电子课件、程序代码、示范实验微课视频等。

本书可作为高等学校集成电路设计、电子信息工程、通信工程等专业的本科高年级学生、专业学位和学术学位研究生教材，也可供相关领域的科技工作者学习、参考。

图书在版编目（CIP）数据

嵌入式系统芯片设计：基于 CKCPU / 张培勇，严晓浪著. —北京：电子工业出版社，2019.3
ISBN 978-7-121-34929-4

Ⅰ. ①嵌… Ⅱ. ①张… ②严… Ⅲ. ①集成芯片－设计 Ⅳ. ①TN430.2

中国版本图书馆 CIP 数据核字（2018）第 196834 号

策划编辑：王羽佳
责任编辑：底　波
印　　刷：北京捷迅佳彩印刷有限公司
装　　订：北京捷迅佳彩印刷有限公司
出版发行：电子工业出版社
　　　　　北京市海淀区万寿路 173 信箱　　邮编：100036
开　　本：787×1092　1/16　印张：25.5　字数：652.8 千字
版　　次：2019 年 3 月第 1 版
印　　次：2019 年 11 月第 2 次印刷
定　　价：72.00 元

凡所购买电子工业出版社图书有缺损问题，请向购买书店调换。若书店售缺，请与本社发行部联系，联系及邮购电话：（010）88254888，88258888。

质量投诉请发邮件至 zlts@phei.com.cn，盗版侵权举报请发邮件至 dbqq@phei.com.cn。

本书咨询联系方式：（010）88254535，wyj@phei.com.cn。

前　言

片上系统芯片（System on Chip，SoC）设计是集成电路设计的一个重要方向。本书介绍 AMBA/AXI 总线嵌入式 CPU 片上系统硬件电路设计，通过一系列相关实验构建完整的 SoC 硬件电路。

本书取材于作者在浙江大学电气学院和信电学院开设的“嵌入式系统设计”和“片上系统芯片”课程。本课程经过多年建设，已具备成熟的教学方法，有明确的培养目标。本书可作为高等学校集成电路设计、电子信息工程、通信工程等专业的本科高年级学生、专业学位和学术学位研究生教材，也可供相关领域的科技工作者学习、参考。本书包含大量的实验内容，作者自主设计并录制了丰富的实验项目和指导视频。

在教学方法上，本书将复杂的实验内容拆分成一系列由易到难的实验，学生在每次课程的实验中都能有所收获，并且可以在最终复杂的片上系统设计中综合应用到前期学到的各知识点。

在教学安排上，可以根据教学对象和学时等具体情况对书中的内容进行删减和组合，也可以进行适当扩展，设置 32 学时。可充分利用有效的课堂教学时间，在课堂上进行相关理论课程的教学，课后安排完成相应的实验。本书提供配套电子课件、程序代码、57 个示范实验微课视频等教学辅助资料，请登录华信教育资源网（http://www.hxedu.edu.cn）免费注册下载。

在实验安排上，作者在实际授课中，开学第一节课就将实验设备（FPGA 开发板、调试工具、LCD、摄像头、示波器和逻辑分析仪等）登记按组发放给学生，课程结束时收回。这样学生就可以不受实验室开放时间的限制，并且充分激发了学生的兴趣，这项举措受到了学生的欢迎。

本书第 1 章由严晓浪编写，第 2～12 章由张培勇编写。全书由严晓浪和张培勇统稿。浙江大学电气学院的本科生谭天、王誉博和李宜珂设计实现了部分实验内容，信电学院的部分研究生参与设计了部分实验。电子工业出版社的王羽佳编辑为本书的出版做了大量工作。在此一并表示感谢！

由于作者学识有限，书中错误与疏漏之处在所难免，希望广大读者批评指正。

作　者

目　录

第 1 章　CKCPU 简介

本书介绍 AMBA/AXI 总线嵌入式 CPU 片上系统（System on Chip，SoC）硬件电路设计，通过一系列相关实验构建完整的 SoC 硬件电路。

本书取材于作者在浙江大学电气学院和信电学院开设的“嵌入式系统设计”和“片上系统芯片”课程。

设计基于 CK803/CK807 的 SoC，需要具备用 Verilog/VHDL 在 FPGA 上设计实现数字电路的知识和一定的 C 语言知识。

1.1　CKCPU 特性

CKCPU 是杭州中天微系统有限公司自主设计的 AMBA/AXI 接口的嵌入式 CPU ，CKCPU 包含多种型号和多种配置，本书以 CK803 和 CK807 为例，CK803 性能类似 ARM Cortex-M3，CK807 性能类似 Cortex-A7。

CK803 是面向控制领域的 32 位高能效嵌入式 CPU 核，具有低成本、低功耗、高代码密度等特点。CK803 采用 16/32 位混合编码指令系统，设计了精简高效的 3 级流水线。

在典型配置下，CK803 的技术参数如表 1.1 所示。

表 1.1　CK803 的技术参数

工　艺	180nm	130nm	90nm
主频（MHz，Worst-Case）	100	150	230
面积（mm^2）	0.6	0.3	0.15
功耗（mW/MHz）	0.2	0.09	0.06

CK803 的主要技术特征如下。

- 精简指令集结构（RISC），32 位数据，32/16 位可变长指令。
- 哈佛结构，独立的指令总线和数据总线。
- 可配置的片上存储系统，包括 SRAM 和用户自定义存储器等。
- 支持内存访问保护，支持 4/8 个可配置内存保护区。
- AHB Lite 指令与数据扩展总线接口，支持用户存储子系统扩展。
- 3 级高性能流水线，单发射机制。
- 支持内存访问保护，支持 4/8 个可配置内存保护区。
- 内部硬件调试模块支持片上硬件调试。
- CPU 性能：1.5 DMIPS/MHz。

CK807 是面向嵌入式系统和 SoC 应用领域的 32 位高能效嵌入式 CPU 核，具有出色的功耗与性能表现。CK807 采用了 16/32 位混合编码的 RISC 指令集，主要面向对功耗要求严格的高端嵌入式应用，如高清数字电视、高清机顶盒、移动智能终端、高性能通信、信息安全等。

CK807 采用诸多技术实现出现的性能功耗比。在体系结构方面，CK807 采用自主设计的体系结构和微体系结构，并重点针对功耗进行了优化，支持短循环低功耗执行、数据高速缓存过滤访问等低功耗技术。在系统管理方面，CK807 支持通过静态设计、动态电源管理和低电压供电来减少功耗，也支持进入省电模式来节省功耗。此外，CK807 支持实时检测并关断内部空闲功能模块，进一步降低处理器动态功耗。

在典型配置下，CK807 的技术参数如表 1.2 所示。

表 1.2 CK807 的技术参数

工　艺	65nm（LP）	40nm
主频（MHz，Worst-Case）	666	1000
面积（mm^2）	1.2	0.8
功耗（mW/MHz）	0.25	0.2

CK807 的主要技术特征如下。

- 精简指令集计算机结构（RISC）。
- 32 位数据长度，32 位或 16 位可变的指令长度。
- 双发射超标量 7 级流水线，对软件完全透明。
- 按序发射，乱序完成和按序退休。
- 两级内存管理单元，实现虚实地址转换与内存管理。
- 哈佛结构，使用独立的指令总线和数据总线。
- 指令高缓和数据高缓大小可配置，支持 8KB、16KB、32KB、64KB。
- AMBA AHB/AXI 总线协议，支持 32/64/128 位总线宽度。
- 支持大端模式和小端模式。
- 2 级多路并行分支预测技术。
- 支持 8 入口硬件返回地址堆栈。
- 支持 8 入口间接跳转分支预测器。
- 短循环低功耗执行技术。
- 指令缓存的低功耗访问技术。
- 低功耗数据缓存过滤技术。
- 非阻塞发射，投机猜测执行。
- 并发操作数旁路技术。
- 快速的数据缓存访问技术。
- 存储器复制加速技术。
- 支持写直和写回操作的数据高速缓存。
- 内部硬件调试模块支持片上硬件调试。
- 支持快速中断，支持向量中断和自动向量中断。
- CPU 性能：2.0 DMIPS/MHz，2.5 CoreMark/MHz。

本书将介绍在 FPGA 环境下，以 CK803/CK807 为核心，构建一个完整的 SoC 硬件电路，以及如何编写这个 SoC 基本的驱动软件。本书采用的方法可用于 AMBA/AXI 接口的嵌入式 CPU，如 ARM、MIPS 和 RISC-V 等。

1.2　CK803 体系结构简介

CK803 结构框图如图 1.1 所示。

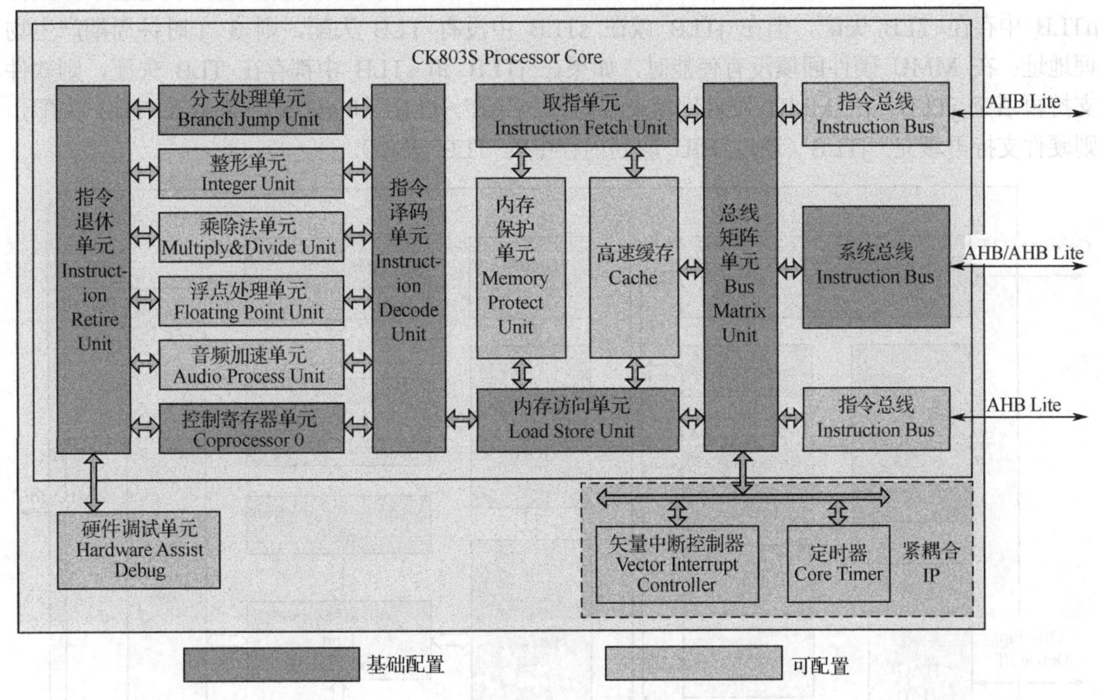

图 1.1　CK803 结构框图

CK803 设计了精简高效的 3 级流水线，分别是取指、译码与执行。对于绝大多数整型指令（包括分支指令、整型运算类指令、加载存储指令）而言，均可在 3 级流水线内完成。对于浮点与音频加速指令而言，则需要额外的一个执行周期。

CK803 体系结构细节请参阅《CK803 用户手册》。需要指出的是，设计基于 CK803 的 SoC 并不需要掌握全部的 CK803 体系结构知识，可以把《CK803 用户手册》当作一本字典来使用，后续章节将会结合具体设计实例介绍部分相关 CPU 体系结构知识。

1.3　CK807 体系结构简介

CK807 结构框图如图 1.2 所示。

CK807 处理器使用了 7 级流水线结构。

指令提取单元一次可最多提取 4 条指令并对其并行处理；可以配备高速缓存，在高速缓存缺失时采用关键指令先取和发射，以及后续指令旁路技术；配备指令暂存器缓存预取指令；采用先进 2 级指令分支跳转预测，可最多同时预测 4 条分支指令，预测精度高。整个指令提取单元拥有低功耗、高发射效率的特点。

指令译码单元可以同时对两条指令进行译码，并检测出指令间的数据相关性。指令译码单元根据后继流水线执行情况，及时更新指令的数据相关性信息，并将指令乱序发送至下级流水线执行。指令译码单元支持多达 5 条指令的乱序执行调度。除此之外，指令译码单元还能够分解

LDM/STM 等复杂指令，简化执行逻辑。

内存管理单元（MMU）具有 6 表项全相联的数据 μTLB、4 表项全相联的指令 μTLB 和 64/128/256 表项 2 路组相联jTLB 及 4 表项 sTLB。μTLB 提升转换速度，对用户透明；jTLB 提高匹配率，用户可配置。如果在 μTLB 中没有 TLB 失配，则当前周期产生物理地址；如果在 μTLB 中存在 TLB 失配，但在 jTLB 或在 sTLB 中没有 TLB 失配，则 3 个时钟周期产生物理地址；在 MMU 硬件回填没有使能时，如果在 jTLB 和 sTLB 中都存在 TLB 失配，则软件支持再填充 jTLB；在 MMU 硬件回填使能时，如果在 jTLB 和 sTLB 中都存在 TLB 失配，则硬件支持再填充 jTLB（通过 BIU 取回内存中的 TLB 表项）。

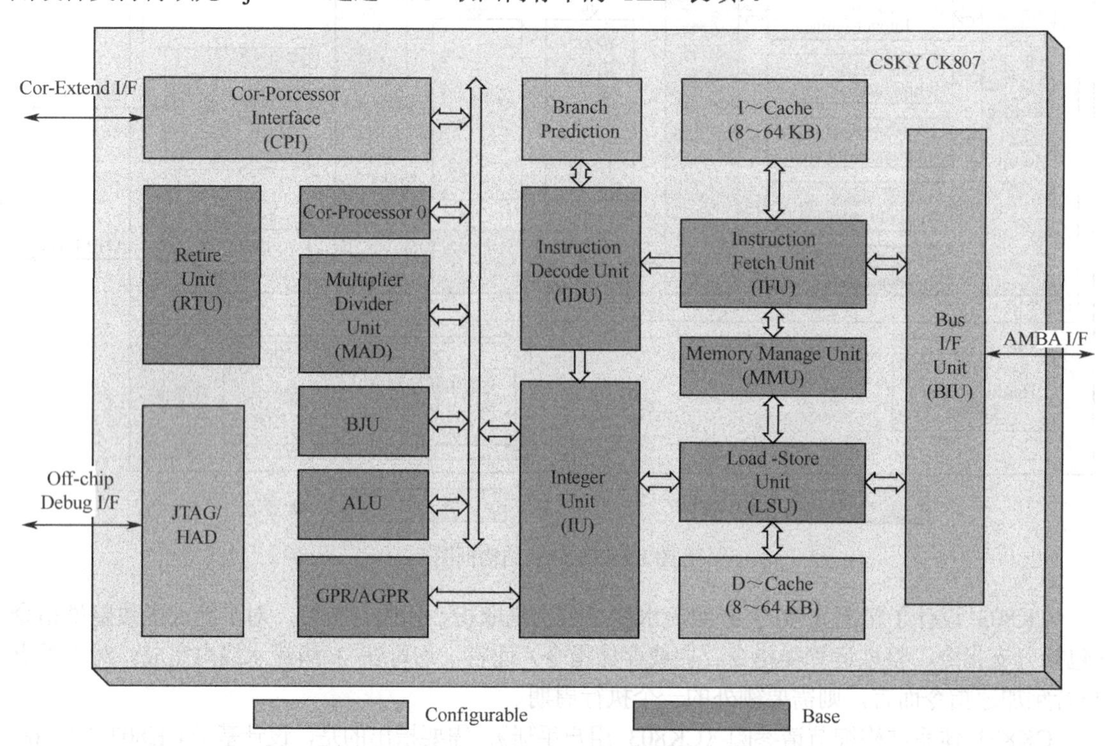

图 1.2 CK807 结构框图

存储载入单元支持存储/加载指令的按序执行，支持高速缓存的非阻塞访问。具有内部前馈机制，消除存储指令回写数据的相关性。支持字节、半字、字和双字的存储/载入指令，并支持字节和半字的载入指令的符号位和 0 扩展。支持非对齐访问。存储/加载指令可以流水执行，使得数据吞吐量达到一个周期存取一个数据。

总线接口单元（BIU）支持 AHB/AXI 协议，支持关键字优先的地址访问，可以在不同的系统时钟与 CPU 时钟比例（1∶1，1∶2，1∶3，1∶4，1∶5，1∶6，1∶7，1∶8）下工作。

执行单元包含 2 条整型流水线和 1 条存储流水线。整型流水线包含 2 个算术逻辑单元（ALU），1 个乘除法单元 MAD 和 1 个分支跳转单元 BJU。ALU 执行标准的 32 位整数操作，单周期产生运算结果。ALU 支持快速查找 1/0 算法（FF1/FF0），支持移位加操作（IXH、IXW、IXD）等。

ALU 通过操作数前馈减少数据真相关，单周期 ALU 指令不存在数据真相关停顿延时。MAD 支持 16×16、16×32、32×32 整数乘法，支持乘累加、乘累减操作。除法器的设计采用了快速算法，执行周期 4～36 不等。

硬件辅助调试单元（HAD）支持各种调试方式，包括软件设置断点方式、硬件设置断点方式、单步和多步指令跟踪、跳转指令跟踪等 6 种方式，可以在线调试 CPU、通用寄存器（GPR）、可选择寄存器（AGPR）、协处理器 0（CP0）和内存。

指令退休单元包括一个 8 表项的重排序缓冲器，最多支持 8 条指令的并行乱序执行。重排序缓冲器负责指令的乱序回收与按序退休，并实现结果的按序回写。通过支持指令并行回收与快速退休提高指令退休效率和指令执行带宽。指令退休单元每个时钟周期并行退休与写回两条指令，负责实现精确异常，支持普通中断和快速中断。

CK807 中断响应快，16 个硬件可配置的可选择寄存器用于减少在中断异常处理时花费的时间。支持矢量和自动矢量中断。

CK807 体系结构细节请参阅《CK807 用户手册》。

1.4 实验环境

本书硬件设计实验采用如下 FPGA 开发板：

- 中天 FPGA 开发板
- Digilent Nexys-4 DDR
- Digilent Genesys 2
- Xilinx ZC706

大部分实验可以在所有这些开发板上运行，其他资源足够的FPGA开发板也可完成这些实验。本书以 Xilinx Vivado 软件 Webpack 版本作为 FPGA 设计软件。SoC 的软件开发环境使用中天 C-SKY CPU 软件开发套件 CDS Release V4.3。

要完成本书各章节中的实验，必须有一块 FPGA 开发板和中天公司提供的 CKCPU 开发环境。示波器和逻辑分析仪在实验中可以帮助调试硬件电路，但它们不是必需的。

动手设计电路是掌握 SoC 设计知识的重要手段，本书各章节提供了实验所设计电路的部分代码，对于较复杂的 MJPEG 视频实验等提供了全部相关代码。根据以往的教学经验，一些章节中的实验只提供了部分代码，需要读者在课程实验中完成相关设计。

本书接下来的章节顺序按照作者在浙江大学电气工程学院和信电学院开设的“嵌入式系统设计”和“片上系统芯片”课程实验内容设置。这些实验从简单的 AXI 接口 IP 开始，逐步完成复杂的 SoC 设计。一些实验用到的 FPGA 开发板有特殊要求，如 MJPEG 视频输出实验，如果采用 Digilent Nexys-4 DDR 开发板，那么 MJPEG 视频实验只能采用并行 LCD 输出。如果采用 Digilent Genesys 2 或 Xilinx ZC706，那么 MJPEG 视频实验可以采用 HDMI 输出。本书提供了相关实验的实验手册。

第2章 SoC 芯片设计入门

CK803 接口示意图如图 2.1 所示。

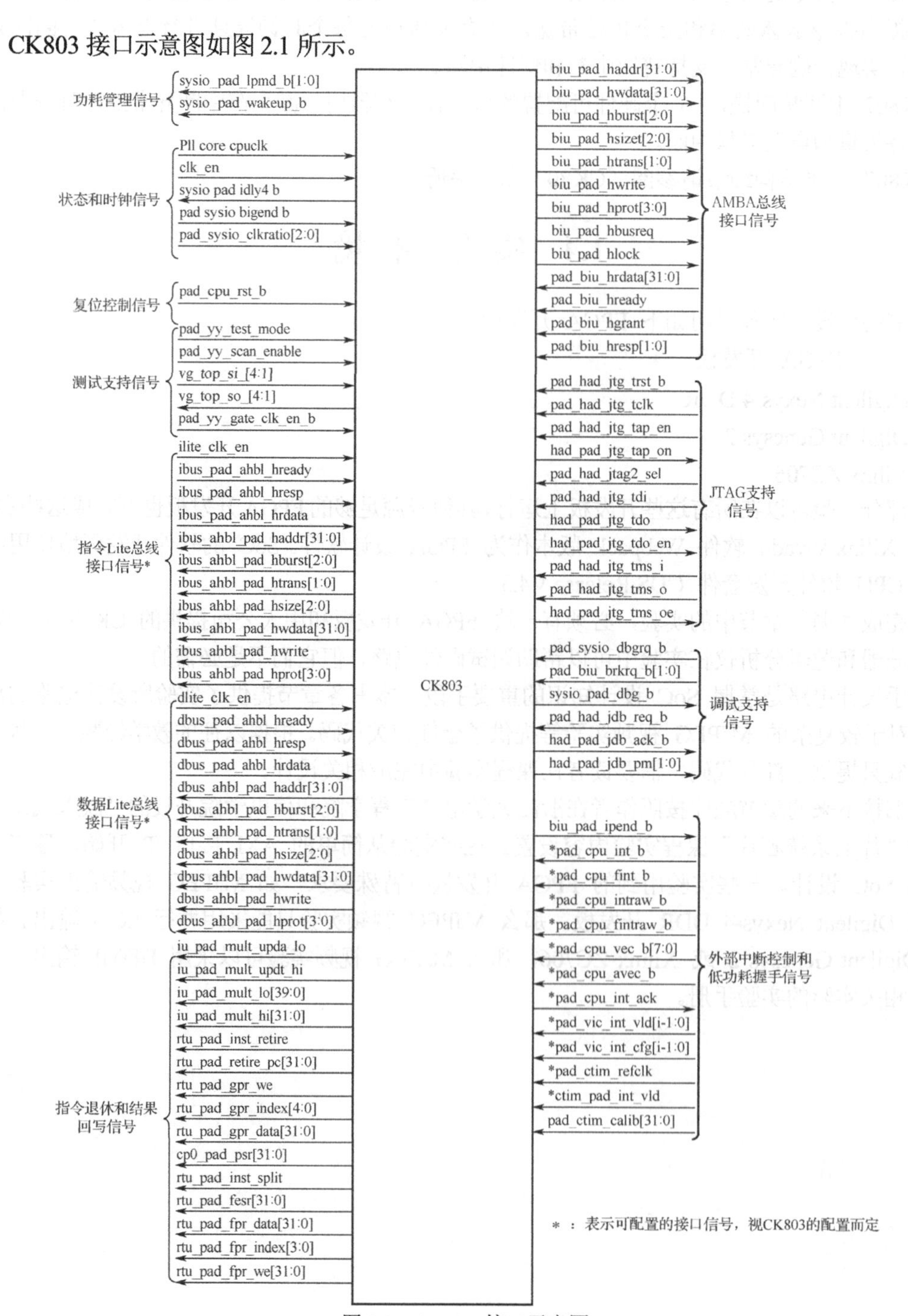

图 2.1　CK803 接口示意图

CK807 接口示意图如图 2.2 所示。

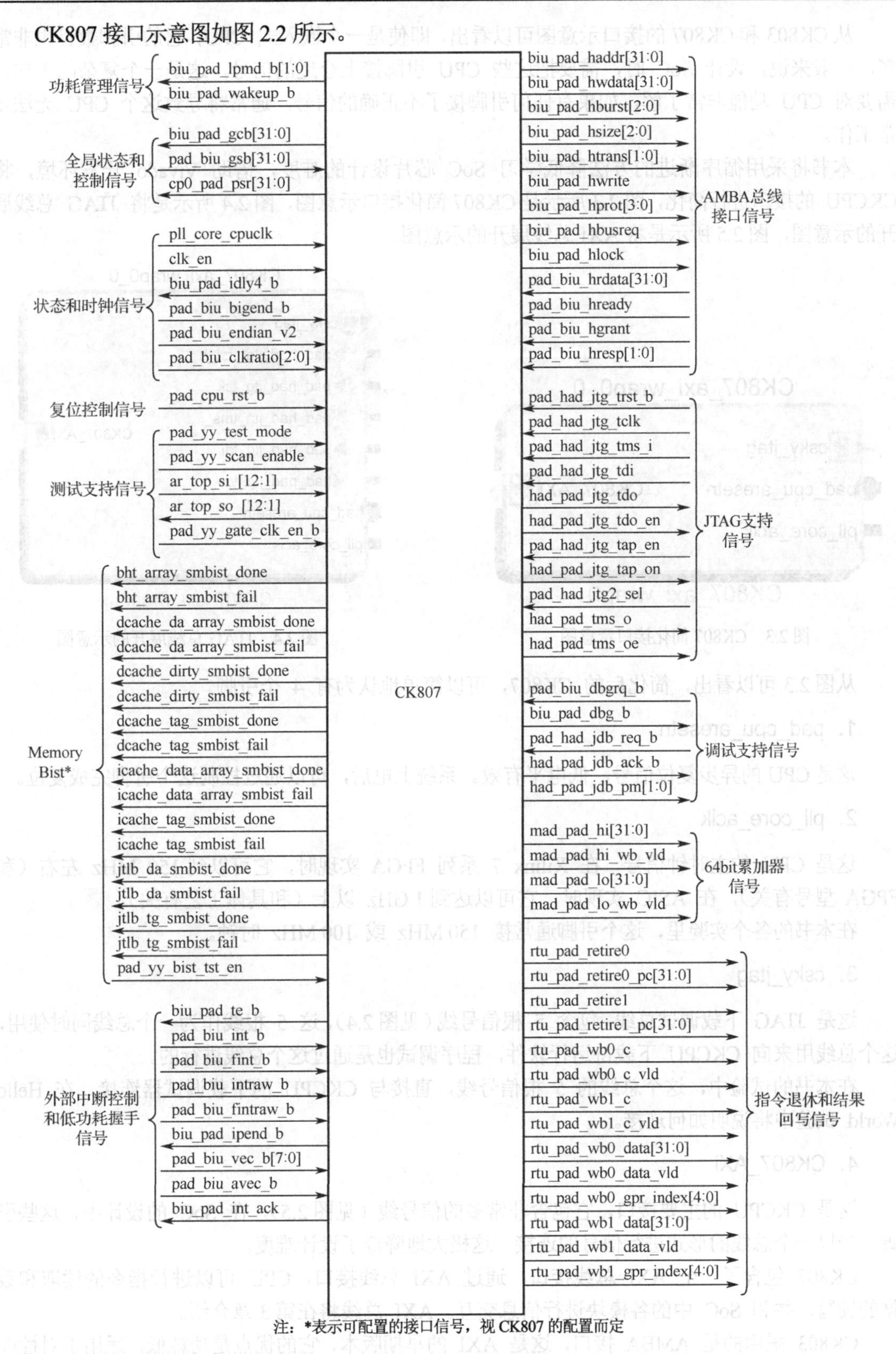

图 2.2　CK807 接口示意图

从 CK803 和 CK807 的接口示意图可以看出，即使是一个嵌入式 CPU，它的引脚数目也非常多。一般来说，设计 SoC 时，需要把这些 CPU 引脚接上合适的信号，这是一个复杂的工作，需要对 CPU 功能非常了解，如果有任何引脚接了不正确的信号，通常将导致这个 CPU 无法正常工作。

本书将采用循序渐进的方法降低学习 SoC 芯片设计的难度，借助 Vivado 开发环境，将 CKCPU 的接口进行简化，图 2.3 所示是 CK807 简化接口示意图，图 2.4 所示是将 JTAG 总线展开的示意图，图 2.5 所示是将 AXI 总线展开的示意图。

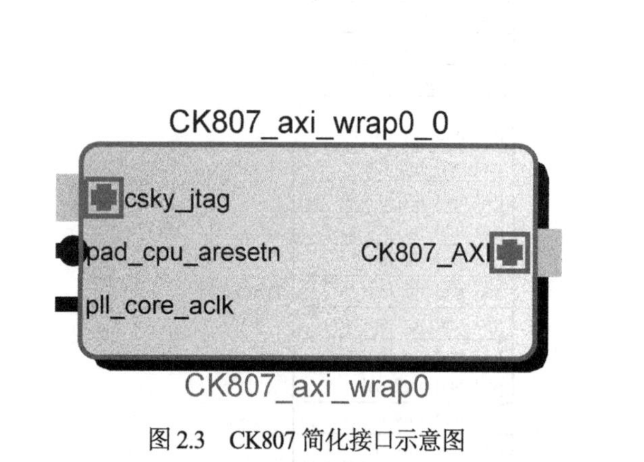

图 2.3 CK807 简化接口示意图

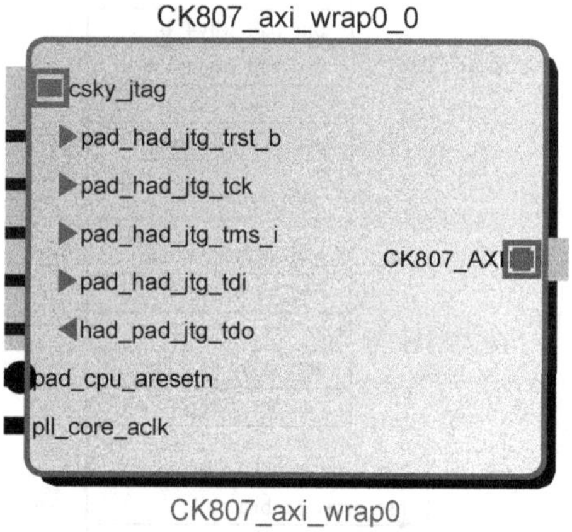

图 2.4 JTAG 总线展开的示意图

从图 2.3 可以看出，简化后的 CK807，可以简单地认为有 4 个引脚。

1. pad_cpu_aresetn

这是 CPU 的异步复位信号，低电平有效。系统上电后，可以通过控制这个引脚完成复位。

2. pll_core_aclk

这是 CPU 的主时钟信号，在 Xilinx 7 系列 FPGA 实现时，它可以到 150 MHz 左右（和 FPGA 型号有关），在 ASIC 实现时，它可以达到 1 GHz 以上（和具体工艺有关）。

在本书的各个实验里，这个引脚通常接 150 MHz 或 100 MHz 时钟。

3. csky_jtag

这是 JTAG 下载调试总线，包含 5 根信号线（见图 2.4），这 5 根线作为一个总线同时使用，这个总线用来向 CKCPU 下载待运行软件，程序调试也是通过这个总线进行的。

在本书的试验中，这个总线的 5 根信号线，直接与 CKCPU 的下载调试器连接，在 Hello World 试验中将说明如何连接。

4. CK807_AXI

这是 CKCPU 的主要接口，它包含非常多的信号线（见图 2.5），在 SoC 的设计中，这些引脚应当以一个总线的形式进行信号的连接，这极大地降低了设计难度。

CK807 包含了一个 AXI 总线接口，通过 AXI 总线接口，CPU 可以进行指令的读取和数据的读写，并和 SoC 中的各模块进行信息交互。AXI 总线将在第 3 章介绍。

CK803 采用的是 AMBA 接口，这是 AXI 的早期版本，它的优点是功耗低，适用于对性能要求不高，对功耗和成本要求高的场合。在本书的实验中，为了降低设计难度，将 CK803 也封装成 AXI 接口，这样在用 CK807 和 CK803 进行 SoC 设计时，使用方法是一样的。

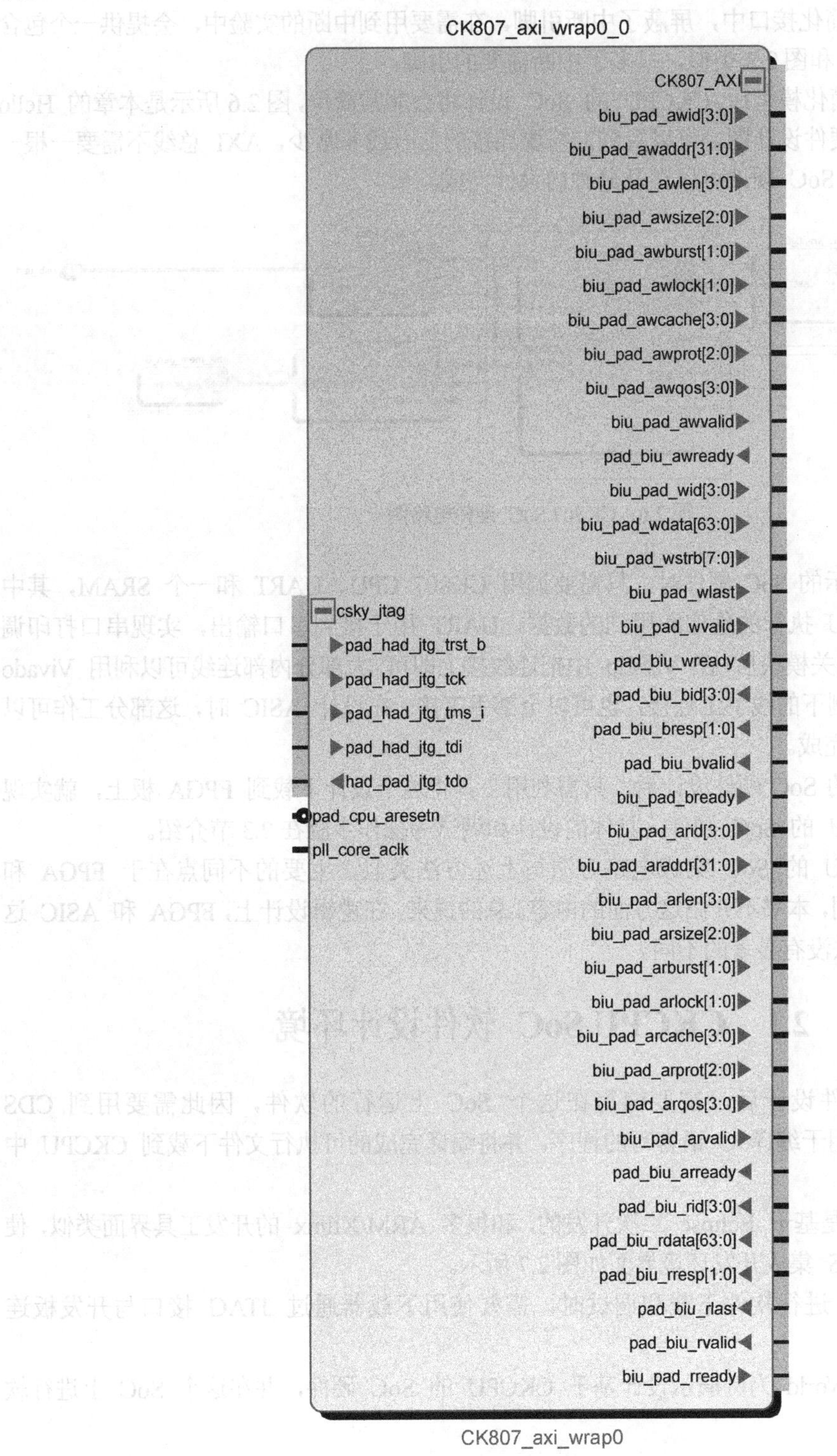

图 2.5　AXI 总线展开的示意图

本书中对性能要求不高的 SoC 实验，CK803 和 CK807 都可以使用，对性能要求高的实验，可以使用 CK807，CKCPU 的其他型号都可以用相同的方法进行 SoC 设计。

在图 2.3 所示的简化接口中，屏蔽了中断引脚，在需要用到中断的实验中，会提供一个包含中断引脚的 CPU，它和图 2.3 类似，只多了中断需要的引脚。

采用了图 2.3 的简化模型后，CKCPU 的 SoC 设计将会非常简单，图 2.6 所示是本章的 Hello World 实验的 SoC 硬件设计图，可以看到，需要连接的信号线非常少，AXI 总线不需要一根一根地接信号线，整个 SoC 硬件可以在几分钟内设计完成。

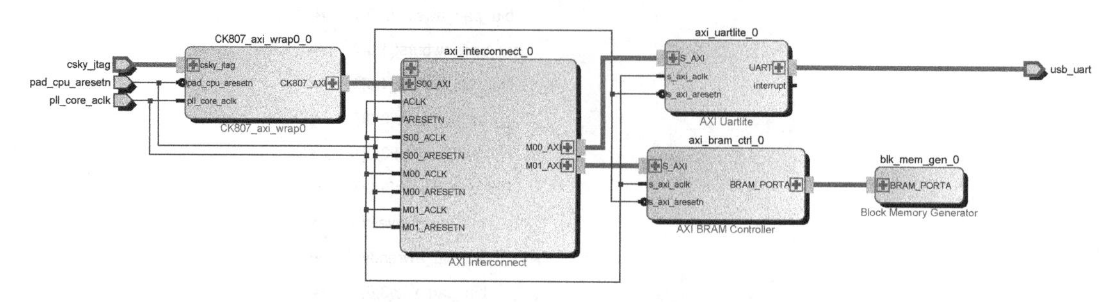

图 2.6　CK807 SoC 硬件电路图

在设计图 2.6 所示的 SoC 硬件时，只需要调用 CK807 CPU、UART 和一个 SRAM，其中 SRAM 用于存储 CPU 执行的程序和用到的数据，UART 用于接到串口输出，实现串口打印调试信息的功能。调用相关模块后，在 Vivado 中把连线接上即可。大部分内部连线可以利用 Vivado 工具自动连接，少数剩下的线手工连接，也可以全部手工接。在设计 ASIC 时，这部分工作可以通过编写 HDL 代码完成。

完成图 2.6 所示的 SoC 硬件设计后，只需利用工具将这个设计下载到 FPGA 板上，就实现了完整的基于 CKCPU 的 SoC 硬件。具体的设计和调试等操作步骤在 2.3 节介绍。

设计基于 CKCPU 的 SoC 集成电路方法与上述方法类似，主要的不同点在于 FPGA 和 ASIC 设计方法的不同，本书不介绍这方面的内容。总的说来，在逻辑设计上，FPGA 和 ASIC 这两种 SoC 的实现方法没有显著的不同。

2.1　CKCPU SoC 软件设计环境

完成 SoC 的硬件设计后，需要编写在这个 SoC 上运行的软件，因此需要用到 CDS Workbench 软件，它用于编译 C 语言写的程序，并将编译完成的可执行文件下载到 CKCPU 中调试运行。

CDS Workbench 是基于 Eclipse 二次开发的，和很多 ARM/Xilinx 的开发工具界面类似，使用方法基本相同。CDS 集成开发环境界面如图 2.7 所示。

CDS Workbench 进行软件下载和调试时，需要使用下载器通过 JTAG 接口与开发板连接。

接下来以 Hello World 为例演示设计基于 CKCPU 的 SoC 硬件，并在这个 SoC 上进行软件的开发和调试。

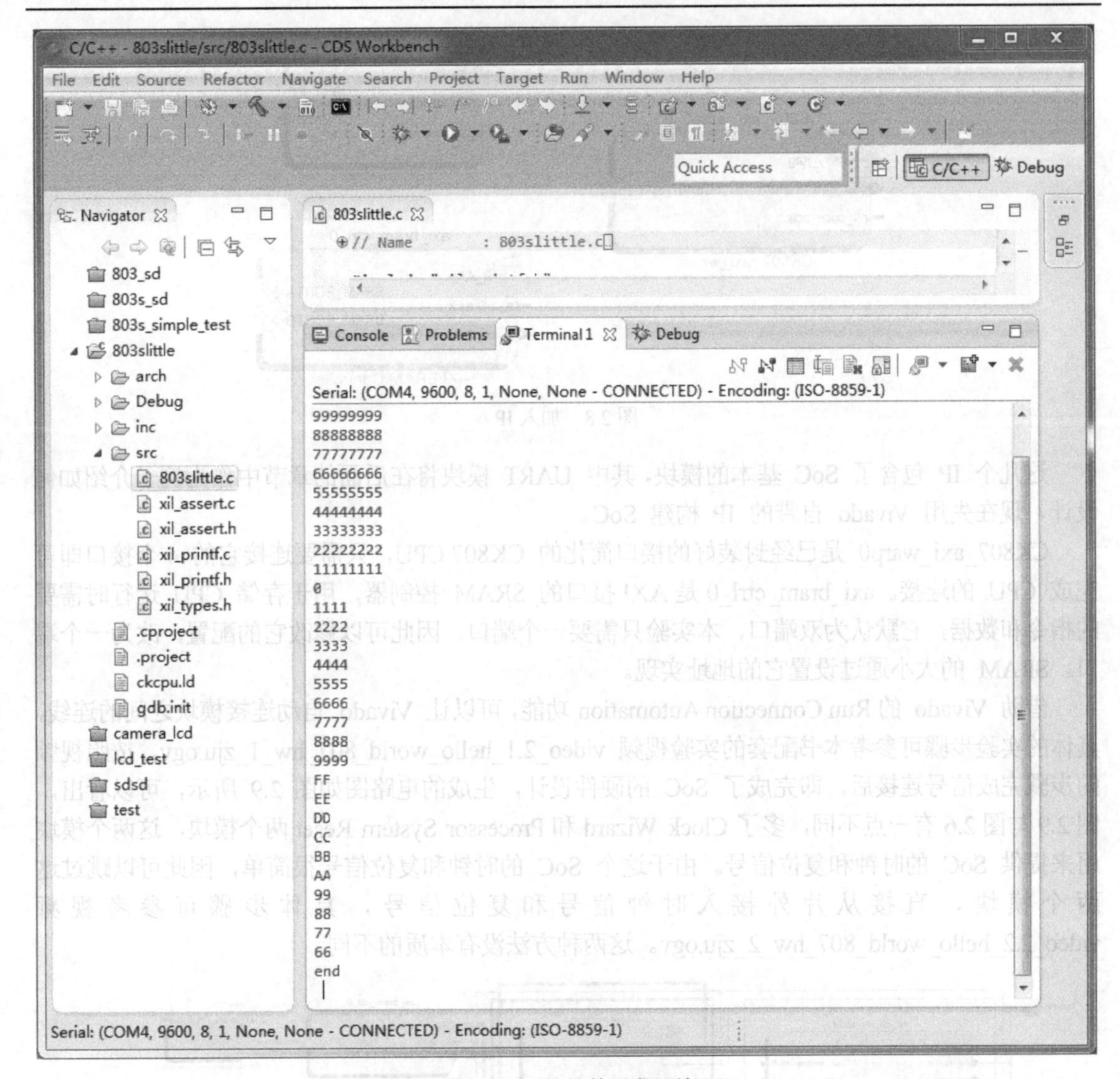

图 2.7 CDS 软件开发环境

2.2 CKCPU 的 Hello World 实验

本实验作为 SoC 设计入门实验，需要完成两个步骤。

（1）搭建 SoC 硬件。

（2）在 SoC 硬件上运行相应软件。

1．搭建 SoC 硬件

首先搭建如图 2.6 所示的 SoC 硬件电路，生成 bit 文件下载到 FPGA 开发板。用 CK807 作为 SoC 中的 CPU，在 Vivado 开发环境中添加 IP，如图 2.8 所示。

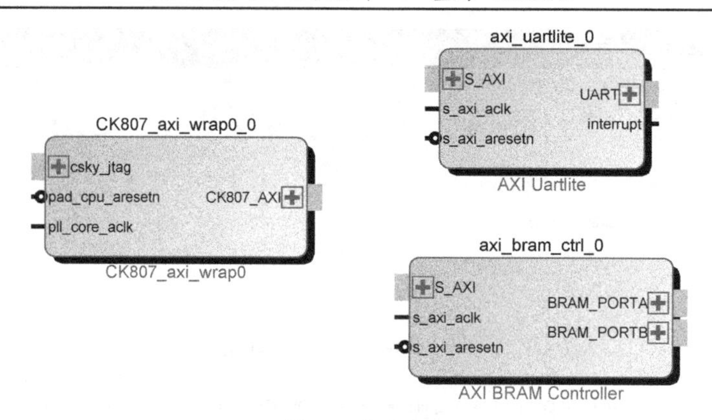

图 2.8 加入 IP

这几个 IP 包含了 SoC 基本的模块，其中 UART 模块将在后面的章节中作为例子介绍如何设计，现在先用 Vivado 自带的 IP 构建 SoC。

CK807_axi_warp0 是已经封装好的接口简化的 CK807 CPU，只需要连接它的 4 个接口即可完成 CPU 的连接。axi_bram_ctrl_0 是 AXI 接口的 SRAM 控制器，用于存储 CPU 运行时需要的指令和数据，它默认为双端口，本实验只需要一个端口，因此可以修改它的配置，改为一个端口。SRAM 的大小通过设置它的地址实现。

借助 Vivado 的 Run Connection Automation 功能，可以让 Vivado 自动连接模块之间的连线，具体的实验步骤可参考本书配套的实验视频 video_2.1_hello_world_807_hw_1_zju.ogv，按照视频的步骤完成信号连接后，即完成了 SoC 的硬件设计，生成的电路图如图 2.9 所示，可以看出，图 2.9 与图 2.6 有一点不同，多了 Clock Wizard 和 Processor System Reset 两个模块，这两个模块用来提供 SoC 的时钟和复位信号。由于这个 SoC 的时钟和复位信号很简单，因此可以跳过这两个模块，直接从片外接入时钟信号和复位信号，具体步骤可参考视频 video_2.2_hello_world_807_hw_2_zju.ogv。这两种方法没有本质的不同。

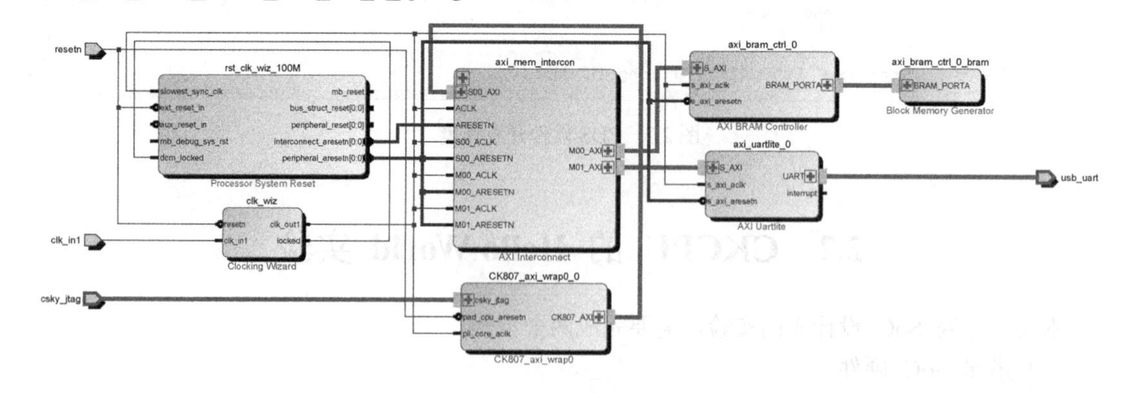

图 2.9 SoC 硬件原理图

连接各个模块后，需要给 SRAM 和 UART 指定访问地址，由于 CK807 上电后从 0x0000_0000 开始执行指令，所以需要把 axi_bram_ctrl_0 的基地址设置为 0x0000_0000，它的大小可以设置为一个合理的值，本实验需要的内存空间很小，4KB 已经足够存放指令和数据了。CK807 的地址分配如表 2.1 所示。

表 2.1 CK807 的地址分配

名 称	内存地址空间	功 能
指令总线	0x00000000-0x1FFFFFFF	存放指令
数据总线	0x20000000-0x3FFFFFFF	存放数据
系统总线	0x40000000-0xDFFFFFFF	功能由系统开发者定义 可以存放指令、数据及系统 IP
紧耦合 IP 总线	0xE0000000-0XEFFFFFFF	紧耦合 IP 的访问地址空间
系统总线	0xF0000000-0XFFFFFFFF	功能由系统开发者定义 可以存放指令、数据以及系统 IP

本实验采用的地址如表 2.2 所示。

表 2.2 Hello World 地址分配

Cell	Slave Interface	Base Name	Offset Address	Range	High Address
CK807_axi_wrap0_0					
CK807_AXI (32 address bits : 4G)					
axi_uartlite_0	S_AXI	Reg	0x4060_0000	64K	0x4060_FFFF
axi_bram_ctrl_0	S_AXI	Mem0	0xC000_0000	8K	0xC000_1FFF

完成硬件设计后，需要提供 FPGA 的引脚绑定信息，以 Nexys-4 DDR 开发板为例，Nexys4DDR_helloworld.xdc 文件包含了所有的输入、输出引脚的信息。

```
    ## Clock signal
    set_property -dict { PACKAGE_PIN E3    IOSTANDARD LVCMOS33 } [get_ports
{ pll_core_aclk }];
    create_clock -add -name sys_clk_pin -period 10.00 -waveform {0 5} [get_ports
{pll_core_aclk}];

    ## Reset signal
    set_property -dict { PACKAGE_PIN C12   IOSTANDARD LVCMOS33 } [get_ports
{ pad_cpu_aresetn }];

    ## USB-RS232 Interface
    set_property -dict { PACKAGE_PIN C4    IOSTANDARD LVCMOS33 } [get_ports
{ usb_uart_rxd }];
    set_property -dict { PACKAGE_PIN D4    IOSTANDARD LVCMOS33 } [get_ports
{ usb_uart_txd }];

    ## CSKY JTAG Interface
    set_property -dict { PACKAGE_PIN G4    IOSTANDARD LVCMOS33 } [get_ports
{ csky_jtag_tck  }];
```

```
        set_property CLOCK_DEDICATED_ROUTE FALSE [get_nets csky_jtag_tck_IBUF]

        set_property -dict { PACKAGE_PIN G3   IOSTANDARD LVCMOS33 } [get_ports
{ csky_jtag_trst }];
        set_property -dict { PACKAGE_PIN H2   IOSTANDARD LVCMOS33 } [get_ports
{ csky_jtag_tms  }];
        set_property -dict { PACKAGE_PIN G2   IOSTANDARD LVCMOS33 } [get_ports
{ csky_jtag_tdo  }];
        set_property -dict { PACKAGE_PIN F3   IOSTANDARD LVCMOS33 } [get_ports
{ csky_jtag_tdi  }];
```

SoC 原理图和引脚信息提供了 SoC 硬件所需的所有信息，将生成的 bit 文件下载到 FPGA 后，SoC 硬件就在 FPGA 上实现了。

2. 在 SoC 硬件上运行软件

在设计好的 SoC 硬件上运行 Hello World 程序，需要用到 CDS 软件，将所写的 C 代码编译成可执行程序。

在运行可执行程序前，先要将 CPU 的 JTAG 端口与 CSKY 下载器连接，然后运行 CSkyDebugServer 检查是否与 CPU 连接正常，如果正常，将出现如图 2.10 所示的响应，接下来即可在这个 CPU 上运行和调试软件。

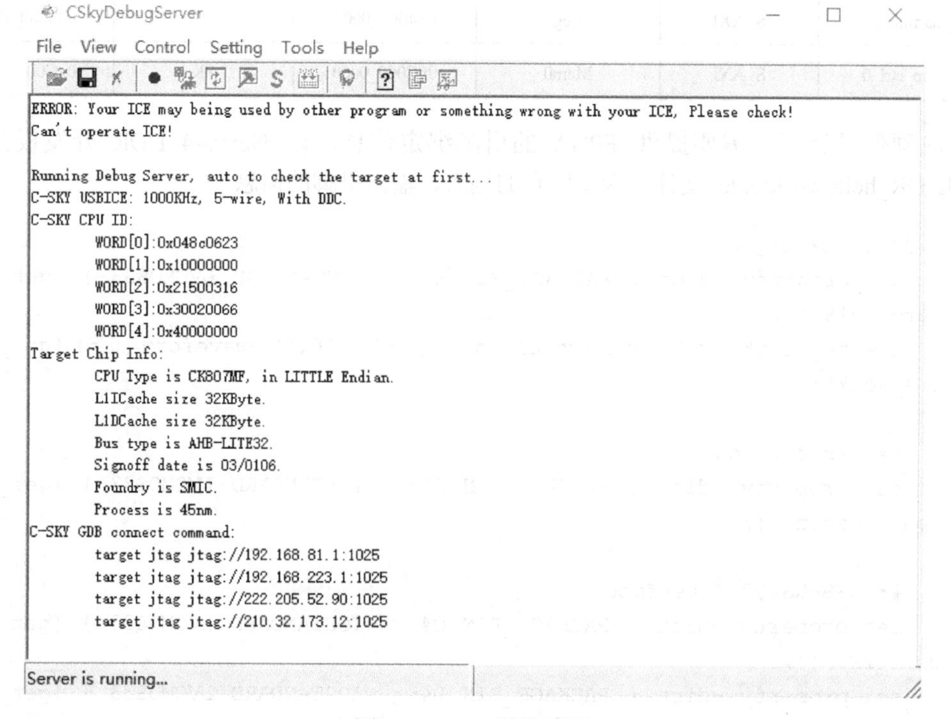

图 2.10 CPU 连接正常

确认 CPU 连接正常后，即可编写调试这个 SoC 上运行的软件，如图 2.11 所示。需要注意的是，设定内存的起始地址和内存大小，必须和 SoC 的硬件相一致，对于图 2.9 所示的硬件，这两个值分别是 0x00000000 和 4096。

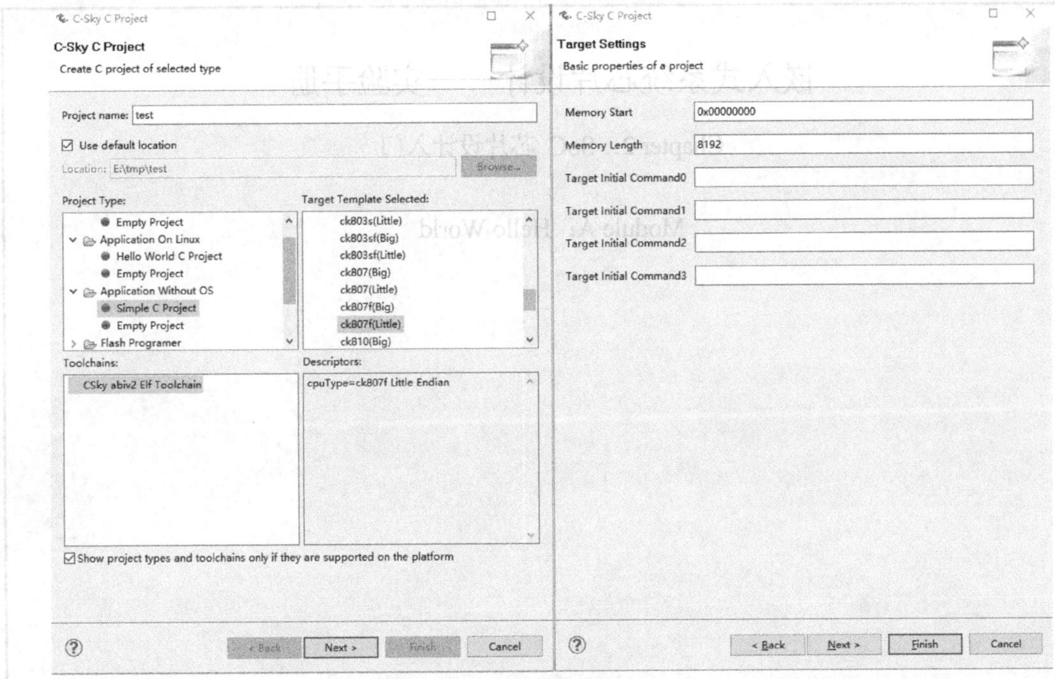

图 2.11　CDS

由于本实验不需要使用 MMU，所以需要在工程的 crt0.s 文件中注释“mtcr r7,cr18”这一行指令。将本章附带的 xil_assert.c、xil_assert.h、xil_printf.c、xil_printf.h、xil_types.h 这 5 个文件加入工程，即可调用 xil_printf 函数，实现输出“Hello World”。注意，在这些文件里定义了 UART 的基地址，它必须和表 2.2 所示的硬件地址相一致（0x4060_0000）。

下载器与 FPGA 的连接如图 2.12 所示。

具体实验步骤可参考视频 video2.3_hello_world_807_sw_zju.ogv。

至此，完成了 CK807 的一个简单的 SoC 硬件相应软件实现，在这个简单的 SoC 基础上，可以通过 AXI 接口扩展功能模块，实现更复杂的功能。

图 2.12　下载器与 FPGA 的连接

嵌入式系统芯片设计——实验手册

Chapter 2：SoC 芯片设计入门

Module A：Hello World

浙江大学超大规模集成电路研究所
http://vlsi.zju.edu.cn

实验简介

本节实验设计完成简单的基于 CK807/CK803 的 SoC 硬件电路，下载到 FPGA。在 SoC 上运行软件打印出“Hello World”。

目标

1. 设计基于 AXI 接口的 SoC 硬件电路。
2. 掌握 SoC 软件设计调试方法。

背景知识

C 语言

实验难度与所需时间

实验难度：█ ▒ ▒ ▒ ▒

所需时间：2.0h

实验所需资料

本书第 2 章

实验设备

1. Nexys-4 DDR FPGA
2. CK803/CK807 IP
3. CKCPU 下载器

参考视频

1. video_2.1_hello_world_807_hw_1_zju.ogv（video_2.1）
2. video_2.2_hello_world_807_hw_2_zju.ogv（video_2.2）
3. video_2.3_hello_world_807_sw_zju.ogv（video_2.3）

实验步骤

A. 硬件设计

1. 参考视频 video_2.1 和 video_2.2。
2. 按照视频演示的步骤，在 Vivado 内加入 3 个 IP：CK807、axi_uartlite 和 axi_bram_crtl。
3. Run Connection Automation 连接 IP，剩余连线手工连接。
4. 设置 IP 地址，参考表 2.2。
5. 加上引脚约束文件 Nexys4DDR_helloworld.xdc。查看 FPGA 开发板用户手册，找到引脚在开发板上的位置。
6. 根据 xdc 的引脚信息，连接 CKCPU 下载器和 FPGA。可以修改 xdc 的引脚绑定信息，需要更改连线配合 xdc 的修改。参考图 2.12。
7. 综合并下载 bit 文件到 FPGA。
8. 分析 Vivado 的 report，查看 FPGA 消耗了多少资源。

完成 bit 下载后，一个简单的 SoC 硬件电路就在 FPGA 上生成了。接下来在这个硬件电路上运行软件。

B. 软件设计

1. 参考视频 video_2.3。

2．运行 CSkDdebugServer，检查与 CPU 连接是否正常。

3．在 CDS 内建立 project，参考视频 video_2.3 和图 2.11。

4．向 project 内加入 xil_assert.c、xil_assert.h、xil_printf.c、xil_printf.h、xil_types.h。修改 main.c，加入 xil_printf。

5．下载可执行程序到 CPU，在串口软件上观察输出。

串口软件正确显示打印信息，表明本节实验已经完成。

实验提示

注意在断电时连接 FPGA 和下载器。连线参考下图，用杜邦线配合排针连接。

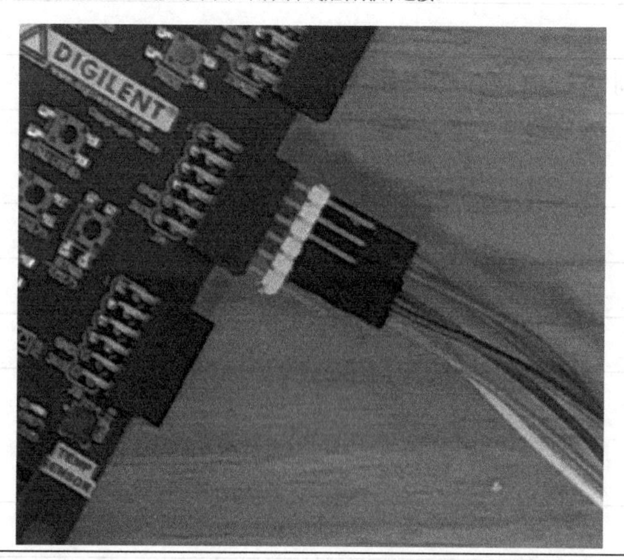

拓展实验

1．计算并打印 1000 位 π，每 30 个数字换行。

2．打开 CPU 的 ICACHE 和 DCACHE，重新计算 π。

将宏 CONFIG_CKCPU_ICCACHE 和 CONFIG_CKCPU_DCCACHE 设置为 1 即可。

3．在 CDS 软件内单步调试程序。

4．分析 xil_printf.c，本实验是怎样实现 UART 打印的。

第3章 AXI总线协议

AXI总线用于嵌入式系统芯片内模块互连，各种不同速度、不同功能的模块通过总线进行数据的传输。设计 AXI 接口的模块是 SoC 设计的重要步骤。

掌握 AXI 协议的关键是动手设计 AXI 接口的模块，本章以 Hello World 实验用到的 UART 模块为例，介绍如何设计简单的 AXI4 接口模块硬件。

3.1 AXI总线协议介绍

AXI 总线协议是 ARM 公司提出的一种芯片内信息交换的协议，AXI4 协议是目前使用较多的一个版本，它主要包括3种类型。

1. AXI4（AXI Full）

AXI4是最主要的总线类型，它支持数据的突发（burst mode）传输，可以给定一个地址，传输一片连续的数据，主要用于高速数据传输。

2. AXI4 Lite

AXI4 Lite 是 AXI4 的简化版本，不支持突发传输，必须发送一个地址，传输一个数据。它用于速度不高的场合，如传输模块的配置信息等。本章介绍的用于串行调试数据输出的 UART 模块，由于速度要求不高，因此采用了 AXI4 Lite。

3. AXI Stream

AXI Steam不需要传输地址，直接传输数据，常用于视频、AD 和 DA 等高速传输场合。

1）握手协议

为了在芯片内部模块之间传输信息，AXI Full 和 AXI4 Lite 用 VALID/READY 握手信号控制传输过程。发送方准备好发送的内容（地址、数据或控制信号）后，产生一个 VALID 信号，表明发送方准备好了。接收方在准备好后，产生一个 READY 信号，表明可以接收数据。VALID 和 READY 可能先后不同，表明发送方和接收方不是同时准备好的。当 VALID 和 READY 都有效时，表明发送方和接收方都已经准备好了，这时才可以进行传输。

图3.1所示的波形图展示了三种信号传输方法。

第一种方法是发送方先准备好要发送的内容（Data/Address/Control），传输按照如下步骤完成。

(1) 在 CLK 的上升沿 Tb，发送方把要发送的内容（波形中的 information）放在了总线上，同时把 VALID 信号设置为有效（从 CLK 上升沿 Tb 到 VALID 有效有一个延时），表明发送方已经准备好了。这时接收方并没有准备好，因此在 Tb，接收方设置 READY 信号无效。

(2) 在下一个周期时钟上升沿 Tc，发送方检测到 READY 信号无效，因此得知 information 并没有发送出去，于是发送方继续保持 VALID 信号有效，同时 information 内容保持不变，继续等待接收方。接收方在 Tc 还没有准备好接收，于是继续保持 READY 信号无效。这一步可能会重复多次，直到接收方做好准备为止。

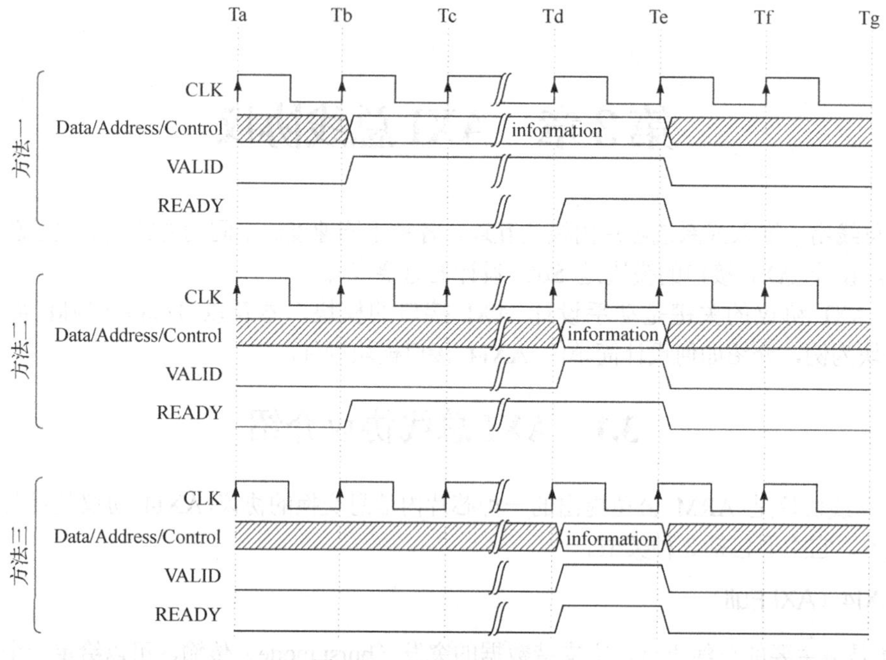

图 3.1　三种信号传输方法

（3）在 Td 时刻，接收方做好了接收准备，因此将 READY 信号置为有效（从 CLK 上升沿 Td 到 READY 有效有一个延时）。这时发送方检测到的 READY 信号还是无效，因此继续保持 VALID 有效，同时保持 information 内容不变。

（4）在 Te 时刻，接收方检测到 VALID 和 READY 都有效，于是读入总线上的 information，同时将 READY 置为无效（这会有延时）。发送方在 Te 检测到接收方的 READY 有效，因此得知 information 已经发送出去，于是在 Te 将 VALID 置为无效，总线上也不用再保持 information，这样就完成了一次传输。

当前周期设置的值，都要在下一个周期才能检测到。从 CLK 上升沿 Te 到 READY 和 VALID 无效都有延时，因此在 Te 时刻，采样到的总线上的 READY 和 VALID 都是有效的。

第二种方法是接收方先准备好，等待发送方，传输按照如下步骤完成。

（1）在 Tb 时刻，接收方已经准备好，于是将 READY 信号置为有效。

（2）在下一个周期 Tc，接收方检测 VALID 和 READY，发现不符合传输条件，于是接收方保持 READY 有效。发送方没做好准备，继续让 VALID 无效。这一步骤可能会重复多次，直到发送方准备好为止。

（3）在 Td 时刻，接收方检测 VALID 和 READY，发现不符合传输条件，于是接收方保持 READY 有效。发送方做好了准备，于是设置 VALID 有效，同时把要发送的内容（波形中的 information）放在了总线上。注意当前周期设置的值，要在下一个周期才能检测到，所以在 Td 时刻，VALID 是无效的。

（4）在 Te 时刻，接收方检测到 VALID 和 READY 都有效，于是读入 information，同时设置 READY 无效。发送方检测到 VALID 和 READ 都有效，表明已经完成了传输，于是设置 VALID 无效，总线上也不再保持 information，这样就完成了一次传输。

第三种方法是发送方和接收方同时做好准备，传输按照如下步骤完成。

（1）在 Td 时刻，接收方已经准备好，于是将 READY 信号置为有效。发送方已经准备好，于是设置 VALID 有效，同时把要发送的内容（波形中的 information）放在了总线上。注意在 Td 时刻，检测到的 READY 和 VALID 都是无效的，所以不会触发传输。

（2）在 Te 时刻，接收方检测到 VALID 和 READY 都有效，于是读入 information，同时设置 READY 无效。发送方检测到 VALID 和 READY 都有效，表明已经完成了传输，于是设置 VALID 无效，总线上也不再保持 information，这样就完成了一次传输。

2）传输通道

AXI 协议根据传输的内容分为 5 个传输通道，这 5 个传输通道和对应的握手信号如表 3.1 所示。

表 3.1　传输通道和对应的握手信号

传输通道名称	握 手 信 号
读地址通道(Read address channel)	ARVALID, ARREADY
读数据通道(Read data channel)	RVALID, RREADY
写地址通道(Write address channel)	AWVALID, AWREADY
写数据通道(Write data channel)	WVALID, WREADY
写响应通道(Write response channel)	BVALID, BREADY

传输通道的简写命名规则：A 表示地址（Address），R 表示读（Read），W 表示写（Write）。

- 读地址 AR（Address Read）
- 写地址 AW（Address Write）
- 读数据 R（Read）
- 写数据 W（Write）
- 写响应 B

3）传输过程

AXI 协议的主要功能就是传输信息，包括读和写指定地址内的内容。一次完整的读/写过程需要用到多个传输通道。

读指定地址内容需要用到读地址通道和读数据通道，整个操作分为两个步骤：第一步通过读地址通道传输指定的地址；第二步通过读数据通道传输该地址内的内容。图 3.2 所示是一次完整的读指定地址的传输过程。

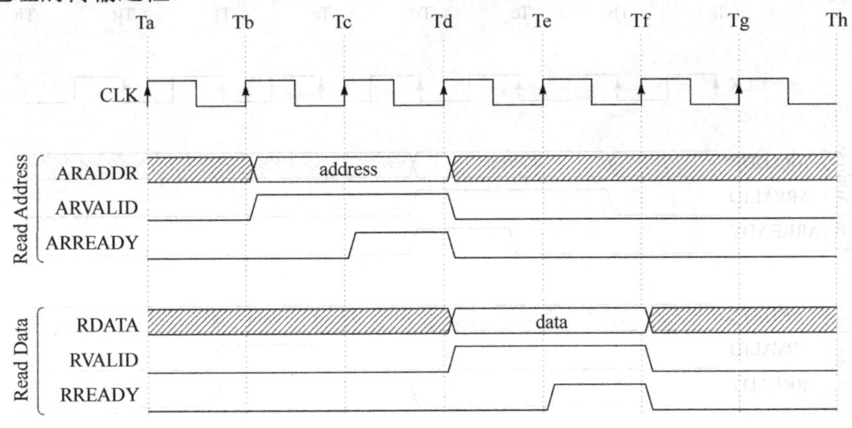

图 3.2　读指定地址内容（1）

当主机想读取某个地址内的数据时，它开始一次读取过程，按照如下步骤完成整个过程。

（1）CLK 上升沿 Tb，主机在读地址通道设置 ARVALID 有效，同时把想读的地址（address）放在读地址通道的 ARADDR。这表明主机想读这个地址的内容。在 Tb 时刻，ARVALID 和 ARREADY 都为无效，所以 Tb 时刻 address 没有被传输。

（2）Tc 时刻，从机(slave)准备好了接收地址，于是从机设置 ARREADY 有效，这一时刻 ARVALID 有效，ARREADY 无效，所以 address 没有传输。

（3）在 Td 时刻，ARVALID 和 ARREADY 都有效，于是从机从 ARADDR 读入 address。从机知道了 address，就将该 address 的内容（data）放在读数据通道的 RDATA，同时设置 RVALID 有效，表明自己准备好了传输该地址内的内容。在读地址通道，由于 address 已经传输，因此主机和从机分别把 ARVALID 和 ARREADY 置为无效。

（4）在 Te 时刻，主机准备好了接收从机发送回来的数据，于是将 RREADY 置为有效。注意 Te 时刻 RREADY 采样到的值为无效，所以数据没有传输。

（5）在 Tf 时刻，RVALID 和 RREADY 都有效，于是主机从 RDATA 读入 data，完成了传输过程。主机和从机分别将 RREADY 和 RVALID 置为无效。

由于主机和从机可能有各种时序特性，所以实际的传输过程可能与图 3.2 稍微有些不同，图 3.3 至图 3.7 列举了另外 5 种传输过程。

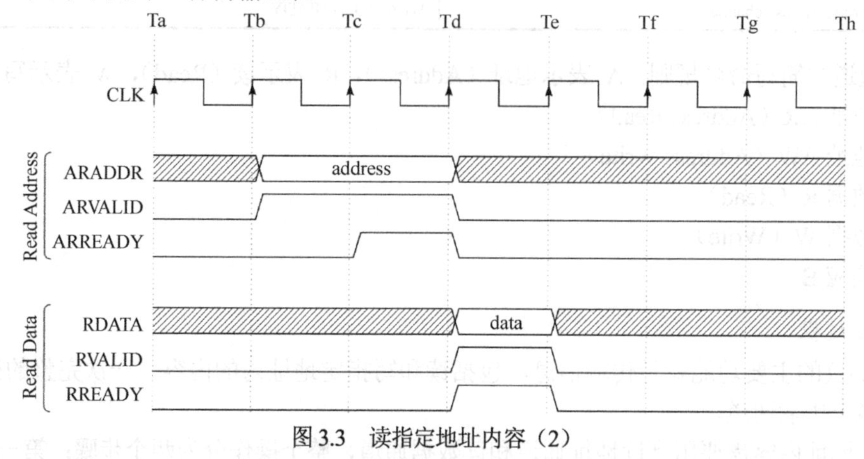

图 3.3　读指定地址内容（2）

图 3.3 中，在 Td 时刻，主机就准备好了接收从机发回的数据（RREADY 被主机设为有效），因此在 Te 时刻完成了整个传输过程（主机从 RDATA 读入 data）。

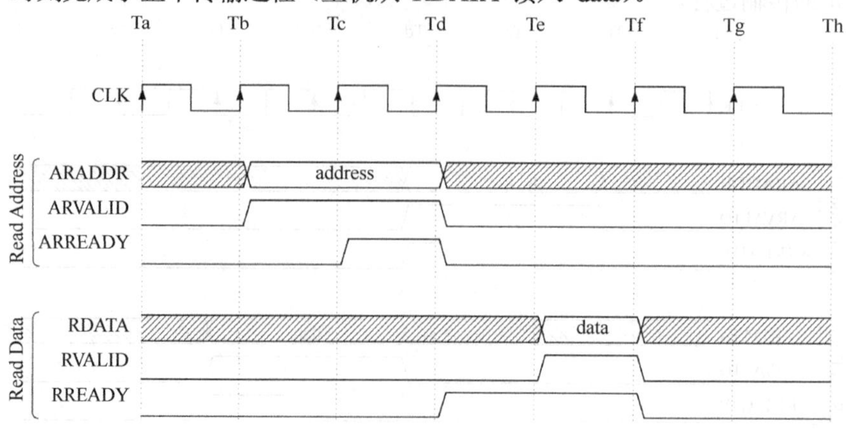

图 3.4　读指定地址内容（3）

图 3.4 中，在 Td 时刻，主机就准备好了接收数据（RREADY 被主机设置为有效），但从机还没准备好发回数据，到了 Te 时刻，从机准备好发回数据，于是设置 RVALID 有效，同时将内容放在 RDATA(data)。在 Tf 时刻，主机从 RDATA 读入 data，完成了传输过程。这种情况发生在从机需要一个周期才能准备好指定地址的数据。

图 3.5 中所示是从机准备数据更慢的情况。在读取慢速的外设和 Flash 等情况下，从机可能需要几十、几百甚至更多的周期才能准备好数据，于是直到 Tf 时刻，从机才准备好数据，在 Tg 时刻，主机读入 data，完成了传输过程。

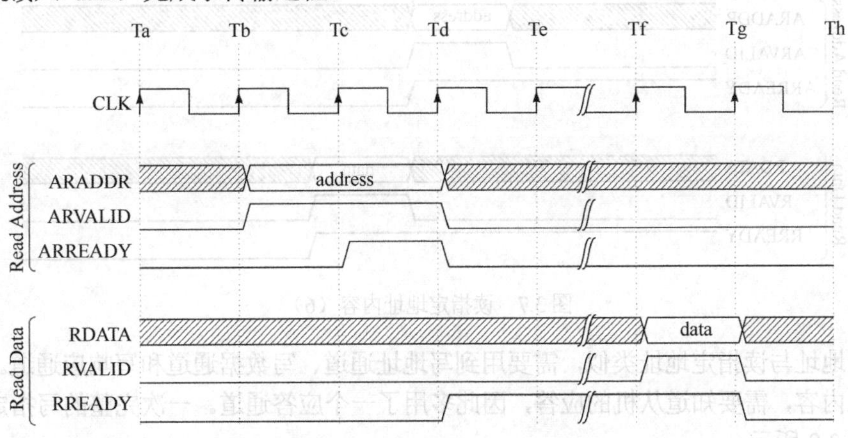

图 3.5　读指定地址内容（4）

图 3.6 所示的从机很早就准备接收地址，它的 ARREADY 在主机发送地址前就已经有效。当主机发送地址时，从机立刻在 Td 时刻读入地址。

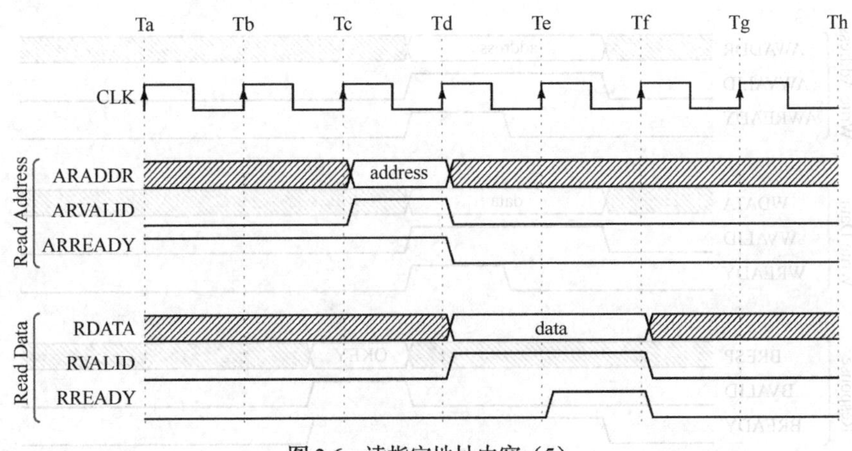

图 3.6　读指定地址内容（5）

图 3.7 所示的从机很早就准备接收地址（ARREADY 有效），主机也很早就准备好了接收数据（RREADY 有效），在 Te 时刻完成传输。

以上列举了 6 种读指定地址的传输过程，它们没有用到突发（burst）模式，突发模式的传输在第 4 章中介绍。

实际的传输过程可能有更多不同的情况。这些传输过程遵循以下简单原则。

（1）VALID 和 READY 都有效时传输（地址和数据）。

（2）主机准备好了发送地址，就可以设置 ARVALID 和 ARADDR。

（3）从机准备好了接收地址，就可以设置 ARREADY 有效。

（4）从机接收 address，根据 address 准备好要发回的数据，就可以设置 RVALID 和 RDATA。

（5）主机准备好了接收数据，就可以设置 RREADY。

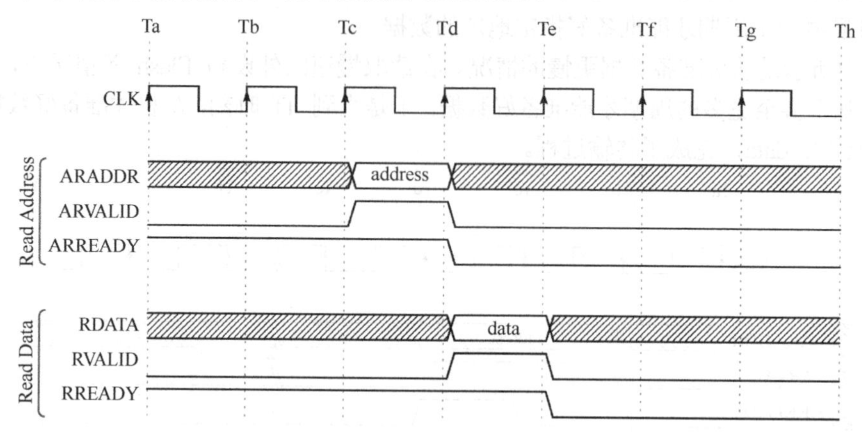

图 3.7　读指定地址内容（6）

写指定地址与读指定地址类似，需要用到写地址通道、写数据通道和写响应通道。因为主机向从机写入内容，需要知道从机的应答，因此多用了一个应答通道。一次完整的写指定地址的传输过程如图 3.8 所示。

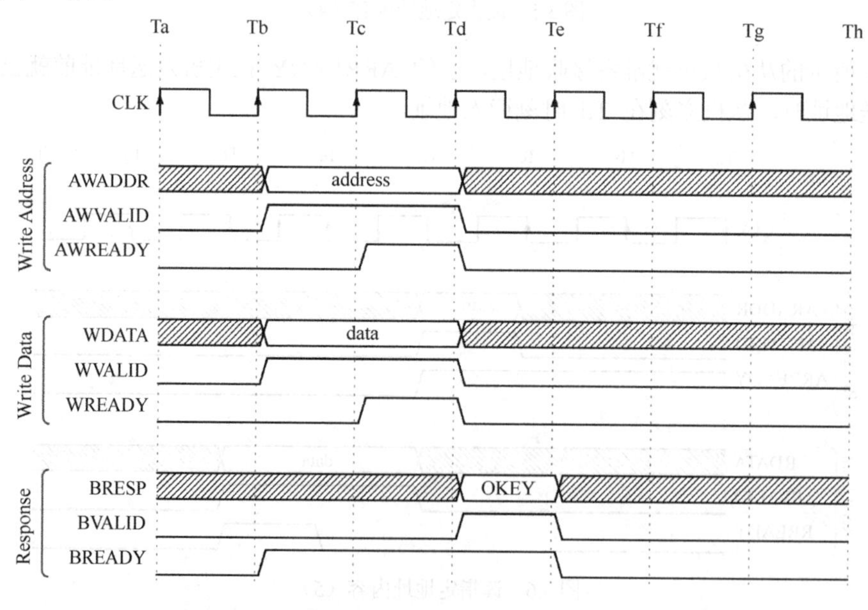

图 3.8　写指定地址（1）

当主机向某个地址写入数据时，它开始一次写过程，按照如下步骤完成整个传输过程。

（1）Tb 时刻，主机准备好向某个地址写入数据，于是设置 AWADDR+AWVALID（发送地址）、WDATA+WVALID（发送数据）和 BREADY（可以接收从机的响应）有效。从机这时没有准备好接收地址和数据，因此 AWREADY 和 AREADY 都设置为无效。

（2）Tc 时刻，从机准备好接收地址和数据，于是设置 AWREADY（可以接收地址）和 WREADY（可以接收数据）都有效。Tc 时刻，AWREADY 和 WREADY 都无效，因此地址和数据都没有传输。

（3）Td 时刻，写地址通道的 AWVALID 和 AWREADY 都有效，于是从机在写地址通道的 AWADDR 上读入 address。写数据通道的 WVALID 和 WREADY 都有效，于是从机在写数据通道的 WDATA 读入 data。从机将 data 写入 address 成功后，要发送一个响应给主机，于是从机在写响应通道的 BRESP 上设置为 OKEY，同时设置 BVALID 有效，告诉主机响应已经准备好了。

（4）Te 时刻，写响应通道的 BVALID 和 BREADY 都有效，主机从 BRESP 读入 OKEY，说明完成了写地址的操作。主机和从机分别设置 BREADY 和 BVALID 无效。

由于主机和从机可能有很多种时序特性，因此实际传输过程可能有很多种可能。图 3.9 至图 3.12 列举了另外几种传输过程。

图 3.9 中，先传输了 address，再传输 data，Tf 时刻，从机把 data 写入 address，从机反馈 OKEY 给主机，Tg 时刻，主机从响应通道接收到 OKEY，传输结束。

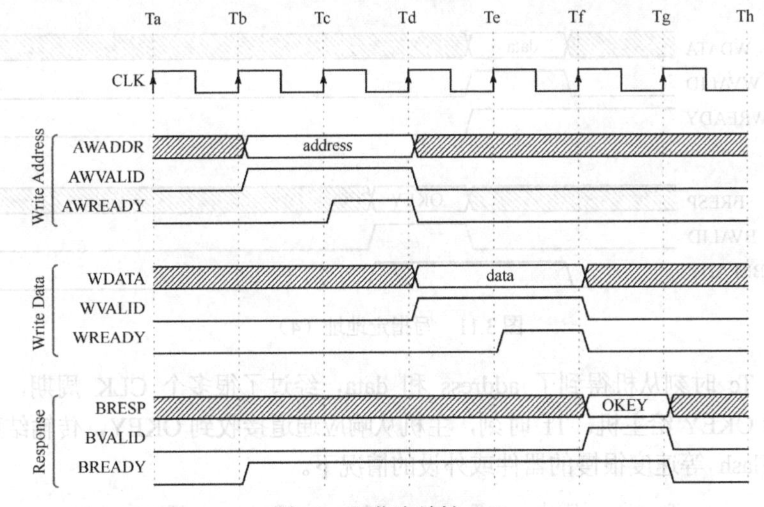

图 3.9　写指定地址（2）

图 3.10 中，先传输了 data，再传输 address，与图 3.9 相反。Tf 时刻，从机把 data 写入 address，从机反馈 OKEY 给主机，Tg 时刻，主机从响应通道接收到 OKEY，传输结束。这种传输一般用于 outstanding 传输。

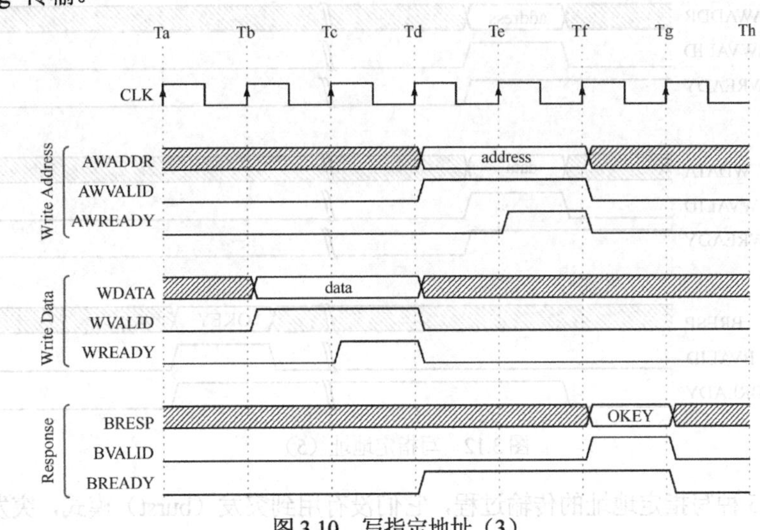

图 3.10　写指定地址（3）

图 3.11 中，从机先准备好了接收地址和数据（AWREADY 和 WREADY 有效），Tb 时刻，主机发送 address 和 data，同时设置 AWVALID 和 WVALID 有效。Tc 时刻，从机把 data 写入 address，从机反馈 OKEY 给主机。Td 时刻，主机从响应通道接收到 OKEY，传输结束。

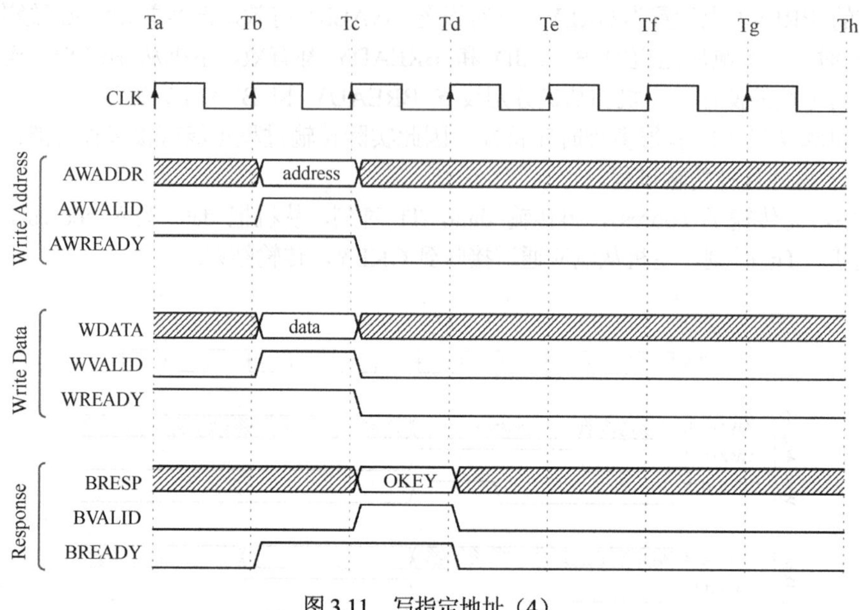

图 3.11　写指定地址（4）

图 3.12 中，Tc 时刻从机得到了 address 和 data，经过了很多个 CLK 周期，在 Te 时刻完成了写入，反馈 OKEY 给主机。Tf 时刻，主机从响应通道接收到 OKEY，传输结束。这种传输可能发生在写 Flash 等速度很慢的器件或外设的情况下。

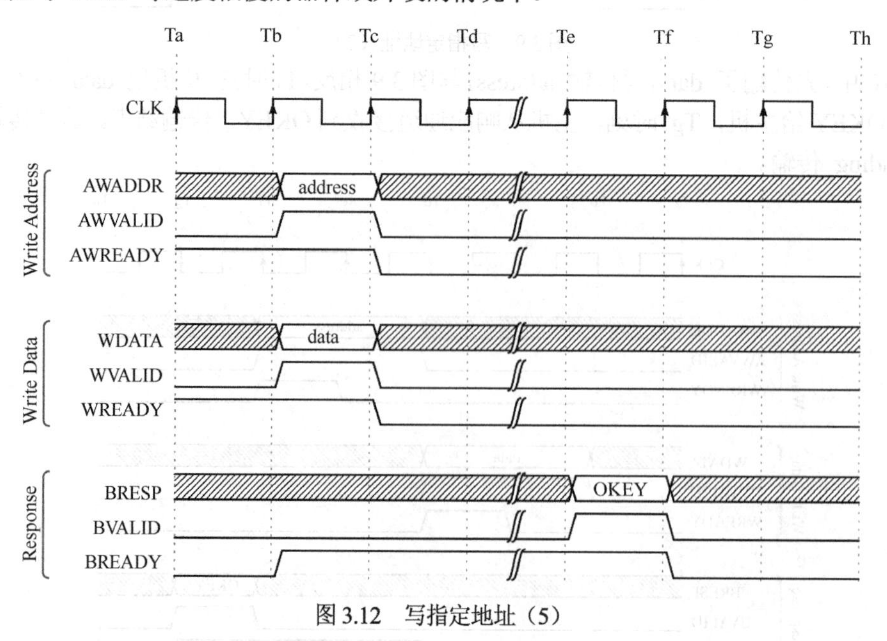

图 3.12　写指定地址（5）

以上列举了 5 种写指定地址的传输过程，它们没有用到突发（burst）模式，突发模式的传输在第 4 章中介绍。

实际写指定地址的传输过程可能有更多不同的情况，这些传输过程遵循以下简单原则。

（1）VALID 和 READY 都有效时传输（地址、数据和响应）。

（2）主机准备好了发送地址，就可以设置 AWADDR 和 AWVALID。

（3）主机准备好了发送数据，就可以设置 WDATA 和 WVALID。

（4）主机准备好了接收响应，就可以设置 BREADY。

（5）从机准备好了接收地址，就可以设置 AWREADY。

（6）从机准备好了接收数据，就可以设置 WREADY。

（7）从机接收到了地址和数据，完成写入后，才可以设置 BRESP 和 BVALID。

3.2　AXI Lite 接口模块设计

本节介绍如何设计 AXI Lite 接口的模块，相对于 AXI Full 接口，它的速度较慢，资源消耗更少，也更简单一些。

AXI Lite 接口的特点是每次给出一个地址，对这个地址进行读或写操作。AXI Lite 接口模块的设计包括硬件电路设计和驱动软件设计。其中硬件电路设计包括模块自身功能的设计和 AXI Lite 接口的设计。

以图 2.6 所示的 UART 模块为例，图 3.13 所示是 AXI Lite 接口的 UART 模块，它包含了 AXI 总线接口、时钟、复位和 UART 接口。

UART 模块各接口功能如下。

（1）S_AXI：AXI 总线接口，S 表明它是 Slave。

（2）s_axi_aclk：S_AXI 总线接口模块的时钟。

（3）s_axi_aresetn：S_AXI 总线接口模块的复位，低电平有效。

（4）UART：UART 接口，包含发送和接收。

（5）interrupt：中断引脚。

图 3.14 所示是总线展开后的模块接口示意图。其中 UART 接口包括了 rx 和 tx 引脚，分别用于接收和发送串行数据，这是 UART 自身功能需要用到的引脚。

S_AXI 总线接口包含了 AXI Lite 总线 Slave 需要用到的所有引脚，嵌入式系统通过这个总线接口对 UART 模块发送读/写等操作命令，UART 模块从 S_AXI 接收到命令后，转换成 UART 协议，通过 rx 和 tx 引脚进行串行数据的发送与接收。

图 3.14 所示的 S_AXI 总线接口包含了所有的 5 个传输通道。

1．读地址通道包含如下引脚

（1）s_axi_araddr[3∶0]

读地址通道的地址传输引脚，位宽为 4。SoC 系统一般按照 32 位地址访问内存或指令，在表 2.2 分配了这个 UART 在 Hello World SoC 系统里的地址是 0x4060_0000，占用 64KB 的空间，实际 UART 占用了 16 个字节的地址，因此实际地址范围是 0x4060_0000～0x4060_0010。0x4060_0000 是 UART 在 SoC 系统中的地址，又称为基地址，基地址用于在 SoC 中找到 UART 这个模块。地址的低 4 位用于 UART 内部寄存器。这个 UART 内部有 4 个 32 位的寄存器（RX_FIFO、TX_FIFO、STAT_REG 和 CTRL_REG），等于 16 个字节，采用 4 位地址就可以访问这 16 个字节。

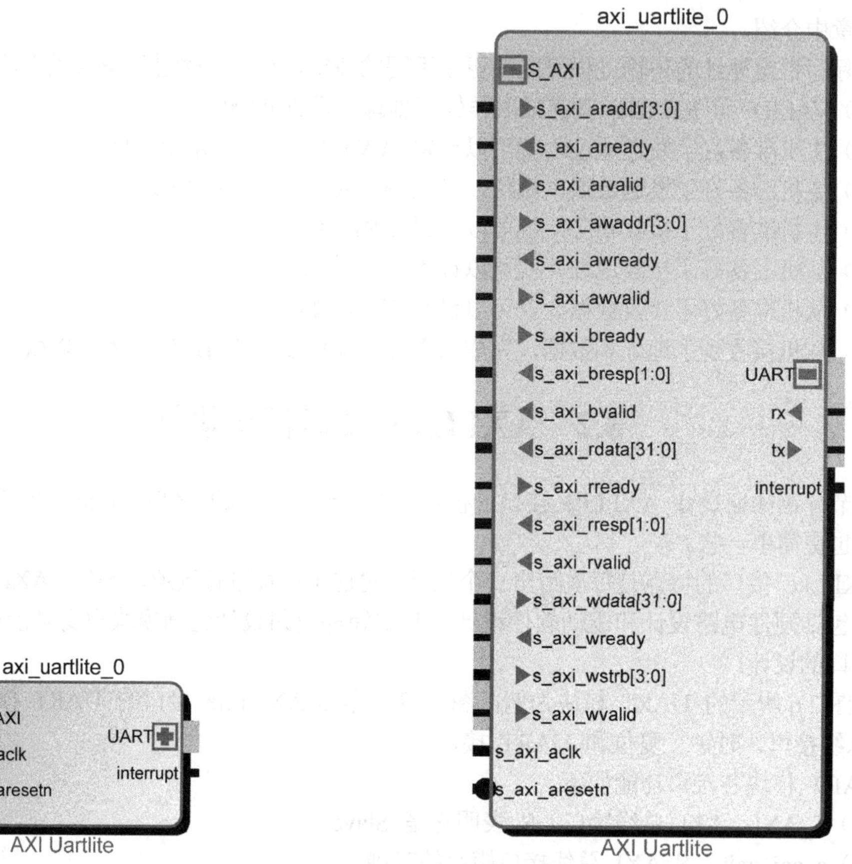

图 3.13 AXI Lite UART

图 3.14 AXI Lite UART 接口示意图

在图 2.9 中，UART 的 S_AXI 接到了 AXI Interconnect，AXI Interconnect 负责把从基地址 0x4060_0000 开始的 64KB 空间映射到 UART，任何对这 64KB 空间的读写访问，都会被指向 UART。因为 UART 实际只占用了 16 个字节地址空间，所以 S_AXI 只需包含 4 根地址线与 AXI Interconnect 相连接。

UART 在图 3.9 的 Hello World SoC 系统中占用的地址空间为 64KB，大于实际使用的空间。SoC 设计中经常会遇到这种情况，因为地址空间很大，所以分配地址空间时，可以分配比实际需要更大的空间。由于对这 64KB 地址空间的访问都被映射到了 UART，而只有地址的低 4 位传递到了 UART，因此 UART 的任意一个内部寄存器对应了多个地址，只要地址的最后 4 位一致就可以访问相应的寄存器。例如，TX_FIFO 寄存器的相对地址是 04h，它的完整地址是 0x4060_0004，地址 0x4060_0014、0x4060_0024 等也可以访问这个寄存器。

（2）s_axi_arready 和 s_axi_arvalid

本通道的 READY 和 VALID 信号。

2. 写地址通道包含如下引脚

（1）s_axi_awaddr[3：0]

写地址通道的地址传输引脚，也是 4 位位宽。

（2）s_axi_awready 和 s_axi_awvalid

本通道的 READY 和 VALID 信号。

3．写响应通道包含如下引脚

（1）s_axi_bready 和 s_axi_bvalid

本通道的 READY 和 VALID 信号。

（2）s_axi_bresp[1：0]

写响应，2 位位宽，有 4 种可能的响应，本节实验只实现其中的 OKEY 功能，如表 3.2 所示。

表 3.2　OKEY 功能

0b00	OKEY
0b01	EXOKEY
0b10	SLVERR
0b11	DECERR

4．读数据通道包含如下引脚

（1）s_axi_rdata[31：0]

32 位位宽读数据引脚，SoC 系统一般以 32 位位宽读写数据。SoC 系统从这个引脚读取 UART 模块传递给 SoC 的值。

（2）s_axi_rready 和 s_axi_rvalid

本通道的 READY 和 VALID 信号。

（3）s_axi_rresp[1：0]

读响应。AXI 协议将读响应放在读数据通道，将写响应放在写响应通道。

如果读数据正常，则返回 OKEY，如果读数据出错，如读取已经进入低功耗被关闭的位置，则返回 0b10(SLVERR)告诉主机出错。

本书的实验只实现了 RRESP 的 OKEY 功能，图 2.7 中没有列出 RRESP，其用法和 BRESP 类似。

5．写数据通道包含如下引脚

（1）s_axi_wdata[31：0]

32 位位宽，写数据引脚。

（2）s_axi_wready 和 s_axi_wvalid

本通道的 READY 和 VALID 信号。

（3）s_axi_wstrb[3：0]

4 位写选通信号，这 4 位分别用来表示 wdata 的 4 个字节是否有效。因为 wdata 每次都是 32 位，如果主机只想传递最低的 8 位，那么主机可以只设置 s_axi_wstrb[0]有效，其余类推。

以上介绍的是 AXI 总线协议的常用功能，这些常用功能已经可以完成本章的实验。本书没介绍的功能可以在以后的设计工作中查找 AXI 协议文档。

3.3 AXI Lite 接口 UART 设计

本节介绍 AXI Lite 接口的 UART 设计，通过本节的实验，可以掌握设计实际的 AXI 接口 UART 模块，并在 SoC 系统中使用、测试该模块。

本节的实验以第 2 章 Hello World 实验为基础，将该实验中的 UART 模块替换成本节设计的 UART 模块，这样可以利用一个已有的 SoC 来测试新设计的 UART 模块。

为了简化设计，本节实验设计的 UART 只支持固定的波特率，无奇偶校验。

本节的模块设计分为 UART 功能实现和 AXI 接口功能实现两部分。

1. UART 功能实现

UART 全称是 Universal Asynchronous Receiver/Transmitter，用于异步串行通信，它可以配合不同的接口芯片，实现 RS-232 和 RS-485 等通信协议。本节实验可以使用 Nexys-4 DDR/Genesys 2/Zedboard 等 FPGA 开发板。

UART 协议相对简单，它只包含了串行的发送端 tx 和接收端 rx。UART 没有时钟信号和握手信号等，因此需要发送方和接收方采用完全相同的协议，包括波特率和校验等，否则可能无法正常传输。

图 3.15 所示是无奇偶校验的 UART 传输波形。

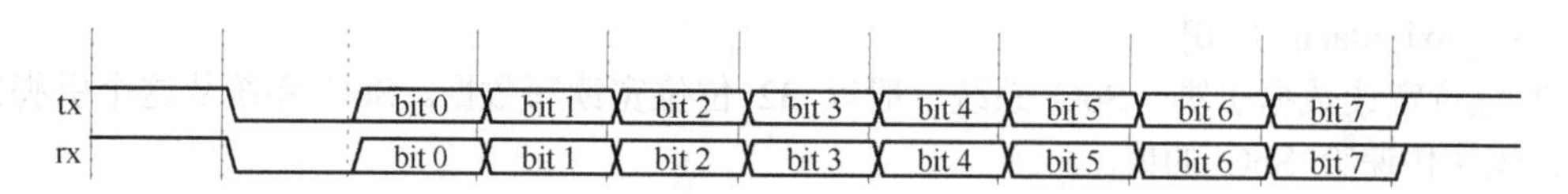

图 3.15 无奇偶校验的 UART 传输波形

发送数据的步骤如下。

（1）在空闲状态下，发送方 tx 保持高电平，接收方一直检测到空闲状态（tx 高电平），因此没有传输。

（2）发送方把 tx 置为低电平，表示要开始传输。接收方采样到 tx 为低电平，知道发送方要发送数据了。

（3）发送方通过 tx 传输 8 个位，接收方接收到 8 个位。

（4）发送方设置 tx 为高电平，返回空闲状态，接收方采样到 tx 为高电平，得知传输结束。

rx 可以认为是另外一方的 tx，传输方法相同。

FIFO（First In First Out）用来改善传输性能，传输的数据可以暂存在 FIFO 内，这样可以降低 CPU 的负担。UART 的传输波特率越高，稳定传输需要的 FIFO 越大。

rx 接收电路如图 3.16 所示，RX 模块采样串行发送过来的 rx 信号，接收到的串行信号经过串行转并行电路转成 8 位宽的字节。每接收到一个完整的字节（8 个位）就通过 D[7:0]和 FIFO_W 信号将这个字节写入 FIFO。CPU 通过 AXI 接口按照字节读取 rx 接收到的数据。在 FIFO 被写满之前，CPU 要取走 FIFO 内的所有数据，可以通过中断等方法防止 CPU 没有及时取走数据。本实验用 CPU 轮询的方法保证数据被及时取走。

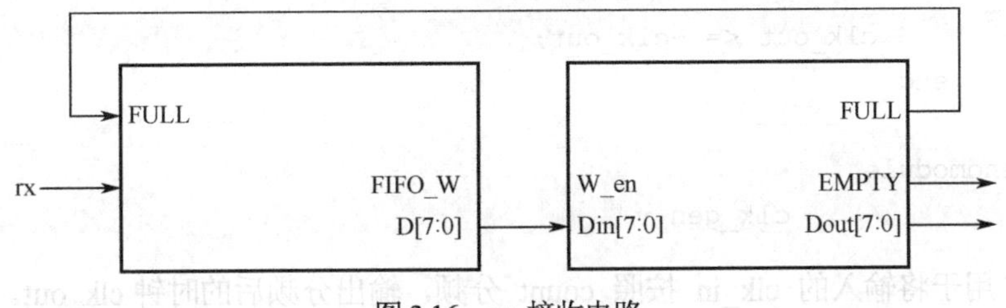

图 3.16　rx 接收电路

由于本实验 SoC 的时钟为 100 MHz，而 UART 的发送频率为 9600 b/s，因此需要时钟分频电路产生一个低速时钟用于 UART 发送接收数据。

```
 1 //--------------------------------------------------------------------
 2 //
 3 // IMPORTANT: This document is for use only in the <Embedded System Design>
 4 //
 5 // College of Electrical Engineering, Zhejiang University
 6 //
 7 // Wang Yubo, wangyubo_vlsi@qq.com
 8 //
 9 //--------------------------------------------------------------------
10
11 module clk_gen
12   (
13    input wire        clk_in,
14    input wire        reset_n,
15    output reg        clk_out,
16    input wire [15:0] count
17    );
18
19    reg [15:0]        cnt;
20
21    always @(posedge clk_in or negedge reset_n)
22      begin
23        if (!reset_n)
24          cnt <= 0;
25        else if (cnt == count - 1)
26          cnt <= 0;
27        else
28          cnt <= cnt + 1;
29      end
30
31    always @(posedge clk_in or negedge reset_n)
32      begin
33        if (!reset_n)
34          clk_out <= 0;
35        else if (cnt == count - 1)
```

```
36          clk_out <= ~clk_out;
37      end
38
39 endmodule
               clk_gen.v
```

clk_gen.v 用于将输入的 clk_in 按照 count 分频，输出分频后的时钟 clk_out。
uart_tx.v 用于发送数据。

```
 1 //-------------------------------------------------------------------------
 2 //
 3 // IMPORTANT: This document is for use only in the <Embedded System Design>
 4 //
 5 // College of Electrical Engineering, Zhejiang University
 6 //
 7 // Wang Yubo, wangyubo_vlsi@qq.com
 8 //
 9 //-------------------------------------------------------------------------
10
11 module uart_tx
12   (
13    input wire      clk,
14    input wire      reset_n,
15
16    input wire [9:0] wdata,
17    input wire      start,
18

//    wdata 为 10 位，包含了起始位和结束位
//    state 为启动发送信号

19    output reg      txd,
20    output wire     idle
21    );
22

//    txd 发送数据端
//    不发送数据时 idle 信号有效

23    parameter IDLE = 1'h0;
24    parameter DATA = 1'h1;
25
```

```
26   reg              state, nest_state;
27   reg [3:0]         send_cnt;
28
29   always @(posedge clk or negedge reset_n)
30     if(reset_n == 0)
31       state <= IDLE;
32     else
33       state <= next_state;
34

//    这个 always 为有限状态机状态变化电路
//    复位时，状态机处于 IDLE 状态
//    正常工作时，每个时钟的上升沿，当前状态等于上一个周期算出的下一个状态
//    这样实现状态的更新
//
//    这个 always 对应图3.17中的 A 部分，它是个时序电路


35   always @(*)
36     begin
37        case(state)
38          IDLE: next_state <= start == 1 ? DATA : IDLE;
39          DATA: next_state <= send_cnt == 10 ? IDLE : DATA;
40          default: next_state <= IDLE;
41        endcase
42     end
43
44   assign idle = (state == IDLE) ? 1 : 0;
45

//    这个 always 根据当前状态（state），计算出下一个状态（next_state）
//    IDLE 状态时，如果 start 信号有效，下一个状态进入 DATA 状态
//    IDLE 状态时，如果 start 信号无效，下一个状态进入 IDLE 状态
//    DATA 状态时，如果 send_cnt==10，表明已经发完了1个字节，下一个状态进入 IDLE 状态
//    DATA状态时，如果 send_cnt!=10，表明当前字节还没发送完，下一个状态进入 DATA状态，
//    继续发送数据
//
//    这个 always 对应图3.17中的 B 部分，它是一个组合电路
//
//    当前状态为 IDLE 时， idle 信号有效


46   always @(posedge clk or negedge reset_n)
```

```
47      begin
48        if(reset_n == 0)
49          begin
50            send_cnt <= 0;
51            txd <= 1;
52          end
53        else
54          begin
55            case(next_state)
56              IDLE:
57                begin
58                  send_cnt <= 0;
59                  txd <= 1;
60                end
61              DATA:
62                begin
63                  send_cnt <= send_cnt + 1;
64                  txd <= wdata[send_cnt];
65                end
66            endcase
67          end
68      end

//      这个 always 根据下一个状态，算出下一个周期输出信号
//      case(next_state)是下一个状态，计算出的输出（txd 和 send_cnt），当时钟上升沿到
//      来时输出，它等价与根据当前状态计算出当前输出
//      由于 send_cnt 计数器需要保持数据，因此这个电路必须为时序电路
//      所以要提前一个周期计算出下一个周期的输出
//
//      这个 always 对应图 3.17 中的 C 部分，它是个时序电路
//
//      状态为 IDLE 时，输出 txd 为高电平，计数器为 0
//      状态为 DATA 时，输出 txd 为当前要发送的位，计数器加 1


69
70 endmodule
uart_tx.v
```

uart_tx.v 的有限状态机在计算输出时，采用的方法是提前一个周期计算，经过一级触发器延时一个周期后输出，如图 3.17 所示。关于有限状态机的编码风格，可参考 Clifford E. Cummings 的 *Synthesizable Finite State Machine Design Techniques Using the New SystemVerilog 3.0 Enhancements*。

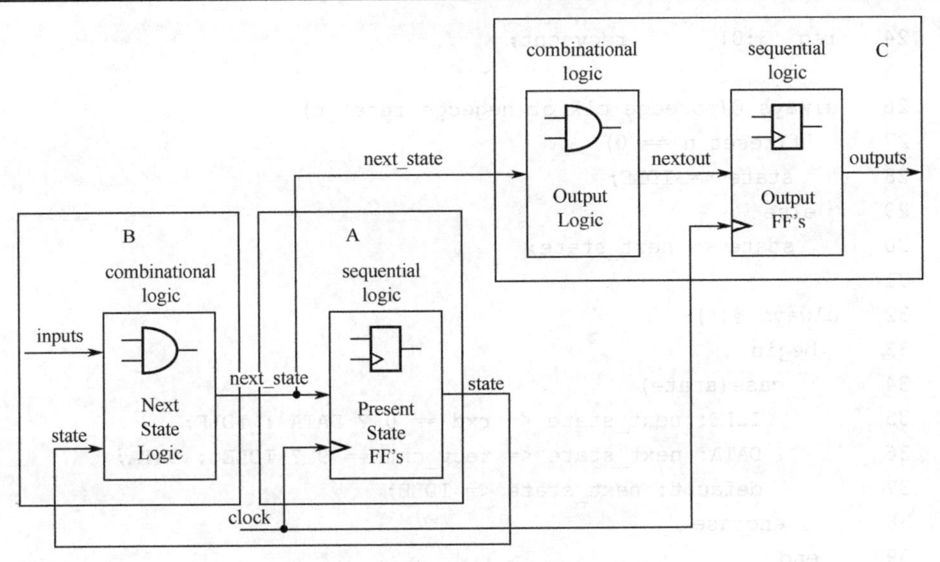

图3.17 有限状态机（FSM）示意图

接收端实现方法与发送端类似，代码如下。

```
 1 //------------------------------------------------------------------ --
 2 //
 3 // IMPORTANT: This document is for use only in the <Embedded System Design>
 4 //
 5 // College of Electrical Engineering, Zhejiang University
 6 //
 7 // Wang Yubo, wangyubo_vlsi@qq.com
 8 //
 9 //--------------------------------------------------------------------
10
11 module uart_rx
12   (
13    input wire      clk,
14    input wire      reset_n,
15    input wire      rxd,
16    output reg [7:0] rdata,
17    output reg      ren
18    );
//    接收到一个字节后，ren 信号有效，维持一个时钟周期，这个信号用于控制上一层的 FIFO



19
20    parameter IDLE = 1'h0;
21    parameter DATA = 1'h1;
22
23    reg            state, next_state;
```

```
24   reg [3:0]      recv_cnt;
25
26   always @(posedge clk or negedge reset_n)
27     if(reset_n == 0)
28       state <= IDLE;
29     else
30       state <= next_state;
31
32   always @(*)
33     begin
34       case(state)
35         IDLE: next_state <= rxd == 0 ? DATA : IDLE;
36         DATA: next_state <= recv_cnt == 9 ? IDLE : DATA;
37         default: next_state <= IDLE;
38       endcase
39     end
40
41   always @(posedge clk or negedge reset_n)
42     begin
43       if(reset_n == 0)
44         begin
45           rdata <= 8'd0;
46           ren <= 0;
47           recv_cnt <= 0;
48         end
49       else begin
50         case(next_state)
51           IDLE:
52             begin
53               rdata <= 8'd0;
54               ren <= 0;
55               recv_cnt <= 0;
56             end
57           DATA:
58             begin
59               recv_cnt <= recv_cnt + 1;
60
61               if(recv_cnt >= 1 && recv_cnt <= 8)
62                 rdata[recv_cnt-1] = rxd;
63
64               if(recv_cnt == 8)
65                 ren <= 1;
66               else
67                 ren <= 0;
68             end
69         endcase
70       end
```

```
71    end
72
73 endmodule
uart_rx.v
```

FIFO 采用了 Xilinx 自带的 IP，生成 FIFO 的方法可参考视频 video_3.1_fifo_gen_zju.ogv。

2. AXI 接口功能实现

UART 功能部分实现后，需要给它加上 AXI 接口。由于速度不高，因此采用 AXI Lite，因为是 CPU 控制 UART，所以 AXI 接口是 Slave 接口。

AXI 接口逻辑简单，但是引脚较多，对于初学者而言，比较简单的方法是修改现有的 AXI 模块代码，修改后加入自己设计的功能。

生成带 4 个 32 位寄存器的 AXI Lite Slave 接口的模块方法可参考视频 video_3.2_create_axi_slave_zju.ogv。

生成的模板代码实现了一个 AXI Lite Slave 的模块，可以通过 AXI 接口访问这个模块内的 4 个 32 位寄存器，这是一个 AXI Slave 接口的基本功能，将 UART 功能加入这个模板，即可实现一个 AXI 接口的 UART 模块。

理解模板的代码是初学者完成本节实验的关键，部分代码解释如下。

```
// Implement axi_awready generation
// axi_awready is asserted for one S_AXI_ACLK clock cycle when both
// S_AXI_AWVALID and S_AXI_WVALID are asserted. axi_awready is
// de-asserted when reset is low.

always @( posedge S_AXI_ACLK )
begin
  if ( S_AXI_ARESETN == 1'b0 )
    begin
      axi_awready <= 1'b0;
    end
  else
    begin
      if (~axi_awready && S_AXI_AWVALID && S_AXI_WVALID)
        begin
          // slave is ready to accept write address when
          // there is a valid write address and write data
          // on the write address and data bus. This design
          // expects no outstanding transactions.
          axi_awready <= 1'b1;
        end
      else
        begin
          axi_awready <= 1'b0;
        end
    end
end
```

axi_awready 是写地址通道 READY 信号，本模块不支持 outstanding 传输，也就是说地址不能比数据后发送。

当 S_AXI_AWVALID 和 S_AXI_WVALID 都有效时，表明总线上已经准备好了地址和数据，这时设置 axi_awready 有效。

图 3.18 中 a 和 b 的信号变化，要在时钟的 Tc 时刻才能采样到，axi_awready 在 Tc 时刻被设置为有效，经过一个延时，在 c 点 axi_awready 达到高电平。

注意，图中箭头都只表示信号之间的因果关系，c 点的值是由 Tc 点采样到的信号值计算出来的。接下来的波形图都遵循这个规则。

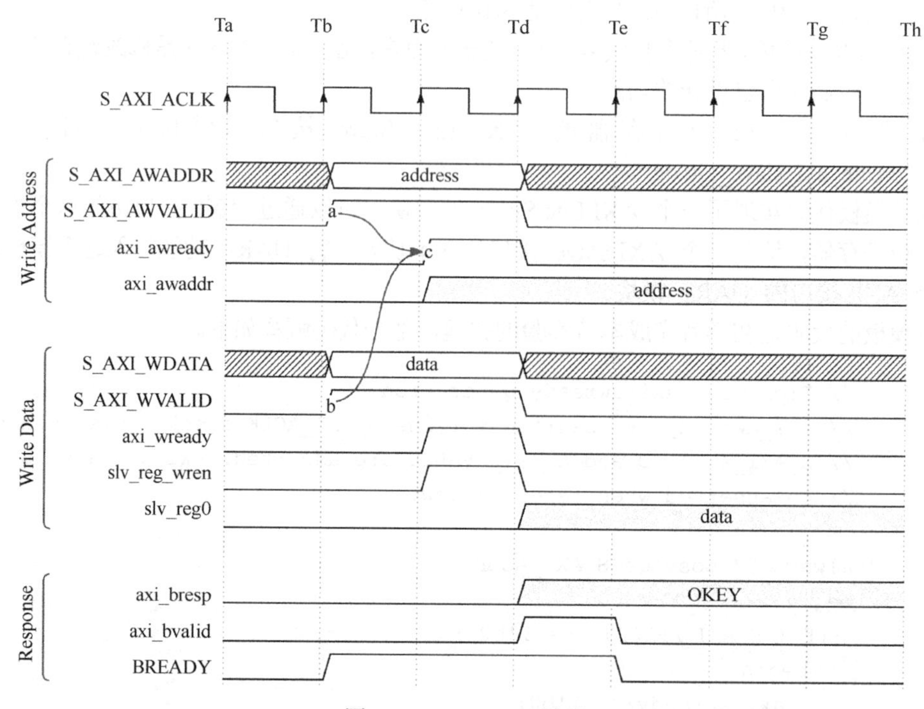

图 3.18　axi_awread 波形

axi_awready 只有效一个时钟周期，在下一个时钟周期被置为无效。

```
// Implement axi_awaddr latching
// This process is used to latch the address when both
// S_AXI_AWVALID and S_AXI_WVALID are valid.

always @( posedge S_AXI_ACLK )
begin
  if ( S_AXI_ARESETN == 1'b0 )
    begin
      axi_awaddr <= 0;
    end
  else
    begin
      if (~axi_awready && S_AXI_AWVALID && S_AXI_WVALID)
        begin
```

```
              // Write Address latching
              axi_awaddr <= S_AXI_AWADDR;
            end
        end
    end
```

axi_awaddr 是写地址通道的地址信号，读入地址时在~axi_awready && S_AXI_AWVALID && S_AXI_WVALID 发生，这是因为在上一段代码中，axi_awready 也用同样的条件触发（Tc），因此当该条件满足时，可以提前一个周期，在 READY 和 VALID 有效时读入地址。

在图 3.19 中，时钟的 Tc 时刻设置了 axi_awaddr，经过延时在 d 点数据存储至 axi_awaddr 寄存器。axi_awaddr 寄存器的值一直保持不变，直到下次写操作。接下来的代码中 axi_awaddr 寄存器的值只在 Td 时刻被采样，Td 周期后，不需要保存 axi_awaddr 寄存器的值，在示意图中一般会用 *X* 表示。在实际的设计中，*X* 表示任意值，上一个周期的值也符合任意值的定义，这样在下次写操作前保持寄存器的值不变也符合要求。这样做的好处是可以减少用于修改寄存器值的逻辑电路，同时，CMOS 电路只在状态发生变化时产生动态功耗，如果寄存器的值不发生变化，就不会产生这部分的动态功耗。

```
    // Implement axi_wready generation
    // axi_wready is asserted for one S_AXI_ACLK clock cycle when both
    // S_AXI_AWVALID and S_AXI_WVALID are asserted. axi_wready is
    // de-asserted when reset is low.

    always @( posedge S_AXI_ACLK )
    begin
      if ( S_AXI_ARESETN == 1'b0 )
        begin
          axi_wready <= 1'b0;
        end
      else
        begin
          if (~axi_wready && S_AXI_WVALID && S_AXI_AWVALID)
            begin
              // slave is ready to accept write data when
              // there is a valid write address and write data
              // on the write address and data bus. This design
              // expects no outstanding transactions.
              axi_wready <= 1'b1;
            end
          else
            begin
              axi_wready <= 1'b0;
            end
        end
    end
```

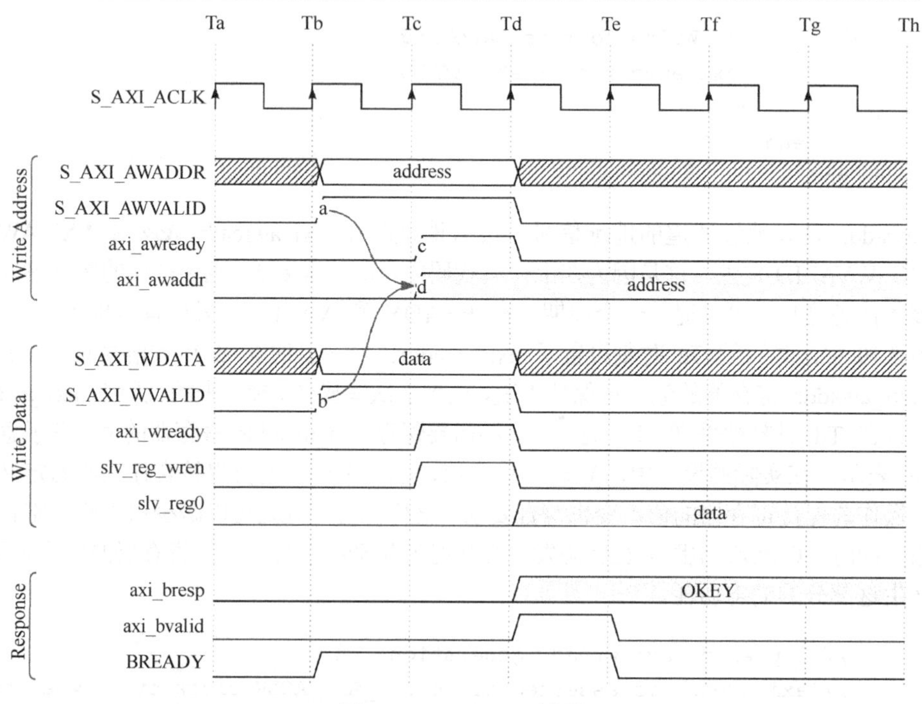

图 3.19 axi_awaddr 波形

axi_wready 也类似，在写数据通道的数据和地址都准备好后，设置 axi_wready 有效，读入数据。它同样不支持 outstanding 传输。只有效一个时钟周期，在下一个时钟周期被置为无效，这样只读入一个数据。其波形如图 3.20 所示。

```
	// Implement memory mapped register select and write logic generation
	// The write data is accepted and written to memory mapped registers when
	// axi_awready, S_AXI_WVALID, axi_wready and S_AXI_WVALID are asserted. Write
	// strobes are used to select byte enables of slave registers while writing.
	// These registers are cleared when reset (active low) is applied.
	// Slave register write enable is asserted when valid address and data are
	// available and the slave is ready to accept the write address and write data.
	assign slv_reg_wren = axi_wready && S_AXI_WVALID && axi_awready &&
S_AXI_AWVALID;

	always @( posedge S_AXI_ACLK )
	begin
	  if ( S_AXI_ARESETN == 1'b0 )
	    begin
	      slv_reg0 <= 0;
	      slv_reg1 <= 0;
	      slv_reg2 <= 0;
	      slv_reg3 <= 0;
	    end
	  else begin
	    if (slv_reg_wren)
	      begin
```

```
            case ( axi_awaddr[ADDR_LSB+OPT_MEM_ADDR_BITS:ADDR_LSB] )
              2'h0:
            for  (  byte_index  =  0;  byte_index  <=  (C_S_AXI_DATA_WIDTH/8)-1;
byte_index = byte_index+1 )
                  if ( S_AXI_WSTRB[byte_index] == 1 ) begin
                    // Respective byte enables are asserted as per write strobes
                    // Slave register 0
                    slv_reg0[(byte_index*8) +: 8] <= S_AXI_WDATA[(byte_index*8)
+: 8];
                  end
              2'h1:
            for  (  byte_index  =  0;  byte_index  <=  (C_S_AXI_DATA_WIDTH/8)-1;
byte_index = byte_index+1 )
                  if ( S_AXI_WSTRB[byte_index] == 1 ) begin
                    // Respective byte enables are asserted as per write strobes
                    // Slave register 1
                    slv_reg1[(byte_index*8) +: 8] <= S_AXI_WDATA[(byte_index*8)
+: 8];
                  end
              2'h2:
            for  (  byte_index  =  0;  byte_index  <=  (C_S_AXI_DATA_WIDTH/8)-1;
byte_index = byte_index+1 )
                  if ( S_AXI_WSTRB[byte_index] == 1 ) begin
                    // Respective byte enables are asserted as per write strobes
                    // Slave register 2
                    slv_reg2[(byte_index*8) +: 8] <= S_AXI_WDATA[(byte_index*8)
+: 8];
                  end
              2'h3:
            for  (  byte_index  =  0;  byte_index  <=  (C_S_AXI_DATA_WIDTH/8)-1;
byte_index = byte_index+1 )
                  if ( S_AXI_WSTRB[byte_index] == 1 ) begin
                    // Respective byte enables are asserted as per write strobes
                    // Slave register 3
                    slv_reg3[(byte_index*8) +: 8] <= S_AXI_WDATA[(byte_index*8)
+: 8];
                  end
              default : begin
                          slv_reg0 <= slv_reg0;
                          slv_reg1 <= slv_reg1;
                          slv_reg2 <= slv_reg2;
                          slv_reg3 <= slv_reg3;
                        end
            endcase
          end
       end
     end
```

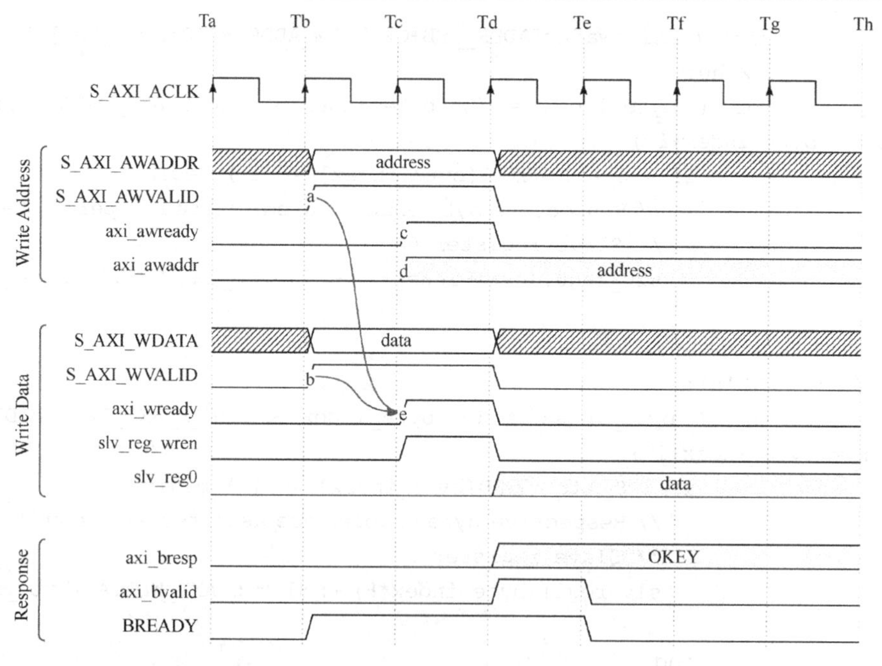

图 3.20　axi_wready 波形

上述这段代码是将 S_AXI_WDATA 写入内部寄存器。当地址和数据都 READY&VALID 时，读入 S_AXI_WDATA 的值，写入 slv_reg，如图 3.21 所示。

case(axi_awaddr[ADDR_LSB + OPT_MEM_ADDR_BITS : ADDR_LSB])用于地址译码，这个模块共有 4 个 32 位寄存器，每 8 个位由 S_AXI_WSTRB[3 : 0] 的对应位控制是否选通。

同样，slv_reg 的值会一直保持，直到下次写寄存器操作。

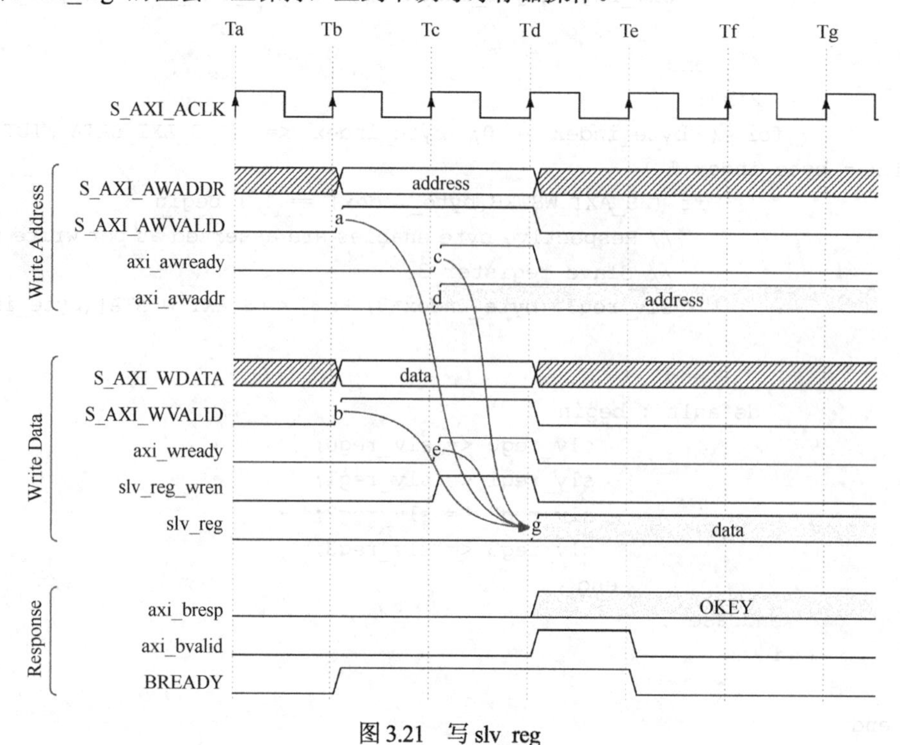

图 3.21　写 slv_reg

```
    // Implement write response logic generation
    // The write response and response valid signals are asserted by the slave
    // when axi_wready, S_AXI_WVALID, axi_wready and S_AXI_WVALID are asserted.
    // This marks the acceptance of address and indicates the status of
    // write transaction.

    always @( posedge S_AXI_ACLK )
    begin
      if ( S_AXI_ARESETN == 1'b0 )
        begin
          axi_bvalid  <= 0;
          axi_bresp   <= 2'b0;
        end
      else
        begin
          if (axi_awready && S_AXI_AWVALID && ~axi_bvalid && axi_wready &&
S_AXI_WVALID)
            begin
              // indicates a valid write response is available
              axi_bvalid <= 1'b1;
              axi_bresp  <= 2'b0; // 'OKAY' response
            end                   // work error responses in future
          else
            begin
              if (S_AXI_BREADY && axi_bvalid)
                //check if bready is asserted while bvalid is high
                //(there is a possibility that bready is always asserted high)
                begin
                  axi_bvalid <= 1'b0;
                end
            end
        end
    end
```

上述这段代码实现写响应信号，当写地址和写数据都 READY&VALID 时，表明写入了数据，由代码可知，写入的目标地址是寄存器，寄存器在当前时钟周期就可以完成写入，所以当前周期可以生成响应信号，如图 3.22 所示。

axi_bvalid 有效后，会一直等待主机端发送来的输入信号 S_AXI_BREADY，S_AXI_BREADY 被主机设置为有效表明主机端已经接收到了 axi_bvalid，这时置 axi_bvalid 无效，完成响应信号的传输。

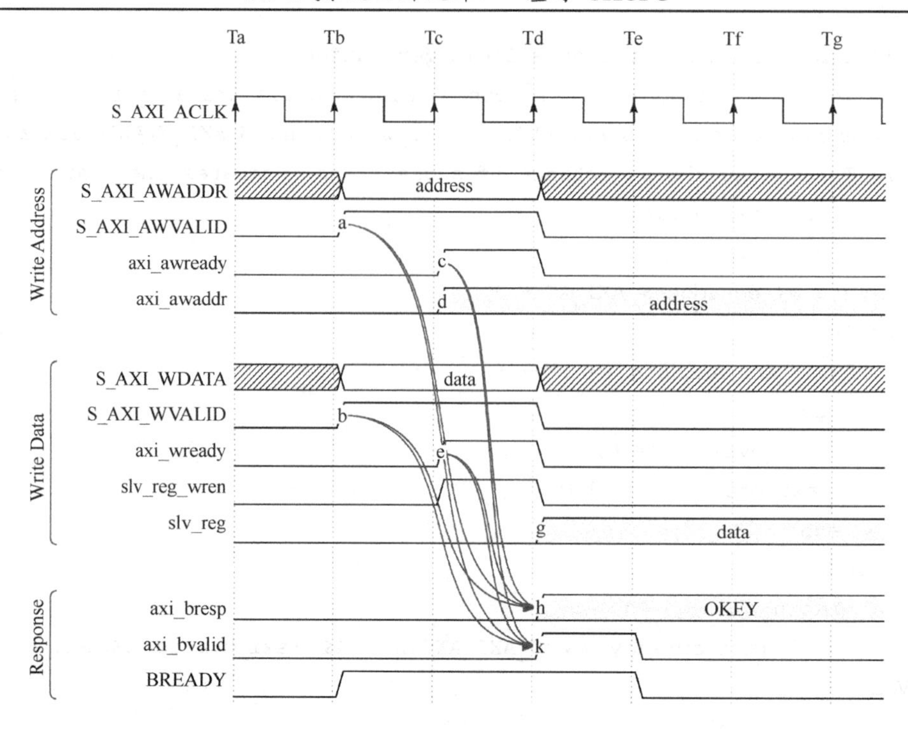

图 3.22 写响应信号

```
// Implement axi_arready generation
// axi_arready is asserted for one S_AXI_ACLK clock cycle when
// S_AXI_ARVALID is asserted. axi_awready is
// de-asserted when reset (active low) is asserted.
// The read address is also latched when S_AXI_ARVALID is
// asserted. axi_araddr is reset to zero on reset assertion.

always @( posedge S_AXI_ACLK )
begin
  if ( S_AXI_ARESETN == 1'b0 )
    begin
      axi_arready <= 1'b0;
      axi_araddr  <= 32'b0;
    end
  else
    begin
      if (~axi_arready && S_AXI_ARVALID)
        begin
          // indicates that the slave has accepted the valid read address
          axi_arready <= 1'b1;
          // Read address latching
          axi_araddr  <= S_AXI_ARADDR;
        end
```

```
        else
          begin
            axi_arready <= 1'b0;
          end
      end
  end
```

当 S_AXI_ARVALID 有效时，读入 S_AXI_ARADDR，同时设置 axi_arread 有效一个周期。这样可以在检测到主机发送地址后，立刻读入地址，如图 3.23 所示。

```
// Implement axi_arvalid generation
// axi_rvalid is asserted for one S_AXI_ACLK clock cycle when both
// S_AXI_ARVALID and axi_arready are asserted. The slave registers
// data are available on the axi_rdata bus at this instance. The
// assertion of axi_rvalid marks the validity of read data on the
// bus and axi_rresp indicates the status of read transaction.axi_rvalid
// is deasserted on reset (active low). axi_rresp and axi_rdata are
// cleared to zero on reset (active low).
always @( posedge S_AXI_ACLK )
begin
  if ( S_AXI_ARESETN == 1'b0 )
    begin
      axi_rvalid <= 0;
      axi_rresp  <= 0;
    end
  else
    begin
      if (axi_arready && S_AXI_ARVALID && ~axi_rvalid)
        begin
          // Valid read data is available at the read data bus
          axi_rvalid <= 1'b1;
          axi_rresp  <= 2'b0; // 'OKAY' response
        end
      else if (axi_rvalid && S_AXI_RREADY)
        begin
          // Read data is accepted by the master
          axi_rvalid <= 1'b0;
        end
    end
end
```

当 S_AXI_ARVALID 和 axi_arready 有效，产生一个周期的 axi_rvalid 信号，同时设置读响应 axi_rresp，如图 3.24 所示。

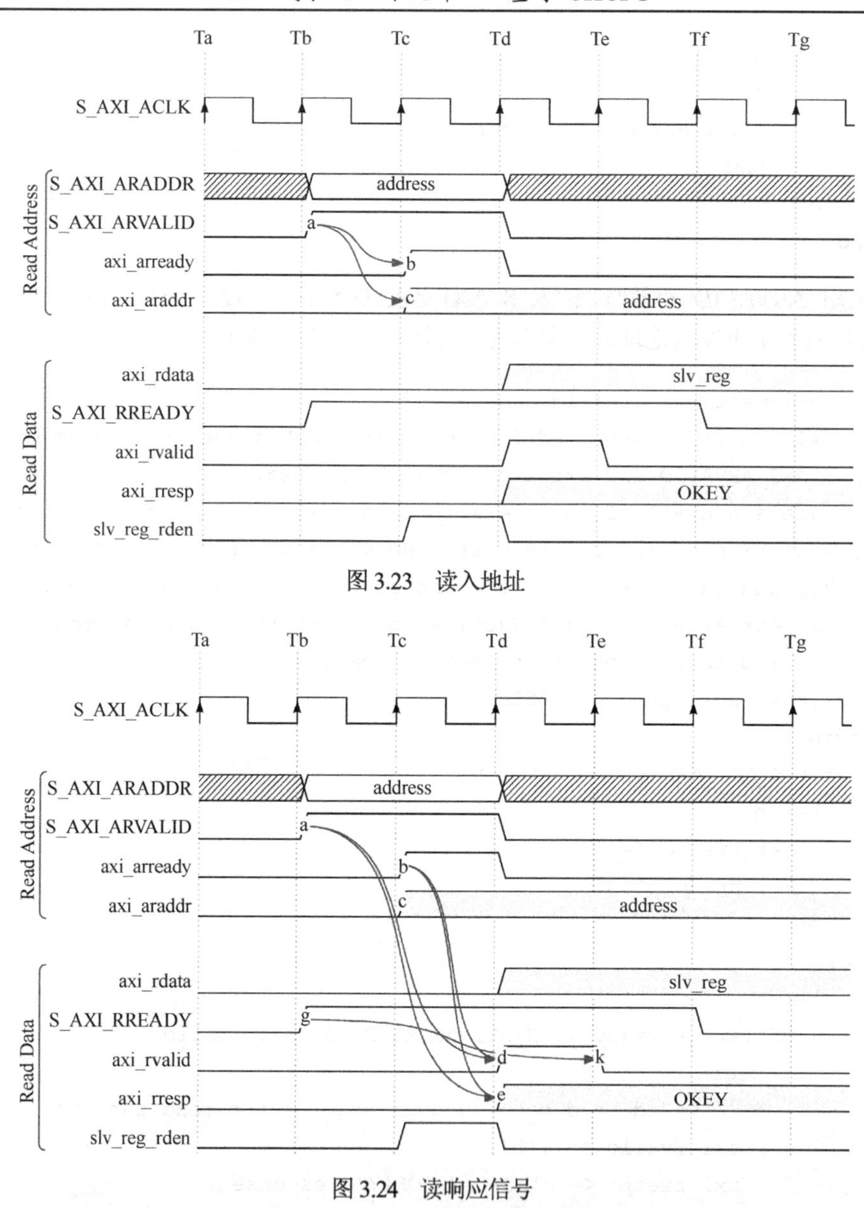

图 3.23　读入地址

图 3.24　读响应信号

```
// Implement memory mapped register select and read logic generation
// Slave register read enable is asserted when valid address is available
// and the slave is ready to accept the read address.
assign slv_reg_rden = axi_arready & S_AXI_ARVALID & ~axi_rvalid;
always @(*)
begin
      // Address decoding for reading registers
      case ( axi_araddr[ADDR_LSB+OPT_MEM_ADDR_BITS:ADDR_LSB] )
        2'h0   : reg_data_out <= slv_reg0;
        2'h1   : reg_data_out <= slv_reg1;
        2'h2   : reg_data_out <= slv_reg2;
        2'h3   : reg_data_out <= slv_reg3;
        default : reg_data_out <= 0;
```

```
        endcase
    end

    // Output register or memory read data
    always @( posedge S_AXI_ACLK )
    begin
      if ( S_AXI_ARESETN == 1'b0 )
        begin
          axi_rdata  <= 0;
        end
      else
        begin
          // When there is a valid read address (S_AXI_ARVALID) with
          // acceptance of read address by the slave (axi_arready),
          // output the read dada
          if (slv_reg_rden)
            begin
              axi_rdata <= reg_data_out;     // register read data
            end
        end
    end
```

当读地址通道 VALID & READY 时，读取对应地址的数据放在 axi_rdata。完成读指定地址操作，如图 3.25 所示。

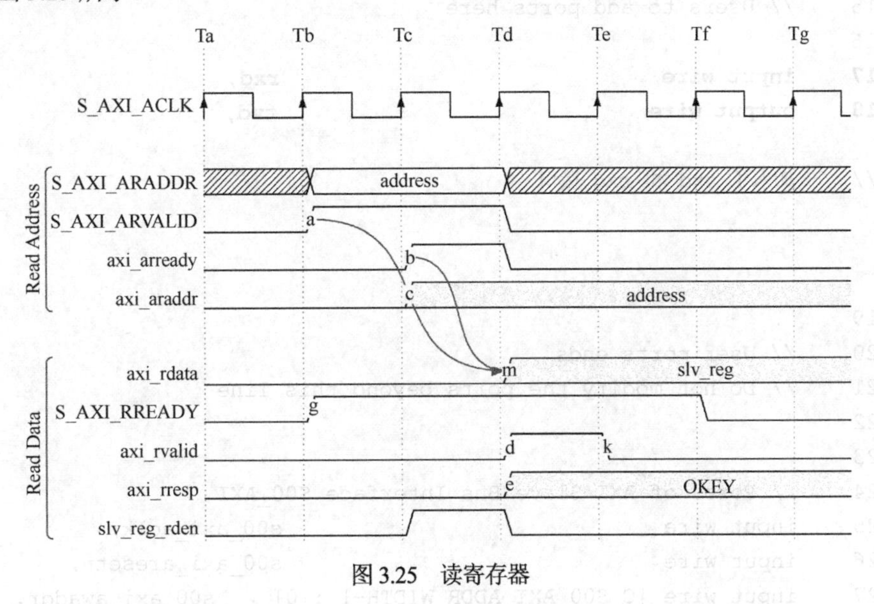

图 3.25　读寄存器

以上是 AXI 模块的代码分析，将 UART 功能加上 AXI 接口只要在模板中加入 UART，并把 AXI 对应的地址与 UART 连接即可。

UART 包含了 RX_FIFO 和 TX_FIFO 寄存器用于接收和发送，STAT_REG 寄存器用于表明 UART 的状态，CTRL_REG 用于控制 UART，本实验中用于设置波特率。地址偏移分配如表 3.3 所示。

表 3.3 地址偏移分配

RX_FIFO	00h
TX_FIFO	04h
STAT_REG	08h
CTRL_REG	0Ch

修改后的 AXI UART 代码如下。

```
 1
 2 module uart_soc_v1_0 #
 3  (
 4   // Users to add parameters here
 5
 6   // User parameters ends
 7   // Do not modify the parameters beyond this line
 8
 9
10   // Parameters of AXI Slave Bus Interface S00_AXI
11   parameter integer C_S00_AXI_DATA_WIDTH = 32,
12   parameter integer C_S00_AXI_ADDR_WIDTH = 4
13   )
14   (
15    // Users to add ports here
16
17    input wire                               rxd,
18    output wire                              txd,

//    加入了 txd 和 rxd 接口

19
20    // User ports ends
21    // Do not modify the ports beyond this line
22
23
24    // Ports of AXI Slave Bus Interface S00_AXI
25    input wire                               s00_axi_aclk,
26    input wire                               s00_axi_aresetn,
27    input wire [C_S00_AXI_ADDR_WIDTH-1 : 0]     s00_axi_awaddr,
28    input wire [2 : 0]                      s00_axi_awprot,
29    input wire                               s00_axi_awvalid,
30    output wire                              s00_axi_awready,
31    input wire [C_S00_AXI_DATA_WIDTH-1 : 0]     s00_axi_wdata,
32    input wire [(C_S00_AXI_DATA_WIDTH/8)-1 : 0] s00_axi_wstrb,
33    input wire                               s00_axi_wvalid,
```

```
34      output wire                                    s00_axi_wready,
35      output wire [1 : 0]                            s00_axi_bresp,
36      output wire                                    s00_axi_bvalid,
37      input wire                                     s00_axi_bready,
38      input wire [C_S00_AXI_ADDR_WIDTH-1 : 0]        s00_axi_araddr,
39      input wire [2 : 0]                             s00_axi_arprot,
40      input wire                                     s00_axi_arvalid,
41      output wire                                    s00_axi_arready,
42      output wire [C_S00_AXI_DATA_WIDTH-1 : 0]       s00_axi_rdata,
43      output wire [1 : 0]                            s00_axi_rresp,
44      output wire                                    s00_axi_rvalid,
45      input wire                                     s00_axi_rready
46      );
47     // Instantiation of Axi Bus Interface S00_AXI
48     uart_soc_v1_0_S00_AXI #
49       (
50         .C_S_AXI_DATA_WIDTH(C_S00_AXI_DATA_WIDTH),
51         .C_S_AXI_ADDR_WIDTH(C_S00_AXI_ADDR_WIDTH)
52         ) uart_soc_v1_0_S00_AXI_inst
53         (
54          .rxd(rxd),
55          .txd(txd),

//          连接 txd 和 rxd 信号


56          .S_AXI_ACLK(s00_axi_aclk),
57          .S_AXI_ARESETN(s00_axi_aresetn),
58          .S_AXI_AWADDR(s00_axi_awaddr),
59          .S_AXI_AWPROT(s00_axi_awprot),
60          .S_AXI_AWVALID(s00_axi_awvalid),
61          .S_AXI_AWREADY(s00_axi_awready),
62          .S_AXI_WDATA(s00_axi_wdata),
63          .S_AXI_WSTRB(s00_axi_wstrb),
64          .S_AXI_WVALID(s00_axi_wvalid),
65          .S_AXI_WREADY(s00_axi_wready),
66          .S_AXI_BRESP(s00_axi_bresp),
67          .S_AXI_BVALID(s00_axi_bvalid),
68          .S_AXI_BREADY(s00_axi_bready),
69          .S_AXI_ARADDR(s00_axi_araddr),
70          .S_AXI_ARPROT(s00_axi_arprot),
71          .S_AXI_ARVALID(s00_axi_arvalid),
72          .S_AXI_ARREADY(s00_axi_arready),
73          .S_AXI_RDATA(s00_axi_rdata),
74          .S_AXI_RRESP(s00_axi_rresp),
75          .S_AXI_RVALID(s00_axi_rvalid),
```

```
76       .S_AXI_RREADY(s00_axi_rready)
77       );
78
79    // Add user logic here
80
81    // User logic ends
82
83 endmodule
uart_soc_v1_0.v
```

在 AXI 接口电路的顶层，加了 txd 和 rxd 两个接口。这两个接口在 SoC 设计时会接到片外。

因为 UART 只有一个 AXI Lite 接口，所以只有一个 uart_soc_v1_0_S00_AXI 子电路。在连接 uart_soc_v1_0_S00_AXI 时，将 txd 和 rxd 传入。

uart_soc_v1_0_S00_AXI 子电路包含了 AXI Lite 总线和接入的 txd/rxd 信号，在这个电路里包含了 UART 子电路，给 UART 的 TX_FIFO 和 RX_FIFO 寄存器分配了地址，实现了对这两个地址的读写控制。代码如下。

```
 1
 2 module uart_soc_v1_0_S00_AXI #
 3   (
 4    // Users to add parameters here
 5
 6    // User parameters ends
 7    // Do not modify the parameters beyond this line
 8
 9    // Width of S_AXI data bus
10    parameter integer C_S_AXI_DATA_WIDTH = 32,
11    // Width of S_AXI address bus
12    parameter integer C_S_AXI_ADDR_WIDTH = 4
13    )
14    (
15     // Users to add ports here
16
17     input wire                         rxd,
18     output wire                        txd,
19
20     // User ports ends

//     引入 rxd 和 txd
//     以下代码实现 AXI Lite 总线对 4 个寄存器的访问，具体分析参考图 3.18 至图 3.25

21     // Do not modify the ports beyond this line
22
```

```
23    // Global Clock Signal
24    input wire                            S_AXI_ACLK,
25    // Global Reset Signal. This Signal is Active LOW
26    input wire                            S_AXI_ARESETN,
27    // Write address (issued by master, accepted by Slave)
28    input wire [C_S_AXI_ADDR_WIDTH-1 : 0]    S_AXI_AWADDR,
29    // Write channel Protection type. This signal indicates the
30    // privilege and security level of the transaction, and whether
31    // the transaction is a data access or an instruction access.
32    input wire [2 : 0]                    S_AXI_AWPROT,
33    // Write address valid. This signal indicates that the master signaling
34    // valid write address and control information.
35    input wire                            S_AXI_AWVALID,
36    // Write address ready. This signal indicates that the slave is ready
37    // to accept an address and associated control signals.
38    output wire                           S_AXI_AWREADY,
39    // Write data (issued by master, accepted by Slave)
40    input wire [C_S_AXI_DATA_WIDTH-1 : 0]    S_AXI_WDATA,
41    // Write strobes. This signal indicates which byte lanes hold
42    // valid data. There is one write strobe bit for each eight
43    // bits of the write data bus.
44    input wire [(C_S_AXI_DATA_WIDTH/8)-1 : 0] S_AXI_WSTRB,
45    // Write valid. This signal indicates that valid write
46    // data and strobes are available.
47    input wire                            S_AXI_WVALID,
48    // Write ready. This signal indicates that the slave
49    // can accept the write data.
50    output wire                           S_AXI_WREADY,
51    // Write response. This signal indicates the status
52    // of the write transaction.
53    output wire [1 : 0]                   S_AXI_BRESP,
54    // Write response valid. This signal indicates that the channel
55    // is signaling a valid write response.
56    output wire                           S_AXI_BVALID,
57    // Response ready. This signal indicates that the master
58    // can accept a write response.
59    input wire                            S_AXI_BREADY,
60    // Read address (issued by master, accepted by Slave)
61    input wire [C_S_AXI_ADDR_WIDTH-1 : 0]    S_AXI_ARADDR,
62    // Protection type. This signal indicates the privilege
63    // and security level of the transaction, and whether the
64    // transaction is a data access or an instruction access.
65    input wire [2 : 0]                    S_AXI_ARPROT,
66    // Read address valid. This signal indicates that the channel
67    // is signaling valid read address and control information.
68    input wire                            S_AXI_ARVALID,
69    // Read address ready. This signal indicates that the slave is
```

```
70    // ready to accept an address and associated control signals.
71    output wire                             S_AXI_ARREADY,
72    // Read data (issued by slave)
73    output wire [C_S_AXI_DATA_WIDTH-1 : 0]   S_AXI_RDATA,
74    // Read response. This signal indicates the status of the
75    // read transfer.
76    output wire [1 : 0]                      S_AXI_RRESP,
77    // Read valid. This signal indicates that the channel is
78    // signaling the required read data.
79    output wire                             S_AXI_RVALID,
80    // Read ready. This signal indicates that the master can
81    // accept the read data and response information.
82    input wire                              S_AXI_RREADY
83    );
84
85   // AXI4LITE signals
86   reg [C_S_AXI_ADDR_WIDTH-1 : 0]           axi_awaddr;
87   reg                                 axi_awready;
88   reg                                 axi_wready;
89   reg [1 : 0]                          axi_bresp;
90   reg                                 axi_bvalid;
91   reg [C_S_AXI_ADDR_WIDTH-1 : 0]       axi_araddr;
92   reg                                 axi_arready;
93   reg [C_S_AXI_DATA_WIDTH-1 : 0]       axi_rdata;
94   reg [1 : 0]                          axi_rresp;
95   reg                                 axi_rvalid;
96
97   // Example-specific design signals
98   // local parameter for addressing 32 bit / 64 bit C_S_AXI_DATA_WIDTH
99   // ADDR_LSB is used for addressing 32/64 bit registers/memories
100  // ADDR_LSB = 2 for 32 bits (n downto 2)
101  // ADDR_LSB = 3 for 64 bits (n downto 3)
102  localparam integer  ADDR_LSB = (C_S_AXI_DATA_WIDTH/32) + 1;
103  localparam integer  OPT_MEM_ADDR_BITS = 1;
104  //----------------------------------------------
105  //-- Signals for user logic register space example
106  //------------------------------------------------
107  //-- Number of Slave Registers 4
108  reg [C_S_AXI_DATA_WIDTH-1:0]           slv_reg0;
109  reg [C_S_AXI_DATA_WIDTH-1:0]           slv_reg1;
110  reg [C_S_AXI_DATA_WIDTH-1:0]           slv_reg2;
111  reg [C_S_AXI_DATA_WIDTH-1:0]           slv_reg3;
112  wire                                slv_reg_rden;
113  wire                                slv_reg_wren;
114  reg [C_S_AXI_DATA_WIDTH-1:0]           reg_data_out;
115  integer                              byte_index;
116
```

```
117    // I/O Connections assignments
118
119    assign S_AXI_AWREADY = axi_awready;
120    assign S_AXI_WREADY  = axi_wready;
121    assign S_AXI_BRESP   = axi_bresp;
122    assign S_AXI_BVALID  = axi_bvalid;
123    assign S_AXI_ARREADY = axi_arready;
124    assign S_AXI_RDATA   = axi_rdata;
125    assign S_AXI_RRESP   = axi_rresp;
126    assign S_AXI_RVALID  = axi_rvalid;
127    // Implement axi_awready generation
128    // axi_awready is asserted for one S_AXI_ACLK clock cycle when both
129    // S_AXI_AWVALID and S_AXI_WVALID are asserted. axi_awready is
130    // de-asserted when reset is low.
131
132    always @( posedge S_AXI_ACLK )
133      begin
134         if ( S_AXI_ARESETN == 1'b0 )
135           begin
136              axi_awready <= 1'b0;
137           end
138         else
139           begin
140              if (~axi_awready && S_AXI_AWVALID && S_AXI_WVALID)
141                begin
142                   // slave is ready to accept write address when
143                   // there is a valid write address and write data
144                   // on the write address and data bus. This design
145                   // expects no outstanding transactions.
146                   axi_awready <= 1'b1;
147                end
148              else
149                begin
150                   axi_awready <= 1'b0;
151                end
152           end
153      end
154
155    // Implement axi_awaddr latching
156    // This process is used to latch the address when both
157    // S_AXI_AWVALID and S_AXI_WVALID are valid.
158
159    always @( posedge S_AXI_ACLK )
160      begin
161         if ( S_AXI_ARESETN == 1'b0 )
162           begin
163              axi_awaddr <= 0;
```

```
164         end
165       else
166         begin
167           if (~axi_awready && S_AXI_AWVALID && S_AXI_WVALID)
168             begin
169               // Write Address latching
170               axi_awaddr <= S_AXI_AWADDR;
171             end
172         end
173     end
174
175   // Implement axi_wready generation
176   // axi_wready is asserted for one S_AXI_ACLK clock cycle when both
177   // S_AXI_AWVALID and S_AXI_WVALID are asserted. axi_wready is
178   // de-asserted when reset is low.
179
180   always @( posedge S_AXI_ACLK )
181     begin
182       if ( S_AXI_ARESETN == 1'b0 )
183         begin
184           axi_wready <= 1'b0;
185         end
186       else
187         begin
188           if (~axi_wready && S_AXI_WVALID && S_AXI_AWVALID)
189             begin
190               // slave is ready to accept write data when
191               // there is a valid write address and write data
192               // on the write address and data bus. This design
193               // expects no outstanding transactions.
194               axi_wready <= 1'b1;
195             end
196           else
197             begin
198               axi_wready <= 1'b0;
199             end
200         end
201     end
202
203   // Implement memory mapped register select and write logic generation
204   // The write data is accepted and written to memory mapped registers
205   // when axi_awready, S_AXI_WVALID, axi_wready and S_AXI_WVALID are
206   // asserted. Write strobes are used to select byte enables of slave
207   // registers while writing. These registers are cleared when reset (active
208   // low) is applied. Slave register write enable is asserted when valid
209   // address and data are available and the slave is ready to accept the
      // write address and data.
```

```
210    assign slv_reg_wren = axi_wready && S_AXI_WVALID && axi_awready &&
S_AXI_AWVALID;
211
212    always @( posedge S_AXI_ACLK )
213      begin
214        if ( S_AXI_ARESETN == 1'b0 )
215          begin
216            slv_reg0 <= 0;
217            slv_reg1 <= 0;
218            slv_reg2 <= 0;
219            slv_reg3 <= 0;
220          end
221        else begin
222          if (slv_reg_wren)
223            begin
224              case ( axi_awaddr[ADDR_LSB+OPT_MEM_ADDR_BITS:ADDR_LSB] )
225                2'h0:
226        for ( byte_index = 0; byte_index <= (C_S_AXI_DATA_WIDTH/8)-1;
byte_index = byte_index+1 )
227                    if ( S_AXI_WSTRB[byte_index] == 1 ) begin
228                      // Respective byte enables are asserted as per write
                         // strobes
229                      // Slave register 0
230                                    slv_reg0[(byte_index*8)  +:  8]  <=
S_AXI_WDATA[(byte_index*8) +: 8];
231                    end
232                2'h1:
233        for ( byte_index = 0; byte_index <= (C_S_AXI_DATA_WIDTH/8)-1;
byte_index = byte_index+1 )
234                    if ( S_AXI_WSTRB[byte_index] == 1 ) begin
235                      // Respective byte enables are asserted as per write
                         // strobes
236                      // Slave register 1
237                                    slv_reg1[(byte_index*8)  +:  8]  <=
S_AXI_WDATA[(byte_index*8) +: 8];
238                    end
239                2'h2:
240        for ( byte_index = 0; byte_index <= (C_S_AXI_DATA_WIDTH/8)-1;
byte_index = byte_index+1 )
241                    if ( S_AXI_WSTRB[byte_index] == 1 ) begin
242                      // Respective byte enables are asserted as per write
                         // strobes
243                      // Slave register 2
244                                    slv_reg2[(byte_index*8)  +:  8]  <=
S_AXI_WDATA[(byte_index*8) +: 8];
245                    end
246                2'h3:
```

```
        247         for ( byte_index = 0; byte_index <= (C_S_AXI_DATA_WIDTH/8)-1;
byte_index = byte_index+1 )
        248                     if ( S_AXI_WSTRB[byte_index] == 1 ) begin
        249                       // Respective byte enables are asserted as per write
                                  // strobes
        250                       // Slave register 3
        251                                         slv_reg3[(byte_index*8) +: 8] <=
S_AXI_WDATA[(byte_index*8) +: 8];
        252                     end
        253                   default : begin
        254                     slv_reg0 <= slv_reg0;
        255                     slv_reg1 <= slv_reg1;
        256                     slv_reg2 <= slv_reg2;
        257                     slv_reg3 <= slv_reg3;
        258                   end
        259                 endcase
        260               end
        261           end
        262         end
        263

        //          如果注释掉第 222～263 行中对 slv_reg0 和 slv_reg2 的写操作,
        //          那么 RX_FIFO 和 STAT_REG 就成为只读寄存器




        264     // Implement write response logic generation
        265     // The write response and response valid signals are asserted by the
                // slave when axi_wready, S_AXI_WVALID, axi_wready and S_AXI_WVALID
        266     // are asserted.
        267     // This marks the acceptance of address and indicates the status of
        268     // write transaction.
        269
        270     always @( posedge S_AXI_ACLK )
        271       begin
        272         if ( S_AXI_ARESETN == 1'b0 )
        273           begin
        274             axi_bvalid  <= 0;
        275             axi_bresp   <= 2'b0;
        276           end
        277         else
        278           begin
        279             if (axi_awready && S_AXI_AWVALID && ~axi_bvalid && axi_wready
&& S_AXI_WVALID)
        280               begin
```

```
281                 // indicates a valid write response is available
282                 axi_bvalid <= 1'b1;
283                 axi_bresp  <= 2'b0; // 'OKAY' response
284               end                   // work error responses in future
285             else
286               begin
287                 if (S_AXI_BREADY && axi_bvalid)
288                   //check if bready is asserted while bvalid is high
289                   //(there is a possibility that bready is always asserted
                      // high)
290                   begin
291                     axi_bvalid <= 1'b0;
292                   end
293               end
294           end
295       end
296
297     // Implement axi_arready generation
298     // axi_arready is asserted for one S_AXI_ACLK clock cycle when
299     // S_AXI_ARVALID is asserted. axi_awready is
300     // de-asserted when reset (active low) is asserted.
301     // The read address is also latched when S_AXI_ARVALID is
302     // asserted. axi_araddr is reset to zero on reset assertion.
303
304     always @( posedge S_AXI_ACLK )
305       begin
306         if ( S_AXI_ARESETN == 1'b0 )
307           begin
308             axi_arready <= 1'b0;
309             axi_araddr  <= 32'b0;
310           end
311         else
312           begin
313             if (~axi_arready && S_AXI_ARVALID)
314               begin
315                 //indicates that the slave has accepted the valid read address
316                 axi_arready <= 1'b1;
317                 // Read address latching
318                 axi_araddr  <= S_AXI_ARADDR;
319               end
320             else
321               begin
322                 axi_arready <= 1'b0;
323               end
324           end
325       end
326
```

```
327  // Implement axi_arvalid generation
328  // axi_rvalid is asserted for one S_AXI_ACLK clock cycle when both
329  // S_AXI_ARVALID and axi_arready are asserted. The slave registers
330  // data are available on the axi_rdata bus at this instance. The
331  // assertion of axi_rvalid marks the validity of read data on the
332  // bus and axi_rresp indicates the status of read transaction.axi_rvalid
333  // is deasserted on reset (active low). axi_rresp and axi_rdata are
334  // cleared to zero on reset (active low).
335  always @( posedge S_AXI_ACLK )
336   begin
337      if ( S_AXI_ARESETN == 1'b0 )
338        begin
339          axi_rvalid <= 0;
340          axi_rresp  <= 0;
341        end
342      else
343        begin
344          if (axi_arready && S_AXI_ARVALID && ~axi_rvalid)
345            begin
346              // Valid read data is available at the read data bus
347              axi_rvalid <= 1'b1;
348              axi_rresp  <= 2'b0; // 'OKAY' response
349            end
350          else if (axi_rvalid && S_AXI_RREADY)
351            begin
352              // Read data is accepted by the master
353              axi_rvalid <= 1'b0;
354            end
355        end
356   end
357
358  // Implement memory mapped register select and read logic generation
359  // Slave register read enable is asserted when valid address is available
360  // and the slave is ready to accept the read address
361  assign slv_reg_rden = axi_arready & S_AXI_ARVALID & ~axi_rvalid;
362  always @(*)
363   begin
364      // Address decoding for reading registers
365      case ( axi_araddr[ADDR_LSB+OPT_MEM_ADDR_BITS:ADDR_LSB] )
366        2'h0   : reg_data_out <= {24'd0,rx_rdata};
367        2'h1   : reg_data_out <= slv_reg1;
368        2'h2   : reg_data_out <= {31'd0,rx_rd_ready};
369        2'h3   : reg_data_out <= slv_reg3;
370        default : reg_data_out <= 0;
371      endcase
372   end
```

```
//       366 行读取寄存器 RX_FIFO
//       368 行读取寄存器 STAT_REG，STAT_REG[0]有效时表明 RX 数据已经准备好，可以读
// RX_FIFO
//       如果注释掉 367 和 369 行，那么 TX_FIFO 和 CTRL_REG 就成为不可读寄存器
```

```
373
374   // Output register or memory read data
375   always @( posedge S_AXI_ACLK )
376    begin
377      if ( S_AXI_ARESETN == 1'b0 )
378        begin
379          axi_rdata  <= 0;
380        end
381      else
382        begin
383          // When there is a valid read address (S_AXI_ARVALID) with
384          // acceptance of read address by the slave (axi_arready),
385          // output the read dada
386          if (slv_reg_rden)
387            begin
388              axi_rdata <= reg_data_out;     // register read data
389            end
390        end
391    end
392
```

```
//      下面的代码实现了 UART 子电路 uart_tx uart_rx uart_clk 和 FIFO
```

```
393   // Add user logic here
394
395   wire uart_clk;
396
397   clk_gen uart_clk_gen
398     (
399      .clk_in(S_AXI_ACLK),
400      .reset_n(S_AXI_ARESETN),
401      .clk_out(uart_clk),
402      .count(slv_reg3[15:0])
403      );
```

```
404
//      clk_gen 模块实现分频，输入时钟为 AXI 总线时钟，输出为 uart_clk
//      分频比由 slv_reg3(CTRL_REG) 的低 16 位控制，这样就实现了 SoC 通过软件控制
// UART 的波特率
405
406    reg  rx_rd_en;
407    reg  rx_rd_ready;
408    wire [7:0] rx_rdata;
409    wire       rx_empty;
410
411    always @(posedge S_AXI_ACLK)
412      begin
413        if(S_AXI_ARESETN == 1'b0 )
414          begin
415            rx_rd_en <= 0;
416            rx_rd_ready <= 0;
417          end
418        else if(rx_rd_en == 1)
419          begin
420            rx_rd_en <= 0;
421            rx_rd_ready <= 1;
422          end
423        else if(rx_empty == 0 && rx_rd_ready == 0)
424          rx_rd_en <= 1;
425                                              else     if(slv_reg_rden     &&
axi_araddr[ADDR_LSB+OPT_MEM_ADDR_BITS:ADDR_LSB] == 0)
426          rx_rd_ready <= 0;
427      end
428

//      rx 接收电路，当 uart_rx 接收到数据后，会将数据传入 uart_rx_fifo，当 FIFO 有
//      数据时就可以通过 AXI 接口读取
//      FIFO 有数据时，439 行将置 rx_empty 为 0，启动传输，将 uart_rx_fifo 的当前
//      值传入 slv_reg0 (RX_FIFO)
//
//      424 行用于当 rx_empty 为 0 (uart_rx_fifo 内有数据需) 时，rx_rd_en 产生一
//      个周期高电平，这个信号在 441 行控制了 uart_rx_fifo 的读使能端，从而读出 FIFO
//      的当前数据。rx_rd_en 只保持一个周期高电平，读取 FIFO 的一个值
//      418～420 行用于在 rx_rd_en 一个周期高电平后将它置为 0
//
//      rx_rd_en 一个周期高电平后，uart_rx_fifo 输出一个数据到 slv_reg0 (RX_FIFO)
//      于是 RX_FIFO 寄存器准备好了数据
```

```
//      421 行将 rx_rd_ready 置为有效，rx_rd_ready 在 368 行被赋值给 STAT_REG[0]
//      这样软件可以通过读取 STAT_REG 判断 RX_FIFO 是否有数据需要读出
//

429
430  wire [7:0] recv_data;
431  wire       ren;
432
433  fifo_256x8 uart_rx_fifo
434    (
435     .full(),
436     .din(recv_data),
437     .wr_en(ren),
438     .wr_clk(uart_clk),
439     .empty(rx_empty),
440     .dout(rx_rdata),
441     .rd_en(rx_rd_en),
442     .rd_clk(S_AXI_ACLK)
443     );
444
445  uart_rx u_rx
446    (
447     .clk(uart_clk),
448     .reset_n(S_AXI_ARESETN),
449     .rxd(rxd),
450     .rdata(recv_data),
451     .ren(ren)
452     );
453

//    fifo_256x8 用于 RX 的 FIFO，ren 信号用于 uart_rx 接收到一个字节后，控制 FIFO
//    的写使能 recv_data 将接收到的字节写入 uart_rx_fifo 的 din

454  reg        tx_wr_en_ready;
455  reg        tx_wr_en;
456
457  always @(posedge S_AXI_ACLK)
458    begin
459      if(S_AXI_ARESETN == 1'b0 )
460        begin
```

```
461            tx_wr_en_ready <= 0;
462            tx_wr_en <= 0;
463         end
464       else if(tx_wr_en == 1)
465         tx_wr_en <= 0;
466       else if(tx_wr_en_ready == 1)
467         begin
468            tx_wr_en <= 1;
469            tx_wr_en_ready <= 0;
470         end
471       else if(slv_reg_wren && axi_awaddr[ADDR_LSB+OPT_MEM_ADDR_BITS:
          ADDR_LSB]== 1)
472         tx_wr_en_ready <= 1;
473    end
474

//      tx 实现方法类似，tx_wr_en 产生一个周期的高电平，用于控制 uart_tx_fifo，写入
//      一个字节第 464～465 行用于 tx_wr_en 一个周期高电平后将它置 0
//
//      第 471～472 行，当写地址为 slv_reg1(TX_FIFO)并且 slv_reg_wren 有效时，置
//      tx_wr_en_ready 为 1; slv_reg_wren 有效表明 AXI 总线向寄存器写入了数据，
//      地址为 slv_reg1（TX_FIFO）表明写入的是 UART 要发送的数据

475  wire tx_empty;
476  reg  start_tx;
477  wire idle_tx;
478  wire [7:0] send_data;
479  reg       tx_rd_en;
480
481  always @(posedge S_AXI_ACLK)
482   begin
483     if(S_AXI_ARESETN == 1'b0 )
484       begin
485          start_tx <= 0;
486          tx_rd_en <= 0;
487       end
488     else if(tx_rd_en == 1)
489       tx_rd_en <= 0;
490     else if(tx_empty == 0 && idle_tx == 1 && start_tx == 0)
491       begin
492          start_tx <= 1;
493       end
494     else if(start_tx == 1 && idle_tx == 0)
```

```
495            begin
496               tx_rd_en <= 1;
497               start_tx <= 0;
498            end
499        end
500

//      tx_rd_en 用于控制 uart_tx_fifo，一个周期高电平输出一个字节
//      start_tx 用于控制 uart_tx，有效时 uart_tx 发送数据
//      第490行，当 tx_empty==0时，说明 TX_FIFO中有数据需要发送，于是设置 start_tx
//      为 1，启动 tx
//      第488～489 行 tx_rd_en 为一个周期高电平后将它置 0
//

501    fifo_256x8 uart_tx_fifo
502      (
503       .full(),
504       .din(slv_reg1[7:0]),
505       .wr_en(tx_wr_en),
506       .wr_clk(S_AXI_ACLK),
507       .empty(tx_empty),
508       .dout(send_data),
509       .rd_en(tx_rd_en),
510       .rd_clk(S_AXI_ACLK)
511      );
512
513
514    uart_tx u_tx
515      (
516       .clk(uart_clk),
517       .reset_n(S_AXI_ARESETN),
518       .wdata({1'b1,send_data,1'b0}),
519       .start(start_tx),
520       .txd(txd),
521       .idle(idle_tx)
522      );

//       wdata 的高位为 1，低位为 0，用于 uart_tx 发送的启动位和停止位
//       tx_rd_en 每个周期的高电平，uart_tx_fifo 输出一个字节，由 send_data 传到
//       uart_tx 的 wdata
//       start_tx 信号启动发送
```

```
523
524   // User logic ends
525
526 endmodule
uart_soc_v1_0_S00_AXI.v
```

将 UART 加上 AXI 接口后，需要将代码封装成 IP 格式，这样才可以在 Vivado 的 SoC 设计中调用。IP 封装的步骤可参考本节提供的视频 video_3.3_package_uart_zju.ogv。

3.4 UART 驱动软件

在本节中，AXI Lite 接口用于 SoC 和 UART 模块进行通信。为了方便使用，需要编写相应的软件驱动。首先软件将要发送的内容转换成字符串。在本实验中，该转换参考了 Vivado 的 xil_printf.c 文件，主要支持字符串输出（%s），整形输出（%d）和字符输出（%c）。在完成转换后，将该字符串按照顺序一一通过 AXI Lite 接口传送给 UART 的 TX_FIFO 寄存器（在本节设计中，其地址为 0x44A0_0004，因此只需要往该地址写值即可）。这样 UART 模块就能接收所需要发送的内容，按照 UART 协议将这些数据发送出去。

图 3.26 所示是用本节设计的 UART 实现的 Hello World 硬件电路图，UART 基地址设置为 0x44A0_0000。实验步骤可参考视频 video_3.4_ck807_hello_world_zju.ogv。

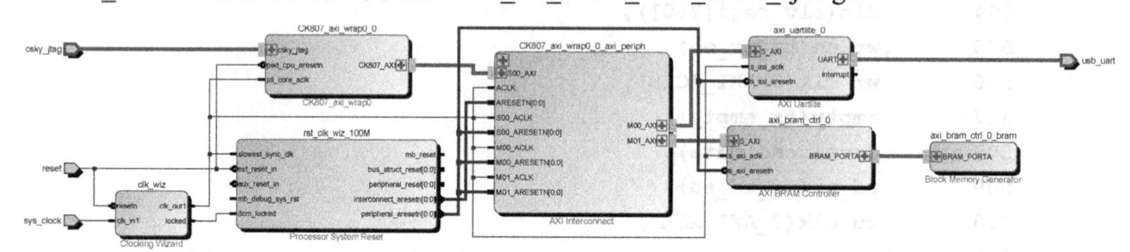

图 3.26 采用本章 UART 的 Hello World 硬件

AXI UART 测试代码如下，通过读写 UART 的寄存器即可对 UART 进行控制。为了简化设计，代码中采用 for 循环进行延时。测试代码实现的功能是接收 rx 收到的数据，再从 tx 端发送。

```
 1 //-------------------------------------------------------------------
 2 //
 3 // IMPORTANT: This document is for use only in the <Embedded System Design>
 4 //
 5 // College of Electrical Engineering, Zhejiang University
 6 //
 7 // Wang Yubo, wangyubo_vlsi@qq.com
 8 //
 9 //-------------------------------------------------------------------
10
11 #define CPU_CLK 100000000
```

```
12 unsigned int *UART_BASE_ADDR=(unsigned int *)0x44A00000;
13
14 #define RX_FIFO  0;
15 #define TX_FIFO  1;
16 #define STAT_REG 2;
17 #define CTRL_REG 3;
18
19 void set_rate(int rate)
20 {
21  unsigned int div = CPU_CLK / 2 / rate;
22  UART_BASE_ADDR[CTRL_REG]=div;
23 }
24
25 void print_uart(char *s)
26 {
27  while((*s) != '\0'){
28    UART_BASE_ADDR[TX_FIFO]=(*s);
29    s++;
30  }
31 }
32
33 void scanf_uart(char *s)
34 {
35  int i=0,j;
36  while(UART_BASE_ADDR[STAT_REG] == 1)
37    {
38      for(j=0;j<1000;j++);
39      s[i]=UART_BASE_ADDR[RX_FIFO]&0xff;
40      for(j=0;j<1000;j++);
41      i++;
42    }
43 }
44
45 int main() {
46
47  set_rate(9600);
48
49  char s[200];
50  while(1)
51    {
52      int i=0;
53
54      for(i=0;i<200;i++)
55        s[i]=0;
56
57      while(UART_BASE_ADDR[STAT_REG] == 0)
58        {
```

```
59          int j;
60          for(j=0;j<1000;j++);
61        }
62
63      scanf_uart(s);
64
65      print_uart(s);
66
67    }
68  return 0;
69 }
uart_test.c
```

嵌入式系统芯片设计——实验手册

Chapter 3：AXI 总线协议

Module A：AXI UART

浙江大学超大规模集成电路研究所

http://vlsi.zju.edu.cn

实验简介

设计完成 UART 电路，将它封装成 AXI 接口 IP，在 CK807 SoC 中使用这个 IP，打印出 Hello World。

目标

掌握 AXI Lite IP 设计知识

背景知识

1. C 语言
2. UART 原理
3. AXI Lite 原理

实验难度与所需时间

实验难度：■ ■ ■ ░ ░

所需时间：4.0 小时

实验所需资料

第 3 章

实验设备

1. Nexys-4 DDR FPGA
2. CK803/CK807 IP，CKCPU 下载器

参考视频

1. video_3.1_fifo_gen_zju.ogv（video_3.1）
2. video_3.2_create_axi_slave_zju.ogv（video_3.2）
3. video_3.3_package_uart_zju.ogv（video_3.3）
4. video_3.4_ck807_hello_world_zju.ogv（video_3.4）

实验步骤

本实验设计的 SoC 与第 2 章实验手册的实验步骤 A 相同，不同的地方在于 UART IP 自行设计。UART 封装成 IP 后实验步骤参考第 2 章实验手册的实验步骤 A。

1. 参考视频 video_3.2，生成 AXI Lite 模板，分析代码。
2. 参考视频 video_3.1，生成实验所需 FIFO。
3. 分析本节实验提供的 UART 代码。
4. 参考视频 video_3.3，将 UART 封装成 IP。
5. 参考视频 video_3.4，用第 4 步的 UART 设计实现 SoC。
6. 在 CDS 内建立 project，编译并下载调试程序。

串口软件正确显示打印信息，表明本节实验已经完成。

实验提示

仔细分析提供的 RTL 代码，3.B 实验不提供代码，自行完成。

拓展实验

1. 将 UART 的波特率改为 115200b/s。
2. 给 UART 加上奇偶校验位。

嵌入式系统芯片设计——实验手册

Chapter 3：AXI 总线协议

Module B：AXI GPIO

浙江大学超大规模集成电路研究所

http://vlsi.zju.edu.cn

实验简介

设计 AXI GPIO，实现 PC 对 FPGA 的控制。

目标

1. 掌握 UART 接收
2. 独立设计 AXI Lite GPIO

背景知识

1. UART 原理
2. AXI Lite 原理
3. GPIO 原理

实验难度与所需时间

实验难度：■■■░░

所需时间：5.0h

实验所需资料

1. 本书第 3 章
2. 实验 3.A

实验设备

1. Nexys-4 DDR FPGA
2. CK803/CK807 IP，CKCPU 下载器

参考视频

1. video_3.2_create_axi_slave_zju.ogv（video_3.2）
2. video_3.3_package_uart_zju.ogv（video_3.3）

实验步骤

本实验在实验 3.A 的基础上完成，需要用到实验 3.A 的 UART。在实验 3.A 的 SoC 里加上本实验设计的 GPIO IP。

AXI 接口 GPIO 模块非常简单，其核心功能是将寄存器的值映射到 FPGA 的引脚，请参考 AXI UART 代码。

A.　GPIO 设计

1. 参考视频 video_3.2，生成 AXI Lite 模板，命名为 axi_gpio。
2. axi_gpio 代码内添加一组引脚，将 slv_reg0 的值与引脚相连。
3. 参考视频 video_3.3，将 axi_gpio 封装成 IP。
4. 生成一个 SoC，包含实验 3.A 的 UART 和第 3 步封装的 axi_gpio。
5. 编辑 XDC 文件，将添加的引脚与 FPGA 的 LED 相连。
6. 在 CDS 内建立 project，向 axi_gpio 的 slv_reg0 写入 0 或 1。

FPGA 相关的 LED 发光，表明本实验完成。

B. 接收 PC 发送的数据

1. 从 PC 端用串口调试软件，向 UART 发送数据。

2. 修改实验 3.A 的 C 代码，利用 AXI 总线从 UART IP 接收这些数据。

3. 将接收的数据发送给 axi_gpio，控制 LED 的发光。

本实验较复杂，需要参考实验 3.A 的代码，利用 CPU 读取 UART 接收到的数据。

C. 设计七段码显示电路

Nexys-4 DDR FPGA 开发板有 8 个七段码 LED，设计电路显示 PC 发送的字母和数字。

1. 设计七段码解码电路，将接收到的数据解码。

2. 将该电路加入 axi_gpio 模块，与 slv_reg1 对应。

3. 重新封装 axi_gpio，重新建立包含这个模块的 SoC，修改 XDC 文件。

4. 修改软件，从 PC 端向 UART 发送字母和数字。

正确的显示字母和数字，表明本实验完成。

D. 从 FPGA 向 PC 发送数据

Nexys-4 DDR FPGA 开发板有 16 个拨码开关，将这些拨码开关的值映射到 slv_reg2。

重新设计 axi_gpio，重新建立 SoC，修改软件。

拨动开关后，将 slv_reg2 的值通过 UART 发送给 PC，在串口调试软件上显示。

实验提示

本实验独立完成，请参考实验 3.A 的代码。

发送给 PC 的字符采用 ASCII 编码。

可能有一些知识没有包含在本书中，请自行搜索相关知识。

本章提供的代码 rx 接收可能会有 bug，请自行调试。

拓展实验

在 FPGA 板上实时显示 PC 的时间。

第 4 章　AXI Master 模块设计

本章以两种 HDMI 接口电路为例，介绍 AXI Master 模块设计。

通过这些显示接口模块，CK807 可以通过直接写内存的方法实现 HDMI 的全高清显示。

本章内容源自浙江大学电气工程学院本科暑期实习“嵌入式系统设计”的部分实验，这部分实验要求学生从底层向上构建所有相关硬件电路，本章的学习方法应是按顺序完成所有电路设计实验。

本章设计的显示接口模块，可以在 Zedboard、ZC702、ZC706、KCU105、Nexys Video、PYNQ Z1、Zybo Z7 和 Genesys 2 等开发板上实现无操作系统的直接全高清 HDMI 驱动。

4.1　AXI 突发传输模式

AXI Full 支持突发模式，给定一个地址，传输一片数据，这样可以提高总线利用率，适合高速传输大量数据。突发模式是 AXI Full 和 AXI Lite 的主要区别。本章设计的模块需要用到突发模式。

突发模式引入了一个新的信号 LAST，用于指示突发传输的结束。

图 4.1 所示是突发读模式的传输，给定一个地址后，传输了 4 个数据，Ti 时刻 RLAST 有效，突发传输结束。突发模式有 3 个控制信号。

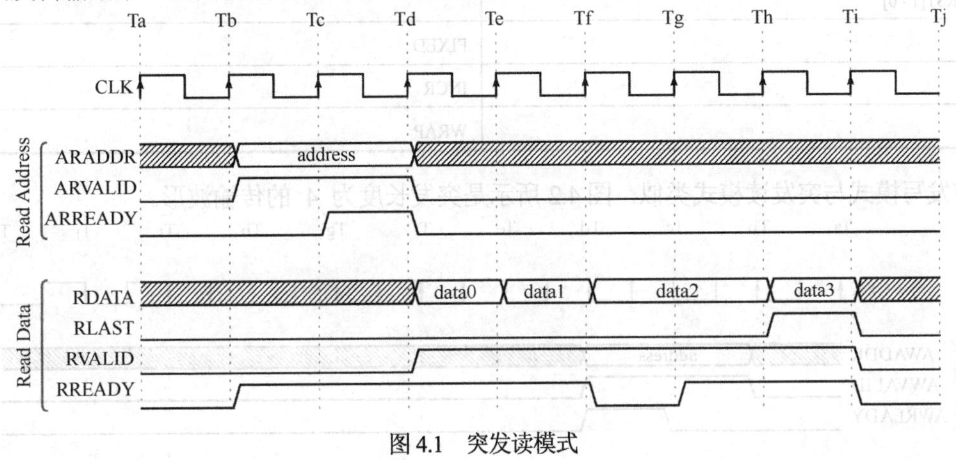

图 4.1　突发读模式

1. ARLEN[7：0]

用于设置突发传输的长度，本例的突发传输长度为 4，ARLEN=3。

```
Burst_Length=ARLEN[7 : 0]+1
```

2. ARSIZE[2：0]

设置一次传输几个字节，本章实验按照 32 位传输，即 4 个字节。

由表 4.1 可知 ARSIZE=0b010。

表 4.1　传输字节

ARSIZE[2∶0] AWSIZE[2∶0]	传输字节
0b000	1
0b001	2
0b010	4
0b011	8
0b100	16
0b101	32
0b110	64
0b111	128

3. ARBURST[1∶0]

突发传输的模式如表 4.2 所示。FIXED 模式每次都是同一个地址，一般用于 FIFO；INCR 模式每次地址自动加一个传输大小，这是本章实验用到的模式；WRAP 模式类似自动加 1，加到上限后再返回开始的地址。

表 4.2　突发传输的模式

ARBURST[1∶0] AWBURST[1∶0]	模式
0b00	FIXED
0b01	INCR
0b10	WRAP

突发写模式与突发读模式类似，图 4.2 所示是突发长度为 4 的传输波形。

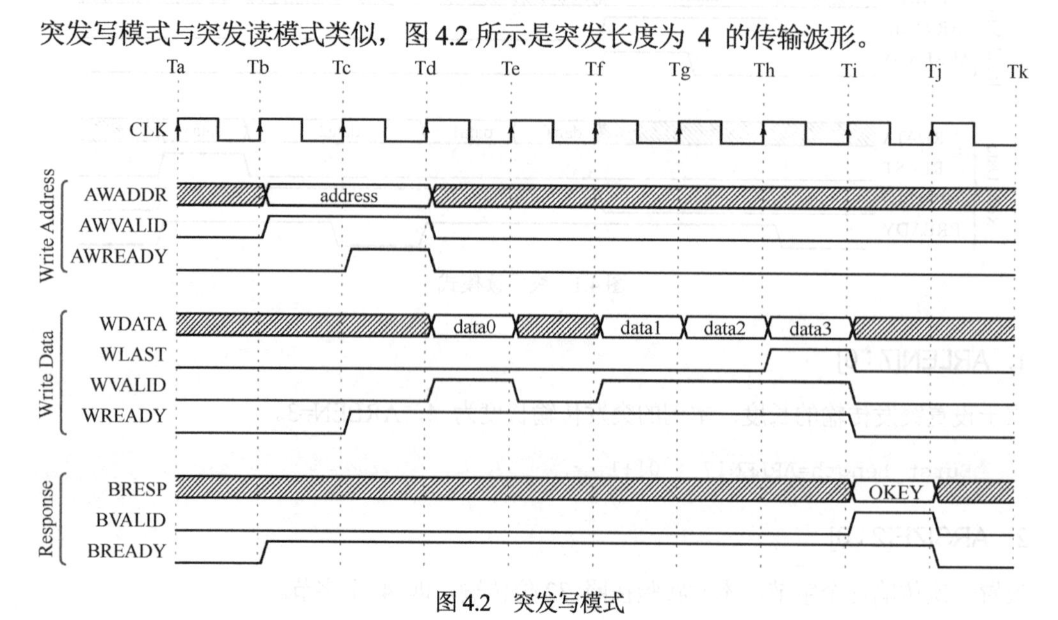

图 4.2　突发写模式

4.2 HDMI 控制器硬件设计

利用控制器产生水平和垂直的同步脉冲信号是硬件系统驱动显示屏幕的基础。在设计全高清 1080P 控制器电路前，本节先设计 720P 的控制电路，相对而言，720P 时序要求较低，比较容易实现。720P 电路设计好后，通过改变参数即可实现 1080P 电路（需要提高电路性能以满足更高的时序需求）。

本节实验面向使用 ADV7511 HDMI 驱动芯片的 FPGA 开发板，如 Zedboard、ZC702、ZC706、KCU705、KCU105 和 VC707 等。直接输出 TMDS 信号驱动 HDMI 显示器的方法在 4.7 节介绍，这种方法适用于 Nexys Video、PYNQ Z1、Zybo Z7 和 Genesys 2 等 FPGA 开发板。

为了驱动一个 HDMI 接口的屏幕，需要颜色信号及水平（H_SYNC）和垂直（V_SYNC)的脉冲信号，这和驱动 VGA 显示器类似。

图 4.3 所示是 HDMI 显示一帧 720P 分辨率的画面的示意图。在一帧画面开始时，V_SYNC 产生一个高电平脉冲信号，表明一帧的开始。在一帧内的每一行，H_SYNC 都产生一个脉冲信号，表明一行的开始。

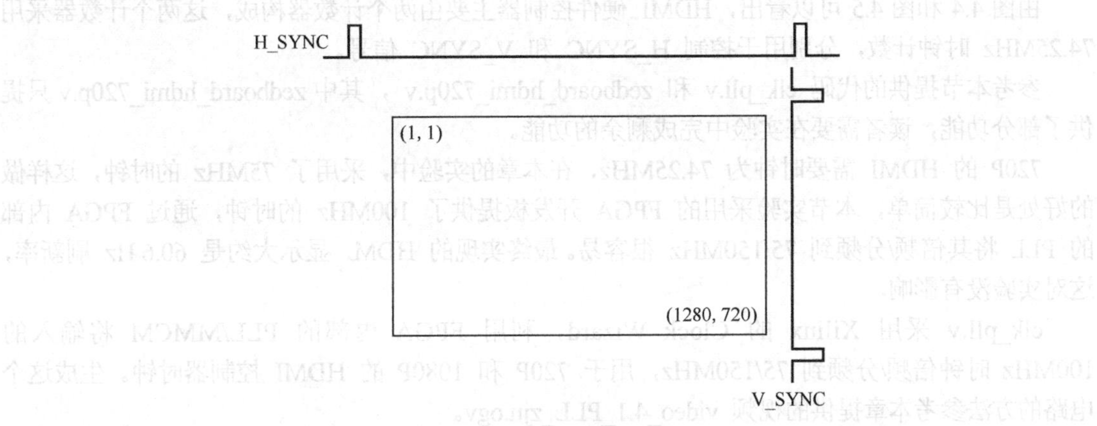

图 4.3 720P 分辨率的画面

1280 像素×720 像素分辨率 60Hz 刷新率的时钟要求为 74.25MHz，水平脉冲信号 H_SYNC 的时序如图 4.4 所示，在每行的开始，H_SYNC 生成 40 个时钟周期宽的脉冲信号（H_SYNC），接下来等 220 个时钟周期（H_BP），在下个周期显示这一行的第一个像素点，接着每个时钟周期显示一个像素点，连续显示 1280 个，完成一行的显示。等待 110 个（H_FP）时钟周期后，开始显示下一行。

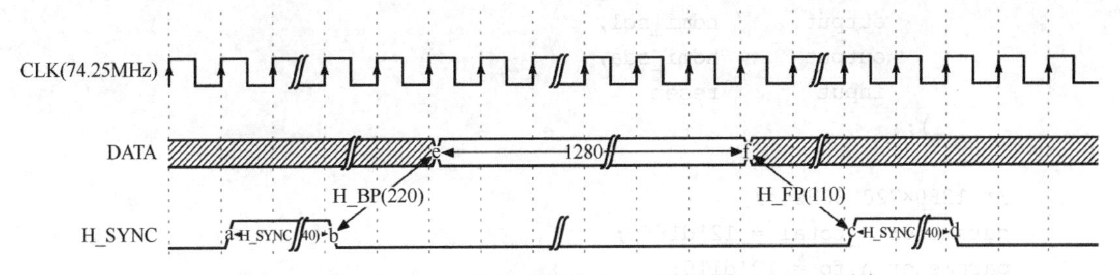

图 4.4 1280 像素×720 像素分辨率 60Hz 刷新率 H_SYNC 时序

可以看出，每行显示一共需要 1650 个时钟周期，其中 1280 个时钟周期每个周期显示一个像素点，剩余的时间用于各种等待（HDMI 协议里利用这段时间传输音频和控制信号）。这是因为以前的 CRT 显示器，电子枪扫描完一行，需要一定的时间移动到下一行开始处。HDMI 协议保留了这种传输特点，虽然很多 HDMI 设备可能并不需要这个时间准备下一行。

每一帧画面需要一个垂直脉冲信号 V_SYNC 表明一帧的开始，它的时序如图 4.5 所示。在每一帧画面的开始，V_SYNC 生成一个包含 5 个 H_SYNC 的高电平脉冲（V_SYNC），即 1650×5 个时钟周期（显示 5 行所需时间），接下来等待 20 个 H_SYNC（V_BP），在下个周期显示第一行像素点。连续显示 720 行，完成一帧画面的显示。等待 5 个 H_SYNC（V_FP）后，显示下一帧。

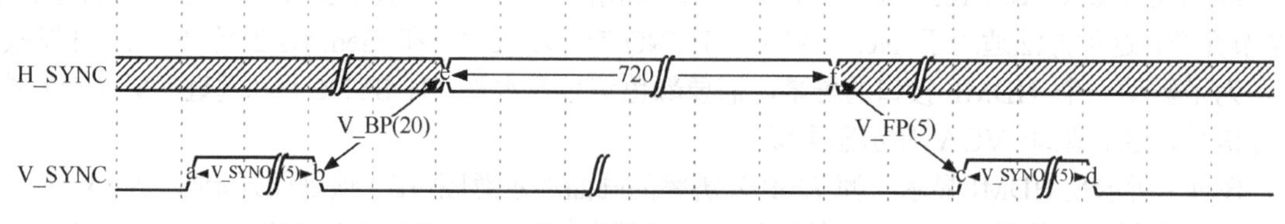

图 4.5　1280 像素×720 像素分辨率 60 Hz 刷新率 V_SYNC 时序

由图 4.4 和图 4.5 可以看出，HDMI 硬件控制器主要由两个计数器构成，这两个计数器采用 74.25MHz 时钟计数，分别用于控制 H_SYNC 和 V_SYNC 信号。

参考本节提供的代码 clk_pll.v 和 zedboard_hdmi_720p.v ，其中 zedboard_hdmi_720p.v 只提供了部分功能，读者需要在实验中完成剩余的功能。

720P 的 HDMI 需要时钟为 74.25MHz，在本章的实验中，采用了 75MHz 的时钟，这样做的好处是比较简单，本节实验采用的 FPGA 开发板提供了 100MHz 的时钟，通过 FPGA 内部的 PLL 将其倍频/分频到 75/150MHz 很容易。最终实现的 HDMI 显示大约是 60.6 Hz 刷新率，这对实验没有影响。

clk_pll.v 采用 Xilinx 的 Clock Wizard，利用 FPGA 内部的 PLL/MMCM 将输入的 100MHz 时钟倍频/分频到 75/150MHz，用于 720P 和 1080P 的 HDMI 控制器时钟。生成这个电路的方法参考本章提供的视频 video_4.1_PLL_zju.ogv。

```
module zedboard_hdmi(
        input           clk_100,
        output          hdmi_clk,
        output  reg     hdmi_hsync,
        output  reg     hdmi_vsync,
        output  reg     hdmi_de,
        output  [15:0]  hdmi_d,
        output       hdmi_scl,
        output       hdmi_sda,
        input        reset
    );

/* 1280×720 60Hz */
parameter h_total = 12'd1650;
parameter h_fp = 12'd110;
parameter h_bp = 12'd220;
parameter h_sync = 12'd40;
```

```
parameter v_total = 12'd750;
parameter v_fp = 12'd5;
parameter v_bp = 12'd20;
parameter v_sync = 12'd5;

/* horizontal counter */
/*Your code.*/

/* vertical counter */
/*Your code.*/
```

控制器的输入 clk_100 可以从 FPGA 板上接入 100MHz 的时钟，经过 PLL 后生成 75MHz 的 hdmi_clk。在控制器里要生成如下输出信号。

1. hdmi_clk

用 clk_pll.v 生成一个 75MHz 的时钟作为 HDMI 时钟。

2. hdmi_h_sync，hdmi_v_sync

利用计数器生成行同步脉冲和列同步脉冲。

3. hdmi_de

这个信号是给 FPGA 开发板的 ADV7511 HDMI 驱动芯片使用的，在有效行的第 1 到第 1280 个像素点（图 4.4 中的 e 和 f 之间）为高电平，所以它也可以用计数器产生。

4. hdmi_d[15：0]

这个信号是给 ADV7511 使用的，它是 YUV422 格式的要显示像素点颜色信息。在本节实验里暂时可以先悬空，在 4.4 节的实验里可以用图形模式（pattern）电路生成各种输出的图形。

5. hdmi_scl，hdmi_sda

这是 ADV7511 芯片的初始化引脚，在 4.3 节设计它的控制电路。本节可以先悬空。

```
always @(posedge system_clk)
   if (reset)
      { hdmi_vsync, hdmi_hsync } <= 2'b0;
   else
   begin
      /* hdmi output signals */
      hdmi_hsync <= (h_count < h_sync);
      hdmi_vsync <= (v_count < v_sync);
      hdmi_de <=  (((v_count >= v_sync + v_bp) && (v_count <= v_total - v_fp
- 1))
                 && ((h_count >= h_sync + h_bp) && (h_count <= h_total - h_fp
- 1)));
   end
```

从上面的代码可以看出，H_SYNC 和 V_SYNC 的实现非常简单，先实现行计数器和列计数器，然后通过简单的比较就可以产生这两个信号，同时可以产生 hdmi_de 信号。

完成了 HDMI 控制器电路设计后，需要对这个电路进行仿真验证，仿真步骤参考视频 video_4.2_genhw_and_sim _zju.ogv。

测试电路代码非常简单，只需要给被测电路提供一个 100MHz 的时钟即可。

```
'timescale 1ns / 1ps

module tb_top();

  reg clkin_100;
  reg hdmi_int;
  reg reset;

  wire        hdmi_clk;
  wire        hdmi_hsync;
  wire        hdmi_vsync;
  wire  [15:0] hdmi_d;
  wire        hdmi_de;
  wire        hdmi_scl;
  wire        hdmi_sda;

  zedboard_hdmi uut (
    .clk_100(clkin_100),
    .hdmi_clk(hdmi_clk),
    .hdmi_hsync(hdmi_hsync),
    .hdmi_vsync(hdmi_vsync),
    .hdmi_d(hdmi_d),
    .hdmi_de(hdmi_de),
    .reset(reset),
    .hdmi_scl(hdmi_scl),
    .hdmi_sda(hdmi_sda)
    );

    initial begin
    #100;
    clkin_100 = 0;
    reset = 0;
    #500;
    reset = 1;
    #50;
    reset = 0;
    end

    always #5 clkin_100 = ~clkin_100;

endmodule
```

本节实验需要完成 hdmi_clk、hdmi_hsync、hdmi_vsync 和 hdmi_de 这 4 个信号的电路，由于还没有设计输出电路，所以目前无法在实际 FPGA 开发板上测试，因此需要将仿真结果和本节提供的标准波形文件 waveform_4.1_behav_720p_96ms 进行比较。打开波形文件的方法参考视频 video_4.3_open_sim_waveform_zju.ogv。打开后的波形如图 4.6 所示。

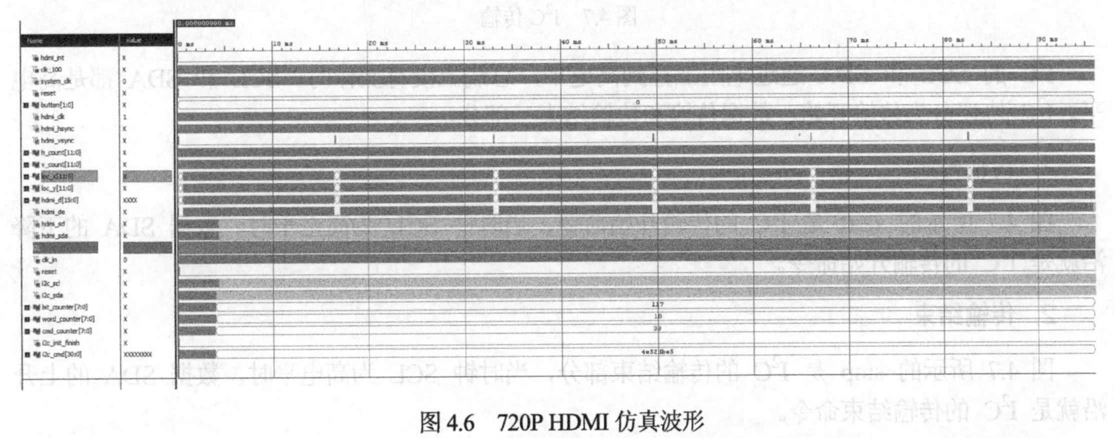

图 4.6　720P HDMI 仿真波形

该波形包含了 96 ms（6 帧）HDMI 控制器用到的所有信号，本节的实验只需要对 hdmi_clk、hdmi_hsync、hdmi_vsync 和 hdmi_de 这 4 个信号进行比较验证，确保设计的电路功能正确。波形中的 I^2C（IIC）等信号在 4.3 节中会用到。在设计电路前，分析本节提供的标准波形也有助于理解 HDMI 控制信号逻辑。

4.3　HDMI 初始化电路设计

HDMI 的输出一般分为两种：一种类似 Zedboard/ZC702/ZC706 等开发板，采用 HDMI 驱动芯片（ADV7511 等），将并行的显示数据转化成符合 HDMI 协议的串行信号，驱动 HDMI 显示设备；另一种类似 Nexys Video/Genesys 2/Zybo 等开发板，不提供 HDMI 驱动芯片，需要设计串行发送电路将要显示的内容以 HDMI 协议发送给 HDMI 显示设备。

第一种输出方法的好处是系统设计比较简单，串行发送电路由一颗芯片完成，缺点是增加了一颗芯片。第二种输出的方法增加了电路设计难度，但不需要在 FPGA 和显示设备之间加入 HDMI 驱动芯片。也可以认为第二种方法要用 FPGA 设计一个类似 ADV7511 完成 HDMI 的驱动。

采用 ADV7511 等芯片实现 HDMI 的串行驱动，需要在显示前对 ADV7511 进行初始化。本节介绍如何设计 ADV7511 的初始化电路。设计 HDMI 串行发送电路直接驱动显示设备在 4.7 节介绍。

ADV7511 芯片用于 HDMI 显示的主要引脚，包括 hdmi_clk、hdmi_hsync、hdmi_vsync、hdmi_de 和 hdmi_d[15 : 0]，这些信号已经在 4.2 节介绍过，用于 ADV7511 初始化的引脚是 SCL 和 SDA。

SCL 和 SDA 采用 I^2C 协议进行初始化代码的传输，如图 4.7 所示。AXI 接口的 I^2C 模块设计在第 6 章会介绍，本节实验实现一个简单的 I^2C 发送电路，完成 ADV7511 的初始化。

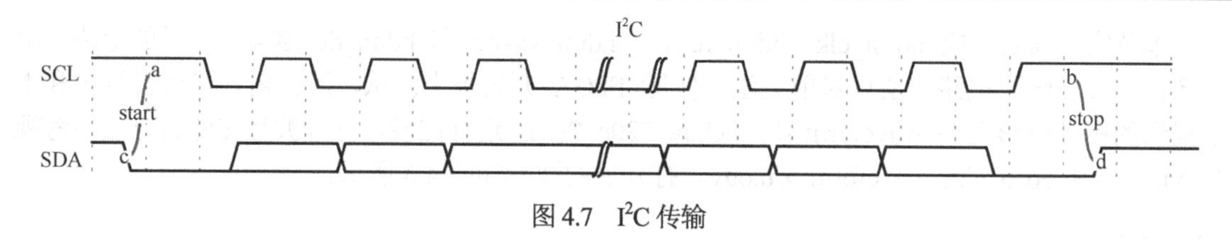

图 4.7　I²C 传输

I²C 的 SCL 和 SDA 通过电阻上拉到高电平，总线上没有操作时，SCL 和 SDA 都是高电平。I²C 协议分为传输开始、数据传输和传输结束三部分。

1．传输开始

图 4.7 所示的 start 是 I²C 的传输开始命令，当时钟 SCL 为高电平时，数据 SDA 的下降沿就是 I²C 的传输开始命令。

2．传输结束

图 4.7 所示的 stop 是 I²C 的传输结束部分，当时钟 SCL 为高电平时，数据 SDA 的上升沿就是 I²C 的传输结束命令。

3．数据传输

数据传输时，在时钟信号 SCL 的高电平时采样 SDA 信号，SCL 为高电平时，SDA 不能发生变化，否则就是“传输开始”或“传输结束”命令。SCL 为低电平时，SDA 才可以变化。

数据传输发送方每次发 8 个位，在第 9 个位，接收方发回响应信息，表明是否收到前 8 个位。在本实验中，为了简化设计，判断第 9 个位 是否收到的电路被省略。按照 I²C 协议，发送方在第 9 个位应接收 SDA 上的响应信息，但本实验将它简化为发送方发送高电平。发送高电平不会影响接收方发送响应信号，因为 SDA 是上拉的，如果接收方发送的响应是高电平，那么这时 SDA 是高电平，如果接收方发送的响应是低电平，由于上拉电路的特性，这时 SDA 是低电平。所以发送方发送的第 9 个位，只是为了占位，这样本实验设计的初始化电路只要向 ADV7511 发送数据就可以了。所有的接收方（ADV7511）返回的信息都被忽略。

本节要实现的 I²C 协议电路通过 100kHz 左右的频率向 ADV7511 发送 40 个初始化控制命令，具体初始化命令见本节提供的 i2c_sender.v，这些初始化代码参考了 http://hamsterworks.co.nz/mediawiki/index.php/Zedboard_VGA_HDMI。

图 4.8 所示是 I²C 初始化的第 1 条命令，向地址 0hE8 发送 0h0202。ZC702 和 ZC706 等 FPGA 在 ADV7511 的 I²C 控制引脚前接了一个 PCA9548 芯片，它是个八选一 I²C 总线选择器，因此需要先配置这个芯片，它的地址是 0hE8，配置的内容是 0h0202。4.2 节提供的 waveform_4.1_behav_720p_96ms 里包含了 I²C 初始化的所有波形。

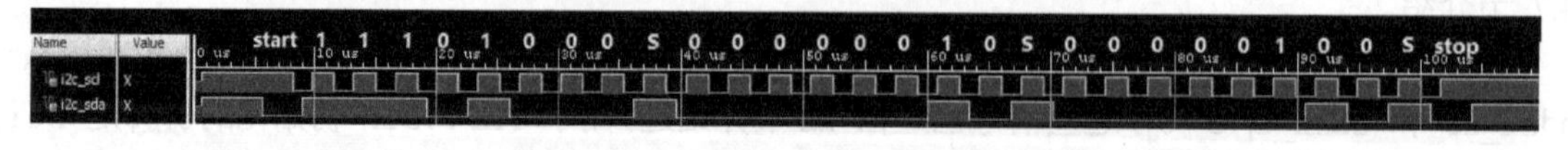

图 4.8　I²C 初始化第 1 条命令

SCL 是 I²C 的时钟信号，在本实验里大约为 100kHz，SDA 是数据信号。当总线没有传输时，SCL 和 SDA 都是高电平。根据 I²C 协议，当时钟为高电平时，数据信号的下降沿表明开始一次传输。在图 4.7 所示的 start 位置，SCL 为高电平，SDA 从 1 到 0，这表明了传输开始。

I²C 的数据是在时钟为高电平时传输的，在图 4.8 所示的 10μs 左右，传输了第 1 个位“1”，接着连续传输，在 35μs 左右完成了第一个字节（0b1110_1000，即 0hE8，PCA9548 的地址）的传输。在下一个位，本应由 ADV7511 返回应答，为了简化，本实验改为发送一个高电平。这样就传输了第一个字节。

接下来继续这个过程，发送了 0202，初始化的第 1 条命令发送完毕。第 1 条命令 0hE80202 中，第一个字节 E8 是地址，接下来两个字节 0202 是向这个地址写入的内容。

图 4.9 所示是 I^2C 初始化第 2 条命令，内容是 0h724110。其中 0h72 是 ADV7511 的写地址，0h4110 是写入 ADV7511 的内容。

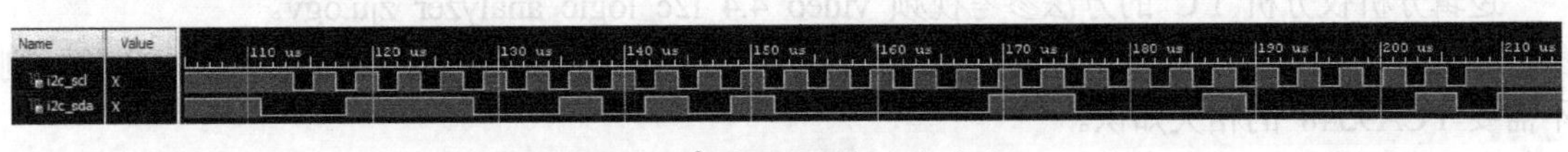

图 4.9 I^2C 初始化第 2 条命令

重复图 4.9 所示的方法 38 次，把剩下的 38 个指令发送给 ADV7511，就完成了 ADV7511 的初始化。除了第 1 条指令是发送给 PCA9548（地址是 0hE8）的，剩余的 39 条指令都是发送给 ADV7511（地址是 0h72）的。

用于 ZC702 的 i2c_sender.v 可以直接用于 Zedboard，Zedboard 内没有 PCA9548，FPGA 和 ADV7511 的配置引脚是直接接在一起的。因此发送的第 1 条指令在 I^2C 总线上没有接收方，被 Zedboard 忽略，接下来 39 条指令可以初始化 Zedboard 和 ZC702 等。ZC706 由于 ADV7511 的数据接口连接方法稍有不同，因此初始化代码与 Zedboard/ZC702 略有不同，它的初始化代码请参考 i2c_sender.zc706.v。

```
module i2c_sender(
        input clk_in,
        input reset,
        output i2c_scl,
        output i2c_sda
    );

    parameter  I2C_HDMI_ADDR = 8'h72;
    parameter  I2C_HUB_ADDR = 8'hE8;


    /* YOUR CODE*/


    endmodule
```

本实验，需要完成 i2c_scl 和 i2c_sda 这两个信号的 I^2C 发送电路，完成 i2c_sender 后，需要将仿真结果和标准波形文件 waveform_4.1_behav_720p_96ms 进行比较，确保 ADV7511 的初始化正确。

仿真验证后，可以将设计的电路下载到 FPGA 开发板，将 i2c_scl 和 i2c_sda 复制一份后接到 FPGA 的输出引脚，通过示波器或逻辑分析仪分析实际波形是否与标准波形一致。图 4.10 所示是逻辑分析仪采样到的 I^2C 初始化波形。

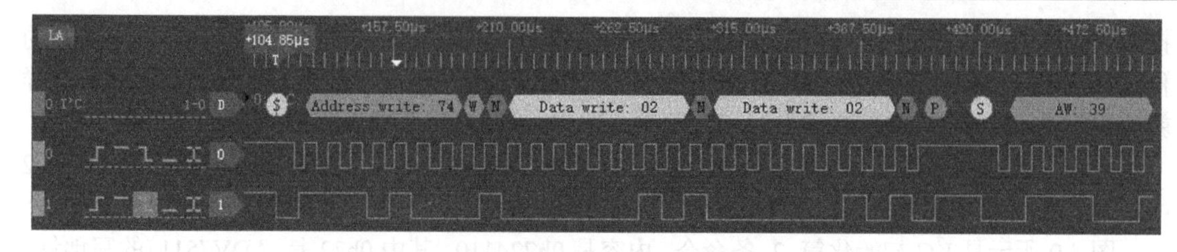

图 4.10 逻辑分析仪采样到的 I²C 初始化波形

逻辑分析仪分析 I²C 的方法参考视频 video_4.4_i2c_logic_analyzer_zju.ogv。

PCA9548 和 ADV7511 的资料可参考芯片手册，如果用 Zedboard 开发板完成本实验，则不需要 PCA9548 的相关知识。

引脚绑定信息如下，I²C 协议要求信号上拉，这在引脚绑定时实现。

```
set_property -dict {PACKAGE_PIN AA18 IOSTANDARD LVCMOS33} [get_ports hdmi_scl]
set_property -dict {PACKAGE_PIN Y16  IOSTANDARD LVCMOS33} [get_ports hdmi_sda]

set_property PULLUP true [get_ports hdmi_scl]
set_property PULLUP true [get_ports hdmi_sda]
hdmi_zedboard.xdc
```

4.4 HDMI 输出电路设计

本节设计一系列难度递增的小实验，完成较复杂的 HDMI 720P 和 1080P 输出，实验效果参考本节视频 video_4.5_hdmi_demo_zju.ogv。在这些实验中，采用硬件电路产生要显示的内容，这是设计 AXI 接口 HDMI 模块的基础，在 4.5 节实验中，将会用 CPU 发送数据，替代本节用硬件电路产生的显示内容。

本节继续以配置了 ADV7511 的 FPGA 开发板为例，在 ADV7511 用于显示的引脚中，hdmi_clk、hdmi_hsync、hdmi_vsync、hdmi_de、hdmi_scl 和 hdmi_sda 已经在前面的两节中介绍了电路实现方法。

```
module zedboard_hdmi(
        input           clk_100,
        output          hdmi_clk,
        output  reg     hdmi_hsync,
        output  reg     hdmi_vsync,
        output  reg     hdmi_de,
        output  [15:0]  hdmi_d,
        output        hdmi_scl,
        output        hdmi_sda,
        input         reset
    );
```

显示的内容由 hdmi_d[15：0]提供，向 ADV7511 的 hdmi_d[15：0]发送显示的内容，每个像素点发送 16 位 YUV422 格式数据就可以完成 HDMI 的显示。

ADV7511 在 Zedboard 和 ZC702 开发板上，只支持 16 位的 YUV422 格式，这是由 FPGA

开发板的硬件连线决定的。因此发送给 hdmi_d 的数据必须是 16 位的 YUV422 格式。ZC706 的 ADV7511 同时支持 24 位的 YUV444 格式和 16 位的 YUV422 格式，本章实验全部使用 YUV422。

YUV（有时也称 YCbCr，Luminance, Chrominance blue, Chrominance red，虽然这两者有少许不同）是一种颜色编码方法，YUV 与 RGB 之间可互相转换，在 JPEG、MJPEG 和 H264 硬件编/解码实验中，都使用 YUV 编码。

YUV422 是 YUV（YUV444）的压缩形式（这也是为什么采用 YUV 编码的原因，人眼对 Y 敏感，Y 不压缩，人眼对 U 和 V 不敏感，所以为了压缩数据，U 和 V 会用很多方法亚采样），要显示一个像素点，需要完整的 Y/U/V 信息，为了压缩，YUV422 采用如图 4.11 所示方法。

Y0	U0	Y1	V0	Y2	U1	Y3	V1

图 4.11　YUV422 采用的方法

如图 4.11 所示，共 8 个字节，描述了 4 个像素点的颜色信息：

第 1 个点为 Y0U0V0；第 2 个点为 Y1U0V0；第 3 个点为 Y2U1V1；第 4 个点为 Y3U1V1。其信息如图 4.12 所示。

Y0U0V0	Y1U0V0	Y2U1V1	Y3U1V1

图 4.12　4 个像素点的颜色信息

每个像素点（24 位）有自己的 Y（8 位），两个相邻的点共用 U（8 位）和 V（8 位），U 和 V 信息被丢掉了一半，由于人眼对 U 和 V 不敏感，很多时候对显示效果影响不大。JPEG/MPEG 等图像和视频算法都采用了类似的方法。

如果用 RGB 编码，4 个点需要 4×3=12 个字节，YUV422 编码只要 4×2=8 个字节，YUV420 编码可以更少（除了左右两点共用 U 和 V，上下两点也共用，也就是 2×2 个像素点共用一个 U 和 V）。YUV444 到 YUV422 和 YUV420 的压缩显然是有损的，可是对显示效果影响不大（或者说损失的信息是可接受的，事实上很多单反相机采用的是 4∶2∶2 chroma sub-sampling）。

1. 720P 驱动电路

代码如下。

```
    module gen_pat(
            input clk_in,
            input reset,
            input [11:0] loc_x,
            input [11:0] loc_y,
            output[15:0] color_out // YUV422
        );
                                        //  Y   Cb  Cr(YUV444)  R   G   B
    parameter C_RED    = 24'h4C54FF;    //  76  84  255         255 0   0
    parameter C_YELLOW = 24'hE10094;    //  225 0   148         255 255 0
    parameter C_BLUE   = 24'h1DFF6B;    //  29  255 107         0   0   255
    parameter C_WHITE  = 24'hFF8080;    //  255 128 128         255 255 255
    parameter C_GREEN  = 24'h952B15;    //  149 43  21          0   128 0
    parameter C_CYAN   = 24'hB2AB00;    //  178 171 0           0   255 255
```

```
    parameter C_BLACK = 24'h008080;    //  0  128 128    0   0   0

    reg [23:0]  yuv444;

    /*Your code*/

    assign color_out = {yuv444[23:16],loc_x[0]?yuv444[15:8]:yuv444[7:0]};

    endmodule
```

要产生 YUV422 格式的 hdmi_d，首先要产生每个像素点的 YUV444，在输出时，根据地址转化成 YUV422。

```
    assign color_out = {yuv444[23:16],loc_x[0]?yuv444[15:8]:yuv444[7:0]};
```

在 gen_pat 模块中，可以看见每个像素点的 Y 都被输出，根据 x 的坐标判断是输出 U 还是 V，这样就很简单地实现了 YUV444→YUV422。

引脚绑定信息如下。

```
    create_clock -name clk_150 -period 10.000 [get_ports s00_axi_aclk]
    set_property  -dict {PACKAGE_PIN  Y9    IOSTANDARD  LVCMOS33}  [get_ports
clk_100]

    set_property PACKAGE_PIN F22 [get_ports reset_rtl]
    set_property IOSTANDARD LVCMOS33 [get_ports reset_rtl]

    set_property  -dict  {PACKAGE_PIN  W12  IOSTANDARD  LVCMOS33}  [get_ports
csky_jtag_trst]
    set_property  -dict  {PACKAGE_PIN  W11  IOSTANDARD  LVCMOS33}  [get_ports
csky_jtag_tms]
    set_property  -dict  {PACKAGE_PIN  V10  IOSTANDARD  LVCMOS33}  [get_ports
csky_jtag_tdi]
    set_property  -dict  {PACKAGE_PIN  V12  IOSTANDARD  LVCMOS33}  [get_ports
csky_jtag_tdo]

    set_property  -dict  {PACKAGE_PIN  W8   IOSTANDARD  LVCMOS33}  [get_ports
csky_jtag_tck]
    set_property CLOCK_DEDICATED_ROUTE FALSE [get_nets csky_jtag_tck_IBUF]

    set_property -dict {PACKAGE_PIN W18  IOSTANDARD LVCMOS33 SLEW FAST} [get_ports
hdmi_clk]
    set_property -dict {PACKAGE_PIN Y13  IOSTANDARD LVCMOS33 SLEW FAST} [get_ports
{hdmi_d[0]}]
    set_property -dict {PACKAGE_PIN AA13 IOSTANDARD LVCMOS33 SLEW FAST} [get_ports
{hdmi_d[1]}]
    set_property -dict {PACKAGE_PIN AA14 IOSTANDARD LVCMOS33 SLEW FAST} [get_ports
{hdmi_d[2]}]
    set_property -dict {PACKAGE_PIN Y14  IOSTANDARD LVCMOS33 SLEW FAST} [get_ports
```

```
{hdmi_d[3]}]
        set_property -dict {PACKAGE_PIN AB15 IOSTANDARD LVCMOS33 SLEW FAST} [get_ports
{hdmi_d[4]}]
        set_property -dict {PACKAGE_PIN AB16 IOSTANDARD LVCMOS33 SLEW FAST} [get_ports
{hdmi_d[5]}]
        set_property -dict {PACKAGE_PIN AA16 IOSTANDARD LVCMOS33 SLEW FAST} [get_ports
{hdmi_d[6]}]
        set_property -dict {PACKAGE_PIN AB17 IOSTANDARD LVCMOS33 SLEW FAST} [get_ports
{hdmi_d[7]}]
        set_property -dict {PACKAGE_PIN AA17 IOSTANDARD LVCMOS33 SLEW FAST} [get_ports
{hdmi_d[8]}]
        set_property -dict {PACKAGE_PIN Y15  IOSTANDARD LVCMOS33 SLEW FAST} [get_ports
{hdmi_d[9]}]
        set_property -dict {PACKAGE_PIN W13  IOSTANDARD LVCMOS33 SLEW FAST} [get_ports
{hdmi_d[10]}]
        set_property -dict {PACKAGE_PIN W15  IOSTANDARD LVCMOS33 SLEW FAST} [get_ports
{hdmi_d[11]}]
        set_property -dict {PACKAGE_PIN V15  IOSTANDARD LVCMOS33 SLEW FAST} [get_ports
{hdmi_d[12]}]
        set_property -dict {PACKAGE_PIN U17  IOSTANDARD LVCMOS33 SLEW FAST} [get_ports
{hdmi_d[13]}]
        set_property -dict {PACKAGE_PIN V14  IOSTANDARD LVCMOS33 SLEW FAST} [get_ports
{hdmi_d[14]}]
        set_property -dict {PACKAGE_PIN V13  IOSTANDARD LVCMOS33 SLEW FAST} [get_ports
{hdmi_d[15]}]
        set_property -dict {PACKAGE_PIN U16  IOSTANDARD LVCMOS33 SLEW FAST} [get_ports
hdmi_de]
        set_property -dict {PACKAGE_PIN V17  IOSTANDARD LVCMOS33 SLEW FAST} [get_ports
hdmi_hsync]
        set_property -dict {PACKAGE_PIN W17  IOSTANDARD LVCMOS33 SLEW FAST} [get_ports
hdmi_vsync]
        #set_property  -dict  {PACKAGE_PIN  W16   IOSTANDARD  LVCMOS33  SLEW  FAST}
[get_ports hdmi_int]
        set_property -dict {PACKAGE_PIN AA18 IOSTANDARD LVCMOS33} [get_ports hdmi_scl]
        set_property -dict {PACKAGE_PIN Y16  IOSTANDARD LVCMOS33} [get_ports hdmi_sda]

        set_property PULLUP true [get_ports hdmi_scl]
        set_property PULLUP true [get_ports hdmi_sda]
        hdmi_zedboard.xdc
```

（1）720P 显示垂直彩条。

这是入门实验，在 gen_pat 模块中，即可实现不同的 loc_x 对应某个颜色。实验效果参照视频 video_4.5_hdmi_demo_zju.ogv。

本实验可以先仿真验证，将仿真结果与标准波形进行比较。

仿真通过后，将代码下载到 FPGA 开发板，验证显示效果。实验过程参考视频 video_4.6_genhw_and_downloadbit_zju.ogv。

（2）720P 显示彩色砖块。

这个实验，只要按照一定规律输出 Y、U 和 V 即可：

```
Y=loc_x; U=loc_y; V=loc_x+loc_y;
```

实验效果参照视频 video_4.5_hdmi_demo_zju.ogv。

（3）720P 显示动态彩色砖块。

在上个实验的基础上，让 V 按照一定频率加 1 即可。

实验效果参照视频 video_4.5_hdmi_demo_zju.ogv。

（4）720P 显示图片。

用 720P 来显示一张小图片。这个实验是设计 AXI 接口的 HDMI 控制器的关键过渡实验。

这个实验看上去很难，其实很简单。图片被存储在 yuv422.coe 文件内，它是 16 位宽的 rom，内容是 YUV422 格式图片。根据显示的 x 和 y 查这个 rom，给出对应点的 YUV422 输出，即可显示一张照片。yuv422.coe 里的图片分辨率为 320 像素×175 像素，大部分 FPGA 的资源无法提供一张全高清照片所需的 rom，因此采用一张小的照片完成这个实验。

```
memory_initialization_radix=16;
memory_initialization_vector=
629F,
6272,
629F,
6272,
629F,
6372,
...
yuv422.coe
```

yuv422.coe 内的数值已经是 YUV422 格式，因此直接输出即可，不需要从 YUV444 转为 YUV422。

本实验用单端口的 ROM 即可，但是为了后面实验方便，使用了双端口的 RAM。本实验只需要使用其中一套端口，生成 RAM 的方法参考视频 video_4.7_gen_dualport_ram_zju.ogv。

```
module gen_pat(
          input clk_in,
          input reset,
          input [11:0] loc_x,
          input [11:0] loc_y,
          output[15:0] color_out
      );

parameter image_x = 'd320;
parameter image_y = 'd175;

wire [15:0]   addrb;

dp_ram_0 image_ram (
           .clka(clk_in),            // input wire clka
```

```
            .addra(addra),              // input wire [15 : 0] addra
            .dina(dina),                // input wire [15 : 0] dina
            .douta(douta),              // output wire [15 : 0] douta
            .wea(wea),                  // input wire [0 : 0] wea
            .clkb(clk_in),              // input wire clkb
            .addrb(addrb),              // input wire [15 : 0] addrb
            .dinb('b0),                 // input wire [15 : 0] dinb
            .doutb(color_out),          // output wire [15 : 0] doutb
            .web(1'b0)                  // input wire [0 : 0] web
        );

    assign addrb = (loc_y%image_y)*image_x+(loc_x%image_x);

    endmodule
    gen_pat.v
```

gen_pat 算出 addrb，从 doutb 输出 color_out。

由于图片太小，无法填满 1280 像素×720 像素的面积，所以重复使用了 ROM 的内容，addrb 是 ROM 查表的地址，通过地址的计算，可以在 720P 的屏幕上显示多个 320 像素×175 像素分辨率的照片。

实验效果参照视频 video_4.5_hdmi_demo_zju.ogv。

2. 1080P 驱动电路

1080P 的驱动电路与 720P 基本一样，只有两点不同。

一个是时钟频率。1080P 需要显示更多的像素点，因此频率需要增加。720P 60 帧的频率是 74.25MHz，1080P 60 帧的频率是 148.5MHz。在本节实验里，采用 150MHz。

另一个是时序参数。1080P 的时序参数与 720P 不同。

```
    /* 1920×1080 60Hz */
    parameter H_TOTAL = 12'd2200;
    parameter H_FP = 12'd88;
    parameter H_BP = 12'd148;
    parameter H_SYNC = 12'd44;

    parameter V_TOTAL = 12'd1125;
    parameter V_FP = 12'd4;
    parameter V_BP = 12'd36;
    parameter V_SYNC = 12'd5;
```

修改上述参数，配合 148.5MHz 时钟，即可实现 1080P 的 HDMI 显示。

虽然修改参数和改变时钟频率可将电路从 720P 改为 1080P，但由于 1080P 的时钟频率提高了一倍，带来了更高的时序要求，需要电路做对应的修改以提高工作频率。接下来的 1080P 实验可以找到这些时序问题并验证解决方法是否可行。

（1）1080P 显示垂直彩条。

这是 1080P 的入门实验，直接修改 720P 的参数和时钟后，可以完成这个实验。这个实验可以验证 1080P 的电路能否正常工作。

实验效果参照视频 video_4.5_hdmi_demo_zju.ogv。

（2）1080P 显示彩色砖块。

本实验直接用 720P 的电路修改即可。

实验效果参照视频 video_4.5_hdmi_demo_zju.ogv。

（3）1080P 显示动态彩色砖块。

本实验直接用 720P 的电路修改即可。

实验效果参照视频 video_4.5_hdmi_demo_zju.ogv。

（4）1080P 显示动态小球。

这个实验稍复杂。首先需要画圆，相对于圆心，距离小于半径的点都显示为红色，这样就画出了一个红色的圆。接下来要在显示器周围画上边界，修改实验 1 电路，x 和 y 在指定的范围内是黄色即可画出边界。然后要让小球在蓝色背景里弹来弹去，也就是每过 $0.x$ 秒，小球的圆心的 x 和 y 变动一下，当圆心在边界时，判断小球的运动方向，让小球反弹，反弹就是 x 或 y 取反。

（5）1080P 显示图片。

本实验直接用 720P 的电路修改即可实现显示，但很容易看见一些位置显示的图片有问题。

这个实验看上去和 720P 显示图片实验一样，实际上直接套用 720P 显示图片实验会出现问题，会发现显示的飞机有问题。产生这种现象的原因是 1080P 的时钟是 150MHz，是 720P 的两倍。720P 显示时，查 rom 表在 1/75MHz - HDMI 芯片的 setup 时间内完成即可，1080P 显示时，要在 1/150MHz - HDMI 芯片的 setup 时间内完成，所以要加快查 rom 表的速度，才能正确显示图片。

```
        assign image_loc_x = (loc_x<=IMAGE_X)?loc_x:
                (loc_x<=2*IMAGE_X)?(loc_x-IMAGE_X):
                (loc_x<=3*IMAGE_X)?(loc_x-2*IMAGE_X):
                (loc_x<=4*IMAGE_X)?(loc_x-3*IMAGE_X):
                (loc_x<=5*IMAGE_X)?(loc_x-4*IMAGE_X):
                (loc_x<=6*IMAGE_X)?(loc_x-5*IMAGE_X):
                (loc_x-6*IMAGE_X);

        assign image_loc_y = (loc_y<=IMAGE_Y)?loc_y:
                (loc_y<=2*IMAGE_Y)?(loc_y-IMAGE_Y):
                (loc_y<=3*IMAGE_Y)?(loc_y-2*IMAGE_Y):
                (loc_y<=4*IMAGE_Y)?(loc_y-3*IMAGE_Y):
                (loc_y<=5*IMAGE_Y)?(loc_y-4*IMAGE_Y):
                (loc_y<=6*IMAGE_Y)?(loc_y-5*IMAGE_Y):
                (loc_y-6*IMAGE_Y);
```

上面这段代码通过将乘法改为查表，可以让地址生成更快，从而加快查 rom 表的速度，这个电路可以解决本实验遇到的问题。

另一种方法是让查表独占一个周期，在 hdmi_d 的输出端接上 D 触发器，查表后下个周期再将数据发送给 ADV7511，这样 ADV7511 的输入端 setup 更容易满足。在后面显示更复杂的图片实验中还会遇到这个问题，hdmi_d 插入 D 触发器的方法可以较好地解决这类问题。

实验效果参照视频 video_4.5_hdmi_demo_zju.ogv。

从上面的实验可以看出，用硬件的方法只能产生较简单的显示内容。如果要随时修改显示内容，需要 HDMI 控制器能通过 AXI 接口读取放在内存中要显示的内容。

4.5 AXI Lite 接口 HDMI 控制器

从 4.4 节的 1080P 显示图片实验可以看到，只要改变双端口 SRAM 内存储的值，就可以实现改变显示的内容。为了能方便地修改双端口 SRAM 内存储的值，需要把该实验的 HDMI 控制器电路接入 SoC 系统中，通过双端口 SRAM 存储器进行 CPU 与硬件的数据交换。给这个 SRAM 指定在 SoC 里的地址，即可用 CPU 访问这个地址（主要是写操作）。它们的数据交换如图 4.13 所示。

图 4.13 数据交换

CPU 随机改变 SRAM 里的值，而 HDMI 控制器每秒 60 次从 SRAM 里读取要显示的内容，传给 ADV7511 进行显示。如果 CPU 不改变 SRAM 里的值，那么显示的内容保持不变。在后面的摄像头显示实验里，摄像头取代 CPU，每秒 30～50 次通过 Port A 刷新 SRAM 里的值，HDMI 控制器每秒 60 次把 SRAM 的内容显示出来。

将 HDMI 控制器接入 SoC，只要将双端口 SRAM 的 Port A 接入 AXI 总线即可，这个设计步骤与第 3 章的将 UART 封装成 AXI Lite 接口的模块类似，不同的地方在于 UART 只用到了 4 个 32 位寄存器，而这个 HDMI 内的双端口 SRAM 深度为 56000（320×175）像素，宽度为 16 位（AXI 接口为 32 位，可以传 24 位的 YUV444 给 HDMI 控制器，控制器自己转成 16 位的 YUV422，也可以直接传 YUV422）。因此，要设置 AXI 的地址宽度为 18 位。

```
        parameter integer C_S00_AXI_ADDR_WIDTH   = 18,
```

在封装 IP 时，也需要指定地址深度为 2^{18}。封装 IP 的过程与第 3 章中的封装 UART 类似，可参考视频 video_4.8_package_hdmi_zju.ogv。

本节实验建议同样采用第 3 章的方法，先利用 Vivado 生成一个 AXI Lite Slave 接口的 IP，然后修改所生成 IP 的代码，将 1080P 显示图片实验的 HDMI 控制电路加上 AXI 接口。

在 AXI 模块的顶端 axi_hdmi_v1_0.v，需要加入 HDMI 用到的接口引脚，同时设置地址宽度为 18 位。这些 HDMI 引脚，需要接到 axi_hdmi_v1_0_S00_AXI。

```
        module axi_hdmi_v1_0 #
            (
                // Users to add parameters here

                // User parameters ends
                // Do not modify the parameters beyond this line


                // Parameters of AXI Slave Bus Interface S00_AXI
                parameter integer C_S00_AXI_ID_WIDTH     = 1,
                parameter integer C_S00_AXI_DATA_WIDTH   = 32,
                parameter integer C_S00_AXI_ADDR_WIDTH   = 18,
```

```
        parameter integer C_S00_AXI_AWUSER_WIDTH    = 0,
        parameter integer C_S00_AXI_ARUSER_WIDTH    = 0,
        parameter integer C_S00_AXI_WUSER_WIDTH = 0,
        parameter integer C_S00_AXI_RUSER_WIDTH = 0,
        parameter integer C_S00_AXI_BUSER_WIDTH = 0
    )
    (
        // Users to add ports here
        output wire       hdmi_clk,
        output wire       hdmi_hsync,
        output wire       hdmi_vsync,
        output wire       hdmi_de,
        output wire [15:0] hdmi_d,
        output wire       hdmi_scl,
        output wire       hdmi_sda,
        // User ports ends
        // Do not modify the ports beyond this line
… …

    // Instantiation of AXI Bus Interface S00_AXI
    axi_hdmi_v1_0_S00_AXI # (
                    .C_S_AXI_ID_WIDTH(C_S00_AXI_ID_WIDTH),
                    .C_S_AXI_DATA_WIDTH(C_S00_AXI_DATA_WIDTH),
                    .C_S_AXI_ADDR_WIDTH(C_S00_AXI_ADDR_WIDTH),
                    .C_S_AXI_AWUSER_WIDTH(C_S00_AXI_AWUSER_WIDTH),
                    .C_S_AXI_ARUSER_WIDTH(C_S00_AXI_ARUSER_WIDTH),
                    .C_S_AXI_WUSER_WIDTH(C_S00_AXI_WUSER_WIDTH),
                    .C_S_AXI_RUSER_WIDTH(C_S00_AXI_RUSER_WIDTH),
                    .C_S_AXI_BUSER_WIDTH(C_S00_AXI_BUSER_WIDTH)
                ) axi_hdmi_v1_0_S00_AXI_inst (
                    .hdmi_clk(hdmi_clk),
                    .hdmi_hsync(hdmi_hsync),
                    .hdmi_vsync(hdmi_vsync),
                    .hdmi_de(hdmi_de),
                    .hdmi_d(hdmi_d),
                    .hdmi_scl(hdmi_scl),
                    .hdmi_sda(hdmi_sda),
                    .S_AXI_ACLK(s00_axi_aclk),
                    .S_AXI_ARESETN(s00_axi_aresetn),
                    .S_AXI_AWID(s00_axi_awid),
    axi_hdmi_v1_0.v
```

在 axi_hdmi_v1_0_S00_AXI 中加入 1080P 显示图片实验的电路（需要做一些修改），这样就给 HDMI 控制器加上了 AXI Lite 接口。模板电路对一些寄存器组进行读写操作，而 HDMI 控制器对一个 56000×16 位的 SRAM 进行读写操作（主要是写），因此 AXI 读写操作部分需要修改。

```
    module axi_hdmi_v1_0_S00_AXI #
```

```
    (
        // Users to add parameters here

        // User parameters ends
        // Do not modify the parameters beyond this line

        // Width of ID for for write address, write data, read address and
        // read data
        parameter integer C_S_AXI_ID_WIDTH = 1,
        // Width of S_AXI data bus
        parameter integer C_S_AXI_DATA_WIDTH    = 32,
        // Width of S_AXI address bus
        parameter integer C_S_AXI_ADDR_WIDTH    = 18,
        // Width of optional user defined signal in write address channel
        parameter integer C_S_AXI_AWUSER_WIDTH  = 0,
        // Width of optional user defined signal in read address channel
        parameter integer C_S_AXI_ARUSER_WIDTH  = 0,
        // Width of optional user defined signal in write data channel
        parameter integer C_S_AXI_WUSER_WIDTH   = 0,
        // Width of optional user defined signal in read data channel
        parameter integer C_S_AXI_RUSER_WIDTH   = 0,
        // Width of optional user defined signal in write response channel
        parameter integer C_S_AXI_BUSER_WIDTH   = 0
    )
    (
        // Users to add ports here
        output wire        hdmi_clk,
        output wire        hdmi_hsync,
        output wire        hdmi_vsync,
        output wire        hdmi_de,
        output wire [15:0] hdmi_d,
        output wire        hdmi_scl,
        output wire        hdmi_sda,
        // User ports ends
        // Do not modify the ports beyond this line
… …

// Add user logic here

zedboard_hdmi hdmi01 (
            .clk_150(S_AXI_ACLK),
            .reset(~S_AXI_ARESETN),
            .wea(mem_wren),
            .addra(mem_address[17:2]),
            .dina(S_AXI_WDATA[23:0]),
            .douta(S_AXI_RDATA[15:0]),
            .hdmi_clk(hdmi_clk),
```

```
                .hdmi_hsync(hdmi_hsync),
                .hdmi_vsync(hdmi_vsync),
                .hdmi_de(hdmi_de),
                .hdmi_d(hdmi_d),
                .hdmi_scl(hdmi_scl),
                .hdmi_sda(hdmi_sda)
            );

    /*Your code*/

    // User logic ends
    axi_hdmi_v1_0_S00_AXI.v
```

zedboard_hdmi.v 与 1080P 显示图片实验的电路相比，主要变化如下。

（1）150MHz 时钟不是由 PLL 生成的，而是由 SoC 提供的。

（2）CPU 通过 AXI 总线对 SRAM 的 Port A 进行读写操作。

```
module zedboard_hdmi(
          input  wire         clk_150,
          input  wire         reset,
          input  wire         wea,
          input  wire [15:0]  addra,
          input  wire [23:0]  dina,
          output wire [15:0]  douta,
          output wire         hdmi_clk,
          output  reg         hdmi_hsync,
          output  reg         hdmi_vsync,
          output  reg         hdmi_de,
          output wire [15:0]  hdmi_d,
          output wire         hdmi_scl,
          output wire         hdmi_sda
      );

/* 1920×1080 60Hz */
parameter H_TOTAL = 12'd2200;
parameter H_FP = 12'd88;
parameter H_BP = 12'd148;
parameter H_SYNC = 12'd44;

parameter V_TOTAL = 12'd1125;
parameter V_FP = 12'd4;
parameter V_BP = 12'd36;
parameter V_SYNC = 12'd5;

/* horizontal counter */
/*Your code.*/
```

```
/* vertical counter */
/*Your code.*/

gen_pat  pat_hdmi(
            .clk_in(system_clk),
            .reset(reset),
            .loc_x(x_out),
            .loc_y(y_out),
            .wea(wea),
            .addra(addra),
            .dina(dina_yuv422),
            .douta(douta),
            .color_out(hdmi_d)
        );

i2c_sender  i2c_hdmi(
              .clk_in(system_clk),
              .reset(reset),
              .i2c_scl(hdmi_scl),
              .i2c_sda(hdmi_sda)
            );

Endmodule
zedboard_hdmi.v
```

i2c_sender 与前面的实验所用的电路一样，gen_pat 与 1080P 显示图片实验的没有区别，在这个模块里完成双端口 SRAM 的引用。

```
module gen_pat(
          input wire clk_in,
          input wire reset,
          input wire [11:0] loc_x,
          input wire [11:0] loc_y,
          input wire wea,
          input wire [15:0] addra,
          input wire [15:0] dina,
          output wire [15:0] douta,
          output wire [15:0] color_out
       );

parameter IMAGE_X = 'd320;
parameter IMAGE_Y = 'd175;


/*Your code*/
```

```
dp_ram_0 image_ram (
          .clka(clk_in),            // input wire clka
          .addra(addra),            // input wire [15 : 0] addra
          .dina(dina),              // input wire [15 : 0] dina
          .douta(douta),            // output wire [15 : 0] douta
          .wea(wea),                // input wire [0 : 0] wea
          .clkb(clk_in),            // input wire clkb
          .addrb(addrb),            // input wire [15 : 0] addrb
          .dinb('b0),               // input wire [15 : 0] dinb
          .doutb(color_out),        // output wire [15 : 0] doutb
          .web(1'b0)                // input wire [0 : 0] web
     );

endmodule
gen_pat_image_1080p.v
```

本节实验需要完成 axi_hdmi_v1_0.v、axi_hdmi_v1_0_S00_AXI.v、gen_pat_image_1080p.v、i2c_sender.v 和 zedboard_hdmi_1080p.v，代码完成后需要封装成 Vivado 可以使用的 IP。

完成 AXI Lite 接口的 HDMI 控制器后，需要将它在 SoC 系统里进行验证。图 4.14 所示是使用 AXI Lite 接口 HDMI 模块的 CK807 SoC 系统原理图，通过编写对应的 HDMI 驱动软件，对控制器内的双端口 SRAM 写入 YUV422 的像素点值，就可以实现 CPU 控制显示内容了。HDMI IP 的地址需要硬件电路和软件驱动相一致，本节实验 HDMI 硬件的地址是 0x30000000，这个地址可以更改，只要软件驱动配合修改对应的地址。实验过程参考视频 video_4.9_hdmi_mini_ip_hw_sw_zju.ogv。

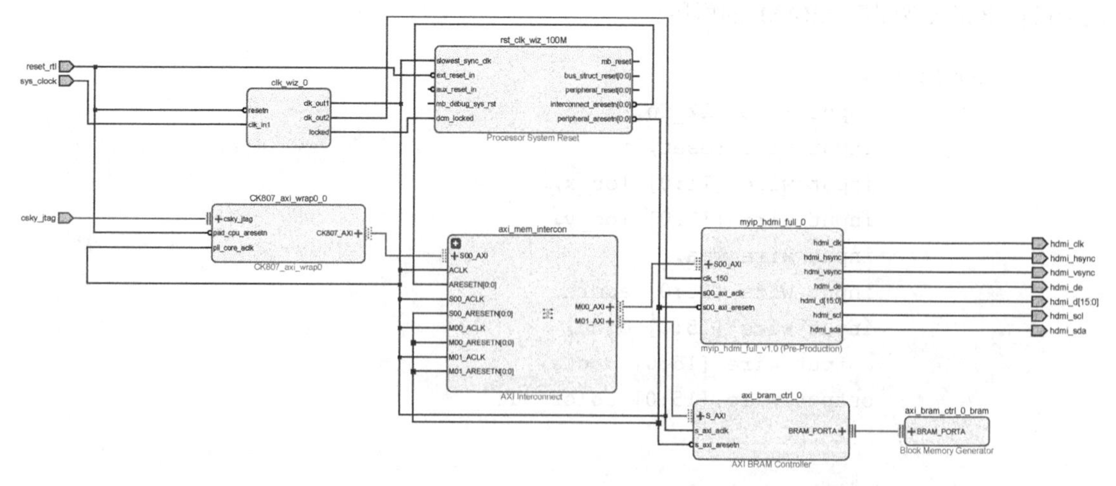

图 4.14 AXI Lite 接口 HDMI 模块的 CK807 SoC 系统原理图

地址分配如表 4.3 所示。

表 4.3 地址分配

Cell	Slave Interface	Base Name	Offset Address	Range	High Address
CK807_axi_wrap0_0					
CK807_AXI (32 address bits : 4G)					
axi_bram_ctrl_0	S_AXI	Mem0	0x0000_0000	64K	0x0000_FFFF
myip_hdmi_full_0	S00_AXI	S00_AXI_mem	0x3000_0000	256M	0x3FFF_FFFF

HDMI 驱动测试软件代码如下。

```
#define HDMIMEM_BASE 0x30000000
#define HDMIMEM_HIGH HDMIMEM_BASE+56000*4

#define C_RED     0x4C54FF
#define C_YELLOW  0xE10094
#define C_BLUE    0x1DFF6B
#define C_WHITE   0xFF8080
#define C_GREEN   0x952B15
#define C_CYAN    0xB2AB00
#define C_BLACK   0x008080

#define IMAGE_X 320 //320*175=56000
#define IMAGE_Y 175
#define u32 unsigned long

int main() {
    u32 *p=HDMIMEM_BASE;
    u32 i=0,j=0;
    int x_loc,y_loc;
    while(1){
     if(j<=0xFF0000)
          j++;
     else
          j=0;
     for(i=0;i<56000;i++){
          x_loc = i%IMAGE_X;
          y_loc = i/IMAGE_X;
          *(p+i)=C_RED+x_loc+y_loc+j;
     }
    }
    return 0;
}
```

HDMI 驱动测试软件演示了用软件控制显示内容的方法，CPU 将要显示的内容写入指定的地址（0x30000000 - 0x30000000+56000*4），HDMI 控制器自动按照每秒 60 次读取这个内存里的内容并显示。

实验步骤参考本节视频 video_4.10_hdmi_mini_ip_demo.ogv。

4.6　AXI Full 接口 HDMI 控制器

在 4.5 节的实验中，实现了 AXI Lite 接口的 HDMI IP，这个电路能实现 320 像素×175 像素的内容重复显示在 1080P 显示器上。

要实现 1080P 完整的显示，似乎只要把 320 像素×175 像素的双端口 SRAM 改成 1920 像素×1080 像素的双端口 SRAM 即可，但是没这么简单。

没有实际的显示系统会这样做，原因是 1920 像素×1080 像素×16 位大小的 SRAM 太大，成本太高。对于 Zedboard/ZC702 等 FPGA 开发板，实际上 FPGA 内部所有的 SRAM 加起来也没有这么大，对于芯片而言，片内 SRAM 成本也很高，几 MB 容量的 SRAM 会占用非常大的芯片面积。另一方面，SoC 系统大多有很大的 DDR（几 MB 到几 GB），但它不能当作双端口 SRAM 直接使用（DDR 的访问需要 DDR 控制器）。因此要利用 SRAM（小容量）加上 DDR（大容量）来完成 1080P 的显示。

本节采用与所有实用的复杂显示系统同样的方法，利用一块小的双端口 SRAM 作为 cache-line，这个 SRAM 只存储一行要显示的内容，对于本节实验的这个系统而言，这个 SRAM 的大小就是 1920 像素×1 像素×16 位，这比整幅的 1920 像素×1080 像素×16 位要小得多。

本节要修改 AXI Lite HDMI 电路，让改过的这部分电路每次按照固定频率读取 SRAM 的内容，将 SRAM 内的这一行信息显示到显示器的对应那一行位置。

4.5 节中的实验 AXI Lite HDMI 是固定刷新 320 像素×175 像素，而本实验 cache-line 是固定刷新 1920 像素×1 像素。在 HDMI 显示第一行内容前，把要显示的那一行信息写到 cache-line 里，接下来 cache-line 的信息被写到了 HDMI 显示器上，然后在 HDMI 第二行的 hdmi_de 信号有效前，把要显示的第二行信息写到 cache-line 里，hdmi_de 有效后这行信息被显示在显示器上，这样一共重复 1080 次，完成整个画面的显示。

cache-line 是双端口 SRAM，HDMI 用 B 端口读取信息，本节设计一个 AXI Full Master 电路从 A 端口把信息写进去。由于 AXI Full Master 电路写 cache-line 与 ADV7511 读 cache-line 一样快（频率都是 148.5MHz，也可以让 AXI 用更快的时钟运行，但 HDMI 的时钟由于时序要求，一定是 148.5MHz），所以不要求 hdmi_de 信号开始前所有的信息都被写入 cache-line，只要已经开始写就可以了（实际的情况是一边写一边读，读的内容总是几个/几十/几百个周期前写入的内容），ADV7511 总能读到正确的内容。由于 AXI 总线选择了 32 位位宽，而 YUV422 一个像素只要 16 位，所以可以使用 960 像素×32 像素的双端口 SRAM，每次读写 32 位，也就是两个像素点。

接下来在 DDR 里开辟一块专用的显示存储区域（有点类似 PC 用于显示部分的显存），这块 DDR 利用 CPU 访问（这样很容易），它的大小是一整幅 1080P 图片的大小，即 1920 像素×1080 像素×16 位。要显示的整幅图片内容只要通过 CPU 写到这部分 DDR 即可。本实验设计的 AXI Full Master 接口的硬件电路，按时把这部分 DDR 的内容按照 HDMI 显示的时序要求逐行搬运到 cache-line 里。这部分功能无法用 CPU 完成，因为 HDMI 的显示时序要求很严，要在每行显示前把要显示的信息从 DDR 搬运到 cache-line，不能有任何延迟，否则显示就会出错，

CPU 无法实时地响应这种需求，也没有这个必要。由于传输数据量很大，带宽要求高，因此本实验必须使用 AXI Full 的突发传输（burst）。

以上是实现 1080P 显示的思路，可以看到这和上个实验很像。要实现上述目标，关键的地方在于设计按时把 DDR 显存的内容逐行搬运到 cache-line 的硬件电路。这个电路需要主动通过 AXI 总线访问 DDR，所以它是 Master，由于性能要求很高，所以它必须是 AXI Full 接口。

AXI Full 可以近似认为是 AXI Lite 加上 burst 功能，Lite 访问存储空间是给一个地址访问一个数据，这样总线效率很低。burst 是给一个地址访问一组连在一起的数据，这样总线传输效率高。

由于需要使用 ADV7511 和 DDR 内存，因此本实验需要在 ZC706/KC705/KCU05 等 FPGA 开发板上完成。如果使用 Zynq FPGA 内的 ARM CPU，那么可以在 Zedboard 上完成 HDMI 显示实验。

本节实验非常重要，独立完成本节实验是掌握设计 AXI Master 接口 IP 设计的基础。根据以往的教学经验，完成本节实验一般需要 1～3 天。

1．设计步骤

设计 AXI Full Master 的方法与 AXI Lite 类似，建议继续使用第 3 章的方法，生成一个模板电路，分析它的代码，如图 4.15 所示。

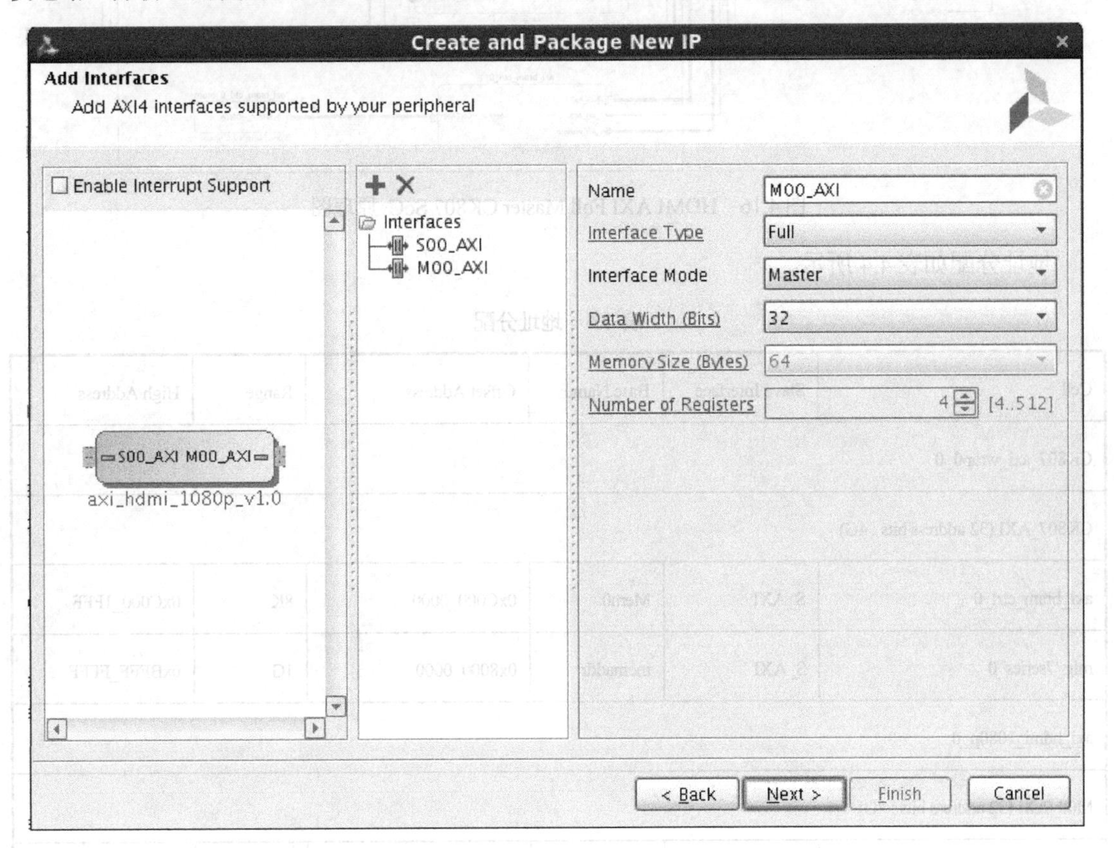

图 4.15 生成 AXI Full Master 模板

用 Create and Package New IP 功能，新建一个 IP，它有两个 AXI 接口，S00_AXI 和 M00_AXI。其中 S00_AXI 是 AXI Lite Slave，就是 4.5 节实验用到的总线接口，用于访问这个 IP 的 4 个寄

存器组，进行一些简单的配置信息的交流。本实验建立了 S00_AXI 接口电路，但没有使用它。M00_AXI 是 AXI Full Master 接口，需要仔细研究这个接口电路的 HDL 代码。一个 IP 可以有多个 Master/Slave 接口。

图 4.16 所示是本次实验的原理图，axi_hdmi_0 的 S00_AXI 虽然接到了 SoC 中，但没有使用它。

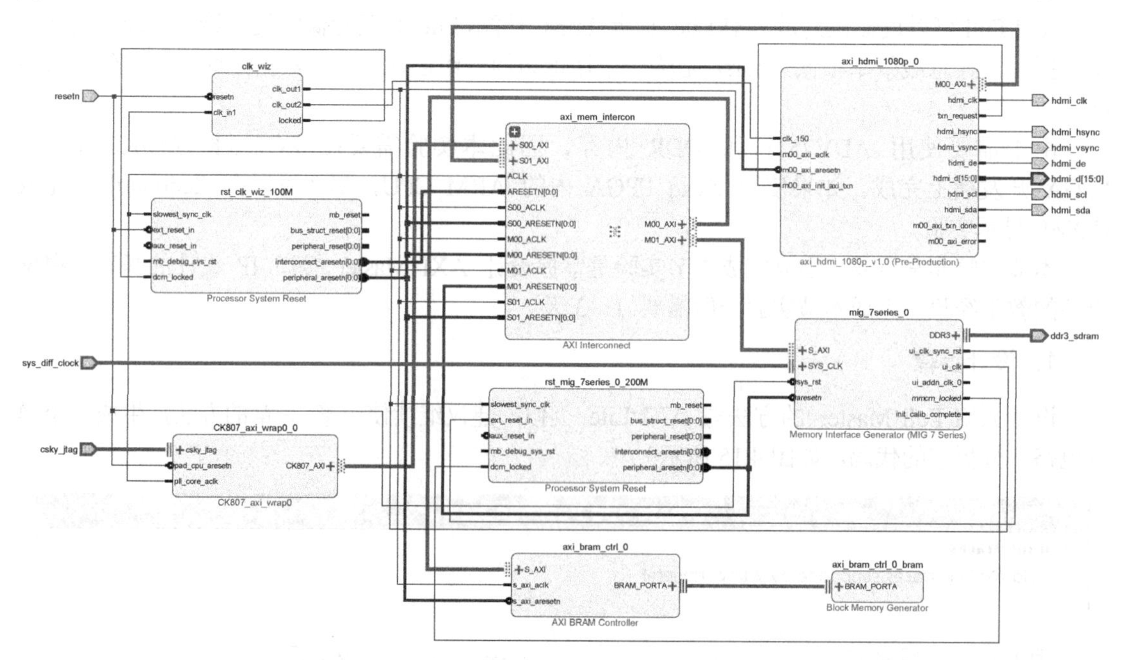

图 4.16　HDMI AXI Full Master CK807 SoC 原理图

地址分配如表 4.4 所示。

表 4.4　地址分配

Cell	Slave Interface	Base Name	Offset Address	Range	High Address
CK807_axi_wrap0_0					
CK807_AXI (32 address bits : 4G)					
axi_bram_ctrl_0	S_AXI	Mem0	0xC000_0000	8K	0xC000_1FFF
mig_7series_0	S_AXI	memaddr	0x8000_0000	1G	0xBFFF_FFFF
axi_hdmi_1080p_0					
M00_AXI (32 address bits : 4G)					
axi_bram_ctrl_0	S_AXI	Mem0	0xC000_0000	8K	0xC000_1FFF
mig_7series_0	S_AXI	memaddr	0x8000_0000	1G	0xBFFF_FFFF

本节提供了几个代码片段供参考。注意，axi_hdmi_1080p_v1_0_M00_AXI.v 文件中的 txn_request 是个关键的信号，它用来启动每次的 burst 传输。在图 4.16 中它从 HDMI 电路输出后接入了 HDMI 电路的输入端，也就是说 axi_hdmi 模块要自己产生这个信号。这是与 4.5 节的 AXI Slave 模块一个本质区别，本节的 Master 模块，必须自己决定什么时候发起总线操作。

```
assign init_txn_pulse   = (!init_txn_ff2) && init_txn_ff;

//Generate a pulse to initiate AXI transaction
always @(posedge M_AXI_ACLK)
 begin
// Initiates AXI transaction delay
if (M_AXI_ARESETN == 0 )
  begin
          init_txn_ff <= 1'b0;
          init_txn_ff2 <= 1'b0;
  end
else
  begin
          init_txn_ff <= INIT_AXI_TXN;
          init_txn_ff2 <= init_txn_ff;
  end
 end
axi_hdmi_1080p_v1_0_M00_AXI.v
```

这部分代码实现的是异步电平转同步脉冲，如图 4.17 所示。左边的第一个 D 触发器用于消除亚稳态，并将异步信号转为同步信号，有时会用两级串联 D 触发器。右边的电路用于电平转脉冲。注意这不是消抖电路。

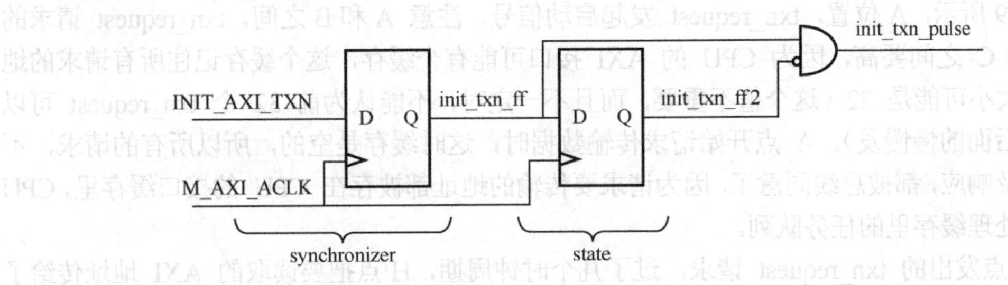

图 4.17　异步电平转同步脉冲

如图 4.18 所示，异步的电平信号，经过这个电路后，转成了一个时钟周期宽度的脉冲信号，而且这个脉冲信号相对 M_AXI_ACLK 是同步的。这个电路在后面的很多实验中都会用到，常用于把外界的异步输入信号转成内部同步信号，这样可以避免内部的有限状态机出错（有限状态机只能处理同步信号）。

设计本节电路应注意硬件地址和软件驱动地址要统一，这样才能正确利用 CPU 写内存的方式传输数据。

为了降低难度，本节提供了一个 ILA 生成的 AXI 总线波形文件 waveform_4.2_hdmi_de.f，它是顺利完成本节实验的关键。在 Vivado 的 Tcl console 里输入如下命令打开波形，注意文件路径。参考视频 video_4.11_open_ila_waveform_zju.ogv。

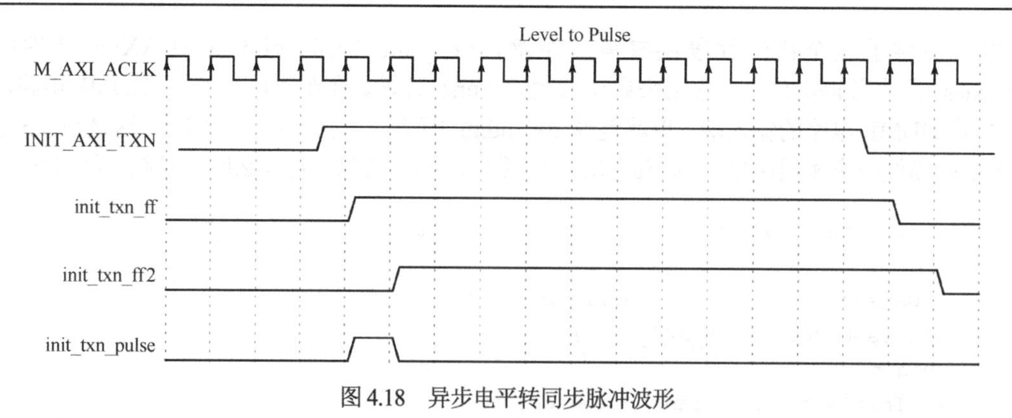

图4.18 异步电平转同步脉冲波形

```
open_hw
display_hw_ila_data [read_hw_ila_data ..\waveform_4.2_hdmi_de.f\ila_data.zip]
#打开 ILA 波形
```

ILA 是 Vivado 提供的一个调试功能，类似 FPGA 内部的逻辑分析仪，它用 FPGA 内空闲的存储器采样并保存 FPGA 内部指定节点的逻辑值。ILA 是调试 FPGA 的一个有用工具，本节实验由于比较复杂，有必要用 ILA 观察 FPGA 内部的信号。用 ILA 调试的步骤参考视频 video_4.12_ila_debug_zju.ogv。由于 ILA 利用 FPGA 内部存储来保存波形，所以 ILA 能抓取的采样点个数受 FPGA 的剩余容量限制，通常都不是很大。

2. 信号分析

txn_request 信号启动 burst 传输，注意 txn_request 是用同步脉冲信号来启动传输的，采用的是前面解释的电平转脉冲的方法产生一个同步的脉冲信号，在波形里不传输数据时，txn_request 信号也为高电平，但这时并不触发传输。

如图 4.19 所示，A 位置，txn_request 发起启动信号，注意 A 和 B 之间，txn_request 请求的频率比 B 和 C 之间要高，因为 CPU 的 AXI 接口可能有个缓存，这个缓存记住所有请求的地址，而它的大小可能是 32（这个值不重要，而且不一定对，不能认为前 32 个 txn_request 可以很快地发，后面的慢慢发）。A 点开始请求传输数据时，这时缓存是空的，所以所有的请求，不管是否来得及响应，都被总线同意了，因为请求要传输的地址都被存在 CPU 的接口缓存里，CPU 可以慢慢地处理缓存里的任务队列。

注意 A 点发出的 txn_request 请求，过了几个时钟周期，H 点把要读取的 AXI 地址传给了总线，G 点才传回要读取的数据。H 和 G 之间有大约 28 个时钟周期，这 28 个周期里有一部分可能是总线操作用掉了，绝大部分是 DDR 访问用掉了。DDR 和 SRAM 不一样，给定地址后，十几个或几十个周期后才能得到数据，所以 DDR 要连续地按照块来访问，一次给一个地址而读取一块内容，这样效率才高。

到了 B 位置，接口缓存满了，当然 A 和 B 之间，总线上已经发回来大约 6 个 burst 数据块(每块 16 个 32 位字)，从 I 和 J 之间的信号可以看出这一点(所以可能接口缓存大小不是 32，而是 32-6，不过大小无所谓，这个值与 CPU 的状态有关)。注意 B 和 C 之间，txn_request 请求的频率降低了，因为 CPU 的接口缓存满了，只有处理完一个 burst，它才能接收下一个新的请求。CPU（或叫总线更准确）通过 arready 信号表示它能不能接收请求。

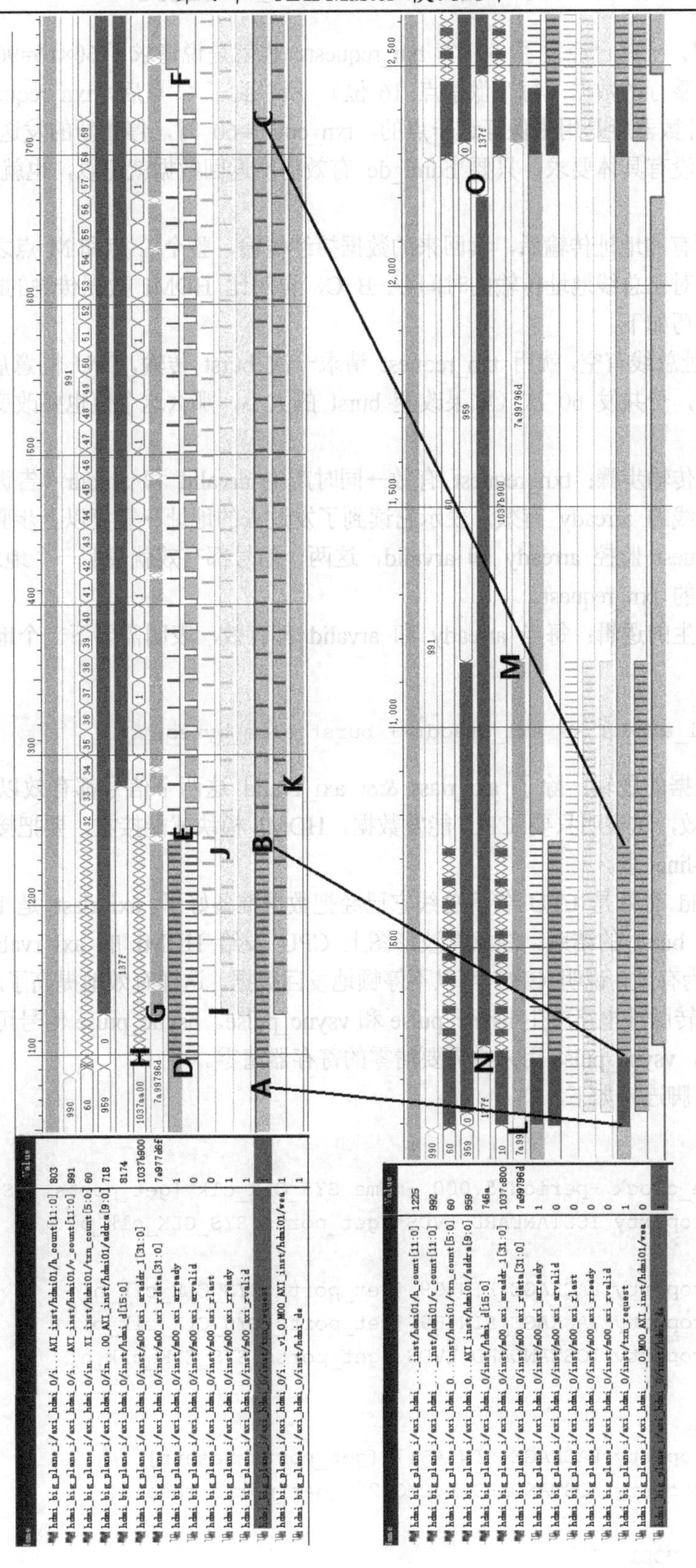

图 4.19　AXI 信号分析

到了 C 位置，一共已经发了 60 个 txn_request，也就是说请求了 60×16=960 个 32 位字，这样已经请求了一整行的数据（每个像素点 16 位），所以到了 C 点后，txn_request 应停止发送请求。txn_count 计数器就是用来保证这一点的，txn_count=60 时，停止新的发送请求。

A 点的位置没有具体要求，只要 hdmi_de 有效前能返回数据就可以，也就是说 G 点要在 K 点前面。

F 点完成所有的地址传输后，读回来的数据持续传输，整个 L 点和 M 点之间都是总线数据传输的时间，请对比总线地址传输的时间 A-B-C，再对比 HDMI 数据传输的时间 N-O。

本实验的技巧如下。

（1）只要地址总线有空，就用 txn_request 请求一次 burst 传输，CPU 同意后（arready 有效），就把地址发过去，一共发 60 次（如果改变 burst 的大小，那么这个值也要改变，总之请求 960 个 32 位字）。

具体的地址传输步骤：txn_request 有效→同时产生 arvalid 和 araddr（告诉总线地址准备好了）→检测到总线的 arready 有效，表示它读到了发过去的地址→重复以上步骤 59 次。

（2）txn_request 监控 arready 和 arvalid，这两个信号都有效就表明一个地址已经传过去了，可以开始下一次的 txn_request。

（3）地址产生的逻辑：每当 arready 和 arvalid 都有效，表明需要下一个地址，下一个地址的值如下。

```
axi_araddr <= axi_araddr + burst_size_bytes;
```

（4）读取数据的逻辑：除了 axi_rlast && axi_rvalid 这两个信号都有效以外的所有时间，axi_rready 都有效，这表明只要 CPU 能发数据，HDMI 模块就能接收。要把接收的数据立刻存到 SRAM cache-line 里。

（5）axi_rvalid 有效是 CPU 告诉总线它已经把数据准备好了。axi_rlast 是 burst 的最后一个数据，表示一次 burst 的结束。注意看波形图上 CPU 发给 HDMI 的 axi_rvalid 信号，它在 L 和 M 之间一直为有效，说明 CPU 可以不停顿地发回数据，这样有效地提高了总线传输的效率。

（6）用电平转脉冲电路产生 hsync_pulse 和 vsync_pulse。hsync_pulse 信号可用来辅助触发第一个 txn_request，vsync_pulse 用来给需要清零的寄存器清零。

ZC706 的引脚连接如下。

```
#clk
create_clock -period 5.000 -name SYS_CLK_clk [get_ports SYS_CLK_clk_p]
set_property IOSTANDARD LVDS [get_ports SYS_CLK_clk_p]

set_property PACKAGE_PIN G9 [get_ports SYS_CLK_clk_n]
set_property PACKAGE_PIN H9 [get_ports SYS_CLK_clk_p]
set_property IOSTANDARD LVDS [get_ports SYS_CLK_clk_n]

#reset
set_property PACKAGE_PIN AB17 [get_ports resetn]
set_property IOSTANDARD LVCMOS25 [get_ports resetn]

#GPIO PMOD1
set_property PACKAGE_PIN AJ21 [get_ports csky_jtag_tdi]
```

```
set_property IOSTANDARD LVCMOS25 [get_ports csky_jtag_tdi]
set_property PACKAGE_PIN AK21 [get_ports csky_jtag_tdo]
set_property IOSTANDARD LVCMOS25 [get_ports csky_jtag_tdo]
set_property PACKAGE_PIN AB21 [get_ports csky_jtag_tck]
set_property IOSTANDARD LVCMOS25 [get_ports csky_jtag_tck]
set_property CLOCK_DEDICATED_ROUTE FALSE [get_nets csky_jtag_tck_IBUF]
set_property PACKAGE_PIN AB16 [get_ports csky_jtag_tms]
set_property IOSTANDARD LVCMOS25 [get_ports csky_jtag_tms]

set_property PACKAGE_PIN Y20 [get_ports csky_jtag_trst]
set_property IOSTANDARD LVCMOS25 [get_ports csky_jtag_trst]


#IIC
set_property PACKAGE_PIN AJ14 [get_ports hdmi_scl]
set_property IOSTANDARD LVCMOS25 [get_ports hdmi_scl]
set_property PACKAGE_PIN AJ18 [get_ports hdmi_sda]
set_property IOSTANDARD LVCMOS25 [get_ports hdmi_sda]

#HDMI
#set_property PACKAGE_PIN AC23 [get_ports HDMI_INT]
#set_property IOSTANDARD LVCMOS25 [get_ports HDMI_INT]

set_property PACKAGE_PIN P28 [get_ports hdmi_clk]
set_property IOSTANDARD LVCMOS25 [get_ports hdmi_clk]

set_property PACKAGE_PIN V24 [get_ports hdmi_de]
set_property IOSTANDARD LVCMOS25 [get_ports hdmi_de]
set_property PACKAGE_PIN R22 [get_ports hdmi_hsync]
set_property IOSTANDARD LVCMOS25 [get_ports hdmi_hsync]
set_property PACKAGE_PIN U21 [get_ports hdmi_vsync]
set_property IOSTANDARD LVCMOS25 [get_ports hdmi_vsync]

#D23-D16
set_property PACKAGE_PIN AD26 [get_ports {hdmi_d[0]}]
set_property IOSTANDARD LVCMOS25 [get_ports {hdmi_d[0]}]
set_property PACKAGE_PIN AB26 [get_ports {hdmi_d[1]}]
set_property IOSTANDARD LVCMOS25 [get_ports {hdmi_d[1]}]
set_property PACKAGE_PIN AA28 [get_ports {hdmi_d[2]}]
set_property IOSTANDARD LVCMOS25 [get_ports {hdmi_d[2]}]
set_property PACKAGE_PIN AC26 [get_ports {hdmi_d[3]}]
set_property IOSTANDARD LVCMOS25 [get_ports {hdmi_d[3]}]
set_property PACKAGE_PIN AE30 [get_ports {hdmi_d[4]}]
set_property IOSTANDARD LVCMOS25 [get_ports {hdmi_d[4]}]
set_property PACKAGE_PIN Y25 [get_ports {hdmi_d[5]}]
set_property IOSTANDARD LVCMOS25 [get_ports {hdmi_d[5]}]
set_property PACKAGE_PIN AA29 [get_ports {hdmi_d[6]}]
```

```
set_property IOSTANDARD LVCMOS25 [get_ports {hdmi_d[6]}]
set_property PACKAGE_PIN AD30 [get_ports {hdmi_d[7]}]
set_property IOSTANDARD LVCMOS25 [get_ports {hdmi_d[7]}]

#D35-D28
set_property PACKAGE_PIN Y28 [get_ports {hdmi_d[8]}]
set_property IOSTANDARD LVCMOS25 [get_ports {hdmi_d[8]}]
set_property PACKAGE_PIN AF28 [get_ports {hdmi_d[9]}]
set_property IOSTANDARD LVCMOS25 [get_ports {hdmi_d[9]}]
set_property PACKAGE_PIN V22 [get_ports {hdmi_d[10]}]
set_property IOSTANDARD LVCMOS25 [get_ports {hdmi_d[10]}]
set_property PACKAGE_PIN AA27 [get_ports {hdmi_d[11]}]
set_property IOSTANDARD LVCMOS25 [get_ports {hdmi_d[11]}]
set_property PACKAGE_PIN U22 [get_ports {hdmi_d[12]}]
set_property IOSTANDARD LVCMOS25 [get_ports {hdmi_d[12]}]
set_property PACKAGE_PIN N28 [get_ports {hdmi_d[13]}]
set_property IOSTANDARD LVCMOS25 [get_ports {hdmi_d[13]}]
set_property PACKAGE_PIN V21 [get_ports {hdmi_d[14]}]
set_property IOSTANDARD LVCMOS25 [get_ports {hdmi_d[14]}]
set_property PACKAGE_PIN AC22 [get_ports {hdmi_d[15]}]
set_property IOSTANDARD LVCMOS25 [get_ports {hdmi_d[15]}]
hdmi_zc706.xdc
```

3. 驱动软件

通过 CPU 向 DDR 里写数据，就可以改变显示的内容。AXI Full Master HDMI 模块硬件设计完成后，需要用软件来驱动它，本节通过一些实验完成软件驱动 HDMI。

（1）1080P 显示垂直彩条。

这是 4.4 节 1080P 显示垂直彩条实验的软件实现版本，完成这个实验并不能保证设计的 HDMI 控制器是正确的，不过是个好的开始。

（2）1080P 显示动态彩色砖块。

这是 4.4 节 1080P 显示动态彩色砖块实验的软件实现版本，这个实验在全屏显示 1080P 动态彩色砖块时，对 CPU 的运算速度要求比较高。

（3）1080P 显示图片。

本实验可以用来证明前面设计的 AXI HDMI 模块是否正确。本节提供一个图片文件 airbus_yuv422.h，它包含了 2 张大飞机照片。airbus_yuv422.h 是 YUV422 编码。

如果实验的图片上下移动，则说明设计的电路里 v_counter 在每次 vsync 时没有清零。如果左右移动，或者起点不对、斜着错位，可能是 h_counter 没有清零。

由于 airbus_yuv422.h 非常大，在软件编译时需要指定这部分信息存储于 DDR 中。

实验参考视频 video_4.13_hdmi_1080p_image_zc706_zju.ogv。

从实验 3 可以看出，虽然可以显示全屏的图片，但需要把照片信息存储在 elf 文件中，这样非常不方便。在后面的章节中，将设计 AXI 接口 SD 读卡器电路，这样可以从 SD 卡中读取图片显示。

4.7 HDMI TMDS 编码与串行输出电路设计

本节设计用于 Nexys Video、PYNQ Z1、Zybo Z7 和 Genesys 2 的直接输出 HDMI 模块。与 4.6 节的实验不同，由于这些开发板没有类似 ADV7511 这样的芯片，所以需要设计直接驱动 HDMI 的电路。

HDMI 硬件控制器先要准备好所需显示的视频数据，根据数字视频信号时序将显示数据处理成并行数据，这一步与 4.6 节中的内容是一样的。

并行数据经过 TMDS 编码后，通过串行器完成并串转换，产生符合 HDMI 协议的高速串行数据，通过差分输出缓冲器发送给 HDMI 设备。这是本节需要完成的设计。由于不需要初始化，因此不需要 i2c_sender 电路。HDMI SoC 原理图如图 4.20 所示，由于 m00_axi_init_axi_txn 在 IP 内部连接，因此在 SoC 设计时不需要接这个信号，但同 4.6 节一样，这个信号是启动 AXI 传输的关键信号。

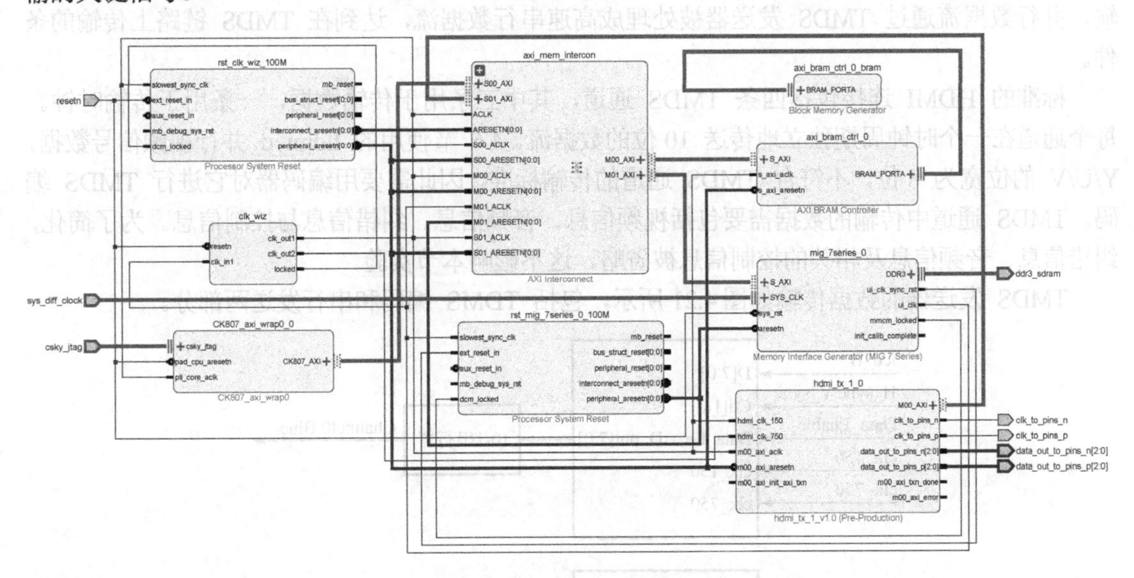

图 4.20 HDMI SoC 原理图

地址分配如表 4.5 所示。

表 4.5 地址分配

Cell	Slave Interface	Base Name	Offset Address	Range	High Address
CK807_axi_wrap0_0					
CK807_AXI (32 address bits : 4G)					
axi_bram_ctrl_0	S_AXI	Mem0	0xC000_0000	8K	0xC000_1FFF
mig_7series_0	S_AXI	memaddr	0x8000_0000	1G	0xBFFF_FFFF
hdmi_tx_1_0					

续表

M00_AXI (32 address bits : 4G)					
axi_bram_ctrl_0	S_AXI	Mem0	0xC000_0000	8K	0xC000_1FFF
mig_7series_0	S_AXI	memaddr	0x8000_0000	1G	0xBFFF_FFFF

在 4.6 节中，需要传送 hdmi_clk、hdmi_d[15∶0]、hdmi_de、hdmi_hsync 和 hdmi_vsync 给 ADV7511，在本节实验中，根据这些信号设计电路，输出符合 HDMI 协议的串行高速信号，直接传输到 HDMI 显示设备。

HDMI 协议包含了很多内容，本节实验只实现 1080P 视频显示功能，音频、纠错与控制等功能都被省略。

HDMI 数据通道采用 TMDS 最小化差分传输协议，该协议需要 TMDS 发送器进行数据传输，并行数据流通过 TMDS 发送器被处理成高速串行数据流，达到在 TMDS 链路上传输的条件。

标准的 HDMI 连接包括四条 TMDS 通道，其中三条用于传输数据，一条用于传输时钟。每个通道在一个时钟周期独立地传送 10 位的数据流。4.6 节使用的 hdmi_d 并行视频信号数据，Y/U/V 的位宽为 8 位，不符合 TMDS 通道的传输标准，因此需要用编码器对它进行 TMDS 编码。TMDS 通道中传输的数据需要包括视频信息、音频信息、纠错信息与控制信息。为了简化，纠错信息、音频信息及相关的控制信息被省略，这不影响本节实验。

TMDS 发送器的数据传输如图 4.21 所示，包括 TDMS 编码和串行发送两部分。

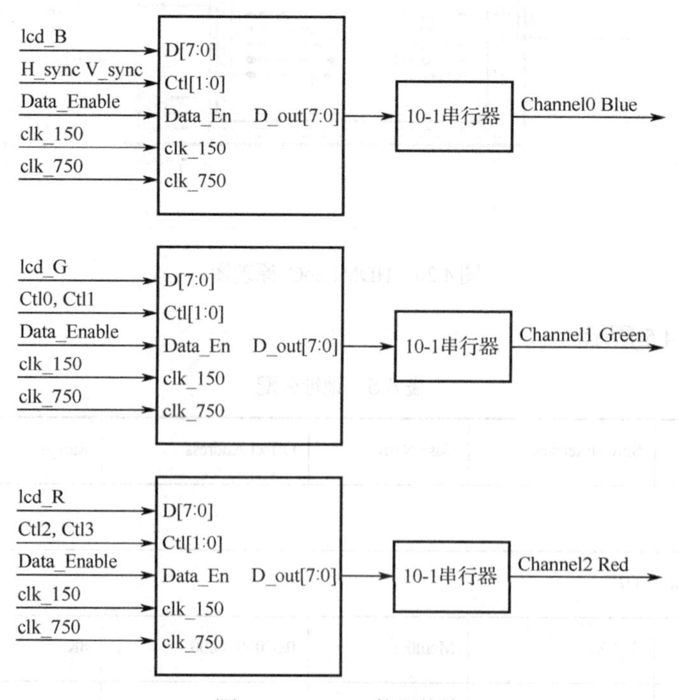

图 4.21　TMDS 数据传输

其中，编码器的输入如下。

（1）clk_150 和 clk_750

clk_150 是 150MHz 时钟，用于并行 lcd_R、lcd_G 和 lcd_B 信号。

clk_750 是高速的 750MHz 时钟，用于高速串行 TMDS 信号。

（2）lcd_B[7：0] lcd_G[7：0] lcd_R[7：0]

输入的 RGB888 视频数据（24 位）。

（3）H_sync 和 V_sync

行和场同步信号，用于行和列的开始，与 4.6 节中的相同。

在 G 和 R 通道，这两个信号分别为 Ctl0/Ctl1 和 Ctl2/Ctl3，这些 Ctl 信号用于控制命令和音频数据，本节实验省略了这部分内容，在实验中，Ctl1、Ctl2 与 Ctl3 一直保持低电平，在视频数据有效时，Ctl0 置高电平，否则保持低电平

（4）Data_Enable(DE)

有效像素点，与 4.6 节中的 hdmi_de 相同。

1．TMDS 编码器

TMDS（最小化差分传输协议）的核心是通过编码使传输的数据直流电平趋向于 0（0 和 1 一样多），从而提高信号传输的速度与可靠性。

从图 4.21 可以看出，TMDS 编码的输入信号为 lcd[7：0]、H_sync、V_sync 和 DE。输出信号为 D[9：0]。由于输入的 lcd[7：0]信号 0 和 1 的个数是随机的，为了使 D[9：0]的直流电平趋向于 0，需要如图 4.22 所示的编码方法。

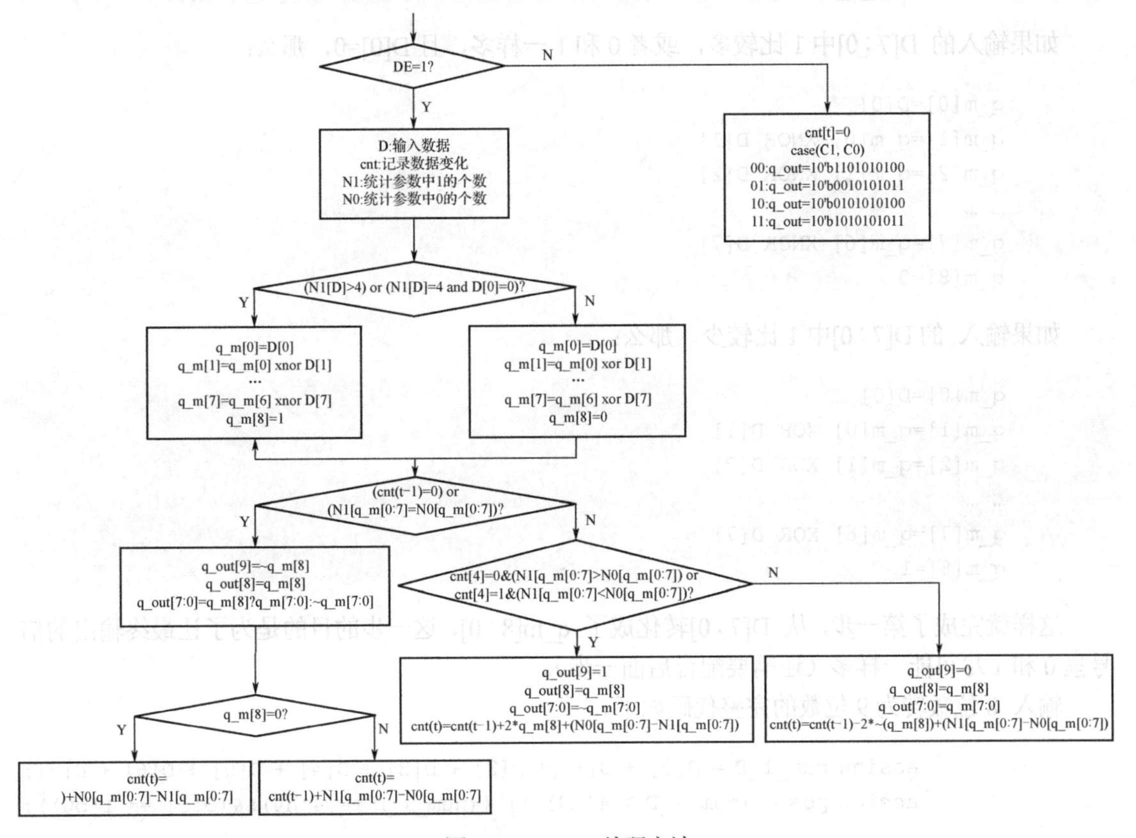

图 4.22 TMDS 编码方法

在开始编码前，先判断 DE 信号是否有效，如果 DE 无效，则表明这时传输的不是视频信号。这时输出为指定的值。

```
parameter CTRLTOKEN0 = 10'b1101010100;
parameter CTRLTOKEN1 = 10'b0010101011;
parameter CTRLTOKEN2 = 10'b0101010100;
parameter CTRLTOKEN3 = 10'b1010101011;

case({c1_s2, c0_s2})
  2'b00:   data_out <= CTRLTOKEN0;
  2'b01:   data_out <= CTRLTOKEN1;
  2'b10:   data_out <= CTRLTOKEN2;
  default: data_out <= CTRLTOKEN3;
endcase
```

编码分为两个步骤。

第一步，将输入的 8 位数，转换成 9 位。

首先计算输入信号 D[7∶0]中有多少个 1，就是图 4.22 中的 N1(D)。计算信号中有多少个 1 是个经典的电路，有很多实现方法，对于本实验来说，把信号的每位加起来最简单，综合工具会把它优化成符合速度要求的并行结构。

```
num_1_D = D[0] + D[1] + D[2] + D[3] + D[4] + D[5] + D[6] + D[7];
```

如果输入的 D[7∶0]中 1 比较多，或者 0 和 1 一样多，且 D[0]=0，那么：

```
q_m[0]=D[0]
q_m[1]=q_m[0] XNOR D[1]
q_m[2]=q_m[1] XNOR D[2]
… …
q_m[7]=q_m[6] XNOR D[7]
q_m[8]=0
```

如果输入 的D[7∶0]中 1 比较少，那么：

```
q_m[0]=D[0]
q_m[1]=q_m[0] XOR D[1]
q_m[2]=q_m[1] XOR D[2]
… …
q_m[7]=q_m[6] XOR D[7]
q_m[8]=1
```

这样就完成了第一步，从 D[7∶0]转化成了 q_m[8∶0]，这一步的目的是为了让最终输出的信号里 0 和 1 尽可能一样多（还需要配合后面一步）。

输入 8 位数转为 9 位数的完整代码如下。

```
assign num_1_D = D[0] + D[1] + D[2] + D[3] + D[4] + D[5] + D[6] + D[7];
assign pos = (num_1_D > 4'h4) || ((num_1_D == 4'h4)&&(D[0] == 1'b0));

assign q_m[0] = D[0];
```

```
assign q_m[1] = pos ? (q_m[0]^~D[1]) : (q_m[0]^D[1]);
assign q_m[2] = pos ? (q_m[1]^~D[2]) : (q_m[1]^D[2]);
assign q_m[3] = pos ? (q_m[2]^~D[3]) : (q_m[2]^D[3]);
assign q_m[4] = pos ? (q_m[3]^~D[4]) : (q_m[3]^D[4]);
assign q_m[5] = pos ? (q_m[4]^~D[5]) : (q_m[4]^D[5]);
assign q_m[6] = pos ? (q_m[5]^~D[6]) : (q_m[5]^D[6]);
assign q_m[7] = pos ? (q_m[6]^~D[7]) : (q_m[6]^D[7]);
assign q_m[8] = pos ?  1'b0  : 1'b1;
```

fpga4fun.com 提供了一段很短的代码，实现了类似的电路，代码非常简洁。

```
wire [3:0] Nb1s = D[0] + D[1] + D[2] + D[3] + D[4] + D[5] + D[6] + D[7];
wire XNOR = (Nb1s>4'd4) || (Nb1s==4'd4 && D[0]==1'b0);
wire [8:0] q_m = {~XNOR, q_m[6:0] ^ D[7:1] ^ {7{XNOR}}, D[0]};
```

第二步，将 9 位的 q_m，转化成 10 位的输出值。

在此，已经将输入的 D[7：0] 转化成了 q_m[8：0]。在这一步，也需要计算 q_m[8：0]里有多少个 1 ，用的方法和第一步一样。

```
    num_1_q_m = q_m[0] + q_m[1] + q_m[2] + q_m[3] + q_m[4] + q_m[5] + q_m[6] +
q_m[7] + q_m[8];
```

图 4.22 中的 cnt 是一个寄存器，用于记录已经发送出去的数据流中 0 与 1 在数量上的变化。

```
cnt =  2     已经发送的数据流中，'1'比'0'多发了 2 个，其余类推。
cnt = -3     已经发送的数据流中，'1'比'0'少发了 3 个，其余类推。
```

这一步编码根据以往数据流的 0 和 1 的统计，将输入的 q_m[8：0]编码成 q_out[9：0]，同时更新 cnt，留给下次发送的字节使用。具体计算步骤请参考图 4.22 所示的流程图。三个通道输入的信号不同，通道电路本身是一样的。

```
… …
  TMDS_encode enc_b (
      .clk_in(clkin),
      .rst_in(rstin),
      .video_data_in(blue8),
      .c0(hsync),
      .c1(vsync),
      .video_de(vde),
      .data_out(blue10)
      ) ;


  TMDS_encode enc_g (
      .clk_in(clkin),
      .rst_in(rstin),
      .video_data_in(green8),
      .c0(ctl0),
      .c1(ctl1),
      .video_de(vde),
```

```
            .data_out(green10)
            ) ;

        TMDS_encode enc_r (
            .clk_in(clkin),
            .rst_in(rstin),
            .video_data_in(red8),
            .c0(ctl2),
            .c1(ctl3),
            .video_de(vde),
            .data_out(red10)
            ) ;
    … …
    hdmi_encoder.v
```

2. 串行发送

通过上述设置，8 位的并行视频数据已通过 TMDS 编码成 10 位的并行数据，而 TMDS 链路传送的是串行流，这种并串转换需要串行器（Serializer）来实现。

本节实验使用 Xilinx 7 系列 FPGA 的专用并串转换电路 OSERDESE2，图 4.23 所示为其转换方法。

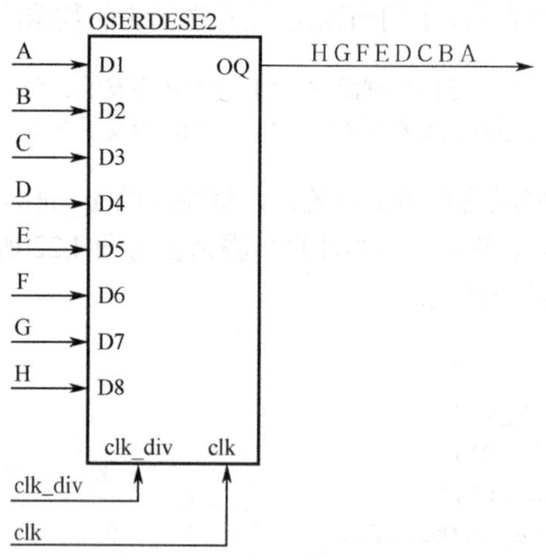

图 4.23 OSERDESE2 转换方法

图 4.23 所示的是 8-1 并串转换的过程，并行端 8 位数据进行输入，数据输出端口 OQ 依次输出转换后的串行数据，且顺序为低位在前。并行端使用低速时钟，高速端使用高速时钟，两者大小关系由具体配置决定。

本节实验，每个通道的视频数据经过 TMDS 编码后位宽为 10 位，而单个的 OSERDESE2 电路在默认情况下只能实现最高 8 位的并串转换。对于这种情况，7 系列 FPGA 提供了并串转换位宽扩展功能（OSERDESE2 Width Expansion），使用此功能可以实现最高达 14 位的并串转换。

使用并串转换位宽扩展功能需要进行额外的配置。对于每一个 OSERDESE2 电路，其工作模式可以被配置成为 master 与 slave 模式，本节实验使用两个 OSERDESE2 电路，其中一个被设置为工作在 master 模式，另外一个被设置为工作在 slave 模式，简化其他引脚后，如图 4.24

所示。

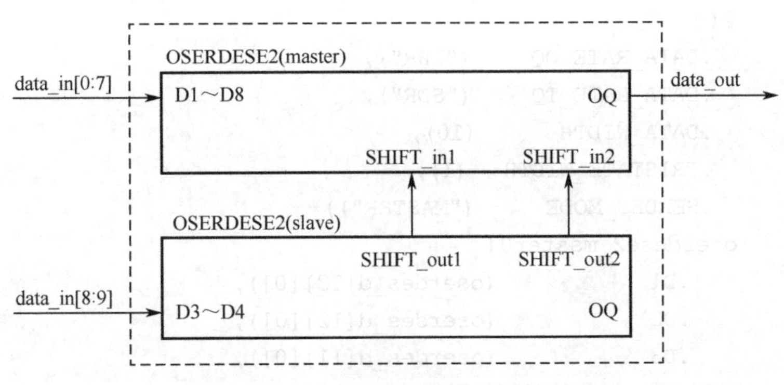

图 4.24 master-slave 模式 OSERDESE2

输入数据位宽为 10 位，因此配置 OSERDESE2 电路时，master 与 slave 均将位宽设为 10 位，与此对应，master 与 slave 的输出模式需要设为 DDR（SDR 模式最高支持 8 位并串转换）。连接关系如图 4.24 所示，master 部分输入并行数据的低 8 位，slave 部分输入并行数据的剩余 2 位（工作于 slave 模式时，输入数据端口仅可使用 D3～D8）。

由于输出模式设置为 DDR（Double Data Rate），即双倍数据速率，与 SDR（Single Data Rate）相比，DDR 模式在一个时钟周期内可以完成两次数据操作，串行发送端在时钟的上升沿与下降沿均能发送数据，要实现 10-1 的并串转换，串行端时钟需要设为并行端时钟的 5 倍（10÷2=5）。

串行输出部分代码如下，只列出了 1 个数据通道和 1 个时钟通道。

```
module TMDS_Serializer(
        input [29:0] data_out_from_device,  //经过 TMDS 编码后的数据,3 个 10 位通道

        output [2:0] data_out_to_pins_p,    //串行差分输出数据,共 3 个通道
        output [2:0] data_out_to_pins_n,

        output  clk_to_pins_p,              //差分时钟输出
        output  clk_to_pins_n,

        input   clk_in,                     //高速时钟，750MHz，用于串行端
        input   clk_div_in,                 //低速时钟，150MHz，用于并行端
        input   clk_reset,

        input   io_reset
    );
… …
/*********************************************************************/
//                        数据通道 0                                  //
/*********************************************************************/

       assign data_out_to_pins_int[0] = data_out_to_pins_predelay[0];

        //OSERDESE2 master 0
```

```
OSERDESE2
 #(
   .DATA_RATE_OQ     ("DDR"),
   .DATA_RATE_TQ     ("SDR"),
   .DATA_WIDTH      (10),
   .TRISTATE_WIDTH   (1),
   .SERDES_MODE      ("MASTER"))
 oserdese2_master0(
    .D1            (oserdes_d[13][0]),
    .D2            (oserdes_d[12][0]),
    .D3            (oserdes_d[11][0]),
    .D4            (oserdes_d[10][0]),
    .D5            (oserdes_d[9][0]),
    .D6            (oserdes_d[8][0]),
    .D7            (oserdes_d[7][0]),
    .D8            (oserdes_d[6][0]),
    .T1            (1'b0),
    .T2            (1'b0),
    .T3            (1'b0),
    .T4            (1'b0),
    .SHIFTIN1       (ocascade_sm_d[0]),
    .SHIFTIN2       (ocascade_sm_t[0]),
    .SHIFTOUT1      ( ),
    .SHIFTOUT2      ( ),
    .OCE           (clock_enable),
    .CLK           (clk_in),
    .CLKDIV         (clk_div_in),
    .OQ            (data_out_to_pins_predelay[0]),
    .TQ            ( ),
    .OFB           ( ),
    .TFB           ( ),
    .TBYTEIN        (1'b0),
    .TBYTEOUT       ( ),
    .TCE           (1'b0),
    .RST           (io_reset)
    );

//OSERDESE2 slave 0
OSERDESE2
 #(
   .DATA_RATE_OQ     ("DDR"),
   .DATA_RATE_TQ     ("SDR"),
   .DATA_WIDTH      (10),
   .TRISTATE_WIDTH   (1),
   .SERDES_MODE      ("SLAVE"))
```

```
   oserdese2_slave0(
       .D1             (1'b0),
       .D2             (1'b0),
       .D3             (oserdes_d[5][0]),
       .D4             (oserdes_d[4][0]),
       .D5             (oserdes_d[3][0]),
       .D6             (oserdes_d[2][0]),
       .D7             (oserdes_d[1][0]),
       .D8             (oserdes_d[0][0]),
       .T1             (1'b0),
       .T2             (1'b0),
       .T3             (1'b0),
       .T4             (1'b0),
       .SHIFTOUT1       (ocascade_sm_d[0]),
       .SHIFTOUT2       (ocascade_sm_t[0]),
       .SHIFTIN1        (1'b0),
       .SHIFTIN2        (1'b0),
       .OCE             (clock_enable),
       .CLK             (clk_in),
       .CLKDIV           (clk_div_in),
       .OQ              ( ),
       .TQ              ( ),
       .OFB             ( ),
       .TFB             ( ),
       .TBYTEIN          (1'b0),
       .TBYTEOUT         ( ),
       .TCE             (1'b0),
       .RST             (io_reset)
       );

  //通道 0 差分输出缓冲器
  OBUFDS
    #(.IOSTANDARD ("TMDS_33"))
    obufds_inst0(
       .O          (data_out_to_pins_p  [0]),
       .OB         (data_out_to_pins_n  [0]),
       .I          (data_out_to_pins_int[0])
       );
… …
  //将 serdes 数据输出连接到一起
  assign oserdes_d[13] = data_out_from_device[2:0];
  assign oserdes_d[12] = data_out_from_device[5:3];
  assign oserdes_d[11] = data_out_from_device[8:6];
  assign oserdes_d[10] = data_out_from_device[11:9];
  assign oserdes_d[9]  = data_out_from_device[14:12];
```

```
        assign oserdes_d[8]  = data_out_from_device[18:15];
        assign oserdes_d[7]  = data_out_from_device[20:18];
        assign oserdes_d[6]  = data_out_from_device[23:21];
        assign oserdes_d[5]  = data_out_from_device[26:24];
        assign oserdes_d[4]  = data_out_from_device[29:27];
/*************************************************************************/
//                         时钟通道                                      //
/*************************************************************************/
        OSERDESE2
          #(
            .DATA_RATE_OQ   ("DDR"),
            .DATA_RATE_TQ   ("SDR"),
            .DATA_WIDTH     (4),
            .TRISTATE_WIDTH (1),
            .SERDES_MODE    ("MASTER"))
          clk_fwd(
              .D1             (1'b1),
              .D2             (1'b0),
              .D3             (1'b1),
              .D4             (1'b0),
              .D5             (1'b1),
              .D6             (1'b0),
              .D7             (1'b1),
              .D8             (1'b0),
              .T1             (1'b0),
              .T2             (1'b0),
              .T3             (1'b0),
              .T4             (1'b0),
              .SHIFTIN1        (1'b0),
              .SHIFTIN2        (1'b0),
              .SHIFTOUT1       (),
              .SHIFTOUT2       (),
              .OCE            (clock_enable),
              .CLK            (clk_div_in),
              .CLKDIV          (clk_div_in),
              .OQ             (clk_fwd_out),
              .TQ             (),
              .OFB            (),
              .TFB            (),
              .TBYTEIN         (1'b0),
              .TBYTEOUT        (),
              .TCE            (1'b0),
              .RST            (io_reset)
              );
```

```
        //时钟通道差分输出缓冲器
        OBUFDS
          # (.IOSTANDARD ("TMDS_33"))
           obufds_inst(
             .O          (clk_to_pins_p),
             .OB         (clk_to_pins_n),
             .I          (clk_fwd_out)
             );
    TMDS_serializer.v
```

3 个数据通道的差分输出配置相同，时钟通道采用类似的方法输出。

3. 显示数据的读取

显示数据的读取与 4.6 节中的实验相同，采用同样的方法，将包含 TMDS 编码和串行输出的电路封装成 AXI 接口的 HDMI 显示 IP，用 CPU 将所需要显示的数据存入 DDR，同时 AXI 总线将数据从 DDR 读出，发送给本节设计的 HDMI 显示 IP。

本节设计的 HDMI 模块实现的功能与 ADV7511 一样，因此显示数据的读取这部分电路与 4.6 节设计的方法基本相同，注意本节的 HDMI 模块输入的是 RGB888 格式，这一点与 4.6 节的不一样。

软件设计部分与 4.6 节的基本一样，由于对 CPU 性能要求比较高，因此需要打开 CPU 的缓存以增强性能，将宏 CONFIG_CKCPU_ICCACHE 和 CONFIG_CKCPU_DCCACHE 均置为 1 即可打开 CPU 的指令缓存和数据缓存。

Genesys 2 与 HDMI 相关的引脚连接如下。

```
    set_property  -dict  {PACKAGE_PIN  AB20  IOSTANDARD  TMDS_33}  [get_ports
clk_to_pins_n]
    set_property  -dict  {PACKAGE_PIN  AA20  IOSTANDARD  TMDS_33}  [get_ports
clk_to_pins_p]
    set_property IOSTANDARD TMDS_33 [get_ports {data_out_to_pins_n[0]}]
    set_property PACKAGE_PIN AC20 [get_ports {data_out_to_pins_p[0]}]
    set_property PACKAGE_PIN AC21 [get_ports {data_out_to_pins_n[0]}]
    set_property IOSTANDARD TMDS_33 [get_ports {data_out_to_pins_p[0]}]
    set_property IOSTANDARD TMDS_33 [get_ports {data_out_to_pins_n[1]}]
    set_property PACKAGE_PIN AA22 [get_ports {data_out_to_pins_p[1]}]
    set_property PACKAGE_PIN AA23 [get_ports {data_out_to_pins_n[1]}]
    set_property IOSTANDARD TMDS_33 [get_ports {data_out_to_pins_p[1]}]
    set_property IOSTANDARD TMDS_33 [get_ports {data_out_to_pins_n[2]}]
    set_property PACKAGE_PIN AB24 [get_ports {data_out_to_pins_p[2]}]
    set_property PACKAGE_PIN AC25 [get_ports {data_out_to_pins_n[2]}]
    set_property IOSTANDARD TMDS_33 [get_ports {data_out_to_pins_p[2]}]
    genesys2.xdc
```

实验步骤参考视频 video_4.14_hdmi_1080p_image_genesys2_zju.ogv。

4.6 节实验和本节实验都需要用到 FPGA 板上的 DDR 内存，使用 DDR 内存的方法参考视频 video_4.13 和 video_4.14。

嵌入式系统芯片设计——实验手册

Chapter 4：AXI Master 模块设计

Module A：HDMI 控制信号设计

浙江大学超大规模集成电路研究所

http://vlsi.zju.edu.cn

实验简介

设计电路实现 HDMI 控制信号，包括 clk、hsync、vsync 和 de，在示波器上检测这些信号。

目标

1．设计 HDMI 控制信号硬件电路。

2．验证这个电路。

背景知识

1．Verilog HDL

2．示波器使用

实验难度与所需时间

实验难度：■ ■ ░ ░ ░

所需时间：2.0h

实验所需资料

4.2 节

实验设备

1．Zedboard/ZC706/Genesys 2 FPGA

2．示波器

参考视频

1．video_4.1_PLL_zju.ogv（video_4.1）

2．video_4.2_genhw_and_sim_zju.ogv（video_4.2）

3．video_4.3_open_sim_waveform_zju.ogv（video_4.3）

4．video_4.6_genhw_and_downloadbit_zju.ogv（video_4.4）

实验步骤

A．时钟电路设计

1．参考视频 video_4.1，生成 clk_pll.v，接下来可以用这个文件实现 75MHz 和 50MHz 时钟。

2．参考视频 video_4.2，用 tb_pll.v 测试 clk_pll.v，观察输出时钟的频率。

B．控制电路设计

1．编辑 zedboard_hdmi_720p.v，完成 hdmi_hsync、hdmi_vsync 和 hdmi_de 的设计。

2．设计一个测试电路，给 zedboard_hdmi 的时钟 clk_100 提供 100MHz 时钟信号（参考 tb_top.v）。

3．参考视频 video_4.2，仿真这个测试电路，观察输出波形。

4．参考视频 video_4.3，打开标准波形，比较标准波形与自己的仿真结果。

电路仿真结果与标准波形一致，表明本实验完成。

C．测量控制信号

1．参考视频 video_4.6。

2. 编辑 XDC 文件，将 hdmi_clk、hdmi_hsync、hdmi_vsyn 和 hdmi_de 信号接到 FPGA 的输出引脚。

3. 将这些输出引脚接到示波器。

4. 测出这 4 个信号的频率，是否与符合标准。

5. 与标准波形相比较，这 4 个信号是否和标准波形一致。

示波器或逻辑分析仪测量的结果与标准波形一致，表明本实验完成。

实验提示

注意在断电时连接 FPGA 和示波器。

观测 75MHz 的 hdmi_clk，需要带宽 150MHz 以上的示波器。如果示波器带宽不够，可将 hdmi_clk 信号分频后再输出观测。

拓展实验

使用示波器的触发功能，抓取 hdmi_de 信号的上升沿。

嵌入式系统芯片设计——实验手册

Chapter 4：AXI Master 模块设计

Module B：HDMI 初始化电路设计

浙江大学超大规模集成电路研究所

http://vlsi.zju.edu.cn

实验简介

设计电路实现 ADV7511 初始化信号。

目标

1. 设计并验证初始化电路。
2. 熟悉逻辑分析仪的使用。

背景知识

1. Verilog HDL
2. 逻辑分析仪使用

实验难度与所需时间

实验难度：■ ■ ░ ░ ░

所需时间：2.0h

实验所需资料

4.3 节

实验设备

1. Zedboard/ZC706/Genesys 2 FPGA
2. 逻辑分析仪

参考视频

video_4.4_i2c_logic_analyzer_zju.ogv（video_4.4）

实验步骤

A．初始化电路设计

1. 编辑 i2c_sender.v，按照 4.3 节 I^{2}C 协议，设计初始化代码发送电路。
2. 仿真 i2c_sender.v，将仿真结果与标准波形进行比较。
3. 仿真得到正确结果后，编辑 XDC 文件，将 i2c_scl 和 i2c_sdc 输出到 FPGA 引脚，两个信号都上拉。
4. 参考视频 video_4.4，将 i2c_scl 和 i2c_sda 接到逻辑分析仪。
5. 下载 bit 文件，在逻辑分析仪里分析输出信号波形。
6. 使用逻辑分析仪的解码功能，将 I^{2}C 信号解码。

解码结果与 I2C_CMD_PAIRS 一致，表明本实验完成。由于这时没有接负载 ADV7511，因此 I^{2}C 没有应答。

B．初始化电路测试

1. 编辑 XDC 文件，将 i2c_scl 和 i2c_sda 信号输出到 ADV7511 相应引脚，两个信号都上拉。
2. 设计一个电路，采样这两个信号并输出。
3. 用逻辑分析仪分析这两个信号。

由于已经接了 ADV7511，因此 I^{2}C 有应答，为了测量这两个信号，需要设计新的电路采样并输出，这样才能在逻辑分析仪上观测。直接测量 ADV7511 的芯片引脚比较困难，因为引脚间距太小，探针不容易连接。

实验提示

注意在断电时连接 FPGA 和逻辑分析仪。

逻辑分析仪的解码功能在调试时很方便，逻辑分析仪可以将测量的信号波形保存成文件，方便离线分析。

本节实验是下节实验的基础。

拓展实验

使用逻辑分析仪的触发功能，抓取 i2c_sda 信号的下降沿。

嵌入式系统芯片设计——实验手册

Chapter 4：AXI Master 模块设计

Module C：HDMI 输出电路设计

浙江大学超大规模集成电路研究所

http://vlsi.zju.edu.cn

实验简介

设计电路实现 HDMI 输出，在 HDMI 显示器上输出图像。

目标

1. 设计并验证 720P HDMI 输出电路。
2. 设计并验证 1080P HDMI 输出电路。

背景知识

Verilog HDL

实验难度与所需时间

实验难度：■ ■ ■ ░ ░

所需时间：5.0h

实验所需资料

4.4 节

实验设备

1. Zedboard/ZC706 FPGA
2. HDMI 显示器
3. 逻辑分析仪/示波器

参考视频

1. video_4.5_hdmi_demo_zju.ogv（video_4.5）
2. video_4.6_genhw_and_downloadbit_zju.ogv（video_4.6）
3. video_4.7_gen_ram_zju.ogv（video_4.7）

实验步骤

A. 720P HDMI 显示垂直彩条

1. 参考视频 video_4.5 的第一个结果。
2. 编辑 gen_pat.v，hdmi_d 按照地址 x 赋值不同的颜色。
3. 在实验 4.B 的基础上，编辑 zedboard_hdmi_720p.v，加入 gen_pat 模块，实现输出 hdmi_d。
4. 加入实验 4.B 完成的 i2c_sender 模块，实现 ADV7511 的初始化。
5. 对电路进行仿真，分析仿真波形，与标准波形比较。
6. 参考视频 video_4.6，编辑 XDC 引脚绑定文件，下载 FPGA，观察显示器输出。

显示器正确显示垂直彩条，表明本实验完成。

B. 720P HDMI 显示彩色砖块

1. 参考视频 video_4.5 第二个结果。
2. 在实验 4.B 的基础上，编辑 gen_pat.v，按照如下规律输出 Y/U/V。

   Y=loc_x; U=loc_y; V=loc_x+loc_y;

3. 下载 FPGA，观察显示器输出。

C．720P HDMI 显示动态彩色砖块

1．参考视频 video_4.5 第三个结果。

2．在实验 4.B 的基础上，编辑 gen_pat.v，让 v 按照一定频率加 1。

3．下载 FPGA，观察显示器输出。

D．720P HDMI 显示图片

1．参考视频 video_4.7，生成容量为 56000×16 位的 ROM，ROM 要包含初始化数据 YUV422.coe。

2．编辑 gen_pat.v，在 gen_pat 模块内调用 ROM，根据显示的 x、y 轴坐标查找 ROM，输出对应坐标的 YUV422。

3．下载 FPGA，观察显示器输出。

显示器正确显示重复的图片，表明本实验完成。

E．1080P HDMI 显示垂直彩条

1．修改 zedboard_hdmi 模块，将参数替换为 1080P 显示的参数。

2．重复本实验步骤 A。

3．下载 FPGA，观察显示器输出。

显示器正确显示 1080P 垂直彩条，表明本实验完成。

F．1080P HDMI 显示彩色砖块

用 1080P 重复本实验步骤 B。

G．1080P HDMI 显示动态彩色砖块

用 1080P 重复本实验步骤 C。

H．1080P HDMI 显示动态小球

参考视频 video_4.5 的动态小球显示，完成实验。

I．1080P HDMI 显示图片

用 1080P 重复本实验步骤 D。

由于 1080P 时序要求更高，所以本实验有可能会发现显示部分像素出错，按照 4.4 节介绍的方法修改 gen_pat 电路。

本节实验最终实现 1080P HDMI 图片显示，这个实验是下一个实验的基础。

实验提示

调试电路时将 HDMI 相关信号接到 FPGA 开发板引脚，用示波器或逻辑分析仪分析。

720P HDMI 显示垂直彩条实验是本节实验的基础，本节其余的实验都可以在它的基础上修改完成。

720P 实验信号频率较低，调试较为方便，720P 实验完成后再做 1080P 实验，这样防止 1080P 信号频率较高不好调试。

本节实验是下节实验的基础。

拓展实验

用图片当作小球，在 1080P 显示器上运动。

嵌入式系统芯片设计——实验手册

Chapter 4：AXI Master 模块设计

Module D：AXI Lite 接口 HDMI 控制器设计

浙江大学超大规模集成电路研究所

http://vlsi.zju.edu.cn

实验简介

设计 AXI Lite HDMI 控制器。

目标

1. 设计并验证 1080P AXI Lite HDMI 控制器。
2. 用 CPU 改变显示内容。

背景知识

1. Verilog HDL
2. AXI Lite

实验难度与所需时间

实验难度：■ ■ ■ ■ ▒

所需时间：6.0h

实验所需资料

1. 4.5 节
2. 实验 4.C

实验设备

1. Zedboard/ZC706 FPGA
2. HDMI 显示器
3. 逻辑分析仪/示波器

参考视频

1. video_3.2_create_axi_slave_zju.ogv（video_3.2）
2. video_4.8_package_hdmi_zju.ogv（video_4.8）
3. video_4.9_hdmi_mini_ip_hw_sw_zju.ogv（video_4.9）
4. video_4.10_hdmi_mini_ip_demo.ogv（video_4.10）

实验步骤

A．1080P AXI Lite 接口 HDMI 控制器硬件设计

1. 参考视频 video_3.2，用 Vivado 生成一个 AXI Lite Slave 模板。
2. 修改模板，加入 HDMI 引脚，修改地址宽度为 18 位。
3. 在 AXI Lite Slave 模板内加入对 HDMI 电路的控制，参考 4.5 节。
4. 参考视频 video_4.8，将设计好的 AXI HDMI 模块封装。
5. 参考视频 video_4.9，设计 SoC，下载到 FPGA 后用 CDS 编写软件写入数据到相应地址，改变显示内容。

正确显示 CPU 写入的图像信息，表明本实验完成。

本实验要在实验 4.C 的基础上完成，将实验 4.C 最后一个实验得到的电路加上 AXI Lite Slave 接口。

B．软件测试

参考视频 video_4.10，设计软件向 SRAM 中写入动态变化彩色砖块，实现实验 4.C 实验步骤 G 的效果。注意视频 video_4.10 只是演示实验方法。

实验提示

参考 4.5 节，实验的关键是与向 SRAM 写入数据。

向 56000 个地址的 SRAM 写入数据，与模板中的向 4 个寄存器写入数据没有本质区别，修改模板中的写 4 个寄存器部分代码即可。AXI 传递来的地址接到 SRAM 的地址端，AXI 传递来的数据接到 SRAM 的数据端。

拓展实验

1. 给 SoC 加上实验 3.B 设计的 AXI UART 模块，用 PC 控制显示内容。
2. 给 SoC 的软件加上 ASCII 字库，用 PC 发送显示的字符，在 HDMI 显示器上显示。

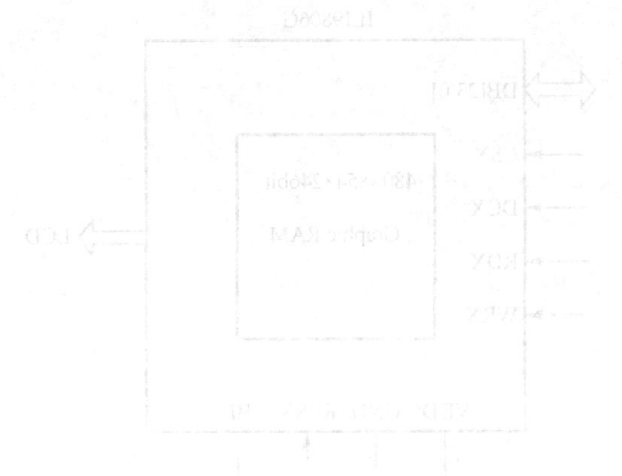

第 5 章 并行接口 LCD 和摄像头控制模块设计

如果 FPGA 开发板没有 ADV7511 芯片，也没有高速串行接口（如 Nexys-4 DDR 开发板），那么无法直接使用 HDMI。这时可以使用并行接口的 LCD 进行显示。由于非差分的并行接口一般速度较慢，并行 LCD 通常分辨率较低，本章实验在 Nexys-4 DDR 上实现 854 像素×480 像素的并行 LCD 显示。

通常 LCD 都需要一个 LCD 驱动芯片，这个驱动芯片接收命令和要显示的内容，然后驱动 LCD 实现显示。本章实验采用 ILI9806G 驱动的并行 LCD，图 5.1 所示是 Nexys-4 DDR 连接并行 LCD 的方法，由于没有专用接口，因此采用杜邦线直接连接。

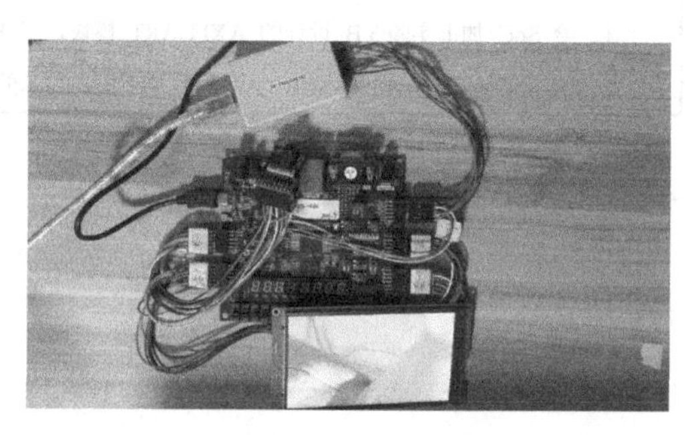

图 5.1 Nexys-4 DDR 连接并行 LCD

本章实验可以分为两部分，可以先完成 LCD 显示后再完成 OV2640 摄像头视频采集。

5.1 并行 LCD 接口

非差分的并行 LCD 接口是一种早期的 LCD 接口，它采用并行传输数据的方法，速度较低，只能支持较低的分辨率，目前正在被差分串行接口，如高速的 MIPI 和低速的 SPI 等替代。由于驱动简单，在一些单片机等低端领域还在继续使用。

图 5.2 所示是 ILI9806G 简化示意图，它只包含了本章实验要用到的引脚。由于芯片内包含了 GRAM（Graphic RAM），因此只需要把显示内容写入 GRAM，不需要发送任何的显示控制信号，由 ILI9806G 自己生成显示控制信号驱动 LCD。另一方面，GRAM 存储了要显示的内容，相当于一个缓冲区，因此不需要按照严格的时序发送显示内容给 ILI9806G，第 4 章用到的 cache-line 在这种情况下不需要使用。

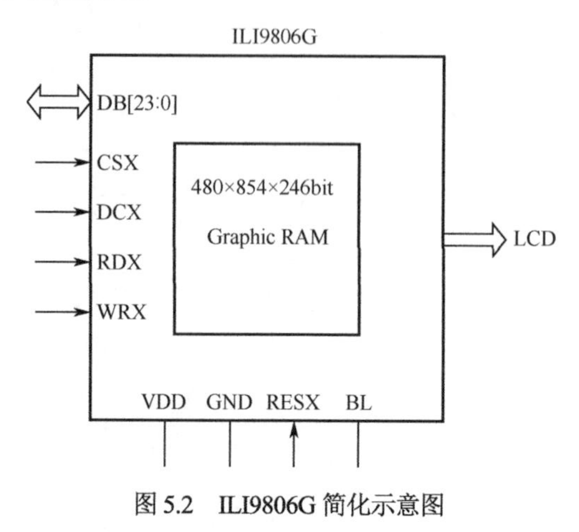

图 5.2 ILI9806G 简化示意图

并行 LCD 接口有多种形式，本章实验的 ILI9806G 使用如下引脚。

● VDD

3.3 V，由于本章实验的 LCD 功耗不高，因此可以直接使用 Nexys-4 DDR 的 Pmod 的 VDD。

● GND

接地端，可以使用 Nexys-4 DDR 的 Pmod 的 GND。

● BL

背光，可以使用 Nexys-4 DDR 的 Pmod 的 VDD。

● DB[15:0]

16 位并行数据和命令接口，由 DCX 引脚决定作为数据还是命令接口。

当传输命令时，使用 DB[7:0]。

当传输数据时，使用 DB[15:0]，数据使用 RGB565 格式。

● CSX

片选，低电平有效。本章实验可以把它连接 GND。

● DCX

信号和命令选择引脚。

低电平，D[7:0]为命令。

高电平，D[15:0]为数据。

● RDX

读信号，从 LCD 读回数据，上升沿有效。

● WRX

写信号，上升沿有效。

● RESX

复位，低电平有效。

如表 5.1 所示，DCX 决定了传输的是命令还是数据，WRX 和 RDX 的上升沿决定了是写入还是读出。接口中没有时钟信号，传输采用异步模式。

表 5.1　DCX、WRX 和 RDX 的功能

WRX	RDX	DCX	功　能
↑	H	L	发送命令
H	↑	H	读取显示数据或参数
↑	H	H	发送显示数据或参数

为了节约引脚给 OV2640 摄像头，本章实验采用 16 位并行数据接口。

并行 LCD 驱动芯片需要先初始化，再发送显示数据。初始化过程和第 4 章的 HDMI 芯片初始化类似，需要在上电后给 LCD 芯片发送初始化命令。

发送命令需要使用 4 组信号，WRX、RDX、DCX 和 DB[7:0]。一般的命令发送格式为“命令代码”+“参数”，以初始化的第 1 条 EXTC 命令为例，命令代码是十六进制 FFh，参数为 FFh、98h 和 06h，需要 4 次发送，如表 5.2 所示。

表 5.2 EXTC 命令

	DCX	RDX	WRX	DB[7:0]
命令代码	0	1	↑	FFh
参数 1	1	1	↑	FFh
参数 2	1	1	↑	98h
参数 3	1	1	↑	06h

EXTC 是 LCD 初始化发送的第 1 条指令，包含了连续 4 次发送：DCX=0，发送命令代码，WRX 为上升沿，把 D[7：0]的值发送给 LCD 控制芯片；DCX=1，发送 3 个参数，WRX 为上升沿，把 D[7:0]的值发送给 LCD 控制芯片。

本章实验配置显示窗口地址的命令如表 5.3 所示。

表 5.3 配置显示窗口地址的命令

	DCX	RDX	WRX	DB[7：0]		DCX	RDX	WRX	DB[7：0]	
命令代码	0	1	↑	2Ah	命令代码	0	1	↑	2Bh	命令代码
参数 1	1	1	↑	00h	参数 1	1	1	↑	00h	参数 1
参数 2	1	1	↑	00h	参数 2	1	1	↑	00h	参数 2
参数 3	1	1	↑	03h	参数 3	1	1	↑	01h	参数 3
参数 4	1	1	↑	20h	参数 4	1	1	↑	DFh	参数 4

其中，2Ah 和 2Bh 分别是显示窗口行和列地址设置，上述命令将显示的窗口设置成 854 像素×480 像素。

初始化完成后，即可对 LCD 控制芯片写入要显示的内容，命令代码是 2Ch，如表 5.4 所示。

表 5.4 写入要显示的内容

	DCX	RDX	WRX	DB
命令代码	0	1	↑	2Ch
参数 1	1	1	↑	DB[15：0]
⋮	1	1	↑	DB[15：0]
参数 *n*	1	1	↑	DB[15：0]

每帧开始时，发送 2Ch 命令代码，接下来发送要显示的内容，对于本实验，采用的是 16 位数据宽度，所以每次发送 16 位。因为分辨率是 854 像素×480 像素，因此共有 854×480 个参数。

因为 ILI9806G 芯片内部包含了存储单元（Graphic RAM），每个像素点被写入的数值都会被存储，如果停止写入显示数据，显示的内容就会保持原有的值不变，这一点和第 4 章的 HDMI 显示方法不同。如果要显示动态视频，需要不停地刷新显示存储的值。

ILI9806G 初始化代码可参考芯片手册和本节提供的 lcd_driver.v。

发送命令的波形示意图如图 5.3 所示。在 WRX 的第 1 个上升沿，发送了命令代码 DB[7：0]，在 WRX 的第 2 个上升沿，发送了数据 DB[7：0]。在 LCD 初始化阶段，不断重复这个方法，发送各种初始化命令。

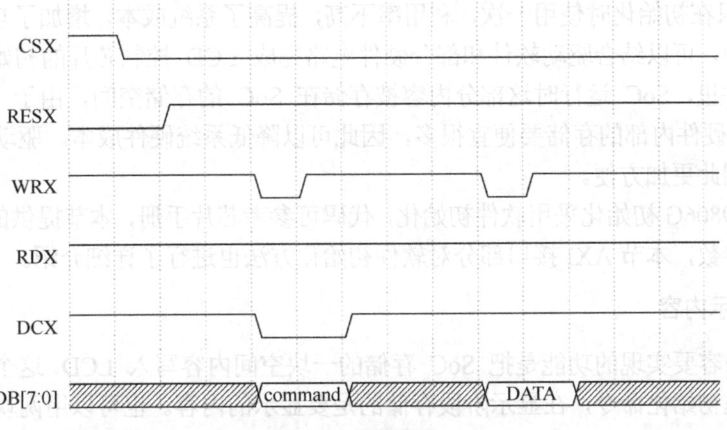

图 5.3　发送命令

写入要显示的内容波形示意图如图 5.4 所示，初始化完成后，在每帧开始时发送 8 位的命令代码 2Ch，接着不停地发送 16 位的显示内容 DB[15∶0]，显示内容会被写入内部的 GRAM。

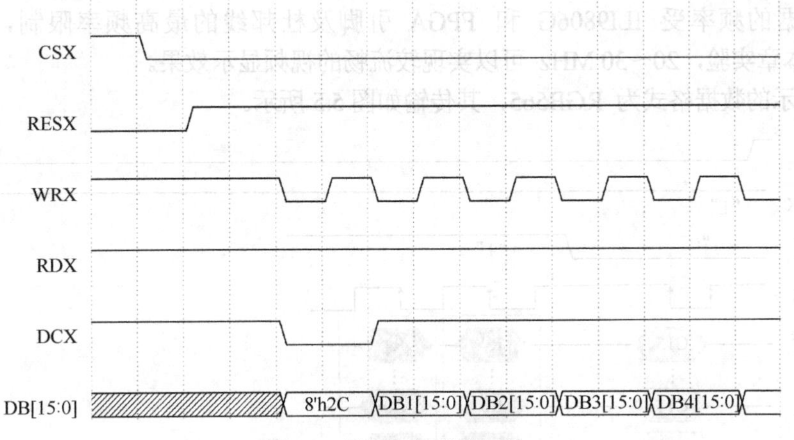

图 5.4　写入要显示的内容

5.2　并行 LCD 控制器设计

并行 LCD 控制器设计包含 3 部分，分别用于初始化电路、发送显示内容和 AXI 接口。

1．初始化电路

初始化电路有两种实现方法。第一种方法可以参照 ADV7511 的 IIC 初始化电路，用硬件电路生成 100 多条初始化命令的波形，发送到 LCD。这种方法的好处是设计简单，用类似移位寄存器的方法可以很容易实现。从 5.1 节可以看出，初始化过程和发送显示数据的过程是基本一样的，区别在于初始化用了 DB[7∶0]，发送显示数据用了 DB[15∶0]。因此可以共用同一个发送电路。

但这种方法也有一些缺点。一是修改初始化命令不方便，由于初始化命令被固化在电路里，修改初始化命令需要修改电路。对于 FPGA，需要重新综合代码，对于 ASIC，则需要重新流片，这显然是不现实的。二是硬件存储初始化命令需要一块较大的存储器，本节这块存储器可能是

256×19 位，它只在初始化时使用一次，利用率不高，提高了系统成本，增加了功耗。因此，在实际的电路设计中，可以结合驱动软件和部分硬件电路完成 LCD 控制芯片的初始化。初始化命令存储在驱动软件里，SoC 运行时这部分内容被存储在 SoC 的存储空间，由于 SoC 的 DDR 等存储相对 SoC 硬件内部的存储要便宜很多，因此可以降低系统硬件成本。驱动软件的修改不需要改动硬件，因此更加方便。

本例中 ILI9806G 初始化采用软件初始化，代码可参考芯片手册，本节提供的 lcd_driver.v 里包含了初始化参数，本节 AXI 接口部分对软件初始化方法也进行了详细介绍。

2. 发送显示内容

发送显示内容要实现的功能是把 SoC 存储的一块空间内容写入 LCD，这个存储空间在系统上电后存储的是初始化命令，在显示阶段存储的是要显示的内容。也可以用两块空间分别存储初始化命令和显示内容。

发送过程只要控制 WRX 和 DCX，配合 DB[15∶0]产生合适的波形即可。波形可参考图 5.4。

在发送初始化命令时，为了简化电路设计，DB[15∶8]这 8 位可以发送任意数值，这些值会被 ILI9806G 忽略。

发送数据的频率受 ILI9806G 和 FPGA 引脚及杜邦线的最高频率限制，理论上限为 33MHz。对本章实验，20～30 MHz 可以实现较流畅的视频显示效果。

LCD 显示的数据格式为 RGB565，其传输如图 5.5 所示。

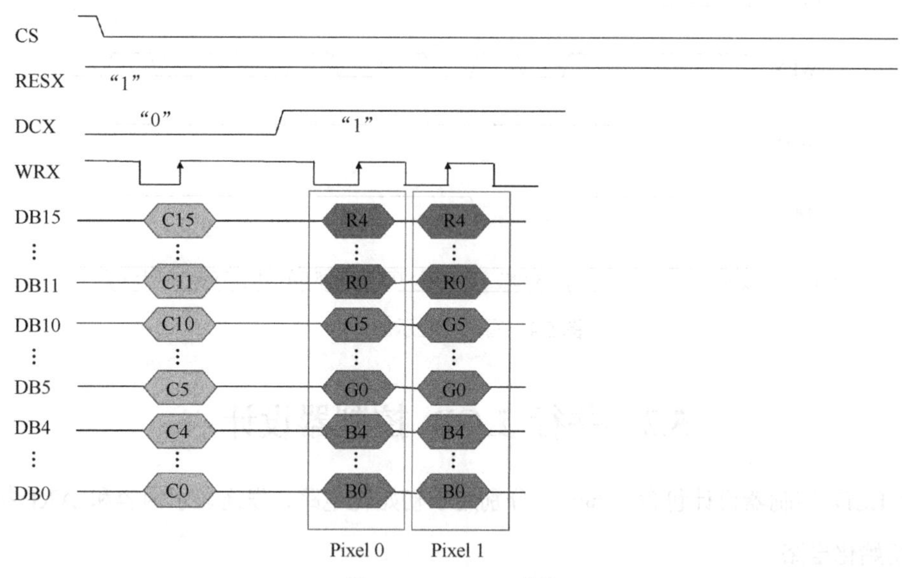

图 5.5 RGB565 传输

3. AXI 接口

AXI 接口用于 SoC 与 LCD 控制器进行通信。由于需要传输大量的内存内容，因此需要 AXI Full 接口。在 SoC 的内存空间保留一块 854 像素×480 像素×16 位的空间作为显示缓存，LCD 控制器主动地搬运内存内容到 LCD 驱动芯片，因此 AXI 接口为 Master（虽然 ILI9806G 内部已经包含了 GRAM，可不用在内存中保留缓存区域，也可以用被动的方法搬运内存，但为了接下来的摄像头实验方便，这里保留缓存并使用 Master 接口）。这个 AXI Full Master 接口的功能与第 4 章的 HDMI 控制器类似，不停地搬运显存内的数据到 LCD 驱动器。

除了 AXI Full Master 接口用于传输内存内的显示数据，还需要一个 AXI Lite Slave 接口用于控制这个 LCD 控制器。这个接口通过写 LCD 控制器模块内的寄存器，设置模块是处于初始化状态还是处于显示状态。同时可以通过写入寄存器的值，设置初始化命令内存空间的基地址和显存的基地址。LCD 控制器的状态也可以通过读取内部寄存器的值，从这个 AXI 接口返回。例如，可以通过内部寄存器的值得知初始化是否完成等。由于这些操作数据量很小，因此使用 AXI Lite 即可。

AXI Lite Slave 内部的寄存器包含如下内容。

（1）显存地址：VIDEOMEM_ADDR[31∶0]。

这个寄存器组用于存储 SoC 系统内存中显存的位置，由驱动软件通过 CPU 写入。这样显存的地址不需要固定，可以由软件修改。

（2）显存长度：VIDEOMEM_LENGTH[31∶0]。

配合 VIDEOMEM_ADDR[31∶0]，告诉 LCD 控制器显存的大小。LCD 控制器从 VIDEOMEM_ADDR 开始按时主动地搬运 VIDEOMEM_LENGTH 个数据，配合不同的初始化命令，可以用软件实现不同的分辨率显示。

（3）初始化命令地址：LCDINITCMD_ADDR[31∶0]。

这个寄存器组用于存储初始化命令在内存中的位置，驱动软件需要将初始化命令存储在这个内存位置。任何初始化命令的改变都可以通过修改驱动软件来实现。

（4）初始化命令长度：LCDINITCMD_LENGTH[31∶0]。

这个寄存器组用于存储初始化命令的长度，驱动软件需要把这个值传给 LCD 控制器。

（5）LCD 控制寄存器：LCD_CTRL[31∶0]。

LCD 控制寄存器用于控制初始化等功能。可以将这个 32 位寄存器分成多个开关位，例如：

LCD_CRTL[0]=1　　初始化
LCD_CRTL[1]=1　　发送显示命令
LCD_CRTL[2]=1　　关闭 LCD 控制器
……

（6）LCD 状态寄存器：LCD_STATUS[31∶0]。

LCD 状态寄存器用于 CPU 读取 LCD 控制器的状态，同样这个 32 位寄存器可以分为多个状态位，例如：

LCD_STATUS[0]=1　　初始化完成
LCD_STATUS[1]=1　　LCD 控制器处于显示状态
LCD_STATUS[8∶2]　　LCD 分辨率
LCD_STATUS[9]=1　　LCD 控制器关闭
……

这 6 个寄存器组的命名是任意的，它们通过各自的地址进行访问。对于只读寄存器，进行 AXI 接口设计时需要在硬件上设计为不可写。寄存器组的写操作如下。

```
    reg [31:0]   VIDEOMEM_ADDR;
    reg [31:0]   VIDEOMEM_LENGTH;
    reg [31:0]   LCDINITCMD_ADDR;
    reg [31:0]   LCDINITCMD_LENGTH;
    reg [31:0]   LCD_CTRL;
```

```
    reg [31:0]  LCD_STATUS;

    parameter addr_VIDEOMEM_ADDR     3'h0;
    parameter addr_VIDEOMEM_LENGTH   3'h1;
    parameter addr_LCDINITCMD_ADDR   3'h2;
    parameter addr_LCDINITCMD_LENGTH 3'h3;
    parameter addr_LCD_CTRL         3'h4;
    parameter addr_LCD_STATUS        3'h5;

    always @(posedge S_AXI_ACLK)
      begin
        if ( S_AXI_ARESETN == 1'b0 )
          begin
          VIDEOMEM_ADDR     <= 0;
          VIDEOMEM_LENGTH   <= 0;
          LCDINITCMD_ADDR   <= 0;
          LCDINITCMD_LENGTH <= 0;
          LCD_CTRL          <= 0;
          end
        else
          begin
          if (slv_reg_wren)
            begin
              case ( axi_awaddr[4:2] )
              addr_VIDEOMEM_ADDR       : VIDEOMEM_ADDR     <= S_AXI_WDATA ;
              addr_VIDEOMEM_LENGTH     : VIDEOMEM_LENGTH   <= S_AXI_WDATA ;
              addr_LCDINITCMD_ADDR     : LCDINITCMD_ADDR   <= S_AXI_WDATA ;
              addr_LCDINITCMD_LENGTH   : LCDINITCMD_LENGTH <= S_AXI_WDATA ;
              addr_LCD_CTRL            : LCD_CTRL          <= S_AXI_WDATA ;
              default                  :
                begin
                  VIDEOMEM_ADDR     <= VIDEOMEM_ADDR;
                  VIDEOMEM_LENGTH   <= VIDEOMEM_LENGTH;
                  LCDINITCMD_ADDR   <= LCDINITCMD_ADDR;
                  LCDINITCMD_LENGTH <= LCDINITCMD_LENGTH;
                  LCD_CTRL          <= LCD_CTRL;
                end
              endcase // case ( axi_awaddr[4:2] )
            end // if (slv_reg_wren)
          end // else: !if( S_AXI_ARESETN == 1'b0 )
      end // always @ (posedge S_AXI_ACLK)
```

可以看出，VIDEOMEM_ADDR 的地址是这个 AXI Slave 的基地址，第二个寄存器组 VIDEOMEM_LENGTH 的地址是基地址加 4（32 位等于 4 字节），其余类推。LCD_STATUS 是只读寄存器组，所以在 case 语句里，没有对它进行写操作。AXI Slave 的基地址在 SoC 设计时，在硬件上实现。如图 5.6 所示，AXI Master 端口的地址空间必须包含 VIDEOMEM_ADDR 和 LCDINITCMD_ADDR 这两个存储空间。

CK807_axi_wrap0_0					
CK807_AXI (32 address bits : 4G)					
axi_bram_ctrl_0	S_AXI	Mem0	0xC000_0000	8K	0xC000_1FFF
mig_7series_0	S_AXI	memaddr	0x8000_0000	128M	0x87FF_FFFF
axi_lcd_0	S00_AXI	S00_AXI_reg	0x44A0_0000	512K	0x44A7_FFFF
axi_lcd_0					
M00_AXI (32 address bits : 4G)					
axi_bram_ctrl_0	S_AXI	Mem0	0xC000_0000	8K	0xC000_1FFF
mig_7series_0	S_AXI	memaddr	0x8000_0000	128M	0x87FF_FFFF
axi_lcd_0	S00_AXI	S00_AXI_reg	0x44A0_0000	512K	0x44A7_FFFF

图 5.6 设置硬件地址

寄存器组的读操作如下。

```
assign slv_reg_rden = axi_arready & S_AXI_ARVALID & ~axi_rvalid;

always @(*)
 begin
   if ( S_AXI_ARESETN == 1'b0 )
    begin
      reg_data_out <= 0;
    end
   else
    begin
      // Address decoding for reading registers
      case ( axi_araddr[4:2] )
     addr_VIDEOMEM_ADDR   :
      reg_data_out <= VIDEOMEM_ADDR ;
     addr_VIDEOMEM_LENGTH :
      reg_data_out <= VIDEOMEM_LENGTH ;
     addr_LCD_CTRL        :
      reg_data_out <= LCD_CTRL ;
     addr_LCD_STATUS      :
      reg_data_out <= LCD_STATUS ;
       default :
        reg_data_out <= 0;
      endcase
    end
 end

  // Output register or memory read data
  always @( posedge S_AXI_ACLK )
   begin
   if ( S_AXI_ARESETN == 1'b0 )
    begin
        axi_rdata  <= 0;
    end
   else
    begin
        if (slv_reg_rden)
          begin
```

```
            axi_rdata <= reg_data_out;    // register read data
              end
        end
      end
```

寄存器读操作与写操作类似，译码后读取对应的寄存器组。可以在硬件上设置某些寄存器组不可读，作为例子，LCDINITCMD_ADDR 和 LCDINITCMD_LENGTH 没有被读出。

LCD_STATUS 用于传递 LCD 控制器的状态给 CPU，它从 LCD 控制器的专用端口引脚获取 LCD 控制器的状态，LCD_STATUS[0]用于 LCD 的 INIT_DONE。

```
      always @( posedge S_AXI_ACLK )
        begin
          if ( S_AXI_ARESETN == 1'b0 )
            begin
            LCD_STATUS  <= 0;
            end
          else
            begin
            LCD_STATUS[0] <= init_done;
            ... ...
            end
        end // always @ ( posedge S_AXI_ACLK )

         // Add user logic here
         LCD_ctrl   LCD_U1 (.clk_in(clk),
                          .CSX(cs),
                          .RDX(rd),
                          .WRX(wr),
                          .DB(lcd_data),
                        ... ...
                        .INIT_DONE(init_done)
                          );

         // User logic ends
```

驱动软件需要保持这些寄存器地址与硬件地址相一致，这样驱动软件才能正确地读写这些寄存器。

```
      #define LCD_AXI_MASTER_BASEADDR          0x8200_0000
      #define LCD_AXI_SLAVE_BASEADDR           0x44A0_0000

      #define LCD_AXIs_VIDEOMEM_ADDR           (LCD_AXI_SLAVE_BASEADDR + 0)
      #define LCD_AXIs_VIDEOMEM_LENGTH         (LCD_AXI_SLAVE_BASEADDR + 4)
      #define LCD_AXIs_LCDINITCMD_ADDR         (LCD_AXI_SLAVE_BASEADDR + 8)
      #define LCD_AXIs_LCDINITCMD_LENGTH       (LCD_AXI_SLAVE_BASEADDR + 12)
      #define LCD_AXIs_LCD_CTRL                (LCD_AXI_SLAVE_BASEADDR + 16)
      #define LCD_AXIs_LCD_STATUS              (LCD_AXI_SLAVE_BASEADDR + 20)
```

LCD 控制器一共使用了 6 组 32 位寄存器，需要 6×32 个 D 触发器实现，对于较大的 SoC 系统而言，这不是很大的负担。如果要减少寄存器个数，可以减少合并寄存器组，例如，VIDEOMEM_ADDR 和 VIDEO_LENGTH 可以通过预先指定地址的位置范围等方法减少寄存器的个数。LCD_CTRL 和 LCD_STATUS 可以合并，硬件设计时只实现用到的那几个位。

LCD 控制器也可以采用另外的方法完成初始化命令的发送，在 AXI Slave 的接口设置一个寄存器组 LCD_INITCMD，配合 LCD_STATUS 和 LCD_CTRL，每次由 CPU 写入一条命令到 LCD_INITCMD 并设置 LCD_CTRL 的控制位，LCD 控制器由 LCD_CTRL 对应的控制位触发，发送 LCD_INITCMD 的内容，发送完成后更新 LCD_STATUS 的对应状态位。这样重复多次即可完成 LCD 的初始化。

包含 LCD 控制器的 SoC 原理图如图 5.7 所示，其中 AXI Master 接口用于传输显示内容，AXI Slave 接口用于传输控制寄存器。

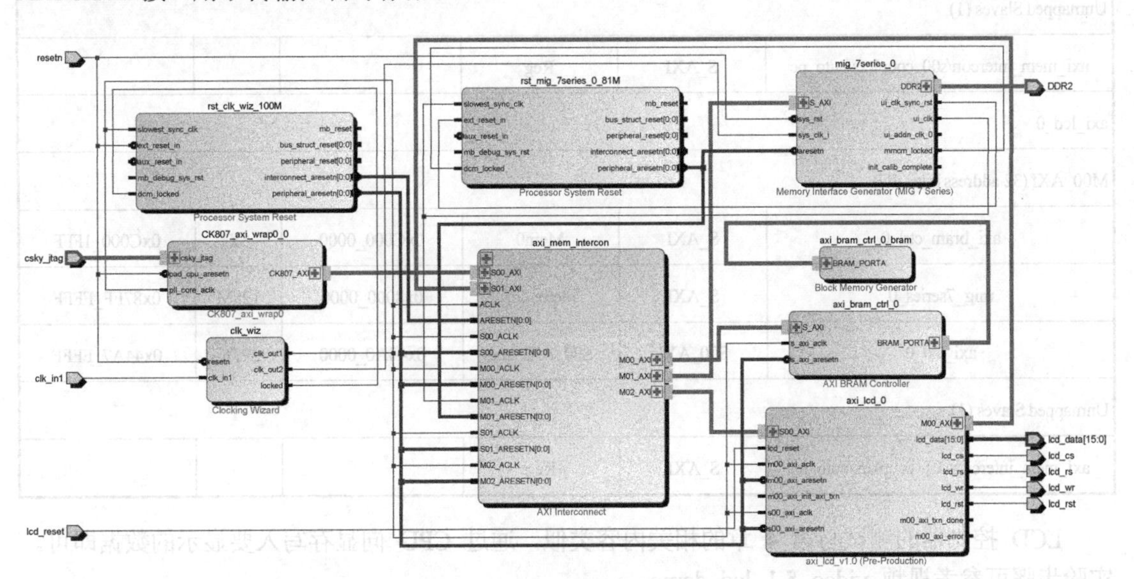

图 5.7　LCD 控制器的 SoC 原理图

LCD 控制器的驱动软件设计主要完成 LCD 的初始化，通过 CPU 写入显存地址等信息。驱动软件的寄存器地址与硬件地址必须一致。

```
#define LCD_AXI_MASTER_BASEADDR     0x8200_0000
#define LCD_AXI_SLAVE_BASEADDR      0x44A0_0000

#define LCD_VIDEOMEM_ADDR            (LCD_AXI_SLAVE_BASEADDR + 0)
#define LCD_VIDEOMEM_LENGTH          (LCD_AXI_SLAVE_BASEADDR + 4)
#define LCD_LCDINITCMD_ADDR          (LCD_AXI_SLAVE_BASEADDR + 8)
#define LCD_LCDINITCMD_LENGTH        (LCD_AXI_SLAVE_BASEADDR + 12)
#define LCD_LCD_CTRL                 (LCD_AXI_SLAVE_BASEADDR + 16)
#define LCD_LCD_STATUS               (LCD_AXI_SLAVE_BASEADDR + 20)
```

SoC 的地址分配如表 5.5 所示。

表 5.5 SoC 的地址分配

Cell	Slave Interface	Base Name	Offset Address	Range	High Address
CK807_axi_wrap0_0					
CK807_AXI (32 address bits : 4G)					
axi_bram_ctrl_0	S_AXI	Mem0	0xC000_0000	8K	0xC000_1FFF
mig_7series_0	S_AXI	memaddr	0x8000_0000	128M	0x87FF_FFFF
axi_lcd_0	S00_AXI	S00_AXI_reg	0x44A0_0000	512K	0x44A7_FFFF
Unmapped Slaves (1)					
axi_mem_intercon/s00_couplers/auto_pc	S_AXI	Reg			
axi_lcd_0					
M00_AXI (32 address bits : 4G)					
axi_bram_ctrl_0	S_AXI	Mem0	0xC000_0000	8K	0xC000_1FFF
mig_7series_0	S_AXI	memaddr	0x8000_0000	128M	0x87FF_FFFF
axi_lcd_0	S00_AXI	S00_AXI_reg	0x44A0_0000	512K	0x44A7_FFFF
Unmapped Slaves (1)					
axi_mem_intercon/s01_couplers/auto_us	S_AXI	Reg			

LCD 控制器的测试与第 4 章的相关内容类似，通过 CPU 向显存写入要显示的数据即可。实验步骤可参考视频 video_5.1_lcd_demo。

通过 LCD 控制器，理论上现在可以显示任意的视频等画面，但由于没有视频等输入信息，目前只能显示 CPU 算出的画面，或者存储在 ELF 文件中的画面。

5.3 并行接口摄像头控制器设计

本节介绍并行接口摄像头控制器的设计，设计完成的控制器可以将并行摄像头的视频信息读入 SoC，进而在 LCD 上显示。

并行接口摄像头是一种早期的摄像头，一般用于 500 万像素以下分辨率，由于非差分的接口速度不高，因此不能实现较高的分辨率或帧率。由于接口协议简单，适用于入门实验。手机摄像头目前广泛采用的是 MIPI（Mobile Industry Processor Interface）接口，这是一种高速差分串行接口，可以实现 FHD 甚至 4K 分辨率以上的视频传输。第 9 章介绍 MIPI 接口摄像头控制器的设计。

本节实验采用 Omnivision 公司的 OV2640 摄像头，它是一个 200 万像素的彩色摄像头，Nexys-4 DDR 可以用杜邦线直接与 OV2640 的模块连接，如图 5.8 所示。

图 5.8　OV2640 摄像头连接 FPGA 开发板

OV2640 的主要功能如下。

● 标准 SCCB 控制接口。

SCCB（Serial Camera Control Bus）可以简单地认为是 IIC 的一个改动很小的版本，对于本实验而言，可以用类似第 4 章 IIC 的方法发送控制命令。

SCCB 用于发送控制命令给摄像头，初始化需要从这个端口发送很多命令和参数给摄像头，在摄像头工作时，如果需要改变摄像头的工作模式，通过这个端口发送命令。读取摄像头的状态等也通过这个端口。因为这些操作对速度要求不高，所以可以使用 SCCB 接口，它的优点是只需要 2 个引脚。

● 输出格式支持 Raw RGB、RGB565、YUV422 和 JPEG 等。

RGB565 适合本实验用到的 LCD，因此不需要转化电路，可以直接使用 OV2640 的输出。本实验使用 RGB565 是因为 Nexys-4 DDR 开发板的可用引脚有限，硬件上 OV2640 摄像头和 LCD 都支持 RGB888。

JPEG 输出有助于降低数据传输所需带宽，但高档手机摄像头目前的发展趋势是不提供这个功能，由 SoC 完成 JPEG 的压缩。

● 支持自动曝光、自动增益和自动白平衡等。

对于本实验而言，这是很重要的功能。OV2640 的这些功能可以认为是自带的 ISP（Image Signal Processor），有了这些功能，可以让输出的视频色彩、曝光等不需要后续处理，直接显示在 LCD 上也能有较好的效果。

ISP 的功能越来越复杂，各厂家有自己的算法以提高照片和视频质量。高档摄像头目前发展的趋势是不带 ISP 或仅提供基本的功能。摄像头直接输出原始的图片或视频数据（Raw data），由 SoC 提供功能更强大的 ISP 功能处理这些数据。

● 支持 UXGA、SXGA、SVGA 及更低的分辨率。

由于本实验的 LCD 只支持 854 像素×480 像素分辨率，所以 SVGA（800 像素×600 像素）分辨率可以满足本实验的要求，在这个分辨率下，OV2640 可以达到每秒 30 帧。

OV2640 的简化功能模块如图 5.9 所示。它包含了 1632×1232 的像素点，通过 10 位的 ADC 量化成数字值，由 ISP 处理成需要的格式输出。它的输出时序控制信号（HREF 和 VSYNC 等）与 VGA/HDMI 呈镜像关系。

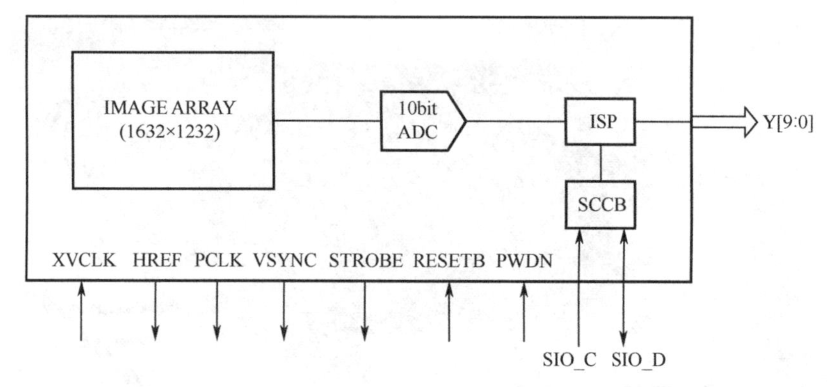

图 5.9 OV2640 的简化功能模块

OV2640 主要引脚如下。

● Y[9 : 0]

10 位数据输出，因为片内的 ADC 为 10 位，所以 OV2640 提供 10 位高动态范围 HDR（High Dynamic Range）的输出。带有 HDR 的电视支持这个功能，本实验的 LCD 只支持 8 位动态范围（RGB888），由于引脚个数的限制，本实验只实现了 RGB565，所以 Y[1 : 0]这两位没有使用（默认配置），在实验时可以将它悬空。也可以配置 OV2640 使用 Y[7 : 0]，Y[9 : 8]悬空。

RGB565 每个像素点需要 16 个位（5+6+5），Y[9 : 2]端口每个时钟输出 8 个位，两个时钟周期输出一个像素点。

● XVCLK

这是摄像头系统输入时钟，一般输入 24 MHz。这个时钟可由 FPGA 输出一个 24 MHz 的时钟信号驱动。

● HREF、PCLK 和 VSYNC

PCLK 是摄像头片内 PLL 生成的时钟信号，每个时钟周期 Y[9 : 0]输出一组数据。PCLK 的频率与摄像头工作的分辨率和帧率匹配。通过 SCCB 配置摄像头的分辨率等模式后，PCLK 的频率会相应变化。

VSYNC 表明一帧的开始，和 VGA/HDMI 类似。

HREF 表明数据 Y[9 : 0]有效，当 HREF 为高电平时，输出数据 Y[9 : 0]有效，如图 5.10 所示。

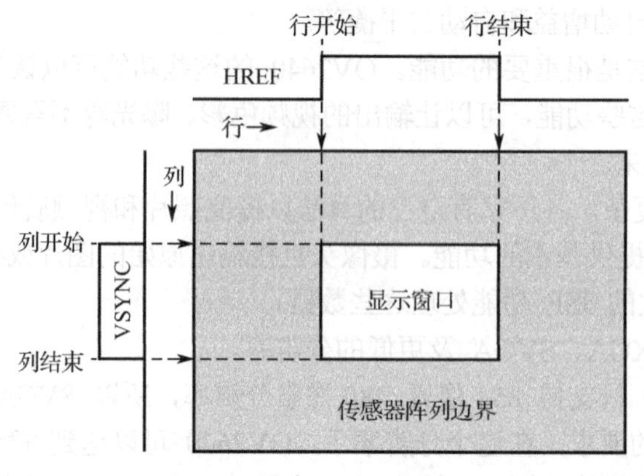

图 5.10 显示窗口

从图 5.10 可以看出，接收摄像头数据的时序比 HDMI 更简单，只要当 HREF 有效时接收

Y[9:0]即可。HREF 的上升沿表明一行的开始，下降沿表明一行的结束。

- STROBE

这个引脚可以外接 LED 作为闪光灯或指示灯使用，也可以不接。

- RESETB 和 PWDN

RESETB 低电平有效。系统上电后，通过 RESETB 复位 OV2640。

PWDN 高电平有效，关闭 OV2640，降低功耗。正常使用时应接低电平。

- SIO_C 和 SIO_D

SIO_C 是 SCCB 串行接口的时钟信号，类似 IIC 的 SCL。

SIO_D 是 SCCB 串行接口的数据信号，类似 IIC 的 SDA。

OV2640 的所有配置信息等控制命令都通过 SCCB 接口传输，在本实验里，需要通过这个接口发送 OV2640 的初始化命令。在 OV2640 工作过程中，可以通过这个接口发送命令改变它的工作模式。

SCCB 和 IIC 相似，对本实验，可以直接用第 4 章的 IIC 控制方法发送初始化命令。

本实验需要 OV2640 以 30 帧的频率输出 SVGA（800 像素×600 像素）分辨率 RGB565 视频。为了显示视频，只需要将接收到的 OV2640 视频数据写入 LCD 的显示缓冲区。

接收 OV2640 的数据只要在 HREF 有效时用 PCLK 读取 Y[9:0]即可，每个 VSYNC 的上升沿开始新的一帧。由于 VSYNC 和 HREF 都是 PCLK 的同步信号，因此直接用 PCLK 采样这两个信号即可。为了防止杜邦线受到干扰，也可以在 VSYNC 前加上抗抖动电路。

由于 OV2640 输入的信号只有 8 位，RGB565 分两次传输一个像素点，因此需要在电路中将两个 8 位数据拼接成 RGB565，可以通过一个简单的状态机完成。由于 OV2640 输出的视频已经是 RGB565 了，因此可以直接发送给 LCD 用于显示。

OV2640 控制器设计包含 3 部分，分别用于发送初始化电路、接收显示内容和 AXI 接口。

1. 初始化电路

OV2640 的初始化是通过 SCCB 端口发送命令和参数，将 OV2640 配置成输出 RGB565 格式的 800 像素×600 像素视频，并设置自动曝光和自动白平衡等，OV2640 输出的视频数据不需要经过处理，直接传送给 LCD 显示。

初始化指令可参考本节提供的 sccb.v，OV2640 的地址是 h60。利用第 4 章的初始化方法可以完成一次性的初始化，但无法方便地发送新的指令给 OV2640。如果要实现随时发送指令，需要实现一个 AXI Slave 接口的 SCCB 控制器。第 6 章会介绍如何实现类似协议的 AXI 接口 IIC 控制器，这样可以由 CPU 通过软件发送新指令。

初始化电路同时要控制 RESETB 和 PWDN 信号，在发送 SCCB 前，先设置正确的 RESETB 和 PWDN 电平。

对于本实验，较简单的方法是用硬件电路直接输出 RESETB、PWDN 和 SCCB 的所有波形。初始化完成后，OV2640 将稳定地输出视频，只需要用 PCLK 采样 VSYNC、HREF 和 Y[9:2]。

2. 接收显示内容

OV2640 发送的显示内容包含 Y[9:2]、VSYNC 和 HREF，这些信号由 PCLK 采样，如图 5.11 所示。VSYNC 开始一帧数据，HREF 有效时，传输一行数据。

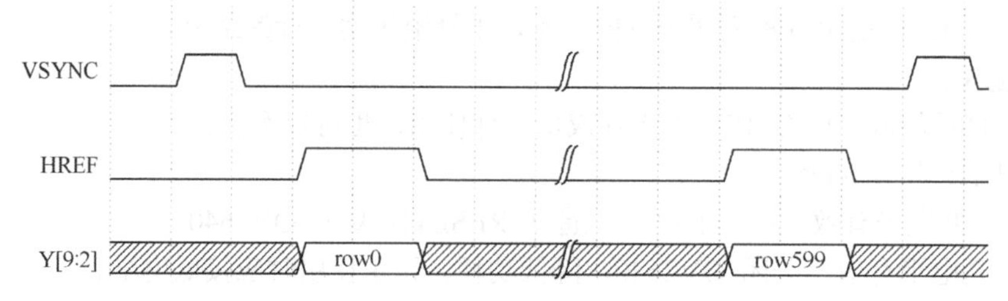

图 5.11 视频数据传输

从 Y[9∶2]得到的数据需要发送到 SoC 的 DDR 内存（LCD 的显存），Y[9∶2]是 PCLK 时钟采样，写 SoC 的 DDR 显存需要用到 AXI 时钟，这两个时钟之间没有关系，属于异步时钟。在本实验里，PCLK 频率低于 36 MHz（与分辨率/帧率有关），而 AXI 时钟为 100 MHz 或 150 MHz，因此写 DDR 的速度快于读摄像头的速度。

为了在两个不同的时钟域之间传递数据，可以使用一个双端口的 SRAM，SRAM 的端口 A 采用摄像头的 PCLK，写入 Y[9∶2]视频数据；SRAM 的端口 B 采用 AXI 时钟，AXI 总线从端口 B 读取 SRAM 的内容，再写入 DDR 显存。双端口 SRAM 的容量为一行像素点所需要的存储空间。

在每个 HREF 的上升沿，摄像头通过端口 A 写入一行视频数据；在 HREF 的下降沿，启动 AXI 传输。由于 AXI 时钟速度高于摄像头的 PCLK，因此可以保证每行视频数据被正确地传入 DDR 内存。

3. AXI 接口

为了实时写入 DDR 显存，摄像头模块需要一个 AXI Master 接口，由于视频信息数据量较大，因此采用 AXI Full 模式。

图 5.12 所示是摄像头 SoC 原理图，它包含了 OV2640 和 LCD 模块，OV2640 读取的数据通过 AXI 写入 DDR，LCD 再从 DDR 里读取显示内容，完成摄像头实时视频的显示。实验效果可参考本节视频 video_5.2_camera_demo。

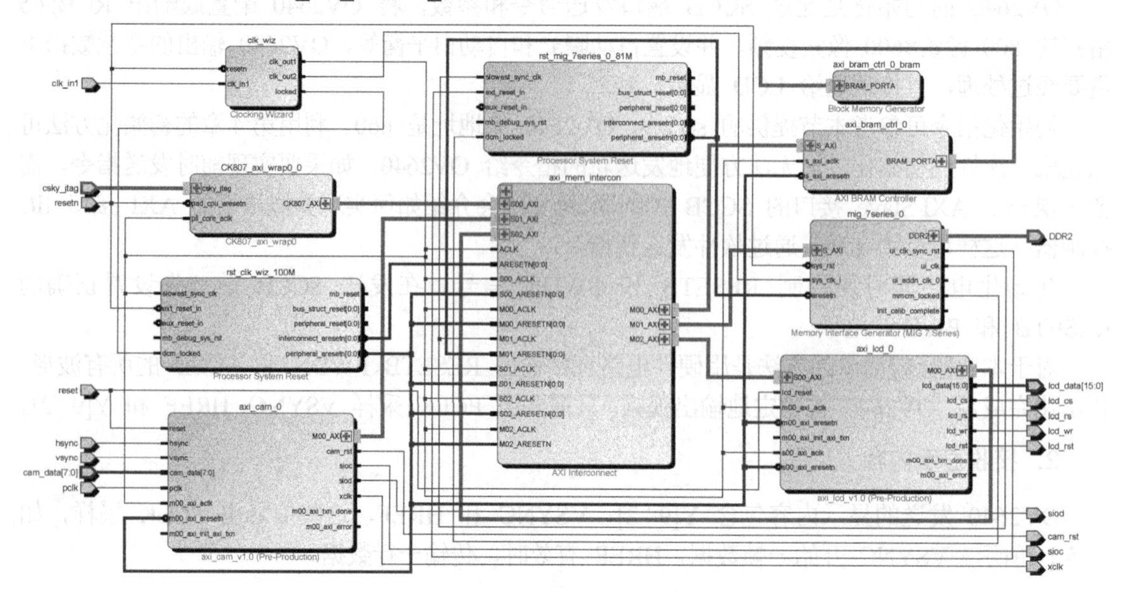

图 5.12 摄像头 SoC 原理图

地址分配如表 5.6 所示。

表 5.6　地址分配

Cell	Slave Interface	Base Name	Offset Address	Range	High Address
CK807_axi_wrap0_0					
CK807_AXI (32 address bits : 4G)					
axi_bram_ctrl_0	S_AXI	Mem0	0xC000_0000	8K	0xC000_1FFF
mig_7series_0	S_AXI	memaddr	0x8000_0000	128M	0x87FF_FFFF
axi_lcd_0	S00_AXI	S00_AXI_reg	0x44A0_0000	512K	0x44A7_FFFF
Unmapped Slaves (1)					
axi_mem_intercon/s00_couplers/auto_pc	S_AXI	Reg			
axi_lcd_0					
M00_AXI (32 address bits : 4G)					
axi_bram_ctrl_0	S_AXI	Mem0	0xC000_0000	8K	0xC000_1FFF
mig_7series_0	S_AXI	memaddr	0x8000_0000	128M	0x87FF_FFFF
axi_lcd_0	S00_AXI	S00_AXI_reg	0x44A0_0000	512K	0x44A7_FFFF
Unmapped Slaves (1)					
axi_mem_intercon/s02_couplers/auto_us	S_AXI	Reg			
axi_cam_0					
M00_AXI (32 address bits : 4G)					
axi_bram_ctrl_0	S_AXI	Mem0	0xC000_0000	8K	0xC000_1FFF
mig_7series_0	S_AXI	memaddr	0x8000_0000	128M	0x87FF_FFFF
axi_lcd_0	S00_AXI	S00_AXI_reg	0x44A0_0000	512K	0x44A7_FFFF
Unmapped Slaves (1)					
axi_mem_intercon/s01_couplers/auto_us	S_AXI	Reg			

本节实验的 LCD 和 OV2640 都采用了并行接口，占用了大量的 FPGA 引脚，Nexys-4 DDR 开发板的 5 个 Pmod 都需要使用，可参考如下引脚使用方法。

```
    set_property -dict { PACKAGE_PIN E3    IOSTANDARD LVCMOS33 } [get_ports { clk }];
    set_property -dict { PACKAGE_PIN J15   IOSTANDARD LVCMOS33 } [get_ports
{ reset }];

    ##Pmod Header JB
```

```
        set_property -dict { PACKAGE_PIN D14    IOSTANDARD LVCMOS33 } [get_ports
{ lcd_data0[15] }];
        set_property -dict { PACKAGE_PIN F16    IOSTANDARD LVCMOS33 } [get_ports
{ lcd_data0[14] }];
        set_property -dict { PACKAGE_PIN G16    IOSTANDARD LVCMOS33 } [get_ports
{ lcd_data0[13] }];
        set_property -dict { PACKAGE_PIN H14    IOSTANDARD LVCMOS33 } [get_ports
{ lcd_data0[12] }];
        set_property -dict { PACKAGE_PIN E16    IOSTANDARD LVCMOS33 } [get_ports
{ lcd_data0[11] }];
        set_property -dict { PACKAGE_PIN F13    IOSTANDARD LVCMOS33 } [get_ports
{ lcd_data0[10] }];
        set_property -dict { PACKAGE_PIN G13    IOSTANDARD LVCMOS33 } [get_ports
{ lcd_data0[9] }];
        set_property -dict { PACKAGE_PIN H16    IOSTANDARD LVCMOS33 } [get_ports
{ lcd_data0[8] }];

        ##Pmod Header JA

        set_property -dict { PACKAGE_PIN C17    IOSTANDARD LVCMOS33 } [get_ports
{ lcd_data0[7] }];
        set_property -dict { PACKAGE_PIN D18    IOSTANDARD LVCMOS33 } [get_ports
{ lcd_data0[6] }];
        set_property -dict { PACKAGE_PIN E18    IOSTANDARD LVCMOS33 } [get_ports
{ lcd_data0[5] }];
        set_property -dict { PACKAGE_PIN G17    IOSTANDARD LVCMOS33 } [get_ports
{ lcd_data0[4] }];
        set_property -dict { PACKAGE_PIN D17    IOSTANDARD LVCMOS33 } [get_ports
{ lcd_data0[3] }];
        set_property -dict { PACKAGE_PIN E17    IOSTANDARD LVCMOS33 } [get_ports
{ lcd_data0[2] }];
        set_property -dict { PACKAGE_PIN F18    IOSTANDARD LVCMOS33 } [get_ports
{ lcd_data0[1] }];
        set_property -dict { PACKAGE_PIN G18    IOSTANDARD LVCMOS33 } [get_ports
{ lcd_data0[0] }];

        ##Pmod Header JC

        set_property -dict { PACKAGE_PIN K1     IOSTANDARD LVCMOS33 } [get_ports
{ lcd_rst0 }];
        set_property -dict { PACKAGE_PIN F6     IOSTANDARD LVCMOS33 } [get_ports
{ lcd_cs0 }];
        set_property -dict { PACKAGE_PIN J2     IOSTANDARD LVCMOS33 } [get_ports
{ lcd_rs0 }];
        set_property -dict { PACKAGE_PIN G6     IOSTANDARD LVCMOS33 } [get_ports
{ lcd_wr0 }];
        set_property -dict { PACKAGE_PIN E7     IOSTANDARD LVCMOS33 } [get_ports
```

```
{ cam_vsync0 }];
        set_property -dict { PACKAGE_PIN J3    IOSTANDARD LVCMOS33 } [get_ports
{ cam_he0 }];
        set_property -dict { PACKAGE_PIN J4    IOSTANDARD LVCMOS33 } [get_ports
{ cam_pclk0 }];
        #set_property -dict { PACKAGE_PIN E6    IOSTANDARD LVCMOS33 } [get_ports
{ cam_xvclk }];
        set_property CLOCK_DEDICATED_ROUTE FALSE [get_nets cam_pclk0_IBUF];

        ##Pmod Header JD

        set_property -dict { PACKAGE_PIN H4    IOSTANDARD LVCMOS33 } [get_ports
{ cam_data0[7] }];
        set_property -dict { PACKAGE_PIN H1    IOSTANDARD LVCMOS33 } [get_ports
{ cam_data0[6] }];
        set_property -dict { PACKAGE_PIN G1    IOSTANDARD LVCMOS33 } [get_ports
{ cam_data0[5] }];
        set_property -dict { PACKAGE_PIN G3    IOSTANDARD LVCMOS33 } [get_ports
{ cam_data0[4] }];
        set_property -dict { PACKAGE_PIN H2    IOSTANDARD LVCMOS33 } [get_ports
{ cam_data0[3] }];
        set_property -dict { PACKAGE_PIN G4    IOSTANDARD LVCMOS33 } [get_ports
{ cam_data0[2] }];
        set_property -dict { PACKAGE_PIN G2    IOSTANDARD LVCMOS33 } [get_ports
{ cam_data0[1] }];
        set_property -dict { PACKAGE_PIN F3    IOSTANDARD LVCMOS33 } [get_ports
{ cam_data0[0] }];

        ##Pmod Header JXADC

        set_property -dict { PACKAGE_PIN A13   IOSTANDARD LVCMOS33    } [get_ports
{ soic0 }];
        set_property -dict { PACKAGE_PIN A15   IOSTANDARD LVCMOS33    } [get_ports
{ soid0 }];
        set_property -dict { PACKAGE_PIN B16   IOSTANDARD LVCMOS33    } [get_ports
{ rstsccb0 }];

        set_property  -dict  {PACKAGE_PIN  B18  IOSTANDARD  LVCMOS33}  [get_ports
csky_jtag_tdi];
        set_property  -dict  {PACKAGE_PIN  A14  IOSTANDARD  LVCMOS33}  [get_ports
csky_jtag_tdo];
        set_property  -dict  {PACKAGE_PIN  A16  IOSTANDARD  LVCMOS33}  [get_ports
csky_jtag_tck];
        set_property  -dict  {PACKAGE_PIN  B17  IOSTANDARD  LVCMOS33}  [get_ports
csky_jtag_tms];
        set_property  -dict  {PACKAGE_PIN  A18  IOSTANDARD  LVCMOS33}  [get_ports
csky_jtag_trst];
```

```
    set_property CLOCK_DEDICATED_ROUTE FALSE [get_nets csky_jtag_tck_IBUF];
```

大部分的 OV2640 模块采用 3.3 V 单一供电，模块通过 LDO 芯片转化成 OV2640 所需的各种电压，因此可以直接利用 Nexys-4 DDR 的 Pmod 给 OV2640 模块供电，同时 OV2640 的逻辑电平与 Nexys-4 DDR 兼容，因此可以直接用杜邦线连接摄像头与 Nexys-4 DDR 开发板。

采用并行接口需要占用大量的引脚，在 PCB 上需要占用大量的布线资源。由于并行非差分接口速度较慢（一般不超过 150 MHz），因此 LCD 和摄像头的并行接口被速度更高的差分串行接口淘汰。

嵌入式系统芯片设计——实验手册

Chapter 5：并行接口 LCD 和摄像头控制模块设计

Module A：并行接口 LCD 控制模块设计

浙江大学超大规模集成电路研究所

http://vlsi.zju.edu.cn

实验简介

完成并行接口 LCD 控制模块设计。

目标

1. 在 LCD 上显示图片。
2. 在 LCD 上显示字符。

背景知识

AXI 协议

实验难度与所需时间

实验难度：■■■░░
所需时间：6.0h

实验所需资料

5.1 节和 5.2 节

实验设备

1. Nexys-4 DDR FPGA 开发板
2. 并行接口 LCD
3. CK807 IP
4. CKCPU 下载器
5. 逻辑分析仪、示波器

参考视频

video_5.1_lcd_demo.ogv（video_5.1）

实验步骤

A. 硬件设计

1. 参考视频 video_5.1。
2. 参考 lcd_driver.v，设计电路实现 rs、wr 和 rd 等控制信号。
3. 设计 AXI 接口，将显示数据从 AXI 接口发送到 lcd_driver。
4. 封装 AXI 接口 lcd_driver。
5. 设计 SoC，包含 lcd_driver。

B. 软件设计

1. 通过 CPU 向 LCD 写入颜色信息。
2. 从字库文件中读取字符，在 LCD 上显示字符。

实验提示

字库文件请自行查找实现方法。

拓展实验

使用中文字库，显示汉字。

嵌入式系统芯片设计——实验手册

Chapter 5：并行接口 LCD 和摄像头控制模块设计

Module B：并行接口摄像头控制模块设计

浙江大学超大规模集成电路研究所
http://vlsi.zju.edu.cn

实验简介

完成并行接口摄像头控制模块设计。

目标

在 LCD 上显示摄像头拍摄的视频。

背景知识

AXI 协议

实验难度与所需时间

实验难度：■■■▒▒

所需时间：8.0h

实验所需资料

5.3 节

实验设备

1. Nexys-4 DDR FPGA 开发板
2. 并行接口 LCD
3. OV2640 摄像头
4. CK807 IP、CKCPU 下载器
5. 逻辑分析仪、示波器

参考视频

video_5.2_camera_demo.ogv（vodeo_5.2）

实验步骤

硬件设计

1. 参考视频 video_5.2。
2. 参考 5.3 节和第 4 章，设计 OV2640 启动电路。
3. 设计 OV2640 数据接收电路，将 Y[9∶0] 和 HREF VSYNC 读入 FPGA。
4. 设计 AXI 接口，将数据从 AXI 接口发送到 LCD 的显存。
5. 设计 SoC，包含 OV2640 控制器和 lcd_driver。

实验提示

OV2640 的初始化指令可参考 sccb.v。

拓展实验

对摄像头视频降噪。

第 6 章 AXI IIC 设计

本章以 ADT7420 IIC 接口温度传感器为例，介绍 IIC 驱动模块的硬件电路设计及在 SoC 上的应用。本章的实验将读取 Nexys-4 DDR 开发板上的 ADT7420，实现环境温度的测量。

6.1 IIC 总线协议

IIC（I^2C）总线协议是一种芯片间信息交换的低速串行协议，广泛用于各种对速度要求不高，同时希望引脚较少的 AD/DA、存储芯片等。在前面的章节中，已经在 ADV7511 HDMI 芯片和 OV2640 摄像头芯片中使用过 IIC 协议。

IIC 总线协议的特点如下。

（1）只有时钟（SCL）和数据（SDA）两根线。

（2）工作在 100kb/s、400kb/s、1Mb/s 或 3.4Mb/s，速度不高。由于 IIC 自带时钟，所以工作频率不用特别准确，这一点与第 3 章的 UART 不同。

（3）总线上可以接多个主机器件和多个从机器件，每个从机器件有唯一的地址。

（4）双向传输。

（5）总线可挂的最大主机/从机数量，只受总线上总负载电容（400 pF）的限制。

（6）SCL/SDA 上拉。

由于 IIC 只有两个引脚，并且可以接多个主机/从机，因此芯片的连接非常简单。图 6.1 所示为 FPGA 接多个 IIC 器件的方法。

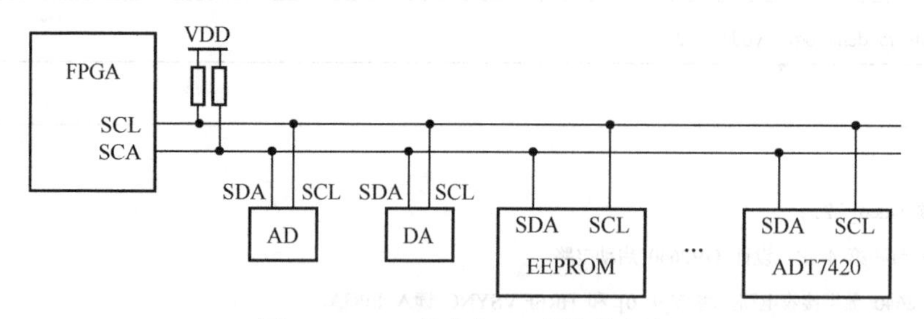

图 6.1 FPGA 接多个 IIC 器件的方法

多个 IIC 器件接在同一根总线上，同时进行通信的只能有 1 个主机、1 个从机。由于每个从机器件有唯一的地址，主机每次发送数据前先发送地址，符合地址的器件返回应答信号，这样可以实现多个 IIC 器件互不干扰。

IIC 器件的地址分 7 位和 10 位两种，目前主要使用的是 7 位，本章内容只介绍 7 位地址的 IIC 协议，10 位地址的设计方法类似。每种 IIC 器件都有出厂定义的唯一地址，IIC 发送的第 1 个字节包含了 7 位地址和 1 位读/写标志位。

1. IIC 总线传输

IIC 的传输分**命令**（START/STOP）和**数据**两种。因为 IIC 只有两个引脚，因此需要这两个引脚的不同组合区分传输的是命令还是数据。当时钟信号 SCL 为高电平时，SDA 的上升/下降沿表明传输的是命令；当时钟信号 SCL 为低电平时，SDA 的上升/下降沿表明传输的是数据。

● START 和 STOP

如图 6.2 所示，SCL 为高电平，主机发送的 SDA 下降沿是 START 命令，总线上接的所有 IIC 器件这时都检测到这个 START 信号。SCL 为高电平，主机发送的 SDA 的上升沿是 STOP 命令。

由于 SCL 和 SDA 是上拉到 VDD 的，所以总线上没有操作时，SCL 和 SDA 都是高电平。

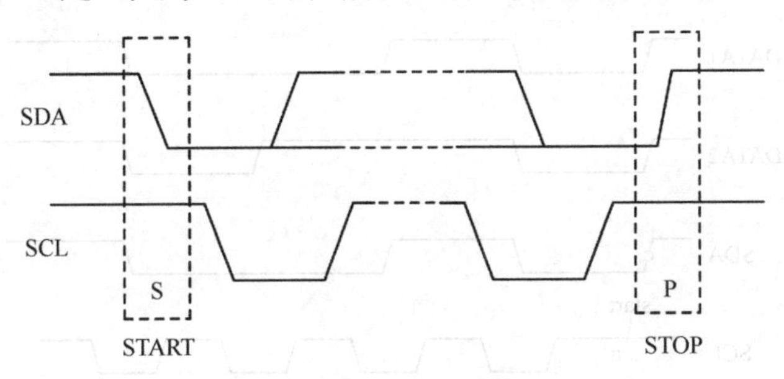

图 6.2　IIC 发送 START 和 STOP 命令

● 数据传输

如图 6.3 所示为在 START 和 STOP 之间，IIC 主机发送数据。

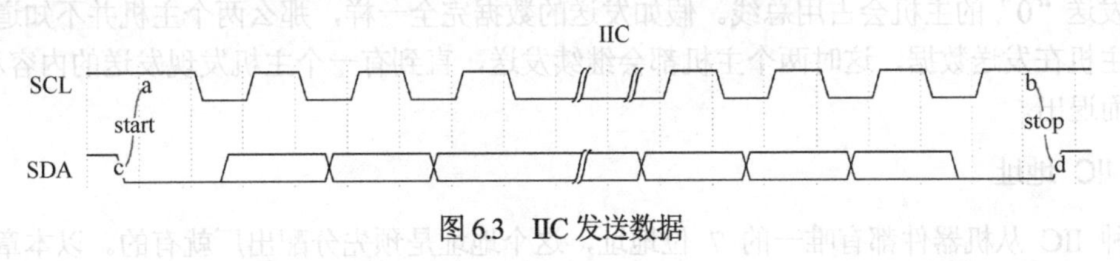

图 6.3　IIC 发送数据

所有的数据都是在时钟 SCL 为低电平时变化的，在 SCL 为高电平时采样数据。数据每次发送 8+1 位，前 8 位是发送端（主机或从机）发送的数据，高位先发，第 9 位是接收端反馈的响应信号。第 9 位为低电平（ACK）表明接收端收到了前面发送的 8 位数据，第 9 位为高电平（NACK）表明没有接收端发送 ACK，这有如下的可能性。

（1）主机发送的地址，没有器件能匹配。说明总线上没有主机要发送的器件存在，或者这个器件故障。这时主机通过监测总线，可以知道发送的地址没有器件应答，主机应停止接下来的传输。

（2）接收端不能继续传输数据。

（3）接收端不理解发送过来的命令或数据。

（4）主机在发送 STOP 前的那个应答位应发送高电平 NACK。

（5）主机在发送 REPEAT START 前的那个应答位应发送高电平 NACK。

2. IIC 总线仲裁

主机在开始传输前先检测总线上的 SCL 和 SDA 信号，如果都为高电平，则表明这时总线是空闲的，主机可以发起传输。由于 IIC 总线支持多主机，有可能有两个或多个主机同时检测总线，得到同样的结果，于是同时开始传输，因此 IIC 总线设计了一个简单的仲裁方法，解决这种情况下哪个主机可以占用总线。

图 6.4 所示为 IIC 总线仲裁的过程，仲裁的方法很简单，DATA1 和 DATA2 是两个不同的主机，同时开始发送数据。在发送数据时，所有的主机需要同时检测总线 SDA 上的信号，如果 SDA

信号与自己发送的信号不一致，则表明总线上还有另一个主机在发送数据，主机检测到总线 SDA 与自己发送的不一致后，应停止发送。在图 6.4 中，DATA2 与 SDA 不一致，所以 DATA2 的主机应退出；DATA1 的主机发送的信号与 SDA 一致，所以 DATA1 占用总线，它也不知道总线上有别的主机在发送信号。

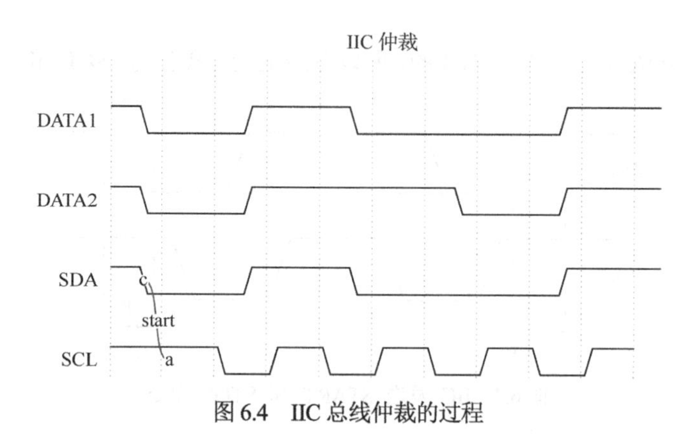

图 6.4 IIC 总线仲裁的过程

由于 SDA 是上拉的，如果有主机发送了“0”，有主机发送了“1”，那么 SDA 上应为“0”。所以先发送“0”的主机会占用总线。假如发送的数据完全一样，那么两个主机并不知道总线上有别的主机在发送数据，这时两个主机都会继续发送，直到有一个主机发现发送的内容和 SDA 不一致而退出。

3. IIC 地址

每种 IIC 从机器件都有唯一的 7 位地址，这个地址是预先分配出厂就有的。以本章用到的 ADT7420 为例，它的地址如表 6.1 所示。

表 6.1 ADT7420 的地址

A6	A5	A4	A3	A2	A1	A0	
1	0	0	1	0	0	0	0x48
1	0	0	1	0	0	1	0x49
1	0	0	1	0	1	0	0x4A
1	0	0	1	0	1	1	0x4B

其中，A6∶A2 是固定的 0b10010，A1 和 A0 可以通过 ADT7420 的引脚配置，如图 6.5 所示。

图 6.5 中有两个 ADT7420 接在同一个 IIC 总线上，其中 U1 的地址是 0x48，U2 的地址是 0x49。

由于 ADT7420 有 A0 和 A1 两个地址引脚，所以一个 IIC 总线上最多可以接 4 个 ADT7420。有的器件有 3 个地址引脚，这样一根 IIC 总线可以最多接 8 个这样的器件。

如果系统里需要接超过 4 个的 ADT7420，这时无法直接把这些 ADT7420 接在同一根 IIC 总线上。有如下方法可以解决这个问题。

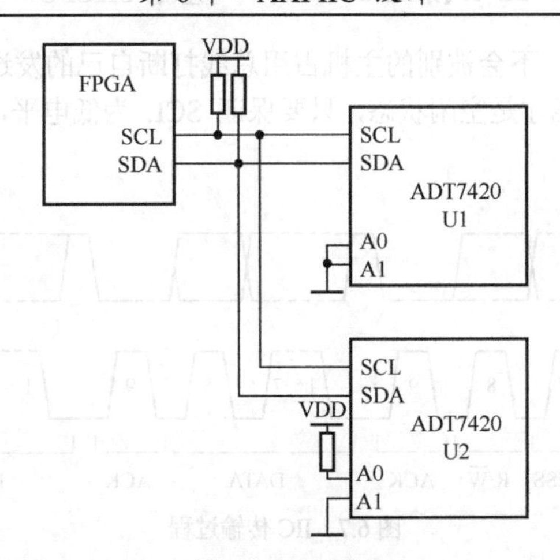

图 6.5　IIC 地址

（1）用多根 IIC 总线，因为每根总线只占用 2 个引脚，所以资源消耗不高。

（2）在 IIC 总线上加上 IIC 多路选择器芯片，在选择 ADT7420 前先要选中 IIC 多路选择器，再对 ADT7420 进行 IIC 读写操作，如图 6.6 所示。

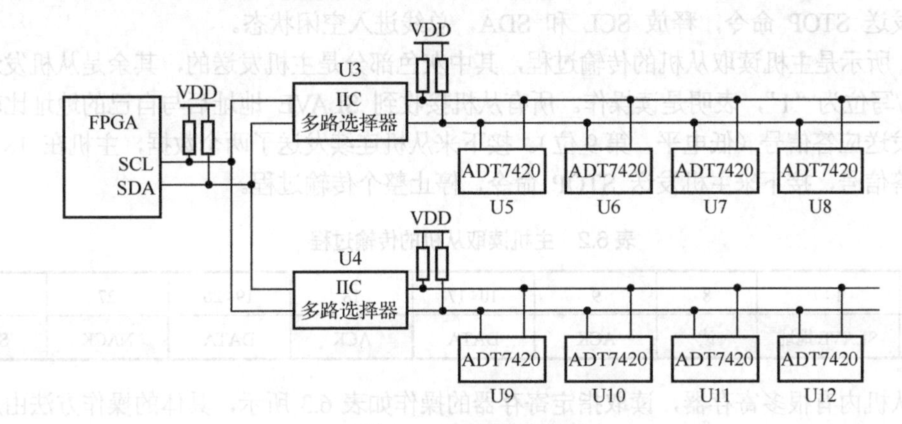

图 6.6　IIC 多路选择器

图 6.6 中使用了 8 个 ADT7420，每 4 个 ADT7420 前有一个 IIC 多路选择器 U3 和 U4。U3 和 U4 有唯一的地址，在选择 ADT7420 前，先要发送 IIC 命令给多路选择器，选中其中的一个，接下来再对这个多路选择器接的 ADT7420 进行操作。

上述方法可以解决系统中同一种 IIC 器件太多的情况，实际应用中可以根据具体情况选择用哪种方法。

4．IIC 传输过程

IIC 传输过程包括发送地址、发送或读取数据。一个典型的完整传输过程如图 6.7 所示。

传输的过程如下。

（1）发送 START 命令。

（2）发送第 1 个字节，这个字节由 7 位地址加上第 8 位读/写位组成，读/写位高电平表示读，低电平表示写。

（3）第 1 个字节发送后，发送方接收应答信号，低电平表示有应答，高电平表示没有应答。

（4）接下来发送第 2 个字节，在发送这个字节前，时钟 SCL 保持低电平不变，这样可以保证 IIC 总线处于使用状态，不会被别的主机占用总线打断自己的发送过程。因为只有 SCL 和 SDA 都为高电平，IIC 总线才是空闲状态，只要保证 SCL 为低电平，就不会有别的主机使用总线。

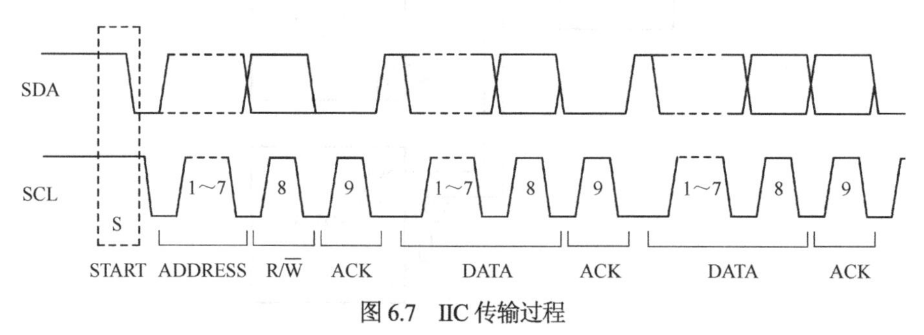

图 6.7 IIC 传输过程

这点和第 4 章的 IIC 初始化电路不同，因为第 4 章的 IIC 总线只有一个从机，传输过程不会被打断，所以可以传输第 1 个字节后停止传输，再传输第 2 个字节。

（5）发送第 2 个字节后，发送方接收应答信号，继续保持 SCL 为低电平以占用总线。

（6）发送第 3 个字节，接收应答信号，继续保持 SCL 为低电平以占用总线。

（7）发送 STOP 命令，释放 SCL 和 SDA，总线进入空闲状态。

表 6.2 所示是主机读取从机的传输过程，其中灰色部分是主机发送的，其余是从机发送的。第 8 位读/写位为“1”，表明是读操作。所有从机接收到 SLAVE 地址后与自己的地址比较，如果一致就发送应答信号（低电平，第 9 位）。接下来从机连续发送了两个数据，主机在 18 和 27 位发送应答信号，接下来主机发送 STOP 命令，停止整个传输过程。

表 6.2 主机读取从机的传输过程

	1∶7	8	9	10∶17	18	19∶26	27	
START	SLAVE 地址	读	ACK	DATA	ACK	DATA	NACK	STOP

如果从机内有很多寄存器，读取指定寄存器的操作如表 6.3 所示，具体的操作方法由从机器件的读取方法决定。

表 6.3 从机内有很多寄存器的读取指定寄存器操作

	1∶7	8	9	10∶17	18		19∶25	26	27	28∶35	36	
START	SLAVE 地址	写	ACK	寄存器地址	ACK	START	SLAVE 地址	读	ACK	DATA	NACK	STOP

读取从机内某个地址的寄存器的值，需要先把这个寄存器的地址写入从机。因此主机启动传输过程后，首先发送“SLAVE 地址+‘写’”作为第 1 个字节，从机应答，第 2 个字节主机写入要读取的寄存器地址，从机应答。接下来主机继续发送一个 START 命令，这个 START 命令有时也称 repeated START，因为前一个 START 没有用 STOP 结束。主机继续发送“SLAVE 地址+‘读’”作为第 3 个字节，从机应答，第 4 个字节从机发送寄存器内的数值，主机应答，最后主机发送 STOP 完成整个传输过程。因为有可能读取不止一个字节，28∶35 的从机发送字节可能会重复多次，这由从机器件决定。

在上述所有传输过程中，每个字节之间时钟 SCL 需要由发送方保持低电平以占用总线。从机保持 SCL 为低电平也可以让主机进入等待状态，直到从机准备好后，再由从机开始传输 SCL 和 SDA。

所有应答信号的时钟都由主机产生。

主机在 STOP 和 REPEAT START 之前发送的应答位，都要发送 NACK。

由主机回答的应答信号，根据从机器件的设计，有时主机发应答（ACK）或发不应答（NACK）从机反应是一样的。但不管是否应答，这一个位不能跳过。从机器件一般逻辑比较简单，它不需要设计复杂的应答响应电路，所以有时从机器件并不在乎主机发送来的应答信号是什么。整个传输过程是由主机控制的，出现任何问题都应由主机解决。

由于 IIC 总线速度较低，因此在单片机等应用场合有时采用软件驱动 GPIO 的方法实现 IIC 的操作。一些包含 CPU 的 FPGA 应用采用这种方法。这种方法的优点是低成本，不需要额外的硬件电路，软件修改也很方便。缺点是需要用 CPU 采用延时或中断的方法进行时序控制，消耗了 CPU 的资源。SoC 芯片大多采用专用的 IIC 控制器硬件电路来实现 IIC 接口，由 CPU 通过软件驱动 IIC 控制器，实现 IIC 的传输控制。

6.2 IIC 总线温度传感器

ADT7420 是典型的 IIC 接口芯片，Nexys-4 DDR 开发板上，它与 FPGA 按照图 6.8 所示连接，其地址是 0x4B（A0 和 A1 都接了高电平）。

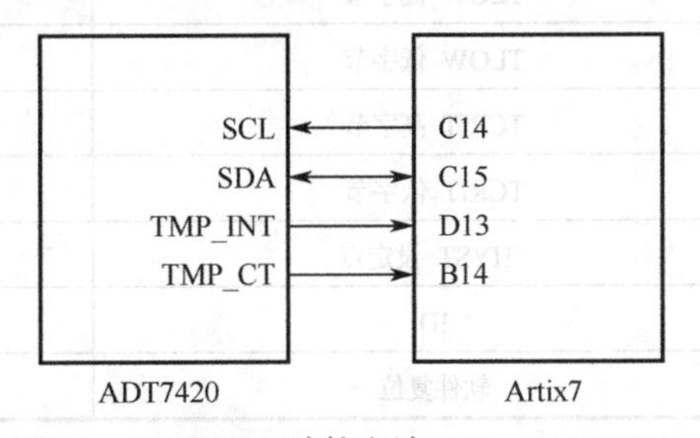

图 6.8 ADT7420 连接方法（Nexys-4 DDR）

ADT7420 可以实现 16 位的温度分辨率（0.0078℃），工作范围为 −40～+150℃，默认分辨率设置为 13 位（0.0625℃）。温度测量结果存储在 16 位温度值寄存器中，由 IIC 接口读取温度并设置工作模式。

在图 6.8 中，SCL 和 SDA 是 IIC 总线接口，TMP_INT 是温度过高和过低指示器，TMP_CT 是临界过温指示器。ADT7420 可以与 TCRIT 和 THIGH 寄存器中的高温限值比较，也可以与 TLOW 寄存器中的低温限值比较，如果温度超出指定范围就通过 TMP_INT 和 TMP_CT 输出。这些用于比较的寄存器的值，可以通过 IIC 总线接口设置。

温度值寄存器、TCRIT、THIGH 和 TLOW 寄存器中的温度数据由 13 位二进制补码表示，最高位是温度符号位。上电时，Bit0～Bit2 这 3 个 LSB 不是温度转换结果的一部分，而是 TCRIT、THIGH 和 TLOW 的标志位。表 6.4 所示为不带 Bit0～Bit2 的 13 位温度数据格式。

表 6.4 不带 Bit0～Bit2 的 13 位温度数据格式

温度（℃）	Bit[15：3]	Bit[15：3]
−40	1 1101 1000 0000	0x1D80
+150	0 1001 0110 0000	0x0960

续表

温度（℃）	Bit[15 : 3]	Bit[15 : 3]
-25	1 1110 0111 0000	0x1E70
-0.0625	1 1111 1111 1111	0x1FFF

ADT7420 温度传感器内置 14 个 8 位寄存器，如表 6.5 所示，其中温度值寄存器、状态寄存器和 ID 寄存器是只读寄存器，软件复位是只写寄存器。上电时，地址指针寄存器装载 0x00，指向温度值寄存器高有效字节。

表 6.5 ADT7420 温度传感器内置寄存器

寄存器地址	寄存器功能	上电默认值
0x00	温度值高字节	0x00
0x01	温度值低字节	0x00
0x02	状态	0x00
0x03	配置	0x00
0x04	THIGH 高字节	0x20(64°C)
0x05	THIGN 低字节	0x00(64°C)
0x06	TLOW 高字节	0x05(10°C)
0x07	TLOW 低字节	0x00(10°C)
0x08	TCRIT 高字节	0x49(147°C)
0x09	TCRIT 低字节	0x80(147°C)
0x0A	THYST 设定点	0x05(5°C)
0x0B	ID	0xCB
0x2F	软件复位	0xXX

1. 写入寄存器

ADT7420 写入寄存器有两种方法：一种是一次写入 1 个字节；另一种是一次写入 2 个字节。写入 1 个字节的传输过程如下。

（1）发送 START 命令。

（2）发送第 1 个字节，这个字节前 7 位是 ADT7420 的 IIC 地址，最后一位是读/写标记，写入为“0”。在 Nexys-4 DDR 上（A0 和 A1 都接高电平），这个字节是 0b1001_0110，如表 6.6 所示。

表 6.6 第 1 个字节

地址 A6 : A2					A1	A0	写操作
1	0	0	1	0	1	1	0

（3）接收应答信号。

（4）发送第 2 个字节，这个字节是 ADT7420 内部寄存器的地址，如发送 0x03 表示要写配置寄存器。

（5）接收应答信号。

（6）发送第 3 个字节，这个字节写入前面指定的寄存器。

（7）接收应答信号。

（8）发送 STOP 命令，释放 SCL 和 SDA，总线进入空闲状态。

图 6.9 所示是逻辑分析仪抓取的写入 ADT7420 一个字节的完整波形。这个波形对 THIGH 高字节（地址 0x04）寄存器写入了值 0x1E(30)。

图 6.9　写入 ADT7420 THIGH 高字节（地址 0x04）寄存器 0x1E

对于 THIGH、TLOW 和 TCRIT 这 3 个 16 位寄存器，可以一次写入 2 个字节，在一次写操作中完成对整个寄存器的写入。写入 2 个字节的传输过程如下。

（1）发送 START 命令。

（2）发送第 1 个字节，同样为 0b1001_0110。

（3）接收应答信号。

（4）发送第 2 个字节，这个字节是 THIGH 等寄存器的高位地址。

（5）接收应答信号。

（6）发送第 3 个字节，这个字节写入 THIGH 等寄存器的高位。

（7）接收应答信号。

（8）发送第 4 个字节，这个字节写入 THIGH 等寄存器的低位。

（9）接收应答信号。

（10）发送 STOP 命令，释放 SCL 和 SDA，总线进入空闲状态。

对于 THIGH、TLOW 和 TCRIT 这 3 个 16 位寄存器，只要写入它的高位地址，接下来连续写入 2 个字节（高位在前），就可以完成 16 位（2 个字节）的写入。也可以用一次写入 1 个字节的方法，分别设置高位和低位。

图 6.10 所示是逻辑分析仪抓取的写入 ADT7420 2 个字节的完整波形。这个波形对 THIGH 寄存器写入了 0x1E14。

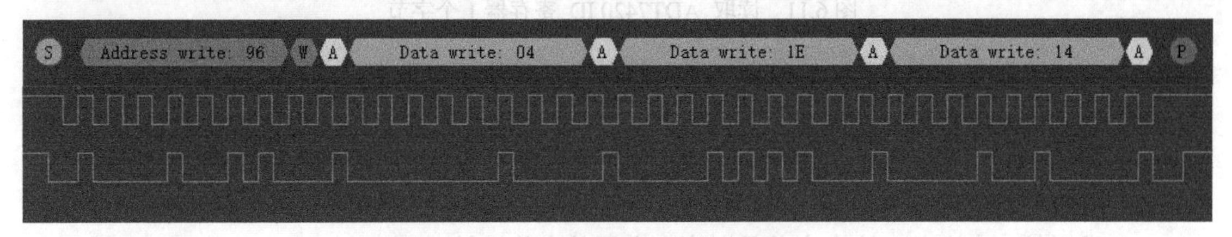

图 6.10　写入 ADT7420 THIGH 寄存器 2 个字节

2. 读取寄存器

对于状态寄存器和配置寄存器等，可以通过一次读取 1 个字节的方法读取。对于温度寄存器、THIGH、TLOW 和 TCRIT 这 4 个 16 位寄存器，可以通过一次读取 2 个字节的方法读取它们的内容。

一次读取 1 个字节的传输过程如下。

（1）发送 START 命令

（2）发送第 1 个字节，虽然是读取寄存器的值，但先要写入寄存器地址，所以第 1 个字节的读写标记为“写”（低电平）。这个字节是 0b1001_0110，如表 6.7 所示。

表 6.7 第 1 个字节

地址 A6：A2					A1	A0	写操作
1	0	0	1	0	1	1	0

（3）接收应答信号。

（4）发送第 2 个字节，这个字节选择 ADT7420 内部寄存器地址，如发送 0x03 表示选择配置寄存器。

（5）接收应答信号。

（6）再次发送 START 命令（REPEAT START）。

（7）发送地址字节，读/写标记为“读”（高电平）。这个字节是 0b1001_0111，如表 6.8 所示。

表 6.8 地址字节

地址 A6：A2					A1	A0	读操作
1	0	0	1	1	0	0	1

（8）接收 1 个字节，这个字节就是寄存器的值。

（9）发送 NACK（主机在 STOP 和 REPEAT START 之前的应答都发送 NACK）。

（10）发送 STOP 命令，释放 SCL 和 SDA，总线进入空闲状态。

图 6.11 所示是逻辑分析仪抓取的读取 ADT7420 1 个字节的完整波形，这个波形读取了 ID 寄存器，读回的值是 0xCB。

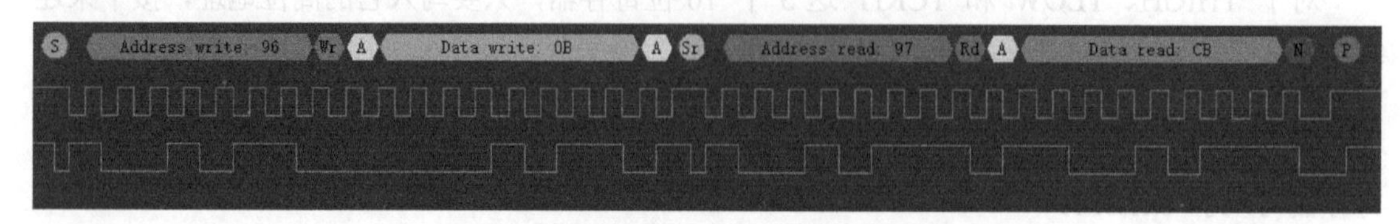

图 6.11 读取 ADT7420 ID 寄存器 1 个字节

一次连续读取 2 个字节的传输过程如下，这种方法可用于读取温度。

（1）发送 START 命令。

（2）发送 ADT7420 地址，读/写标记为“写”（低电平）。这个字节是 0b1001_0110。

（3）接收应答信号。

（4）发送第 2 个字节，这个字节是温度寄存器的高位地址（0x00）。

（5）接收应答信号。

（6）再次发送 START 命令（REPEAT START）。

（7）发送 ADT7420 地址，读/写标记为“读”（高电平）。这个字节是 0b1001_0111。

（8）接收 1 个字节，这个字节就是温度寄存器的高位值。

（9）发送 ACK 应答。

（10）接收 1 个字节，这个字节是温度寄存器的低位值。

（11）发送 NACK（主机在 STOP 和 REPEAT START 之前的应答都应发送 NACK）。

（12）发送 STOP 命令，释放 SCL 和 SDA，总线进入空闲状态。

图 6.12 所示是逻辑分析仪抓取的读取 ADT7420 2 个字节的完整波形，这个波形读取了温度寄存器（0x00），读回的值是 0x11 和 0x60。换算后可知温度为 34.75。计算过程为(0x11<<5 | 0x60>>3)=0x22c，0x22c*0.0625=34.75。

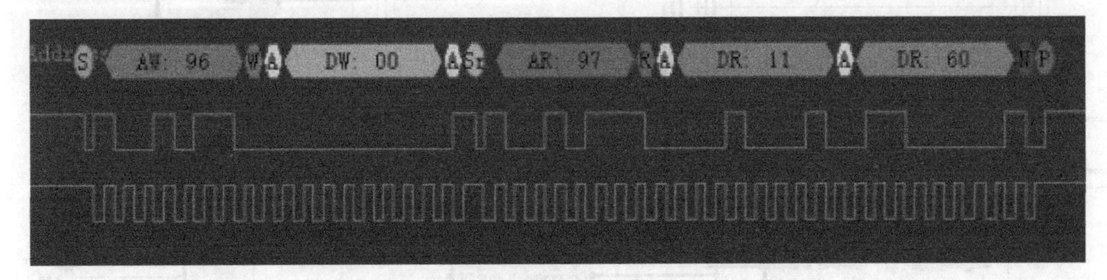

图 6.12　读取 ADT7420 温度寄存器 2 个字节

对于温度寄存器、THIGH、TLOW 和 TCRIT 这 4 个 16 位寄存器，只要写入它的高位地址，接下来连续读取 2 个字节（高位在前），就可以完成 16 位（2 个字节）的读取。也可以用一次读取 1 个字节的方法，分别读取高位和低位。

配置寄存器和状态寄存器的功能请参考芯片手册，对于本章实验，使用默认配置即可。如果要读取状态或修改配置，只要对相应地址进行读写即可。

默认配置下，ADT7420 是 13 位分辨率，温度寄存器返回值格式如表 6.9 所示。

表 6.9　温度寄存器返回值格式

温度传感器高位（0x00）		温度传感器低位（0x01）	
15	14:8	7:3	2:0
符号位	二进制补码		TLOW/THIGH/TCRIT 标识

6.3　温度传感器 SoC 设计

从 6.2 节可知，控制 ADT7420 只要用 IIC 协议对其内部寄存器进行读写即可。本节介绍如何设计 SoC，用软件驱动 IIC 控制器实现对 ADT7420 温度芯片的控制。

在第 4 章的 SoC 基础上加上 IIC 控制器，就构成了一个简单的可以控制 ADT7420 测量温度的 SoC，本节采用 Vivado 的 IIC 控制器构建 SoC，6.4 节介绍如何设计 IIC 控制器。

图 6.13 所示是 CK807 SoC 的原理图，其中 UART 用于串口通信调试，AXI IIC 是 Vivado 的 AXI 接口 IIC 模块，用于与 ADT7420 通信。lcd_show 是 AXI 接口 LCD 模块，用于显示 RGB565 格式 854 像素×480 像素分辨率视频。MIG 用于连接 DDR2，提供 SoC 访问 DDR2 的能力，它的时钟为 200 MHz。

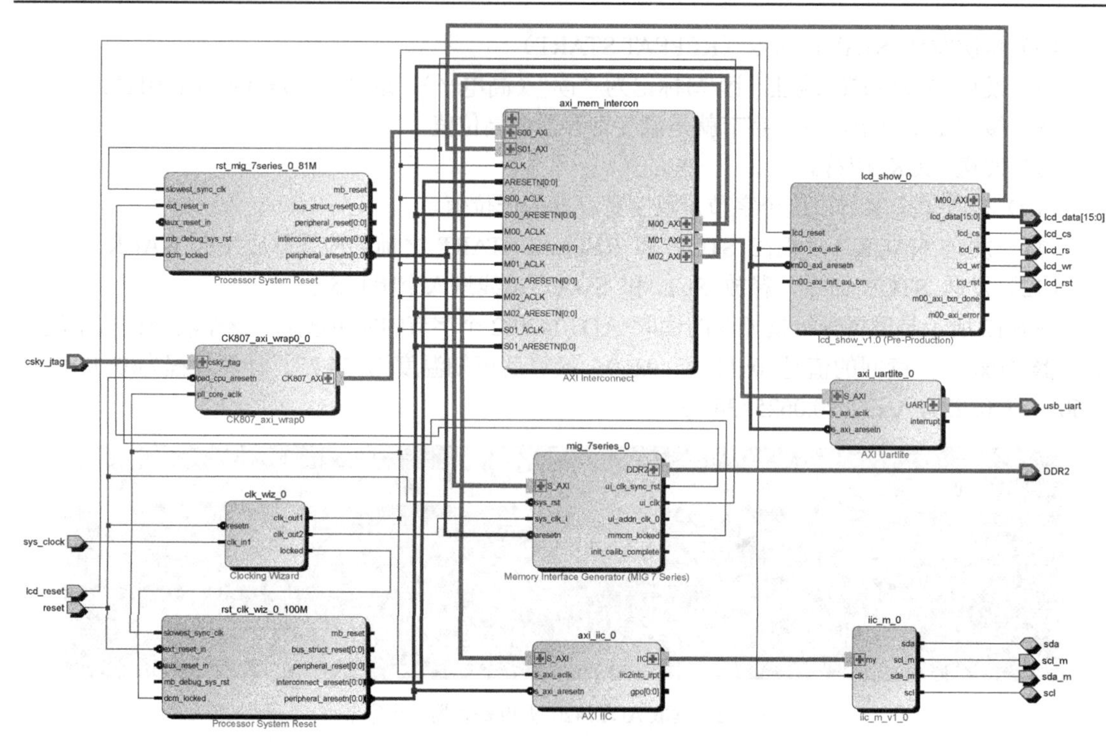

图 6.13　CK807 SoC 的原理图

SoC 的地址分配如表 6.10 所示。

表 6.10　SoC 的地址分配

Cell	Slave Interface	Base Name	Offset Address	Range	High Address
CK807_axi_wrap0_0					
CK807_AXI (32 address bits : 4G)					
mig_7series_0	S_AXI	memaddr	0x8000_0000	128M	0x87FF_FFFF
axi_uartlite_0	S_AXI	Reg	0x4060_0000	64K	0x4060_FFFF
axi_iic_0	S_AXI	Reg	0x4080_0000	64K	0x4080_FFFF
lcd_show_0					
M00_AXI (32 address bits : 4G)					
mig_7series_0	S_AXI	memaddr	0x8000_0000	128M	0x87FF_FFFF
axi_iic_0	S_AXI	Reg	0x4080_0000	64K	0x4080_FFFF
axi_uartlite_0	S_AXI	Reg	0x4060_0000	64K	0x4060_FFFF

部分引脚绑定如下。

```
    set_property -dict { PACKAGE_PIN B18 IOSTANDARD LVCMOS33} [get_ports
{ csky_jtag_trst}]
    set_property -dict { PACKAGE_PIN A14 IOSTANDARD LVCMOS33} [get_ports
{ csky_jtag_tms }]
    set_property -dict { PACKAGE_PIN A16 IOSTANDARD LVCMOS33} [get_ports
```

```
{ csky_jtag_tck }]
      set_property  -dict  {  PACKAGE_PIN  B17  IOSTANDARD  LVCMOS33}  [get_ports
{ csky_jtag_tdo }]
      set_property  -dict  {  PACKAGE_PIN  A18  IOSTANDARD  LVCMOS33}  [get_ports
{ csky_jtag_tdi }]
      set_property CLOCK_DEDICATED_ROUTE FALSE [get_nets csky_jtag_tck_IBUF]

      set_property -dict { PACKAGE_PIN C14  IOSTANDARD LVCMOS33 } [get_ports { scl }]
      set_property -dict { PACKAGE_PIN C15  IOSTANDARD LVCMOS33 } [get_ports { sda }]
      set_property PULLUP TRUE [get_ports scl ]
      set_property PULLUP TRUE [get_ports sda ]

      set_property -dict { PACKAGE_PIN A13  IOSTANDARD LVCMOS33 } [get_ports { scl_m }]
      set_property -dict { PACKAGE_PIN A15  IOSTANDARD LVCMOS33 } [get_ports { sda_m }]

      ##Pmod Header JB

      set_property  -dict  {PACKAGE_PIN  D14  IOSTANDARD  LVCMOS33}  [get_ports
{lcd_data[15]}]
      set_property  -dict  {PACKAGE_PIN  F16  IOSTANDARD  LVCMOS33}  [get_ports
{lcd_data[14]}]
      set_property  -dict  {PACKAGE_PIN  G16  IOSTANDARD  LVCMOS33}  [get_ports
{lcd_data[13]}]
      set_property  -dict  {PACKAGE_PIN  H14  IOSTANDARD  LVCMOS33}  [get_ports
{lcd_data[12]}]
      set_property  -dict  {PACKAGE_PIN  E16  IOSTANDARD  LVCMOS33}  [get_ports
{lcd_data[11]}]
      set_property  -dict  {PACKAGE_PIN  F13  IOSTANDARD  LVCMOS33}  [get_ports
{lcd_data[10]}]
      set_property  -dict  {PACKAGE_PIN  G13  IOSTANDARD  LVCMOS33}  [get_ports
{lcd_data[9]}]
      set_property  -dict  {PACKAGE_PIN  H16  IOSTANDARD  LVCMOS33}  [get_ports
{lcd_data[8]}]

      ##Pmod Header JA

      set_property  -dict  {PACKAGE_PIN  C17  IOSTANDARD  LVCMOS33}  [get_ports
{lcd_data[7]}]
      set_property  -dict  {PACKAGE_PIN  D18  IOSTANDARD  LVCMOS33}  [get_ports
{lcd_data[6]}]
      set_property  -dict  {PACKAGE_PIN  E18  IOSTANDARD  LVCMOS33}  [get_ports
{lcd_data[5]}]
      set_property  -dict  {PACKAGE_PIN  G17  IOSTANDARD  LVCMOS33}  [get_ports
{lcd_data[4]}]
      set_property  -dict  {PACKAGE_PIN  D17  IOSTANDARD  LVCMOS33}  [get_ports
{lcd_data[3]}]
      set_property  -dict  {PACKAGE_PIN  E17  IOSTANDARD  LVCMOS33}  [get_ports
```

```
{lcd_data[2]}]
        set_property  -dict  {PACKAGE_PIN  F18  IOSTANDARD  LVCMOS33}  [get_ports
{lcd_data[1]}]
        set_property  -dict  {PACKAGE_PIN  G18  IOSTANDARD  LVCMOS33}  [get_ports
{lcd_data[0]}]

        ##Pmod Header JC

        set_property -dict {PACKAGE_PIN K1 IOSTANDARD LVCMOS33} [get_ports lcd_rst]
        set_property -dict {PACKAGE_PIN F6 IOSTANDARD LVCMOS33} [get_ports lcd_cs]
        set_property -dict {PACKAGE_PIN J2 IOSTANDARD LVCMOS33} [get_ports lcd_rs]
        set_property -dict {PACKAGE_PIN G6 IOSTANDARD LVCMOS33} [get_ports lcd_wr]
        set_property -dict {PACKAGE_PIN N17 IOSTANDARD LVCMOS33} [get_ports lcd_reset]
```

直接用逻辑分析仪采样 ADT7420 的 SCL/SDA 引脚，探针不好操作。因为这两个信号频率很低，所以可以用 FPGA 对它们采样后再输出到普通引脚连接逻辑分析仪。

为了方便逻辑分析仪对 SCL/SDA 进行采样，本实验在 SoC 中加上 iic_m 模块，它对 SCL 和 SDA 采样后输出，scl_m/sda_m 由 XDC 文件绑定到 PMOD 引脚，接到逻辑分析仪上进行采样分析，SCL/SDA 作为普通 IIC 引脚输出。iic_m 的代码如下。

```
module iic_m(
   input wire sda_o,
   input wire sda_t,
   output reg sda_i,
   input wire scl_o,
   input wire scl_t,
   output reg scl_i,

   inout wire scl,
   inout wire sda,
   input wire clk,
   output reg scl_m,
   output reg sda_m
   );

   assign scl = scl_t ?  'bz : scl_o;
   assign sda = sda_t ?  'bz : sda_o;

   always @(posedge clk)
   begin
      scl_m <= scl;
      sda_m <= sda;
      sda_i <= sda;
      scl_i <= scl;
   end

endmodule
```

```
iic_m.v
```

AXI IIC 通过寄存器控制，本实验需要用到的寄存器组包括 TX_FIFO、RX_FIFO 和 SR。

● TX_FIFO

地址为 0x108，发送 FIFO，它是深度为 16 位、宽度为 8 位的 FIFO，如表 6.11 所示。需要发送的字节写入这个寄存器后，设置发送寄存器位即可由硬件自动完成发送。

表 6.11　TX_FIFO 寄存器

31:10	9	8	7:0
保留	STOP	START	TX_FIFO[7:0]

TX_FIFO[7:0]：要发送的数据。

TX_FIFO[8]：START，启动发送标志位，为“1”时发送 START 命令。

TX_FIFO[9]：STOP，停止标志位，为“1”时，TX_FIFO[7:0]为传输（发送或接收）字节数，传输 TX_FIFO[7:0]字节后发送 STOP 命令。

下面的代码通过 4 次对 TX_FIFO 寄存器的操作，完成了发送 ADT7420 地址、发送温度寄存器地址、发送 REPEAT START，最后通过 RX_FIFO 接收 2 个字节。

```
#define TX_FIFO    0x108
#define i2cAddr    0x4B
#define rxSize     2
Xil_Out32((axiBaseAddr + TX_FIFO), (0x100 | (i2cAddr << 1)));
//第 1 个字节被写入 TX_FIFO[7:0]，高 7 位为 ADT7420 地址，最低位为 0（写操作）
//TX_FIFO[8]=1，START 标志位有效，发送 START 命令
//发送第 1 个字节 0x96。

Xil_Out32((axiBaseAddr + TX_FIFO), 0x00);
//第 2 个字节被写入 TX_FIFO[7:0]，regAddr，本实验为温度寄存器 0x00
//发送第 2 个字节 0x00

Xil_Out32((axiBaseAddr + TX_FIFO), (0x101 | (i2cAddr << 1)));
//发送第 3 个字节，高 7 位为 ADT7420 地址，最低位为 1（读操作）
//TX_FIFO[8]=1，START 标志位有效，发送 REPEAT START 命令
//发送第 3 个字节 0x97

Xil_Out32((axiBaseAddr + TX_FIFO), 0x200 + rxSize);
//传输 rxSize 字节，rxSize 为要传输的字节数，本实验传输 2 个字节（温度）
//TX_FIFO[9]=1，STOP 标志位有效，在传输 rxSize 字节后，发送 STOP 命令
//本实验中，rxSize=2，在 ADT7420 反馈回 2 字节后，发送 STOP 命令
//反馈回来的 2 字节由 RX_FIFO 接收

//这 4 行命令对应的 IIC 传输过程可参考图 6.12
```

● RX_FIFO

地址为 0x10C，接收 FIFO，它是深度为 16 位、宽度为 8 位的 FIFO，如表 6.12 所示。RX_FIFO[7:0]为接收到的数据。

表 6.12 RX_FIFO 寄存器

31:8	7:0
保留	RX_FIFO[7:0]

读取 RX_FIFO 的命令如下。

```
#define RX_FIFO        0x10C
rxBuffer = Xil_In32(axiBaseAddr + RX_FIFO) & 0xFF;
//因为 RX_FIFO 只有低 8 位有效，所以通过 & 0xFF 将 RX_FIFO[31:8]全部置 0
```

● SR（Status Register）

地址为 0x104，状态寄存器，如表 6.13 所示。

表 6.13 SR 寄存器

31:8	7	6	5	4	3:0
保留	TX_FIFO_EMPTY	RX_FIFO_EMPTY	RX_FIFO_FULL	TX_FIFO_FULL	

本实验中，通过判断 RX_FIFO_EMPTY 状态位，得知是否接收到数据。

```
#define SR  0x104
while((Xil_In32(axiBaseAddr + SR) & 0x00000040));
//为了降低实验难度，采用了 while 等待的方法判断是否接收到数据，这会占用 CPU
//可以采用中断的方法解决这个问题
```

通过 CPU 读写 AXI IIC 模块相应寄存器（TX_FIFO/RX_FIFO/SR），即可完成 IIC 通信。AXI IIC 模块的驱动软件可参考模块文档和驱动代码，读取并显示温度的代码如下。

```
 1 #include "show_character.h"
 2 #include "xil_printf.h"
 3 #include "xil_io.h"
 4 #define CR                0x100
 5 #define SR                0x104
 6 #define TX_FIFO           0x108
 7 #define RX_FIFO           0x10C
 8 #define I2C_BASEADDR       0x40800000
 9 #define ADT7420_IIC_ADDR  0x4B
10 #define TEMP_REG          0x00
11
12 u32 read_temp(u32 axiBaseAddr, u32 i2cAddr, u32 regAddr)
13 {
14   u32 rxCnt   = 0;
15   u32 rxSize = 2;
16   u32 data,whole,fen;
17   unsigned char rxBuffer[2] = {0x00, 0x00};
18   Xil_Out32((axiBaseAddr + TX_FIFO), (0x100 | (i2cAddr << 1)));
19   Xil_Out32((axiBaseAddr + TX_FIFO), regAddr);
20   Xil_Out32((axiBaseAddr + TX_FIFO), (0x101 | (i2cAddr << 1)));
```

```
21  Xil_Out32((axiBaseAddr + TX_FIFO), 0x200 + rxSize);
22
23  while(rxCnt < rxSize)
24    {
25      while((Xil_In32(axiBaseAddr + SR) & 0x00000040));
26      rxBuffer[rxCnt] = Xil_In32(axiBaseAddr + RX_FIFO) & 0xFFFF;
27      rxCnt++;
28    }
29  data=(rxBuffer[0] << 5) | (rxBuffer[1] >> 3);
30  return data*1.0*62.5;
31 }
32
33 int main(void)
34 {
35
36  xil_printf("Entering main  - ADT7420 Temperature sensor\n\r");
37
38  unsigned int *lcd_data_mask=(unsigned int *)0x82500000;
39  unsigned int *lcd_data=(unsigned int *)0x82000000;
40  int i;
41  for(i=0;i<896/2*480;i++)
42    lcd_data_mask[i]=0x0;
43  for(i=0;i<896/2*480;i++)
44    lcd_data[i]=0xffffffff;
45  show_string(10,10,0xf000,"CPU:CK807  ZJU",5);
46  show_string(10,100,0xf000,"T:",5);
47  show_string(330,100,0xf000," C",5);
48
49  while(1){
50      show_num(90,100,0xf000,read_temp(I2C_BASEADDR, ADT7420_IIC_ADDR,
TEMP_REG),5);
51    int i;
52    for(i=0;i<1000000;i++);
53  }
54  return(0);
55 }
```

show_string 通过将字体文件转成像素点的方法显示字母和数字。read_temp 通过读写 axi_iic 模块控制寄存器实现 IIC 的传输。

引脚绑定 XDC 如下。

```
    set_property -dict { PACKAGE_PIN B18   IOSTANDARD LVCMOS33    } [get_ports
{ csky_jtag_trst }]
    set_property -dict { PACKAGE_PIN A14   IOSTANDARD LVCMOS33    } [get_ports
{ csky_jtag_tms  }]
    set_property -dict { PACKAGE_PIN A16   IOSTANDARD LVCMOS33    } [get_ports
{ csky_jtag_tck  }]
```

```
        set_property -dict { PACKAGE_PIN B17   IOSTANDARD LVCMOS33    } [get_ports
{ csky_jtag_tdo  }]
        set_property -dict { PACKAGE_PIN A18   IOSTANDARD LVCMOS33    } [get_ports
{ csky_jtag_tdi  }]
        set_property CLOCK_DEDICATED_ROUTE FALSE [get_nets csky_jtag_tck_IBUF]


        set_property -dict { PACKAGE_PIN C14  IOSTANDARD LVCMOS33 } [get_ports { scl }]
        set_property -dict { PACKAGE_PIN C15  IOSTANDARD LVCMOS33 } [get_ports { sda }]

        set_property -dict { PACKAGE_PIN A13  IOSTANDARD LVCMOS33 } [get_ports { scl_m }]
        set_property -dict { PACKAGE_PIN A15  IOSTANDARD LVCMOS33 } [get_ports { sda_m }]

        ##Pmod Header JB
        set_property  -dict  {PACKAGE_PIN  D14  IOSTANDARD  LVCMOS33}  [get_ports
{lcd_data[15]}]
        set_property  -dict  {PACKAGE_PIN  F16  IOSTANDARD  LVCMOS33}  [get_ports
{lcd_data[14]}]
        set_property  -dict  {PACKAGE_PIN  G16  IOSTANDARD  LVCMOS33}  [get_ports
{lcd_data[13]}]
        set_property  -dict  {PACKAGE_PIN  H14  IOSTANDARD  LVCMOS33}  [get_ports
{lcd_data[12]}]
        set_property  -dict  {PACKAGE_PIN  E16  IOSTANDARD  LVCMOS33}  [get_ports
{lcd_data[11]}]
        set_property  -dict  {PACKAGE_PIN  F13  IOSTANDARD  LVCMOS33}  [get_ports
{lcd_data[10]}]
        set_property  -dict  {PACKAGE_PIN  G13  IOSTANDARD  LVCMOS33}  [get_ports
{lcd_data[9]}]
        set_property  -dict  {PACKAGE_PIN  H16  IOSTANDARD  LVCMOS33}  [get_ports
{lcd_data[8]}]

        ##Pmod Header JA
        set_property  -dict  {PACKAGE_PIN  C17  IOSTANDARD  LVCMOS33}  [get_ports
{lcd_data[7]}]
        set_property  -dict  {PACKAGE_PIN  D18  IOSTANDARD  LVCMOS33}  [get_ports
{lcd_data[6]}]
        set_property  -dict  {PACKAGE_PIN  E18  IOSTANDARD  LVCMOS33}  [get_ports
{lcd_data[5]}]
        set_property  -dict  {PACKAGE_PIN  G17  IOSTANDARD  LVCMOS33}  [get_ports
{lcd_data[4]}]
        set_property  -dict  {PACKAGE_PIN  D17  IOSTANDARD  LVCMOS33}  [get_ports
{lcd_data[3]}]
        set_property  -dict  {PACKAGE_PIN  E17  IOSTANDARD  LVCMOS33}  [get_ports
{lcd_data[2]}]
        set_property  -dict  {PACKAGE_PIN  F18  IOSTANDARD  LVCMOS33}  [get_ports
{lcd_data[1]}]
        set_property  -dict  {PACKAGE_PIN  G18  IOSTANDARD  LVCMOS33}  [get_ports
```

```
{lcd_data[0]}]

       ##Pmod Header JC
       set_property -dict {PACKAGE_PIN K1 IOSTANDARD LVCMOS33} [get_ports lcd_rst]
       set_property -dict {PACKAGE_PIN F6 IOSTANDARD LVCMOS33} [get_ports lcd_cs]
       set_property -dict {PACKAGE_PIN J2 IOSTANDARD LVCMOS33} [get_ports lcd_rs]
       set_property -dict {PACKAGE_PIN G6 IOSTANDARD LVCMOS33} [get_ports lcd_wr]
       set_property-dict {PACKAGE_PIN N17 IOSTANDARD LVCMOS33} [get_ports lcd_reset]
       iic_lcd_nexys4ddr.xdc
```

实验步骤与调试方法请参考视频 video_6.1_temperature_demo_zju.ogv。如果不用 LCD，那么 LCD 模块和 MIG（DDR2）可以不用，FPGA 片内 8KB SRAM 即可满足运行软件的需求。如果不连接逻辑分析仪，那么 iic_m 可以不使用。

视频 video_6.2_axi_iic_example_zju.ogv 演示了仿真 Vivado 提供的 axi-iic。

6.4　AXI 接口 IIC 控制模块设计

本节介绍如何设计 6.3 节 SoC 中使用的 AXI 接口 IIC 控制模块，以及相应的驱动软件。本节设计的 IIC 控制模块只实现 IIC 的部分核心功能。

1. 消抖电路

IIC 信号在传输和采样时容易产生抖动，影响电路正常工作，所以需要消抖电路消除 IIC 总线上的抖动。消抖电路有很多种实现方法，以下是一种比较简单的实现方法。

```
 1 module debounce
 2  #(
 3   parameter N = 8
 4   )(
 5    input     reset_n, clk, datain,
 6    output reg dataout
 7    );
 8
 9  reg [N-1 : 0] count;
10  reg           datain_s0, datain_s1;
11
12  always @(posedge clk)
13    if (~reset_n)
14     begin
15        count <= 0;
16        datain_s0 <= 0;
17        datain_s1 <= 0;
18     end
19    else begin
20      datain_s0 <= datain;
21      datain_s1 <= datain_s0;
22      if (datain_s0 != datain_s1)
```

```
23          count <= 0;
24        else if (count[N-1])
25          dataout <= datain_s1;
26        else
27          count <= count + 1;
28     end
29
30 endmodule
debounce.v
```

datain_s0 和 datain_s1 是连接在 datain 上的移位寄存器，当 datain_s0 不等于 datain_s1 时，说明输入信号发生了变化，这个变化触发了计数器开始计数。当计数器的最高位为“1”时，说明信号已经稳定（datain_s0 != datain_s1 会重新计数），这时停止计数，并且让输出等于移位寄存器的最后一位 datain_s1。这样完成了信号的消抖。通过调整计数器的位数和计数器判断条件（debounce.v 里判断最高位为“1”），可以配置消除多少时间内的抖动。消抖电路的 testbench 可参考 tb_debounce.v。

由于消抖电路使用 clk 进行采样，因此输出的稳定信号相对于 clk 是同步信号，因此可以直接用 clk 对这些输出稳定信号进行采样。消抖电路波形如图 6.14 所示。

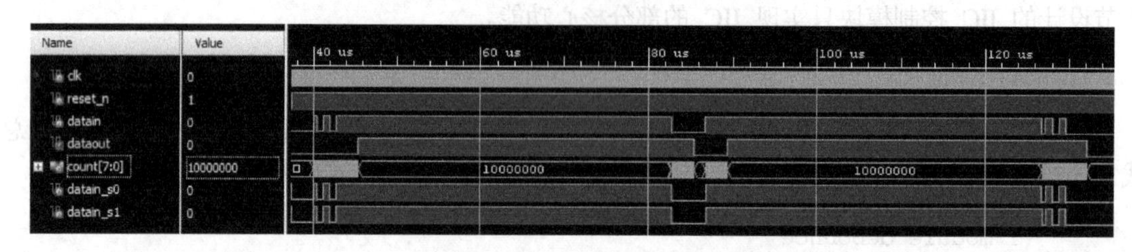

图 6.14　消抖电路波形

2. FIFO

IIC 的发送和接收 FIFO（First In First Out）用于缓存传输的内容，本节实现一个深度为 16 位、宽度为 8 位的 FIFO，可用于 TX_FIFO 和 RX_FIFO。FIFO 有很多种实现方法，可以使用 Vivado 自带的 FIFO IP，参考视频 video_6.3_generate_fifo_zju.ogv。

FIFO 的原理如图 6.15 所示，rd_point 和 wr_point 为读和写指针，FIFO 深度为 8。

如下代码用寄存器或双端口 SRAM 实现了一个简单的深度为 16 位、宽度为 8 位的 FIFO，可用于 FPGA 和 ASIC。

```
1 module iic_fifo
2  #(
3    parameter WIDTH = 8,
4    parameter DEPTH = 16,
5    parameter COUNT = 4
6    )(
7      input              clk,
8      input              reset_n,
9
10     input [WIDTH-1:0]   din,
```

```
11      input              wr_en,
12      input              rd_en,
13
14      output [WIDTH-1:0]  dout,
15      output             full,
16      output             empty,
17      output reg [COUNT:0] data_count
18      );
19
20   reg [WIDTH-1:0]         FIFO_MEM[DEPTH-1:0];
21   reg [COUNT-1:0]         wr_point, rd_point;
22
23   assign dout = FIFO_MEM[rd_point];
24
25   always @(posedge clk or negedge reset_n)
26     begin
27       if (~reset_n)
28         begin
29           data_count  <= 0;
30           wr_point <= 1'b0;
31           rd_point <= 1'b0;
32         end
33       else case ({wr_en,rd_en})
34              2'b01:
35                begin
36                  rd_point <= rd_point+1;
37                  if (data_count == 0) data_count <= DEPTH-1; else
38                    data_count <= data_count-1;
39                end
40              2'b10:
41                begin
42                  FIFO_MEM[wr_point] <= din;
43                  wr_point  <= wr_point+1;
44                  if (data_count == DEPTH) data_count <=1; else
45                    data_count <= data_count+1;
46                end
47              2'b11:
48                begin
49                  FIFO_MEM[wr_point] <= din;
50                  wr_point  <= wr_point+1;
51                  rd_point <= rd_point+1;
52                end
53          endcase
54     end
55
56   assign full = (data_count == DEPTH) ? 1 : 0;
57   assign empty = data_count ? 0 : 1;
```

```
58
59 endmodule
iic_fifo.v
```

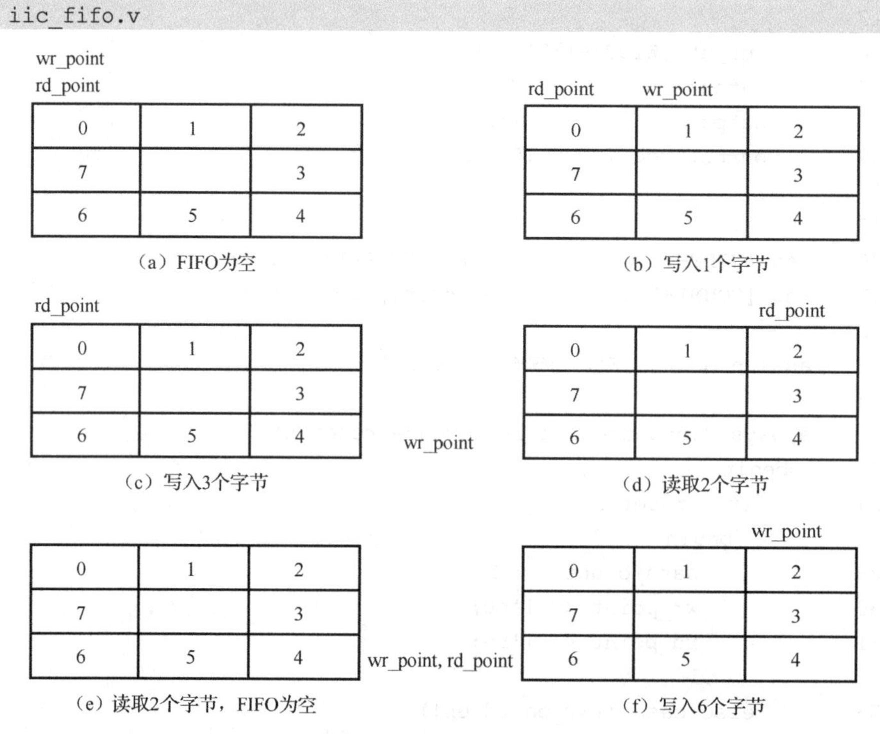

图 6.15　FIFO 的原理

iic_fifo.v 用 FIFO_MEM 实现了 FIFO 的存储，这是用触发器实现的存储，对于本节实验，需要消耗 16×8 个触发器。如果 FIFO 需要较大的存储空间，可以使用片上 SRAM 来实现。

wr_point 和 rd_point 分别为写指针和读指针。当 wr_en 有效时，FIFO 将 din 读入 FIFO_MEM；当 rd_en 有效时，FIFO 输出 FIFO_MEM[rd_point]。

当 FIFO 已经满时，将输出 FULL 信号有效。这时继续写入数据会导致溢出，有不同的方法处理溢出，本实验的代码在 FIFO 已满的情况下，再次写入数据将会重新存储数据。在 FIFO 已空的情况下读取数据也会溢出。可以根据不同的需求设计不同的电路处理这些情况。

FIFO 仿真代码为 tb_iic_fifo.v，实验参考视频 video_6.4_simulation_fifo_zju.ogv。

3. 采样时钟

AXI 的时钟通常为 50 MHz、100 MHz 或更高，IIC 的时钟通常为 100 kHz 或 400 kHz，因此可以使用一个较慢的时钟进行采样。

同时，IIC 数据传输要求时钟信号 SCL 为低电平时，SDA 的上升/下降沿表明传输的是数据。因此可以生成两个不同相位的时钟协调 SCL 和 SDA 信号的采样和生成。

iic_clkgen.v 从输入的 50 MHz 时钟生成了两个不同相位的时钟，即 CLK_100K_SCL 和 CLK_100K_SDA。其中 CLK_100K_SDA 的相位包含了 CLK_100K_SCL，这样可以保证 SDA 变化时 SCL 都为低电平，符合 IIC 的协议。采样时钟波形如图 6.16 所示。

```
1 module iic_clkgen
2  (
```

```
 3   input  clk,
 4   input  reset_n,
 5   output CLK_100K_SDA,
 6   output CLK_100K_SCL
 7   );
 8
 9   reg   CLK_100K_A;
10   reg   CLK_100K_B;
11   reg [15:0] counter;
12
13   wire      CLK_100K_SDA, CLK_100K_SCL;
14
15   always @(posedge clk or negedge reset_n)
16     begin
17        if (!reset_n) begin counter = 0; CLK_100K_A = 0; CLK_100K_B = 0;
end
18        else begin
19          counter = counter + 1;
20          if (counter == 175) CLK_100K_A = ~CLK_100K_A;
21          if (counter >= 200) begin CLK_100K_B = ~CLK_100K_B; counter = 0;
end
22        end
23     end
24
25   assign CLK_100K_SDA = CLK_100K_A | CLK_100K_B;
26   assign CLK_100K_SCL = CLK_100K_A & CLK_100K_B;
27
28 endmodule
iic_clkgen.v
```

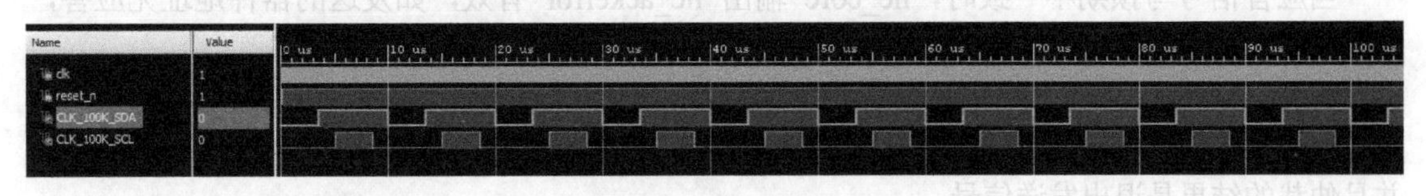

图 6.16　采样时钟波形

iic_clkgen 仿真代码为 tb_iic_clkgen.v，从图 6.16 中可以看出，当 CLK_100K_SDA 为上升沿或下降沿时，CLK_100K_SCL 都为低电平，这样就满足了 IIC 协议的要求。这两个信号频率一样且同步，将被用于 IIC 信号和时钟的采样和生成。

4. IIC_CORE

iic_core 模块实现 IIC 协议的发送和接收，iic_core 的接口如下。

```
13   input            CLK_100K_SDA, CLK_100K_SCL,
14   input            reset_n,
15
16   input [7:0]      iic_addr,
```

```
17   input [7:0]      iic_datain,
18   output reg [7:0] iic_dataout,
19
20   input            iic_enable,
21   output reg        iic_busy,
22   output reg        iic_ackerror,
23   output reg        iic_arbitlost,
24
25   input            scl_i, sda_i,
26   output           scl_o, sda_o,
27   output reg        scl_t, sda_t
```

● CLK_100K_SDA, CLK_100K_SCL

100 kHz 的 SDA 和 SCL 时钟，由 iic_clkgen 生成，用于生成 SCL 和 SDA 信号。

● reset_n

低电平有效异步复位信号。

● iic_addr[7∶0]

高 7 位为 IIC 器件的地址，最低位为读/写位。

● iic_datain[7∶0]

iic 发送的数据。

● iic_dataout[7∶0]

IIC 接收的数据。

● iic_enable

外界输入的控制信号，当 iic_enable 有效时，iic_core 发送接收 IIC 信号。

● iic_busy

iic_core 在发送接收时，输出 iic_busy 有效。

● iic_ackerror

当应答信号与预期不一致时，iic_core 输出 iic_ackerror 有效，如发送的器件地址无应答，可以判断出系统中没有这个器件。

● iic_arbitlost

当仲裁失败时，iic_core 输出 iic_arbitlost 有效，表明系统中还有别的 Master 正在发送数据，并且仲裁的结果是退出发送信号。

● scl_i，scl_o，scl_t

IIC 时钟，scl_i 为输入，scl_o 为输出，scl_t 为三态使能端。

● sda_i，sda_o，sda_t

IIC 数据，sda_i 为输入，sda_o 为输出，sda_t 为三态使能端。

SCL 和 SDA 三态输出的逻辑如下。

```
138   // assign scl = scl_t ? scl_o : 1'bz;
139   // assign sda = sda_t ? sda_o : 1'bz;
```

IIC 信号的发送和接收由一个状态机实现。图 6.17 所示是这个状态机简化的状态图。这个状态机有 7 个状态，由 CLK_100K_SDA 时钟控制状态的跳变。以图 6.12 所示的读取 IIC 传感器温度为例，状态按如下顺序跳变。

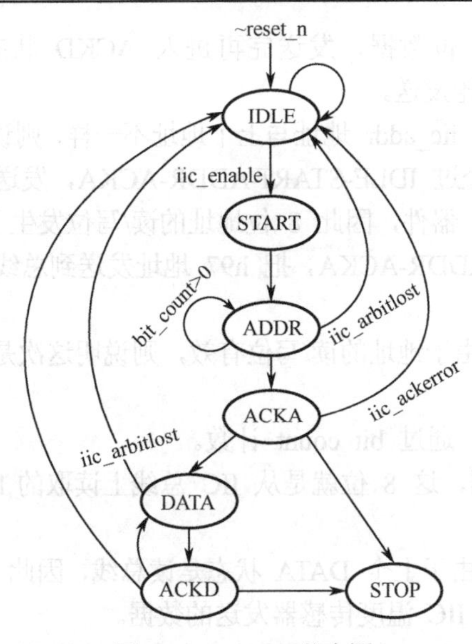

图 6.17　iic_core 状态图

（1）当 reset_n 无效时，状态机进入 IDLE 状态。

（2）检测到 iic_enable 有效，进入 START 状态，输出 SDA 为低电平，由于 START 状态只持续一个时钟周期，下个周期 SDA 回到高电平，这样实现了一个 SDA 的上升沿。配合 SCL 的高电平，实现 IIC 总线的启动（当 SCL 为高电平时，SDA 的上升沿启动 IIC 总线的传输）。

（3）启动 IIC 总线后，进入 ADDR 状态，这个状态发送 IIC 器件的地址 iic_addr[7：0]（7 位地址加 1 位读/写位，图 6.12 中的这个值是 h96），进入这个状态时，bit_count 等于 8，每进入一次这个状态，发送 iic_addr 的 1 位，同时 bit_count 减 1。如果 bit_count 大于 1，则说明地址还没发送完，下个时钟周期继续保持 ADDR 状态，直到 8 位地址全部发送完，进入 ACKA 状态。

（4）发送完地址后，进入 ACKA 状态，ACKA 状态检测应答位，这时 sda_t 无效，SDA 不输出。

如果检测不到 IIC 总线上的应答，则说明系统中没有器件符合上个状态发送的地址，这时进入 IDLE 状态，结束 IIC 传输，同时输出 iic_ackerror 有效。

如果检测到了应答，则表明找到了要传输的 IIC 器件，接下来进入 DATA 状态，对这个器件发送数据。假如没有要继续发送的数据（iic_enable 无效），那么进入 STOP 状态，结束整个 IIC 传输过程。

（5）接收到应答信号后，进入 DATA 状态，这个状态发送 iic_datain[7：0]到 IIC 总线，图 6.12 中的这个值是 h00。这个状态发送 8 位数据的方法与 ADDR 类似，也是通过 bit_count 控制的，进入这个状态时 bit_count 等于 8，每个时钟周期发送 1 位，同时 bit_count 减 1，直到 bit_count 为 0，发送完 8 位数据，进入 ACKD 状态。

在发送的过程中，如果检测到 SDA 的值与发送的不一致，则说明总线上有别的 IIC Master 在发送信号，这时仲裁失败，输出 iic_arbitlost 有效，返回 IDLE 状态。

（6）发送完 8 位数据后，进入 ACKD 状态，检测应答信号。这个状态与 ACKA 类似。

检测到应答信号，表明上个 DATA 状态发送的 8 位数据已经被接收。

如果 iic_enable 有效，并且 iic_addr 的地址没有变，则说明需要继续发送数据，这时进入

DATA 状态，发送下一个 8 位数据，发送完再进入 ACKD 状态，这样不停地循环，直到 iic_enable 无效后，结束这一轮发送。

如果 iic_enable 有效，但 iic_addr 地址与上个地址不一样，则说明要给一个新的地址发送数据，这时进入 IDLE 状态，经过 IDLE-START-ADDR-ACKA，发送这个新的地址。图 6.12 所示就是这种情况，因为要读 IIC 器件，因此 8 位地址的读/写位发生了变化，新地址变为 h97。

（7）经过 IDLE-START-ADDR-ACKA，把 h97 地址发送到总线上，告诉 IIC 温度传感器进入读操作。

（8）进入 DATA 状态，由于地址的读/写位有效，则说明这次是读操作，因此 sda_t 无效，sda_o 不输出。

这个状态持续 8 个周期，通过 bit_count 计数。

通过 SDA 读取 8 位数据，这 8 位就是从 IIC 总线上读取的 1 个字节。对于图 6.12，读到了 h11。

（9）进入 ACKD 状态，由于上个 DATA 状态是读总线，因此 iic_core 通过 SDA 发送一个 ACK 应答信号，表明收到了 IIC 温度传感器发送的数据。

如果 iic_enable 有效，并且 iic_addr 的地址没有变，则说明需要再次读取 IIC 总线，这时进入 DATA 状态，再次读取 1 个字节。图 6.12 符合这种情况，需要再次进入 DATA 状态，再读 1 个字节。

如果 iic_enable 无效，则说明已经完成了读操作，返回 IDLE 状态。

（10）经过 DATA-ACKD 状态，读入 h60。

在 ACKD 状态，iic_enable 无效，进入 STOP 状态。

由于下一状态是 STOP，因此发送 NACK。

（11）进入 STOP 状态，结束整个 IIC 传输过程。

SCL 高电平时 SDA 输出一个上升沿，结束 IIC 总线的传输。

图 6.17 所示的状态机在 CLK_100K_SDA 的上升沿状态跳变，在 CLK_100K_SCL 的下降沿进行 SDA 的采样。

iic_core.v 的第 30～37 行定义了状态和内部信号。

```
30  parameter [2:0] IIC_IDLE=3'h1, IIC_START=3'h2, IIC_ADDR=3'h3,
31    IIC_ACKA=3'h4, IIC_DATA=3'h5, IIC_ACKD=3'h6, IIC_STOP=3'h7;
32
33  reg [3:0]       iic_core_state, iic_core_nextstate;
34  reg [7:0]       addr_i, datain_i;
35  reg [7:0]       sdain;
36  reg [3:0]       bit_count;
37  reg            sdaout;
```

其中 iic_core_state 和 iic_core_nextstate 分别为当前状态和下一个状态。

addr_i[7∶0]存储 IIC 的地址，datain_i[7∶0]存储发送的数据。

sdain[7∶0]存储 SDA 接收到的数据。

bit_count[3∶0]用于 ADDR 和 DATA 状态的计数。

sdaout 是 SDA 发送的信号。

第 39～41 行是状态机的状态跳变电路，在 CLK_100K_SDA 的上升沿状态跳变。这个电路是时序电路，由 D 触发器组成。

```
39  always @(posedge CLK_100K_SDA or negedge reset_n)
40    if (~reset_n) iic_core_state <= IIC_IDLE;
41    else iic_core_state <= iic_core_nextstate;
```

第 43～65 行是根据当前的状态和当前的输入信号，得到下一个状态。这个电路是组合电路，不含 D 触发器等存储器件。这个电路只用于得到下一个状态，当前状态对应的输出电路由另外的 always 块实现。

```
43  always @(*) begin
44    iic_core_nextstate <= IIC_IDLE;
45    case (iic_core_state)
46      IIC_IDLE  :  iic_core_nextstate <= iic_enable ?
47                                      IIC_START : IIC_IDLE;
48
49      IIC_START :  iic_core_nextstate <= IIC_ADDR;
50
51      IIC_ADDR  :  iic_core_nextstate <= iic_arbitlost ?
52                                       IIC_IDLE : bit_count ? IIC_ADDR :
IIC_ACKA;
53
54      IIC_ACKA  :  iic_core_nextstate <= iic_ackerror ?
55                                      IIC_STOP : IIC_DATA;
56
57      IIC_DATA  :  iic_core_nextstate <= iic_arbitlost ?
58                                       IIC_IDLE : bit_count ? IIC_DATA :
IIC_ACKD;
59
60        IIC_ACKD  :  iic_core_nextstate <= (iic_enable & (addr_i ==
iic_addr)) ?
61                                      IIC_DATA : iic_enable ? IIC_IDLE :
IIC_STOP;
62
63      IIC_STOP  :  iic_core_nextstate <= IIC_IDLE;
64    endcase
65  end
```

当复位信号有效时，下一个状态为 IDLE。

当复位信号无效时，根据当前的状态（iic_core_state），结合当前的输入信号，得到下一个状态。

当前为 IDLE 状态时（第 46～47 行），如果 iic_enable 无效，则说明不需要 iic_core 传输信号，因此下一个状态继续保持 IDLE。如果 iic_enable 有效，则下一个状态为 START，开始传输过程。

当前为 START 状态时（第 49 行），下一个状态为 ADDR 状态，因此 START 状态只保持一个时钟周期（CLK_100K_SDA 时钟）。这个状态实现了 SCL 为高电平时 SDA 的下降沿，启动了 IIC 总线传输。生成 SCL 高电平和 SDA 下降沿的电路在另外两个 always 块实现（第 67～107 行、第 109～134 行）。

当前为 ADDR 状态时（第 51～52 行），如果仲裁失败（iic_arbitlost 有效），则说明总线上有别的 IIC Master 在发送数据，因此下一个状态进入 IDLE。如果 bit_count 不为 0，则说明 addr_i[7∶0]的 8 个位还没发送完，继续保持 ADDR 状态。bit_count 等于 0 说明已经发送完 addr_i[7∶0]，下一个状态为 ACKA。bit_count 计数电路在另一个 always 块实现（第 67～107 行）。iic_arbitlost 电路在第 109～134 行的 always 块实现。

当前为 ACKA 状态时（第 54～55 行），如果没有接收到应答信号（iic_ackerror 有效），则说明没有器件符合 ADDR 状态发送的地址，下一个状态进入 STOP，停止 IIC 传输。如果接收到应答信号，下一个状态为 DATA。iic_ackerror 电路在第 109～134 行的 always 块实现。

当前为 DATA 状态时（第 57～58 行），如果仲裁失败（iic_arbitlost 有效），下一个状态进入 IDLE。如果 bit_count 不为 0，就继续保持 DATA 状态。保持 8 个周期后，下一个状态为 ACKD。bit_count 计数电路在另一个 always 块实现（第 67～107 行）。iic_arbitlost 电路在第 109～134 行的 always 块实现。

当前为 ACKD 状态时（第 60～61 行），如果 iic_enable 有效且 iic_addr 没变，下一个状态为 DATA，发送（或接收）下一个数据；如果 iic_addr 变了，则说明要重新发送地址，下一个状态为 IDLE，经过 IDLE-START-ADDR-ACKA 发送新的地址。如果 iic_enable 无效，则说明 IIC 传输完成，下一个状态为 STOP。

当前为 STOP 状态时（第 63 行），下一个状态为 IDLE，因此 STOP 状态只保持一个周期。在这个周期里生成 SCL 为高电平时 SDA 的上升沿，结束 IIC 总线的传输。生成 SCL 高电平和 SDA 上升沿的电路在另外两个 always 块实现（第 67～107 行、第 109～134 行）。

第 67～107 行的 always 块根据下一个状态实现了部分控制信号电路，这个 always 块与状态跳变电路使用同一个时钟（CLK_100K_SDA）。

第 75 行 case (iic_core_nextstate)，表明这个电路根据下一个状态计算控制信号输出。这个 always 块里的 bit_count 和 iic_busy 等控制信号，都要经过一个 CLK_100K_SDA 的时钟延时（第 67 行）才能输出，因此这个 always 块计算出的控制信号都为当前状态的输出。可以理解为 nextstate 提前了一个周期，而 always @(posedge CLK_100K_SDA)延迟了一个周期，互相抵消。

```
67   always @(posedge CLK_100K_SDA or negedge reset_n)
68     if (~reset_n) begin
69       sda_t <= 0; sdaout <= 1;
70       bit_count <= 0;
71       iic_busy <= 0;
72     end else begin
73       sda_t <= 1; sdaout <= 1;
74       iic_busy <= 1;
75       case (iic_core_nextstate)
76         IIC_IDLE  : begin
77           sda_t <= 0;
78           iic_busy <= 0;
79         end
80         IIC_START : begin
81           sdaout <= 0;
82           bit_count <= 8;
83         end
```

```
84          IIC_ADDR  : begin
85             sdaout <= iic_addr[bit_count - 1];
86             bit_count <= bit_count - 1;
87          end
88          IIC_ACKA  : begin
89             sda_t <= 0;
90             bit_count <= 8;
91          end
92          IIC_DATA  : begin
93             sda_t <= ~addr_i[0];
94             sdaout <= addr_i[0] ? 1'b1 : datain_i[bit_count - 1];
95             bit_count <= bit_count - 1;
96          end
97          IIC_ACKD  : begin
98             sda_t <= (iic_enable & addr_i[0]) & (addr_i == iic_addr);
99             sdaout <= ~((iic_enable & addr_i[0]) & (addr_i == iic_addr));
100            bit_count <= 8; iic_busy <= 0;
101         end
102         IIC_STOP  : begin
103            sdaout <= 0;
104            iic_busy <= 0;
105         end
106       endcase
107     end
```

当复位信号有效时，sda_t、bit_count、iic_busy 等都置为 0（第 69～71 行）。

当复位信号无效时，根据下一个状态和当前输入，得到输出。

第 73～74 行对 sda_t、sdaout 和 iic_busy 进行了预赋值（默认值），如果第 75～106 行对这 3 个信号进行了新的赋值，那么保留新的值，如果没有新的赋值，就保持默认值。这样不用每个状态都写出这 3 个信号的值。

当状态为 IDLE 时（第 76～79 行），sda_t 无效，sda_o 不输出，由于 SDA 是上拉的，这时 SDA 为高电平。iic_busy 为低电平。SCL 的输出在另一个 always 块（第 109～134 行）实现。

当状态为 START 时（第 80～83 行），sdaout 输出为低电平，而 sda_t 默认为高电平（第 73 行），因此 sda_o 输出低电平（第 137 行）。由于 IDLE 状态 SDA 为高电平，这样从 IDLE 状态跳变到 START 状态，SDA 就得到了一个下降沿。在第 109～134 行的另一个 always 块，SCL 在 IDLE 和前半个 START 状态都为高电平，这样就实现了 SCL 为高电平时 SDA 的下降沿，启动了 IIC 的传输。因为下一个状态为 ADDR，因此预先将 bit_count 置为 8。iic_busy 有效（第 74 行）。

当状态为 ADDR 时（第 84～87 行），sda_t 有效（第 69 行），sda_o 发送（第 137 行）iic_addr 的 1 位（bit_count-1 位），同时 bit_count 计数器减 1。iic_busy 有效（第 74 行）。

当状态为 ACKA 时（第 88～91 行），sda_t 无效，sda_o 不输出（第 137 行），这时对 sda_i 进行采样，这部分采样电路在第 109～134 行的 always 块中（第 125 行）。由于接下来的状态可能是 DATA，因此将 bit_count 预先置为 8。

当状态为 DATA 时（第 92～96 行），sda_t 根据地址的读/写位决定是否有效，如果是读操作（读/写位 addr_i[0]为 1），那么 sda_t 无效，sda_o 不输出；如果是写操作（读/写位为 0），那么 sda_t 有效，sda_o 输出。

如果是写操作，那么 sdaout 等于 datain_i[bit_count-1]，sda_o 输出数据 datain_i 的 1 位。

无论是读操作还是写操作，bit_count 减 1。这样 DATA 状态保持 8 个周期后，bit_count 等于 0。

当状态为 ACKD 时（第 97～101 行），iic_busy 为 0，表明完成了 DATA 的传输。接下来的状态可能是 DATA，因此将 bit_count 预先置为 8。

sda_t 和 sdaout 配合，生成应答信号。(iic_enable & addr_i[0])表明接下来要进行读操作，(addr_i ＝ iic_addr)表明地址不变，接下来继续读操作。只有在这种情况下 sda_o 才输出低电平，发送应答信号。这时 sdaout 为低电平，sda_t 为高电平有效。

当状态为 STOP 时（第 102～105 行），与 START 状态类似，生成一个 SCL 为高电平时的 SDA 上升沿，结束 IIC 总线传输。iic_busy 置为 0，表明 iic_core 已经空闲。

第 109～134 行的 always 块，根据当前状态和当前输入信号，得到当前的输出。注意这个 always 块用 CLK_100K_SCL 的下降沿触发，用这个时钟的上升沿采样效果相同。CLK_100K_SCL 的下降沿相对 CLK_100K_SDA 的上升沿更晚，避免了 SDA 可能的不稳定。

第 119 行的 case (iic_core_state) 表明这个 always 块根据当前的状态计算控制信号输出，这与上一个 always 块的第 63 行 case (iic_core_nextstate) 不同。这是因为这两个 always 块用不同的时钟对状态进行采样。

第 39～41 行在 CLK_100K_SDA 时钟的上升沿进行状态的跳变，CLK_100K_SDA 第 *n* 个周期输出的信号，要第 *n*+1 个周期才能被 CLK_100K_SDA 时钟采样到（第 67～107 行）。但是 CLK_100K_SCL 相位比 CLK_100K_SDA 晚（见图 6.16），因此 CLK_100K_SDA 第 *n* 个周期输出的信号在第 *n* 个周期就能被 CLK_100K_SCL 时钟采样到（第 109～134 行，上升沿和下降沿都一样）。因此这两个 always 块（第 67～107 行和第 109～134 行）输出的都是当前状态的输出。

```
109   always @(negedge CLK_100K_SCL or negedge reset_n)
110     if (~reset_n) begin
111       sdain <= 0;
112       scl_t <= 0;
113       iic_ackerror <= 0;
114       iic_arbitlost <= 0;
115       addr_i <= 0; datain_i <= 0;
116     end else begin
117       sdain <= {sdain[6:0],sda_i};
118       scl_t <= 1;
119       case (iic_core_state)
120         IIC_IDLE  : scl_t <= 0;
121         IIC_START : begin
122           addr_i <= iic_addr; datain_i <= iic_datain;
123         end
124         IIC_ADDR  : iic_arbitlost <= (sdaout != sda_i);
125         IIC_ACKA  : iic_ackerror  <= sda_i;
126         IIC_DATA  : iic_arbitlost <= sda_t ? (sdaout != sda_i) : 0;
127         IIC_ACKD  : begin
```

```
128             iic_ackerror  <= sda_t ? sda_i : 0;
129             datain_i <= iic_datain;
130             if (addr_i[0]) iic_dataout <= sdain;
131           end
132           IIC_STOP  : scl_t <= 0;
133         endcase
134       end
```

当复位信号有效时，sdain、scl_t、iic_ackerror、iic_arbitlost、addr_i 和 datain_i 等都置为 0（第 99～103 行）。

当复位信号无效时，根据当前状态和当前输入，得到当前输出。

每个 CLK_100K_SCL 的下降沿，将 SDA 的值读入移位寄存器 sdain[7∶0]（第 117 行），第 118 行设置 scl_t 的默认值为 1。

当状态为 IDLE 时（第 120 行），scl_t 为低电平，scl_o 不输出（第 138 行）。由于 SCL 上拉，因此 SCL 为高电平。

当状态为 START 时（第 121～123 行），将接口上的 iic_addr[7∶0]读入 addr_i[7∶0]，将 iic_datain[7∶0]读入 datain_i[7∶0]。scl_t 默认为高电平，scl_o 输出 CLK_100K_SCL 波形（第 136 行），由于前半个周期 CLK_100K_SCL 为高电平，因此 SCL 在 START 的前半个周期为高电平。这样配合 sda_o 在 START 状态开始时的下降沿（第 81 行），实现 SCL 为高电平时 SDA 的下降沿，开始 IIC 的传输。

当状态为 ADDR 时（第 124 行），如果 sda_i 的值不等于输出的 sdaout，则说明仲裁失败，设置 iic_arbitlost 为高电平。

当状态为 ACKA 时（第 125 行），采样 sda_i（CLK_100K_SCL 下降沿，第 109 行），如果 sda_i 为高电平，则说明没有 ACK 信号，设置 iic_ackerror 为高电平。

当状态为 DATA 时（第 126 行），如果 sda_t 有效（第 93 行），则说明这时应该输出 sda_o，如果 sda_i 采样的结果与输出的 sdaout 不同，则说明仲裁失败，设置 iic_arbitlost 为高电平。

当状态为 ACKD 时（第 127～131 行），如果 sda_t 有效，则检测 sda_i 是否收到 ACK，如果为高电平，则说明没收到 ACK，设置 iic_ackerror 为高电平。如果 sda_t 为低电平，则说明 sda_o 不需要输出（第 98 行），这时不检测应答信号。

读入下一个可能发送的数据 iic_datain。

如果读/写标志位 addr_i[0]为高电平，则说明是读操作，将移位寄存器 sdain[7∶0]采集（第 117 行）到的 8 位数据存到 iic_dataout，这就是 iic_core 从 IIC 总线上读到的数据。

当状态为 STOP 时（第 132 行），scl_t 为低电平，scl_o 不输出，由于 SCL 上拉，因此 SCL 为高电平。配合 SDA 的上升沿（第 103 行），实现 SCL 为高电平时 SDA 上升沿，结束 IIC 传输。

第 136～137 行实现了 scl_o 和 sda_o 的输出。第 138～139 行说明了如何实现三态输出，这两行的三态输出电路将会在顶层实现。

完整的 iic_core.v 代码如下。

```
1 //-----------------------------------------------------------------
2 //
3 // IMPORTANT: This document is for use only in the <Embedded System Design>
4 //
```

```
 5 // College of Electrical Engineering, Zhejiang University
 6 //
 7 // zhangpy@vlsi.zju.edu.cn
 8 //
 9 //------------------------------------------------------------
10
11 module iic_core
12   (
13    input          CLK_100K_SDA, CLK_100K_SCL,
14    input          reset_n,
15
16    input [7:0]     iic_addr,
17    input [7:0]     iic_datain,
18    output reg [7:0] iic_dataout,
19
20    input          iic_enable,
21    output reg      iic_busy,
22    output reg      iic_ackerror,
23    output reg      iic_arbitlost,
24
25    input          scl_i, sda_i,
26    output         scl_o, sda_o,
27    output reg      scl_t, sda_t
28    );
29
30    parameter [2:0] IIC_IDLE=3'h1, IIC_START=3'h2, IIC_ADDR=3'h3,
31      IIC_ACKA=3'h4, IIC_DATA=3'h5, IIC_ACKD=3'h6, IIC_STOP=3'h7;
32
33    reg [3:0]      iic_core_state, iic_core_nextstate;
34    reg [7:0]      addr_i, datain_i;
35    reg [7:0]      sdain;
36    reg [3:0]      bit_count;
37    reg           sdaout;
38
39    always @(posedge CLK_100K_SDA or negedge reset_n)
40      if (~reset_n) iic_core_state <= IIC_IDLE;
41      else iic_core_state <= iic_core_nextstate;
42
43    always @(*) begin
44      iic_core_nextstate <= IIC_IDLE;
45      case (iic_core_state)
46        IIC_IDLE  : iic_core_nextstate <= iic_enable ?
47                                     IIC_START : IIC_IDLE;
48
49        IIC_START : iic_core_nextstate <= IIC_ADDR;
50
51        IIC_ADDR  : iic_core_nextstate <= iic_arbitlost ?
```

```
52                                      IIC_IDLE : bit_count ? IIC_ADDR :
IIC_ACKA;
53
54      IIC_ACKA  :  iic_core_nextstate <= iic_ackerror ?
55                                      IIC_STOP : IIC_DATA;
56
57      IIC_DATA  :  iic_core_nextstate <= iic_arbitlost ?
58                                      IIC_IDLE : bit_count ? IIC_DATA :
IIC_ACKD;
59
60        IIC_ACKD  :  iic_core_nextstate <= (iic_enable & (addr_i ==
iic_addr)) ?
61                                      IIC_DATA : iic_enable ? IIC_IDLE :
IIC_STOP;
62
63      IIC_STOP  :  iic_core_nextstate <= IIC_IDLE;
64    endcase
65  end
66
67  always @(posedge CLK_100K_SDA or negedge reset_n)
68    if (~reset_n) begin
69      sda_t <= 0; sdaout <= 1;
70      bit_count <= 0;
71      iic_busy <= 0;
72    end else begin
73      sda_t <= 1; sdaout <= 1;
74      iic_busy <= 1;
75      case (iic_core_nextstate)
76        IIC_IDLE  : begin
77          sda_t <= 0;
78          iic_busy <= 0;
79        end
80        IIC_START : begin
81          sdaout <= 0;
82          bit_count <= 8;
83        end
84        IIC_ADDR  : begin
85          sdaout <= iic_addr[bit_count - 1];
86          bit_count <= bit_count - 1;
87        end
88        IIC_ACKA  : begin
89          sda_t <= 0;
90          bit_count <= 8;
91        end
92        IIC_DATA  : begin
93          sda_t <= ~addr_i[0];
94          sdaout <= addr_i[0] ? 1'b1 : datain_i[bit_count - 1];
```

```
 95              bit_count <= bit_count - 1;
 96            end
 97            IIC_ACKD  : begin
 98              sda_t <= (iic_enable & addr_i[0]) & (addr_i == iic_addr);
 99              sdaout <= ~((iic_enable & addr_i[0]) & (addr_i == iic_addr));
100              bit_count <= 8; iic_busy <= 0;
101            end
102            IIC_STOP  : begin
103              sdaout <= 0;
104              iic_busy <= 0;
105            end
106          endcase
107      end
108
109    always @(negedge CLK_100K_SCL or negedge reset_n)
110      if (~reset_n) begin
111          sdain <= 0;
112          scl_t <= 0;
113          iic_ackerror <= 0;
114          iic_arbitlost <= 0;
115          addr_i <= 0; datain_i <= 0;
116      end else begin
117          sdain <= {sdain[6:0],sda_i};
118          scl_t <= 1;
119          case (iic_core_state)
120            IIC_IDLE  : scl_t <= 0;
121            IIC_START : begin
122              addr_i <= iic_addr; datain_i <= iic_datain;
123            end
124            IIC_ADDR  : iic_arbitlost <= (sdaout != sda_i);
125            IIC_ACKA  : iic_ackerror  <= sda_i;
126            IIC_DATA  : iic_arbitlost <= sda_t ? (sdaout != sda_i) : 0;
127            IIC_ACKD  : begin
128              iic_ackerror  <= sda_t ? sda_i : 0;
129              datain_i <= iic_datain;
130              if (addr_i[0]) iic_dataout <= sdain;
131            end
132            IIC_STOP  : scl_t <= 0;
133          endcase
134      end
135
136    assign scl_o = CLK_100K_SCL;
137    assign sda_o = sdaout & CLK_100K_SDA;
138    // assign scl = scl_t ? scl_o : 1'bz;
139    // assign sda = sda_t ? sda_o : 1'bz;
140
141 endmodule
```

```
iic_core.v
```

测试代码 tb_iic_core.v 如下，为了对 iic_core.v 进行仿真，需要一个 IIC 器件。本节实验采用 eeprom 24c02 的仿真模型 24AA02.v。

```
 1 //-------------------------------------------------------------------
 2 //
 3 // IMPORTANT: This document is for use only in the <Embedded System Design>
 4 //
 5 // College of Electrical Engineering, Zhejiang University
 6 //
 7 // zhangpy@vlsi.zju.edu.cn
 8 //
 9 //-------------------------------------------------------------------
10
11 module tb_iic_core ();
12
13   reg          clk;
14   reg          reset_n;
15   reg [7:0]     iic_addr;
16   reg [7:0]     iic_datain;
17   wire [7:0]     iic_dataout;
18   reg          iic_enable;
19
20   wire         CLK_100K_SDA,CLK_100K_SCL;
21   wire         iic_busy;
22   wire         iic_ackerror;
23   wire         iic_arbitlost;
24
25   wire         scl_i, sda_i;
26   wire         scl_o, sda_o;
27   wire         scl_t, sda_t;
28
29   wire         scl;
30   wire         sda;
31
32   iic_clkgen u_iic_clkgen_01 (
33                           .clk(clk),
34                           .reset_n(reset_n),
35                           .CLK_100K_SDA(CLK_100K_SDA),
36                           .CLK_100K_SCL(CLK_100K_SCL)
37                           );
38
39   M24AA02 u_24C02_01 (
40                     .A0(1'b0),
41                     .A1(1'b0),
42                     .A2(1'b0),
```

```
43                    .WP(1'b0),
44                    .SDA(sda),
45                    .SCL(scl),
46                    .RESET(!reset_n)
47                    );
48
49   iic_core UUT (
50               .CLK_100K_SDA(CLK_100K_SDA),
51               .CLK_100K_SCL(CLK_100K_SCL),
52               .reset_n(reset_n),
53               .iic_addr(iic_addr),
54               .iic_datain(iic_datain),
55               .iic_dataout(iic_dataout),
56               .iic_enable(iic_enable),
57               .iic_busy(iic_busy),
58               .iic_ackerror(iic_ackerror),
59               .iic_arbitlost(iic_arbitlost),
60               .scl_i(scl_i), .scl_o(scl_o), .scl_t(scl_t),
61               .sda_i(sda_i), .sda_o(sda_o), .sda_t(sda_t)
62               );
63
64   pullup p1(scl);
65   pullup p2(sda);
66
67   assign scl = scl_t ? scl_o : 1'bz;
68   assign sda = sda_t ? sda_o : 1'bz;
69
70   assign scl_i = scl;
71   assign sda_i = sda;
72
73   initial begin
74     #0   clk = 1'b0;
75     #0   reset_n = 1'b0;
76     #0   iic_enable = 1'b0;
77     #30  reset_n = 1'b1;
78   end
79
80   always  #10 clk = ~clk;
81
82   initial begin
83     #15100   iic_addr = 'hA0; iic_datain = 'h01; iic_enable = 1'b1;
84     #100000                  iic_datain = 'hAA;
85     #250000                                   iic_enable = 1'b0;
86     #5100000  iic_addr = 'hA0; iic_datain = 'h01; iic_enable = 1'b1;
87     #250000   iic_addr = 'hA1;
88     #250000                                   iic_enable = 1'b0;
89   end
```

```
    90
    91 endmodule
    tb_iic_core.v
```

第 64～65 行通过 pullup 实现 SCL 和 SDA 的上拉。

第 67～71 行实现了三态输出和输入。

第 83～88 行通过 iic_addr[7∶0]、iic_datain[7∶0]和 iic_enable 对 24c02 输入数据并读取数据，过程如下。

（1）对 IIC 地址 hA0 写入数据 h01。

hA0 是 24c02 的地址（b10100_000）加上读/写位 0，h01 是 24c02 内部存储空间地址。

（2）写入 hAA。

hAA 被写入 24c02 的 h01 位置。

（3）iic_enable 无效，停止第 1 次写操作。

第 1 次写操作向 24c02 的 h01 地址写入了 hAA。

（4）经过 5100000 ns 后向 24c02 写入 h01。

第 1 次写操作需要 24c02 用 5000000 ns 完成存储，所以 5100000 ns 后进行第 2 次操作。

第 2 次操作是读操作，读出第 1 次写入的值，因为读取 24c02 需要先写入读取的地址再读，因此第 2 次操作包含了连续的写操作和读操作。

（5）对 24c02 发送读取命令。

hA1 是 24c02 的地址（b10100_000）加上读/写位 1。

（6）iic_core 读取 24c02 发送的值

观察波形，比较读取的值是否等于第（2）步写入的值。

iic_core 的仿真步骤参考视频 video_6.5_simulation_iic_core_zju.ogv。iic_core 的状态机比较复杂，建议配合仿真得到的波形进行分析。

5. IIC Control

iic_ctrl 模块实现对 RX_FIFO 和 TX_FIFO 的调度，将 TX_FIFO 的 START 和 STOP 控制位转成对应的控制信号（iic_enable），实现对 iic_core 的控制。

以 6.3 节软件向 TX_FIFO 中写入发送数据为例，发送部分代码如下。

```
18  Xil_Out32((axiBaseAddr + TX_FIFO), (0x100 | (i2cAddr << 1)));
19  Xil_Out32((axiBaseAddr + TX_FIFO), regAddr);
20  Xil_Out32((axiBaseAddr + TX_FIFO), (0x101 | (i2cAddr << 1)));
21  Xil_Out32((axiBaseAddr + TX_FIFO), 0x200 + rxSize);
```

在图 6.12 中，这部分代码发送数据如下。

（1）第 18 行向 TX_FIFO 写入 h196，其中 h96 是温度寄存器的地址加上读/写位，读/写位为“0”，TX_FIFO 的 START 位有效。

（2）第 19 行向 TX_FIFO 写入 h00。

（3）第 20 行向 TX_FIFO 写入 h197，其中 h97 是温度寄存器的地址加上读/写位，读/写位为“1”表明这是个写操作。TX_FIFO 的 START 位有效。

（4）第 21 行向 TX_FIFO 写入 h202，其中高位的 2 表明 TX_FIFO 的 STOP 位有效，这时低位的 2 表明接收 2 个字节。

从这 4 行代码中可以看出，CPU 通过软件控制 IIC 模块非常方便，只需要向 FIFO 中写入要发送的数据和控制位即可。iic_ctrl 实现的功能就是将 FIFO 的内容转化为控制信号，控制 iic_core 实现 IIC 的传输。

iic_crtl 的接口如下。

```
13   input        clk,
14   input        reset_n,
15
16   input [9:0]  tx_fifo_input,
17   input        tx_fifo_en,
18   output       tx_fifo_full,
19   output       tx_fifo_empty,
20
21   output [7:0] rx_fifo_output,
22   input        rx_fifo_en,
23   output       rx_fifo_full,
24   output       rx_fifo_empty,
25
26   output       iic_busy,
27   output       iic_ackerror,
28   output       iic_arbitlost,
29
30   input        scl_i, sda_i,
31   output       scl_o, sda_o,
32   output       scl_t, sda_t
```

● clk

控制时钟，一般采用 AXI 时钟，通常频率为 100 MHz 或更高。这和 iic_ctrl 用到的低速时钟（约 100kHz）不一样，因此在本模块里要实现高速和低速时钟域的信号交换。

● reset_n

低电平有效异步复位信号。

● tx_fifo_input[9∶0]，tx_fifo_en

当 tx_fifo_en 有效时，将 tx_fifo_input[9∶0]写入 TX_FIFO。TX_FIFO 里存储的是要发送的数据。

● tx_fifo_full，tx_fifo_empty

TX_FIFO 的 FULL 和 EMPTY 信号。

● rx_fifo_output[7∶0]，rx_fifo_en

当 rx_fifo_en 有效时，从 rx_fifo_output[7∶0]读取 RX_FIFO。RX_FIFO 里存储的是 iic_core 接收到的 IIC 传输的数据。

● rx_fifo_full，rx_fifo_empty

RX_FIFO 的 FULL 和 EMPTY 信号，当 rx_fifo_empty 不为“0”时，说明 iic_core 接收到了数据，这时可以从 rx_fifo_output[7∶0]读取 RX_FIFO 的数据。

● iic_busy，iic_ackerror，iic_arbitlost

iic_ctrl 的状态，分别表示 iic_ctrl 正在传输、应答错误和仲裁失败。

● scl_i，scl_o，scl_t，sda_i，sda_o，sda_t

IIC 数据和时钟，本模块中不需要对它们进行处理，直接接到 iic_core。

iic_ctrl 主要功能由一个状态机实现，这个状态机简化的状态图如图 6.18 所示。它实现的功能：从 TX_FIFO 读取发送内容和控制位；生成地址、数据和控制信号，控制 iic_core；将 iic_core 接收到的内容存入 RX_FIFO。

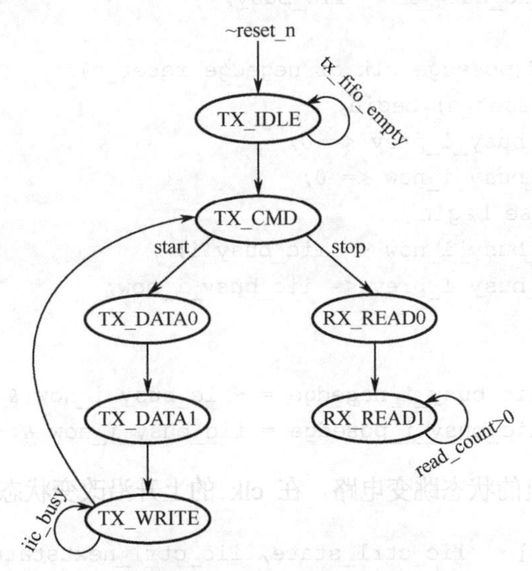

图 6.18　iic_ctrl 状态图

图 6.18 所示的状态机包含 7 个状态，其中状态的功能如下。

● IDLE 状态

这个状态检测 tx_fifo_empty，当 TX_FIFO 非空时，进入 TX_CMD 状态，开始传输过程。

● CMD 状态

这个状态读取 TX_FIFO 的一个字，根据 START 和 STOP 控制位等决定发送数据或接收数据。

● DATA0 和 DATA1

这两个状态用于发送数据，DATA0 状态只维持一个 clk 周期，用于产生一个周期宽度的 tx_rd，通过这个信号读取 TX_FIFO 的一个字（10 位）。DATA1 状态开始 IIC 的传输（iic_enable=1），DATA1 另一个功能是实现高速的信号（频率为 clk 频率）被低速信号（CLK_100K_SDA）采样。

● WRITE 状态

持续 IIC 的发送，直到发送结束。

● READ0 和 READ1

这两个状态互相配合，将 iic_core 接收到的数据存入 RX_FIFO。同时实现低速的信号存入高速 RX_FIFO 的时序。

第 63～74 行得到 iic_busy 在 CLK_100K_SCL 时钟域的上升沿和下降沿，第 1 个 always 块用 CLK_100K_SCL 对 iic_busy 采样，第 2 个 always 块得到 clk 时钟域的 iic_busy 信号，第 76～77 行得到上升沿和下降沿。这两个信号用于状态机的输入。

```
39   reg         iic_busy_i;
```

```
40   reg        iic_busy_i_prev, iic_busy_i_now;
41   wire       iic_busy_posedge, iic_busy_negedge;

63   always @(negedge CLK_100K_SCL or negedge reset_n)
64     if (~reset_n) iic_busy_i <= 0;
65     else iic_busy_i <= iic_busy;
66
67   always @(posedge clk or negedge reset_n)
68     if (~reset_n) begin
69       iic_busy_i_prev <= 0;
70       iic_busy_i_now <= 0;
71     end else begin
72       iic_busy_i_now <= iic_busy_i;
73       iic_busy_i_prev <= iic_busy_i_now;
74     end
75
76   assign iic_busy_i_negedge = ~iic_busy_i_now & iic_busy_i_prev;
77   assign iic_busy_i_posedge = iic_busy_i_now & ~iic_busy_i_prev;
```

第79~81 行是状态机的状态跳变电路，在 clk 的上升沿改变状态。

```
61   reg [2:0]   iic_ctrl_state, iic_ctrl_nextstate;

79   always @(posedge clk or negedge reset_n)
80     if (~reset_n) iic_ctrl_state <= TX_IDLE;
81     else iic_ctrl_state <= iic_ctrl_nextstate;
```

第83~103 行是状态机根据当前状态和当前输入，得到下一个状态。

```
83   always @(*) begin
84     iic_ctrl_nextstate <= TX_IDLE;
85     case (iic_ctrl_state)
86       TX_IDLE  : iic_ctrl_nextstate <= tx_fifo_empty ? TX_IDLE : TX_CMD;
87
88       TX_CMD   : iic_ctrl_nextstate <= tx_data_i[9] ?
89                                 RX_READ0 : tx_data_i[8] ? TX_DATA0 :
TX_DATA1;
90
91       TX_DATA0 : iic_ctrl_nextstate <= tx_data_i[9] ? RX_READ0 : TX_DATA1;
92
93       TX_DATA1 : iic_ctrl_nextstate <= iic_busy ? TX_WRITE : TX_DATA1;
94
95       TX_WRITE : iic_ctrl_nextstate <= iic_busy ?
96                         TX_WRITE : tx_fifo_empty ? TX_IDLE : TX_CMD;
97
98       RX_READ0 : iic_ctrl_nextstate <= read_count ?
99                            (iic_busy_i_posedge ? RX_READ1 : RX_READ0) :
TX_IDLE;
```

```
100
101        RX_READ1 : iic_ctrl_nextstate <= read_count ? RX_READ1 : TX_IDLE;
102      endcase
103    end
```

当状态为 IDLE 时，如果 tx_fifo_empty 为低电平，则说明 TX_FIFO 有数据，下一个状态进入 CMD，开始 IIC 传输过程。

当状态为 CMD 时，如果 TX_FIFO 的 STOP 标志位（tx_data_i[9]）有效，则下一个状态进入 READ0，开始读 IIC 总线。如果 TX_FIFO 的 START 标志位（tx_data_i[8]）有效，则下一个状态进入 DATA0，开始发送数据。如果 TX_FIFO 的 START 和 STOP 标志位都无效，则说明继续上一个写操作，下一个状态直接进入 DATA1。注意本节代码只实现了 IIC 的部分功能，某些情况并未考虑，如 START 和 STOP 标志位都有效时并未考虑，在使用本节代码时，这种情况需要在软件上避免。

当状态为 DATA0 时，下一个状态为 DATA1，这样 DATA0 只持续一个时钟周期，第 108 行生成一个时钟周期的 tx_rd，从 TX_FIFO[9∶0]里读取 1 个字（10 位）。

当状态为 DATA1 时，启动 iic_core 开始 IIC 传输（第 135 行），接下来保持 DATA1 状态，直到 iic_core 反馈 iic_busy，说明 iic_addr 和 iic_datain 都被 iic_core 正确采样，iic_core 已经开始发送，iic_core 开始传输后，下一个状态进入 WRITE，发送第 2 个数据。

当状态为 WRITE 时，如果 iic_core 反馈 iic_busy，则说明当前的传输还没有结束，这时继续维持 WRITE 状态。当 iic_busy 返回低电平时，说明已经发送完当前字节，这时如果 tx_fifo_empty 为低电平（TX_FIFO 有数据），则说明还有下一个字节要发送，下一个状态进入 CMD，开始发送下一个字节。如果 TX_FIFO 已经空了，则说明所有的发送已经结束，下一个状态进入 IDLE，结束 IIC 发送。

当状态为 READ0 时，read_count 内存储的是 TX_FIFO 在 STOP 标志位有效时存储的接收字节数，表明 IIC 还需要接收 read_count 个字节。如果 read_count 大于 0，则说明需要读取 IIC，当 iic_busy_i_posedge 为低电平时，说明传输还没开始，继续保持 READ0 状态，等到 iic_busy_i_posedge 有效，下一个状态进入 READ1。

如果 read_count 为 0，则说明已经读取了指定个数的字节，下一个状态应返回 IDLE，结束 IIC 传输。

当状态为 READ1 时，如果 read_count 大于 0，则说明还有数据需要读，因此继续保持 READ1 状态。当 read_count 为 0 时，所有数据都已经读取，下一个状态返回 IDLE。

第 105～115 行用于产生 TX_FIFO 和 RX_FIFO 的使能信号 tx_rd 和 rx_wr。

```
 45   reg         tx_rd, rx_wr;

105   always @(posedge clk or negedge reset_n)
106     if (~reset_n) begin
107       tx_rd <= 0; rx_wr <= 0;
108     end else begin
109       tx_rd <= 0; rx_wr <= 0;
110       case (iic_ctrl_nextstate)
111         TX_CMD   : tx_rd <= 1;
112         TX_DATA0 : tx_rd <= 1;
```

```
113          RX_READ1 : rx_wr <= iic_busy_i_negedge ;
114        endcase
115      end
```

tx_rd 和 rx_wr 分别用于控制 TX_FIFO 和 RX_FIFO 的使能端（第 156 和第 168 行），这两个信号的高电平时间等于读取/写入的字数。在 RX_READ1 状态时，只有当 iic_busy_i_negedge 有效时，rx_wr 才为“1”，每读回一个字节，iic_busy_i_negedge 只有一个周期有效，因此向 RX_FIFO 写入一个字节。

第 117～138 行设置 iic_addr、iic_datain 和 read_count 等信号。第 124 行 case(iic_ctrl_state) 比第 110 行的 case(iic_ctrl_nextstate)晚一个周期，因为需要提前一个周期从 TX_FIFO 中读取要发送的数据。

```
117    always @(posedge clk or negedge reset_n)
118      if (~reset_n) begin
119        read_count <= 0;
120        iic_addr <= 0;
121        iic_datain <= 0;
122        iic_enable <= 0;
123      end else
124        case (iic_ctrl_state)
125          TX_IDLE  : iic_enable <= 0;
126          TX_CMD   : begin
127            read_count <= tx_data_i[9] ? tx_data_i[7:0] : read_count;
128            iic_addr   <= tx_data_i[8] ? tx_data_i[7:0] : iic_addr;
129            iic_datain <= (~tx_data_i[8] & ~tx_data_i[9]) ? tx_data_i[7:0] :
iic_datain;
130          end
131          TX_DATA0 : begin
132            iic_datain <= tx_data_i[7:0];
133            read_count <= tx_data_i[9] ? tx_data_i[7:0] : read_count;
134          end
135          TX_DATA1 : iic_enable <= 1;
136          RX_READ0 : iic_enable <= read_count ? 1 : 0;
137          RX_READ1 : read_count <= iic_busy_i_negedge ? (read_count - 1) :
read_count;
138        endcase
```

第 140～204 行包含了子模块 iic_clkgen、iic_fifo（TX 和 RX）、debounce（SCL 和 SDA）和 iic_core，其中的 debounce 将 scl_i 和 sda_i 采样转换成 scl_i_clean 和 sda_i_clean，再接入 iic_core，因此 iic_core 接收到的 SCL 和 SDA 信号都是同步信号。

完整的 iic_ctrl 代码如下。

```
1 //----------------------------------------------------------------
2 //
3 // IMPORTANT: This document is for use only in the <Embedded System Design>
4 //
```

```
 5 // College of Electrical Engineering, Zhejiang University
 6 //
 7 // zhangpy@vlsi.zju.edu.cn
 8 //
 9 //----------------------------------------------------------------
10
11 module iic_ctrl
12  (
13   input        clk,
14   input        reset_n,
15
16   input [9:0]  tx_fifo_input,
17   input        tx_fifo_en,
18   output       tx_fifo_full,
19   output       tx_fifo_empty,
20
21   output [7:0] rx_fifo_output,
22   input        rx_fifo_en,
23   output       rx_fifo_full,
24   output       rx_fifo_empty,
25
26   output       iic_busy,
27   output       iic_ackerror,
28   output       iic_arbitlost,
29
30   input        scl_i, sda_i,
31   output       scl_o, sda_o,
32   output       scl_t, sda_t
33
34   );
35
36   wire         CLK_100K_SCL, CLK_100K_SDA;
37   wire         scl_i_clean, sda_i_clean;
38
39   reg          iic_busy_i;
40   reg          iic_busy_i_prev, iic_busy_i_now;
41   wire         iic_busy_posedge, iic_busy_negedge;
42
43   wire [9:0]   tx_data_i;
44
45   reg          tx_rd, rx_wr;
46   reg [7:0]    read_count;
47
48   reg [7:0]    iic_addr;
49   reg [7:0]    iic_datain;
50   wire [7:0]   iic_dataout;
```

```
51   reg         iic_enable;
52
53   parameter   TX_IDLE  = 3'h1;
54   parameter   TX_CMD   = 3'h2;
55   parameter   TX_DATA0 = 3'h3;
56   parameter   TX_DATA1 = 3'h4;
57   parameter   TX_WRITE = 3'h5;
58   parameter   RX_READ0 = 3'h6;
59   parameter   RX_READ1 = 3'h7;
60
61   reg [2:0]   iic_ctrl_state, iic_ctrl_nextstate;
62
63   always @(negedge CLK_100K_SCL or negedge reset_n)
64     if (~reset_n) iic_busy_i <= 0;
65     else iic_busy_i <= iic_busy;
66
67   always @(posedge clk or negedge reset_n)
68     if (~reset_n) begin
69        iic_busy_i_prev <= 0;
70        iic_busy_i_now <= 0;
71     end else begin
72        iic_busy_i_now <= iic_busy_i;
73        iic_busy_i_prev <= iic_busy_i_now;
74     end
75
76   assign iic_busy_i_negedge = ~iic_busy_i_now & iic_busy_i_prev;
77   assign iic_busy_i_posedge = iic_busy_i_now & ~iic_busy_i_prev;
78
79   always @(posedge clk or negedge reset_n)
80     if (~reset_n) iic_ctrl_state <= TX_IDLE;
81     else iic_ctrl_state <= iic_ctrl_nextstate;
82
83   always @(*) begin
84      iic_ctrl_nextstate <= TX_IDLE;
85      case (iic_ctrl_state)
86        TX_IDLE  : iic_ctrl_nextstate <= tx_fifo_empty ? TX_IDLE : TX_CMD;
87
88        TX_CMD   : iic_ctrl_nextstate <= tx_data_i[9] ?
89                                RX_READ0 : tx_data_i[8] ? TX_DATA0 :
TX_DATA1;
90
91        TX_DATA0 : iic_ctrl_nextstate <= tx_data_i[9] ? RX_READ0 : TX_DATA1;
92
93        TX_DATA1 : iic_ctrl_nextstate <= iic_busy ? TX_WRITE : TX_DATA1;
94
95        TX_WRITE : iic_ctrl_nextstate <= iic_busy ?
```

```
 96                                 TX_WRITE : tx_fifo_empty ? TX_IDLE : TX_CMD;
 97
 98      RX_READ0 : iic_ctrl_nextstate <= read_count ?
 99                                (iic_busy_i_posedge ? RX_READ1 : RX_READ0) :
TX_IDLE;
100
101      RX_READ1 : iic_ctrl_nextstate <= read_count ? RX_READ1 : TX_IDLE;
102    endcase
103  end
104
105  always @(posedge clk or negedge reset_n)
106    if (~reset_n) begin
107      tx_rd <= 0; rx_wr <= 0;
108    end else begin
109      tx_rd <= 0; rx_wr <= 0;
110      case (iic_ctrl_nextstate)
111        TX_CMD   : tx_rd <= 1;
112        TX_DATA0 : tx_rd <= 1;
113        RX_READ1 : rx_wr <= iic_busy_i_negedge ;
114      endcase
115    end
116
117  always @(posedge clk or negedge reset_n)
118    if (~reset_n) begin
119      read_count <= 0;
120      iic_addr <= 0;
121      iic_datain <= 0;
122      iic_enable <= 0;
123    end else
124      case (iic_ctrl_state)
125        TX_IDLE  : iic_enable <= 0;
126        TX_CMD   : begin
127          read_count <= tx_data_i[9] ? tx_data_i[7:0] : read_count;
128          iic_addr   <= tx_data_i[8] ? tx_data_i[7:0] : iic_addr;
129          iic_datain <= (~tx_data_i[8] & ~tx_data_i[9]) ? tx_data_i[7:0] :
iic_datain;
130        end
131        TX_DATA0 : begin
132          iic_datain <= tx_data_i[7:0];
133          read_count <= tx_data_i[9] ? tx_data_i[7:0] : read_count;
134        end
135        TX_DATA1 : iic_enable <= 1;
136        RX_READ0 : iic_enable <= read_count ? 1 : 0;
137        RX_READ1 : read_count <= iic_busy_i_negedge ? (read_count - 1) :
read_count;
138      endcase
```

```
139
140    iic_clkgen u_iic_clkgen_01
141      (
142       .clk(clk),
143       .reset_n(reset_n),
144       .CLK_100K_SDA(CLK_100K_SDA),
145       .CLK_100K_SCL(CLK_100K_SCL)
146      );
147
148    iic_fifo  #( .WIDTH(10), .DEPTH(16), .COUNT(4) ) u_tx_fifo_01
149      (
150       .dout(tx_data_i),
151       .data_count(),
152       .empty(tx_fifo_empty),
153       .full(tx_fifo_full),
154       .din(tx_fifo_input),
155       .wr_en(tx_fifo_en),
156       .rd_en(tx_rd),
157       .reset_n(reset_n),
158       .clk(clk)
159      );
160
161    iic_fifo  #( .WIDTH(8), .DEPTH(16), .COUNT(4) ) u_rx_fifo_01
162      (
163       .dout(rx_fifo_output),
164       .data_count(),
165       .empty(rx_fifo_empty),
166       .full(rx_fifo_full),
167       .din(iic_dataout),
168       .wr_en(rx_wr),
169       .rd_en(rx_fifo_en),
170       .reset_n(reset_n),
171       .clk(clk)
172      );
173
174    debounce u_debounce_scl_01
175      (
176       .clk(clk),
177       .reset_n(reset_n),
178       .datain(scl_i),
179       .dataout(scl_i_clean)
180      );
181
182    debounce u_debounce_sda_01
183      (
184       .clk(clk),
```

```
185       .reset_n(reset_n),
186       .datain(sda_i),
187       .dataout(sda_i_clean)
188       );
189
190    iic_core u_iic_core_01
191      (
192       .CLK_100K_SDA(CLK_100K_SDA),
193       .CLK_100K_SCL(CLK_100K_SCL),
194       .reset_n(reset_n),
195       .iic_addr(iic_addr),
196       .iic_datain(iic_datain),
197       .iic_dataout(iic_dataout),
198       .iic_enable(iic_enable),
199       .iic_busy(iic_busy),
200       .iic_ackerror(iic_ackerror),
201       .iic_arbitlost(iic_arbitlost),
202       .scl_i(scl_i_clean), .scl_o(scl_o), .scl_t(scl_t),
203       .sda_i(sda_i_clean), .sda_o(sda_o), .sda_t(sda_t)
204       );
205
206 endmodule
iic_ctrl.v
```

完整的测试代码如下，这段代码实现了向 24c02 分两次写入 7 个字节，再读出 7 个字节的功能。

```
 1 //-------------------------------------------------------------------------
 2 //
 3 // IMPORTANT: This document is for use only in the <Embedded System Design>
 4 //
 5 // College of Electrical Engineering, Zhejiang University
 6 //
 7 // zhangpy@vlsi.zju.edu.cn
 8 //
 9 //-------------------------------------------------------------------------
10
11 module tb_iic_ctrl ();
12
13   reg          clk;
14   reg          reset_n;
15
16
17   reg [9:0]     tx_fifo_input;
18   reg          tx_fifo_en;
19
```

```
20   wire [7:0]  rx_fifo_output;
21   reg         rx_fifo_en;
22
23   wire        tx_fifo_full;
24   wire        tx_fifo_empty;
25   wire        rx_fifo_full;
26   wire        rx_fifo_empty;
27
28   wire        iic_busy;
29   wire        iic_ackerror;
30   wire        iic_arbitlost;
31
32   wire        scl_i, sda_i;
33   wire        scl_o, sda_o;
34   wire        scl_t, sda_t;
35
36   wire        scl;
37   wire        sda;
38
39   M24AA02 u_24C02_01 (
40                       .A0(1'b0),
41                       .A1(1'b0),
42                       .A2(1'b0),
43                       .WP(1'b0),
44                       .SDA(sda),
45                       .SCL(scl),
46                       .RESET(!reset_n)
47                       );
48
49   iic_ctrl UUT (
50               .clk(clk),
51               .reset_n(reset_n),
52               .tx_fifo_input(tx_fifo_input),
53               .tx_fifo_en(tx_fifo_en),
54               .tx_fifo_full(tx_fifo_full),
55               .tx_fifo_empty(tx_fifo_empty),
56               .rx_fifo_output(rx_fifo_output),
57               .rx_fifo_en(rx_fifo_en),
58               .rx_fifo_full(rx_fifo_full),
59               .rx_fifo_empty(rx_fifo_empty),
60               .iic_busy(iic_busy),
61               .iic_ackerror(iic_ackerror),
62               .iic_arbitlost(iic_arbitlost),
63               .scl_i(scl_i), .scl_o(scl_o), .scl_t(scl_t),
64               .sda_i(sda_i), .sda_o(sda_o), .sda_t(sda_t)
65               );
```

```
 66
 67   pullup p1(scl);
 68   pullup p2(sda);
 69
 70   assign scl = scl_t ? scl_o : 1'bz;
 71   assign sda = sda_t ? sda_o : 1'bz;
 72
 73   assign scl_i = scl;
 74   assign sda_i = sda;
 75
 76   initial begin
 77     #0  clk = 1'b0;
 78     #0  reset_n = 1'b0;
 79     #0  tx_fifo_input = 0;
 80     #0  tx_fifo_en = 0;
 81     #0  rx_fifo_en = 0;
 82
 83     #30  reset_n = 1'b1;
 84   end
 85
 86   always  #10 clk = ~clk;
 87
 88   initial begin
 89     #100    tx_fifo_input = 'h1A0; tx_fifo_en = 1;
 90     #20     tx_fifo_input = 'h10;
 91     #20     tx_fifo_input = 'h21;
 92     #20     tx_fifo_input = 'h200;
 93     #20                           tx_fifo_en = 0;
 94
 95     #6000000;
 96
 97     #20     tx_fifo_input = 'h1A0; tx_fifo_en = 1;
 98     #20     tx_fifo_input = 'h11;
 99     #20     tx_fifo_input = 'h22;
100     #20     tx_fifo_input = 'h23;
101     #20     tx_fifo_input = 'h24;
102     #20     tx_fifo_input = 'h25;
103     #20     tx_fifo_input = 'h88;
104     #20     tx_fifo_input = 'h89;
105     #20     tx_fifo_input = 'h200;
106     #20                           tx_fifo_en = 0;
107
108     #6000000;
109
110     #20     tx_fifo_input = 'h1A0; tx_fifo_en = 1;
111     #20     tx_fifo_input = 'h10;
```

```
112      #20     tx_fifo_input = 'h1A1;
113      #20     tx_fifo_input = 'h207;
114      #20                          tx_fifo_en = 0;
115   end
116
117 endmodule
tb_iic_ctrl.v
```

第 89～93 行向 24c02 的存储地址 h10 写入数据 h21。

第 97～106 行向 24c02 的存储地址 h11 及接下来的地址写入数据 h22、h23、h24、h25、h88 和 h89。

第 110～114 行从 24c02 h10 开始的存储地址读取 7 个字节(就是前面分两次写入的数据)。

tb_iic_ctrl 的仿真步骤参考视频 video_6.6_simulation_iic_ctrl_zju.ogv。

6. AXI 接口和控制寄存器

给 iic_ctrl 加上 AXI 接口就可以让 CPU 访问 IIC 控制器了，有了 AXI 接口，就可以将 CPU 发送来的命令和数据转换后发送给 iic_ctrl，同时把 iic_ctrl 读到的数据和状态通过 AXI 接口发送给 CPU。

AXI 接口的设计方法与前面的章节介绍的方法类似，由于 IIC 速度相对较慢，因此 AXI Lite 即可满足性能要求。

本节实验只设计完成 IIC 的核心功能，AXI 接口只需要完成 TX_FIFO、RX_FIFO 和 SR 这 3 个寄存器组的功能。为了兼容 6.3 节的 IIC 控制器，这 3 个寄存器的地址保持不变，如表 6.14 所示。

表 6.14 3 个寄存器的地址

SR	0x104	SR
TX_FIFO	0x108	TX_FIFO

地址译码相关代码。

```
// Implement memory mapped register select and read logic generation
// Slave register read enable is asserted when valid address is available
// and the slave is ready to accept the read address.
assign slv_reg_rden = axi_arready & S_AXI_ARVALID & ~axi_rvalid;
always @(*)
  begin
  // Address decoding for reading registers
  case ( axi_araddr[ADDR_LSB+OPT_MEM_ADDR_BITS:ADDR_LSB] )
    2'h0   : reg_data_out <= slv_reg0;
    2'h1   : reg_data_out[6] <= ~iic_rx_fifo_empty;
    2'h2   : reg_data_out <= slv_reg2;
    2'h3   : reg_data_out <= iic_rx_fifo_out;
    default : reg_data_out <= 0;
  endcase
  end
```

```
    iic_zju_soc_v1_0_S00_AXI.v
```

在 AXI Lite 模板中调用 iic_ctrl 相关代码如下。

```
        // Add user logic here

        reg iic_rx_fifo_en;
        wire iic_rx_fifo_empty;

        always @(posedge S_AXI_ACLK)
          begin
            if ( S_AXI_ARESETN == 1'b0 )
              begin
                iic_rx_fifo_en  <= 0;
              end
            else
              begin
                if(iic_rx_fifo_en == 1)
                  iic_rx_fifo_en <= 0;
                else if(slv_reg_rden && axi_araddr[ADDR_LSB+OPT_MEM_ADDR_BITS:
ADDR_LSB] == 2'h1)
                  begin
                    iic_rx_fifo_en <= 1;
                  end
              end

          end

        wire [7:0] iic_rx_fifo_out;
        wire      tx_fifo_empty;
        wire      iic_busy;
        wire      iic_ackerror;
        wire      iic_arbitlost;
        wire      scl_i;
        wire      scl_t;
        wire      scl_o;
        wire      sda_i;
        wire      sda_t;
        wire      sda_o;

        iic_ctrl iic_use
          (
           .clk(S_AXI_ACLK),
           .reset_n(S_AXI_ARESETN),
           .tx_fifo_input(slv_reg0[9:0]),
           .tx_fifo_en(iic_tx_fifo_enable),
           .tx_fifo_full(),
```

```
          .tx_fifo_empty(tx_fifo_empty),
          .rx_fifo_output(iic_rx_fifo_out),
          .rx_fifo_en(iic_rx_fifo_en),
          .rx_fifo_full(),
          .rx_fifo_empty(iic_rx_fifo_empty),
          .iic_busy(iic_busy),
          .iic_ackerror(iic_ackerror),
          .iic_arbitlost(iic_arbitlost),
          .scl_i(scl_i),
          .scl_o(scl_o),
          .scl_t(scl_t),
          .sda_i(sda_i),
          .sda_o(sda_o),
          .sda_t(sda_t)
          );

      assign scl=(scl_t == 0) ? 1'bz:scl_o;
      assign scl_i=scl;
      assign sda = (sda_t == 0) ? 1'bz:sda_o;
      assign sda_i=sda;

      // User logic ends
  iic_zju_soc_v1_0_S00_AXI.v
```

完成 AXI 接口设计后，封装成 AXI 接口 IP，即可在 SoC 中使用。图 6.19 所示是采用这个 IP 的 SoC 设计，这个设计与图 6.13 类似，省略了 DDR 和 LCD。

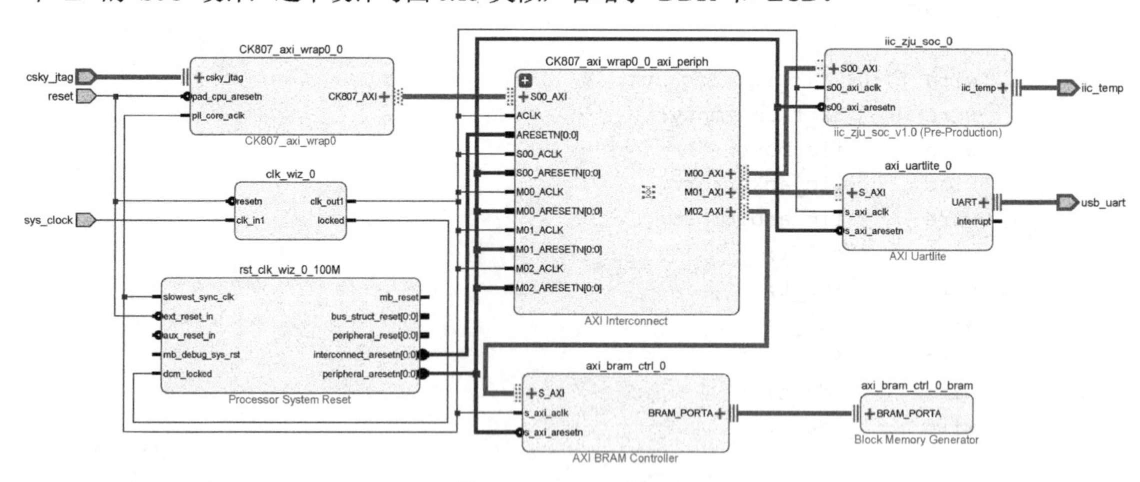

图 6.19　axi_iic_zju SoC

采用本节设计的 AXI IIC IP 实现温度读取与显示 SoC 的实验步骤可参考 video_6.7_axi_iic_zju.ogv。

由于 TX_FIFO、RX_FIFO 和 SR 寄存器地址和控制方法与 Xilinx 的 AXI IIC 相同，因此可以直接使用 6.3 节中的软件。

嵌入式系统芯片设计——实验手册

Chapter 6：AXI IIC 设计

Module A：温度传感器 SoC 设计

浙江大学超大规模集成电路研究所

http://vlsi.zju.edu.cn

实验简介

完成温度传感器控制 SoC。

目标

1. 通过 IIC 读取温度传感器。
2. 将温度值显示在并行 LCD 上。

背景知识

IIC 协议

实验难度与所需时间

实验难度：■ ■ ■ ░ ░

所需时间：4.0h

实验所需资料

6.1 节、6.2 节 和 6.3 节

实验设备

1. Nexys-4 DDR FPGA 开发板
2. CK803/CK807 IP
3. CKCPU 下载器
4. 并行接口 LCD
5. 逻辑分析仪或示波器

参考视频

video_6.1_temperature_demo_zju.ogv（video_6.1）

实验步骤

A．硬件设计

1. 参考视频 video_6.1。
2. 按照视频演示的步骤，建立 SoC，如图 6.13 所示。
3. 封装 iic_m，加入 SoC。
4. 编辑 XDC 文件，下载 FPGA。

B．软件设计

1. 参考 6.3 节内容，读取温度传感器。
2. 利用点阵字库，将温度显示在 LCD 上。

利用点阵显示 LCD 请自行查找资料。

实验提示

利用逻辑分析仪分析 IIC 发送数据。

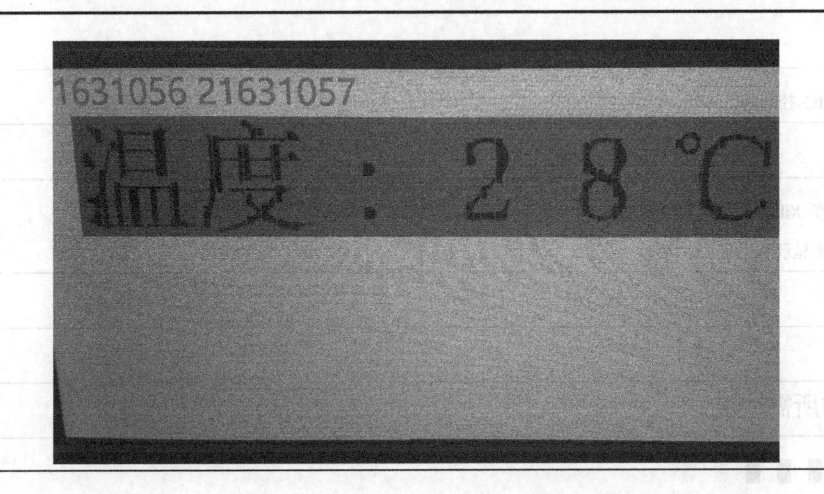

拓展实验

在 LCD 上画出温度变化曲线。

嵌入式系统芯片设计——实验手册

Chapter 6：AXI IIC 设计

Module B：AXI IIC 设计

浙江大学超大规模集成电路研究所

http://vlsi.zju.edu.cn

实验简介

设计 AXI IIC 控制器。

目标

1. 设计兼容 Xilinx AXI IIC 的控制器。
2. 将温度值显示在并行 LCD 上。

背景知识

IIC 协议

实验难度与所需时间

实验难度：■ ■ ■ ░ ░

所需时间：8.0h

实验所需资料

6.4 节

实验设备

1. Nexys-4 DDR FPGA 开发板
2. CK803/CK807 IP
3. CKCPU 下载器
4. 并行接口 LCD
5. 逻辑分析仪或示波器

参考视频

1. video_6.3_generate_fifo_zju.ogv（video_6.3）
2. video_6.4_simulation_fifo_zju.ogv（video_6.4）
3. video_6.5_simulation_iic_core_zju.ogv（video_6.5）
4. video_6.6_simulation_iic_ctrl_zju.ogv（video_6.6）
5. video_6.7_axi_iic_zju.ogv（video_6.7）

实验步骤

A. FIFO 设计

1. 参考视频 video_6.3 和 video_6.4。
2. 对 FIFO 进行仿真验证。

B. iic_core 设计

1. 参考视频 video_6.5。
2. 对 iic_core 进行仿真验证。

C. iic_ctrl 设计

1. 参考视频 video_6.6。

2．对 iic_ctrl 进行仿真验证。

D．AXI IIC 设计

1．参考 6.4 节内容，设计完成 AXI IIC。

2．参考视频 video_6.7，设计完成 SoC。

E．软件设计

1．参考 6.3 节内容，读取温度传感器。

2．利用点阵字库，将温度显示在 LCD 上。

利用点阵显示 LCD 请自行查找资料。

实验提示

利用逻辑分析仪分析 IIC 发送数据。

拓展实验

1．本书提供的 FIFO 提前了一个时钟周期输出数据，请与 Xilinx 的 FIFO IP 进行比较，用 Xilinx FIFO 替代本书提供的 FIFO，验证替换 FIFO 后的 SoC。

2．修改本书提供的 FIFO 及 iic_ctrl，验证修改后的 SoC。

第 7 章　SPI 模块设计

本章以 SPI（Serial Peripheral Interface）接口三轴加速度传感器和 SPI 接口 LCD 为例，介绍 AXI 接口 SPI 驱动模块硬件电路设计，以及如何在 SoC 上使用这些模块。本章的实验将读取 Nexys-4 DDR 开发板上的三轴加速度传感器 ADXL362，测量开发板的运动信息，同时将通过 SPI 接口 LCD 实现显示。

如图 7.1 所示是采用 ILI9806G 驱动的 SPI 接口 LCD，可以看出，相对第 5 章的并行接口 LCD，连接 SPI 接口 LCD 的引线数量少很多。

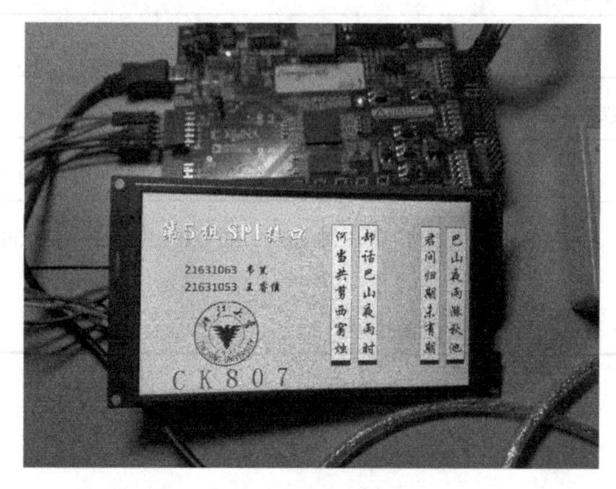

图 7.1　CK807 LCD

7.1　SPI 总线协议

SPI 总线协议是一种芯片之间信息交换的中低速串行协议，广泛用于各种 AD/DA、存储芯片和 SD 卡接口等。它的特点是引脚数较少，速度比 IIC 快。

图 7.2 所示为一个 SPI 的主机（Master）连接一个 SPI 从机（Slave）。主机和从机之间只需要 4 根信号线连接，因此连接非常简单。

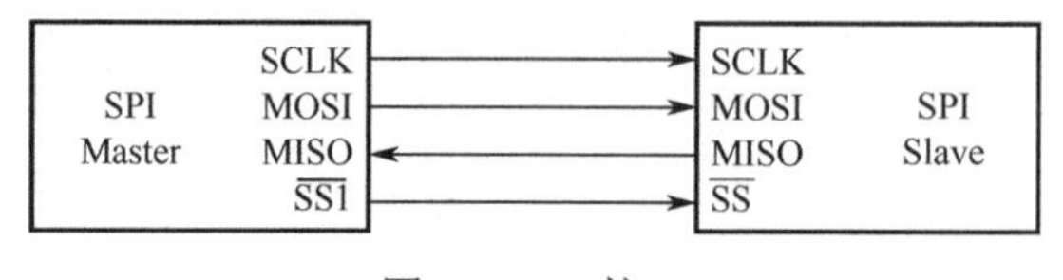

图 7.2　SPI 接口

SPI 接口只包括 4 个引脚，功能如下。

1．SCLK（Serial Clock）

串行时钟，由主机产生发送给从机。这个时钟用于数据传输。

2．MOSI（Master Out Slave In）

主机输出，从机输入。信号从主机串行发送给从机。

3．MISO（Master In Slave Out）

主机输入，从机输出。信号从从机串行发送给主机。

4．$\overline{SS}$（Slave Select）

从机片选信号，低电平有效。当系统中有多个从机时，用来选择从机。

SPI 的传输协议非常简单，可以理解为类似移位寄存器。时钟 SCLK 每次跳变，主机移位一个位传给从机，同时从机移位一个位传给主机，如图 7.3 所示。

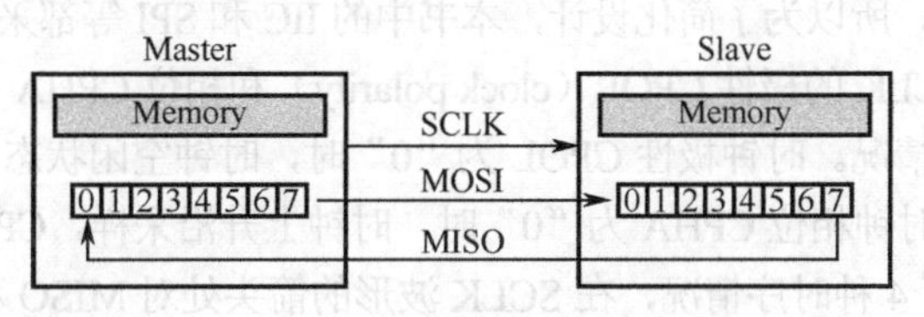

图 7.3　SPI 信号传输

SPI 通常只有一个主机，可以有多个从机，通过 $\overline{SS}$ 引脚选择某个从机进行传输。有两种方法可以连接多个从机。图 7.4 和图 7.5 所示是两种不同的连接多个从机的方法。

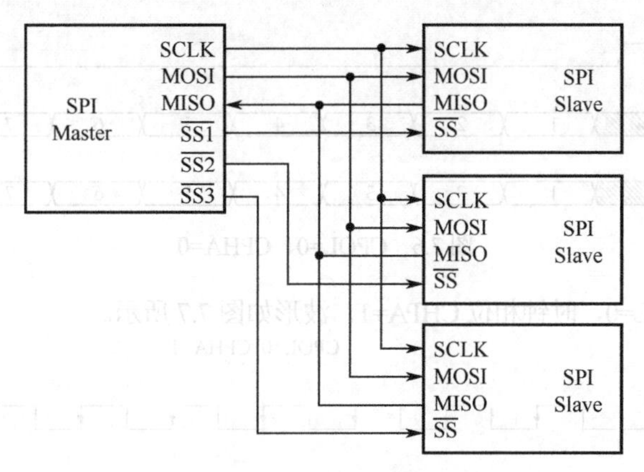

图 7.4　Slave 并联

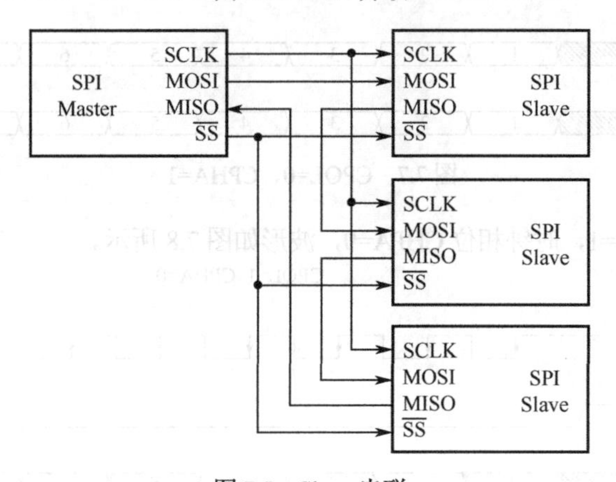

图 7.5　Slave 串联

如图 7.4 所示，采用从机并联的方法，信号传输时，通过 $\overline{SS1}$～$\overline{SS3}$ 选择一个从机与主机进行通信。这样做的好处是传输数据简单，选择从机后，即可进行一对一的传输。

如图 7.5 所示，采用从机串联的方法，只有一个$\overline{SS}$信号，所有的从机同时有效。多个从机与主机通过 MOSI-MISO 串联。信号传输时，通过$\overline{SS}$选择所有的从机，然后信号通过串行穿过从机的方法发送。例如，要发信号给第三个从机，就必须先发送给从机 1，穿过从机 1 后再传到从机 2，再传给从机 3。从机发信号给主机也类似。这种接法要求从机具备信号穿过的功能。显然，这种传输方法相对比较复杂，优点是可以减少$\overline{SS}$信号线。在 MCU 等芯片已经确认定型的情况下，系统可以扩展连接多个 SPI 从机。

本章实验会用到两个 SPI 的从机（三轴传感器和 LCD），由于三轴传感器已经在 PCB 上接到了 FPGA，因此无法再接到 LCD，所以本章实验这两个 SPI 都是单独接到 FPGA 的。由于 Nexys-4 DDR 的 FPGA 可用引脚非常多，所以为了简化设计，本书中的 IIC 和 SPI 等都采用一对一的连接方法。

信号传输时，时钟 SCLK 的极性 CPOL（clock polarity）和相位 CPHA（clock phase）各有 2 种可能性，因此有 4 种可能的情况。时钟极性 CPOL 为“0”时，时钟空闲状态为低电平，CPOL 为“1”时，空闲状态为高电平。时钟相位 CPHA 为“0”时，时钟上升沿采样，CPHA 为“1”时，下降沿采样。图 7.6 至图 7.9 显示了 4 种时序情况，在 SCLK 波形的箭头处对 MISO 和 MOSI 进行采样。

（1）时钟极性 CPOL=0，时钟相位 CHPA=0，波形如图 7.6 所示。

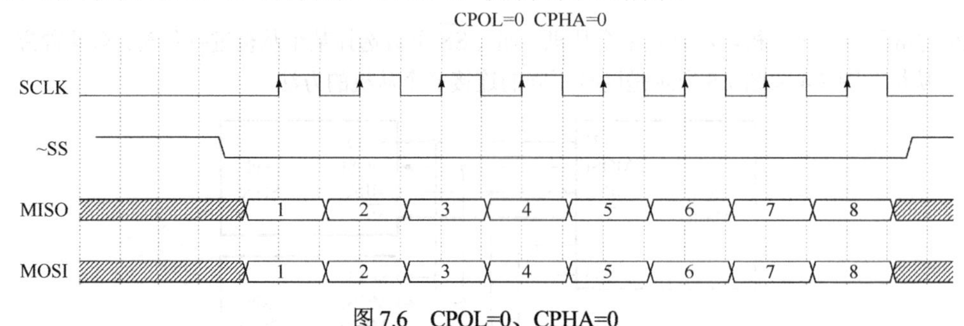

图 7.6 CPOL=0、CPHA=0

（2）时钟极性 CPOL=0，时钟相位 CHPA=1，波形如图 7.7 所示。

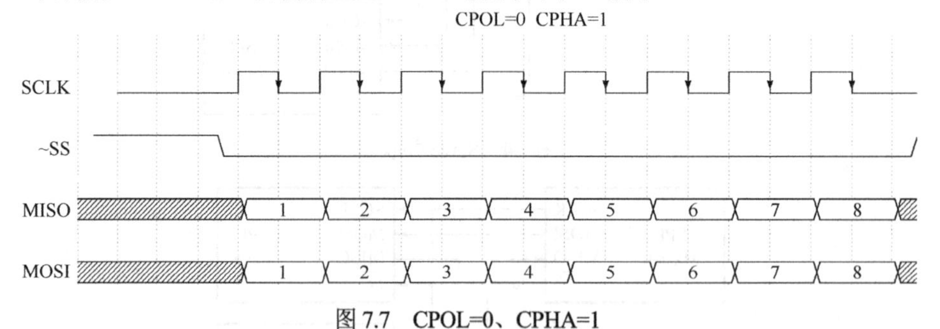

图 7.7 CPOL=0、CPHA=1

（3）时钟极性 CPOL=1，时钟相位 CHPA=0，波形如图 7.8 所示。

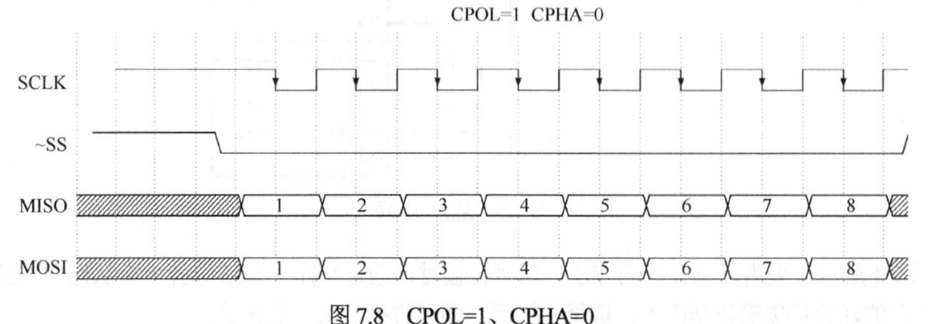

图 7.8 CPOL=1、CPHA=0

（4）时钟极性 CPOL=1，时钟相位 CHPA=1，波形如图 7.9 所示。

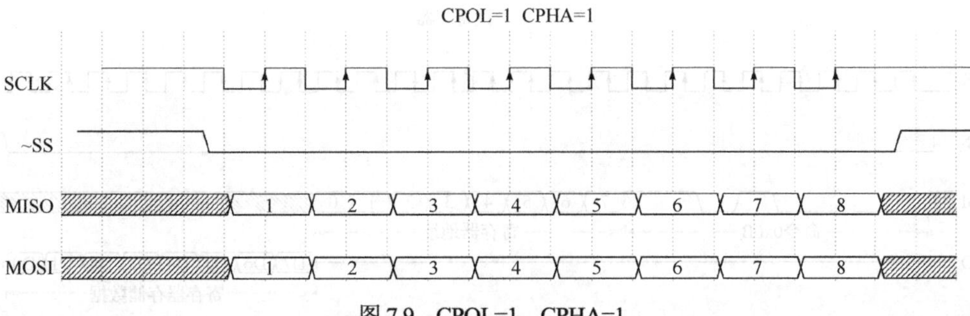

图 7.9　CPOL=1、CPHA=1

通常设计 SPI 主机控制器，需要实现这 4 种不同的时序组合，这样可以处理这 4 种不同的情况。本章实验用到的器件都是 CPOL=0、CPHA=0，为了简化设计，本章设计的 SPI 控制器只支持这一种组合。

7.2　SPI 总线加速度传感器

ADXL362 是典型的 SPI 接口芯片，Nexys-4 DDR 开发板上，它与 FPGA 按照图 7.10 所示连接。

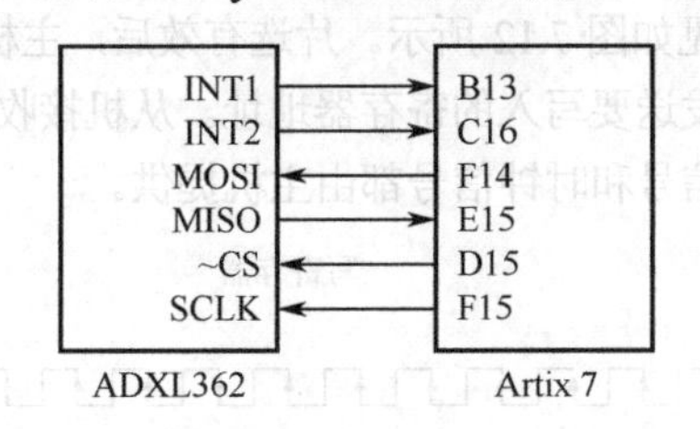

图 7.10　ADXL3621 连接方法（Nexys-4 DDR）

ADXL362 可以实现每秒 100～400 次测量。通过 SPI 端口对寄存器进行读写，实现对 ADXL362 的控制。

ADXL362 读和写操作有命令字节和数据字节组成，它有 3 条命令，如表 7.1 所示。

表 7.1　ADXL362 的 3 条命令

0x0A	写入寄存器
0x0B	读取寄存器
0x0D	读取 FIFO

对于 ADXL362 而言，所有的 SPI 传输都要以命令开始，读寄存器的传输过程如下。

（1）片选有效。

（2）命令字节（0x0B）。

（3）寄存器地址字节（ADXL362 寄存器地址）。

（4）数据字节（寄存器内存储的数据）。

（5）片选无效。

读寄存器的传输过程波形图如图 7.11 所示。片选有效后，主机从 MOSI 发送命令 0x0B，告诉从机这是个读操作，接下来主机发送要读取的寄存器地址。从机接收地址后，将这个地址内的数值通过

MISO 发送给主机。在整个传输过程中，片选信号和时钟信号都由主机提供。

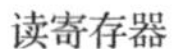
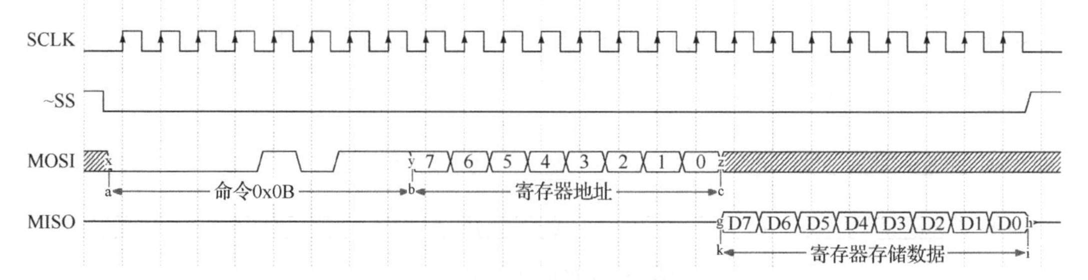

图 7.11 读寄存器的传输过程波形图

读寄存器读取了一个寄存器的值，如果片选有效并继续发送 SCLK，将进入 ADXL362 的突发读取模式，ADXL362 会自动将寄存器地址加 1，输出下一个寄存器的内容。这一过程重复执行，直到片选无效为止。

突发读取模式读取连续数据很方便，如 *X/Y/Z* 的低位 DATA_L 和高位 DATA_H 是连续的 6 个字节（0x0E～0x13），读取时只要先发送 0x0B（读命令），再发送第一个寄存器地址 0x0E（寄存器 XDATA_L 的地址），接下来连续读取 6 个字节，就可以把这 6 个寄存器全部读出。

写寄存器的传输过程波形图见如图 7.12 所示。片选有效后，主机从 MOSI 发送命令 0x0A，告诉从机这是个写操作，接下来主机发送要写入的寄存器地址。从机接收到地址，主机继续将数值发送给从机。在整个传输过程中，片选信号和时钟信号都由主机提供。

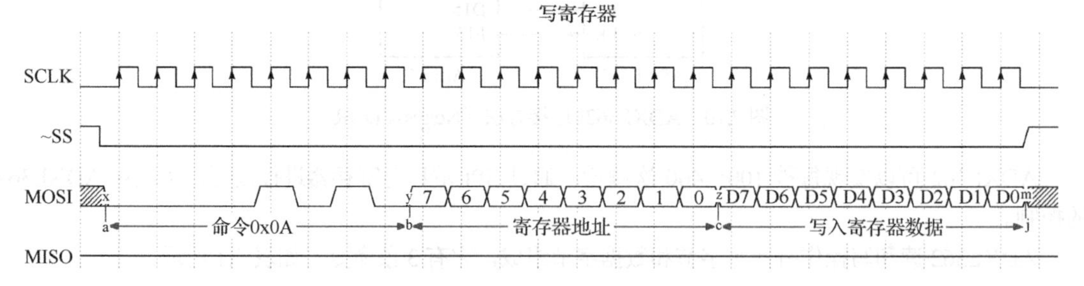

图 7.12 写寄存器的传输过程波形图

写寄存器对一个寄存器写入了一个字节，同样，如果片选有效并继续发送 SCLK，将进入 ADXL362 的突发（burst）写模式。ADXL362 自动将寄存器加 1，主机继续写入。这一过程重复执行，直到片选无效为止。

ADXL362 的功能和寄存器说明请参考它的芯片文档。本章实验用到的 ADXL362 寄存器如表 7.2 所示。

表 7.2 本章实验用到的 ADXL362 寄存器

地 址	寄存器名	初始值
0x02	PARTID	0xF2
0x08	XDATA	0x00
0x09	YDATA	0x00
0x0A	ZDATA	0x00

续表

地　址	寄存器名	初始值
0x0B	STATUS	0x00
0x0E	XDATA_L	0x00
0x0F	XDATA_H	0x00
0x10	YDATA_L	0x00
0x11	YDATA_H	0x00
0x12	ZDATA_L	0x00
0x13	ZDATA_H	0x00
0x14	TEMP_L	0x00
0x15	TEMP_H	0x00

其中 PARDID 初始值为 0xF2，就是八进制的 362，在读写 ADXL362 之前，一般会读取这个寄存器，如果返回值为 0xF2，则表明可以正确读取 ADXL362。

XDATA/YDATA/ZDATA 是 *X/Y/Z* 三轴加速度数值。它的分辨率为 8 位，因此精度较低，适用于要求不高的场合，其优点是每个轴只需要读取一个字节，功耗较低。

XDATA_L/XDATA_H 是 *X* 轴加速度数值，它的分辨率为 12 位，因此精度较高。*Y/Z* 轴类似。

TEMP_L/TEMP_H 构成 12 位分辨率温度传感器输出数据。

STATUS 是状态寄存器，读取 STATUS 寄存器可以知道 ADXL362 的状态。其中 STATUS[0]是 DATA_READY 状态位，该位有效说明有数据需要读取。

7.3　加速度传感器 SoC 设计

设计控制 ADXL362 的 SoC，只需在第 5 章的 SoC 基础上加上 SPI 控制器即可。本节采用 Xilinx 的 SPI 控制器构建 SoC，在 7.4 节介绍如何设计 SPI 控制器。

图 7.13 所示是 CK807 SoC 的原理图，AXI Quad SPI 是 Vivado 提供的 AXI 接口 SPI 模块，用于与 ADXL362 通信。这个模块支持 3 种模式。本实验采用标准 SPI 模式。

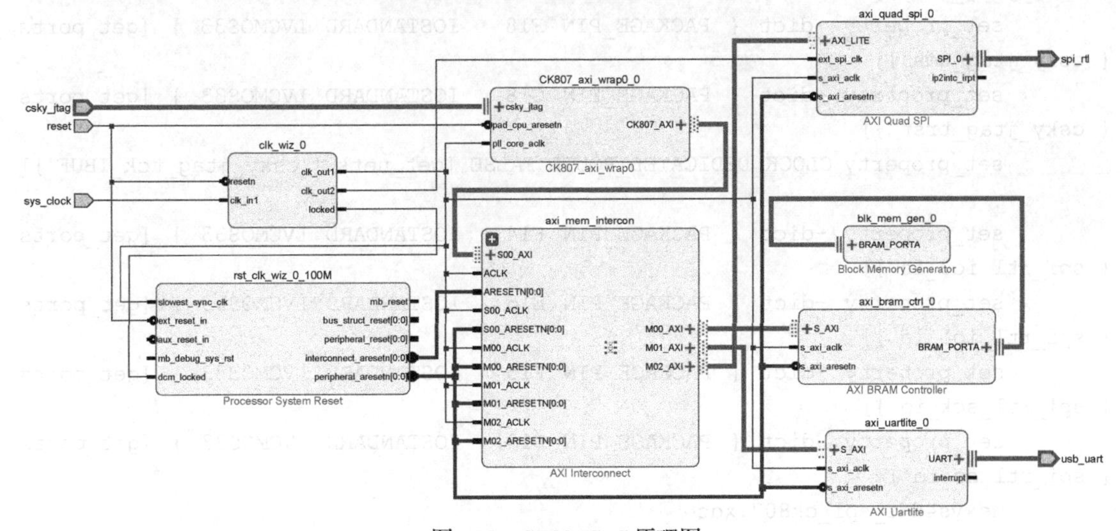

图 7.13　CK807 SoC 原理图

1. 标准 SPI 模式

标准 SPI 模式包含 1 组 MOSI/MISO，本章实验只用这种模式。

2. Dual SPI 模式

Dual SPI 模式包含 2 组 MOSI/MISO，因此带宽增加。

3. Quad SPI 模式

Quad SPI 模式包含 4 组 MOSI/MISO，带宽进一步增加。

SoC 的地址分配如表 7.3 所示。

表 7.3 SoC 的地址分配

Cell	Slave Interface	Base Name	Offset Address	Range	High Address
CK807_axi_wrap0_0					
CK807_AXI (32 address bits : 4G)					
axi_uartlite_0	S_AXI	Reg	0x4060_0000	64K	0x4060_FFFF
axi_quad_spi_0	AXI_LITE	Reg	0x44A0_0000	64K	0x44A0_FFFF
axi_bram_ctrl_0	S_AXI	Mem0	0x0000_0000	8K	0x0000_1FFF

部分引脚绑定代码如下所示。

```
        set_property -dict { PACKAGE_PIN J15    IOSTANDARD LVCMOS33 } [get_ports
{ reset }]

        set_property -dict { PACKAGE_PIN G17    IOSTANDARD LVCMOS33 } [get_ports
{ csky_jtag_tdi }]
        set_property -dict { PACKAGE_PIN D17    IOSTANDARD LVCMOS33 } [get_ports
{ csky_jtag_tdo }]
        set_property -dict { PACKAGE_PIN E17    IOSTANDARD LVCMOS33 } [get_ports
{ csky_jtag_tck }]
        set_property -dict { PACKAGE_PIN F18    IOSTANDARD LVCMOS33 } [get_ports
{ csky_jtag_tms }]
        set_property -dict { PACKAGE_PIN G18    IOSTANDARD LVCMOS33 } [get_ports
{ csky_jtag_trst }]
        set_property CLOCK_DEDICATED_ROUTE FALSE [get_nets { csky_jtag_tck_IBUF }]

        set_property -dict { PACKAGE_PIN F14    IOSTANDARD LVCMOS33 } [get_ports
{ spi_rtl_io0_io }]
        set_property -dict { PACKAGE_PIN E15    IOSTANDARD LVCMOS33 } [get_ports
{ spi_rtl_io1_io }]
        set_property -dict { PACKAGE_PIN F15    IOSTANDARD LVCMOS33 } [get_ports
{ spi_rtl_sck_io }]
        set_property -dict { PACKAGE_PIN D15    IOSTANDARD LVCMOS33 } [get_ports
{ spi_rtl_ss_io }]
        nexys4ddr_spi_ck807.xdc
```

通过 CPU 读写 AXI Quad SPI 模块相应寄存器，即可完成 SPI 通信。AXI Quad SPI 的驱动软件请参考模块文档和驱动代码，读取三轴加速度的代码如下所示。

```
 1 #include "xil_printf.h"
 2 #include "xil_io.h"
 3
 4 #define XPAR_SPI_0_BASEADDR 0x44A00000
 5
 6 #define XSP_DGIER_OFFSET        0x1C    /**< Global Intr Enable Reg */
 7 #define XSP_IISR_OFFSET         0x20    /**< Interrupt status Reg */
 8 #define XSP_IIER_OFFSET         0x28    /**< Interrupt Enable Reg */
 9 #define XSP_SRR_OFFSET          0x40    /**< Software Reset register */
10 #define XSP_CR_OFFSET           0x60    /**< Control register */
11 #define XSP_SR_OFFSET           0x64    /**< Status Register */
12 #define XSP_DTR_OFFSET          0x68    /**< Data transmit */
13 #define XSP_DRR_OFFSET          0x6C    /**< Data receive */
14 #define XSP_SSR_OFFSET          0x70    /**< 32-bit slave select */
15 #define XSP_TFO_OFFSET          0x74    /**< Tx FIFO occupancy */
16 #define XSP_RFO_OFFSET          0x78    /**< Rx FIFO occupancy */
17
18 #define XSpi_WriteReg(BaseAddress, RegOffset, RegisterValue)    \
19  Xil_Out32((BaseAddress) + (RegOffset), (RegisterValue))
20
21 #define XSpi_ReadReg(BaseAddress, RegOffset)    \
22  Xil_In32((BaseAddress) + (RegOffset))
23
24 unsigned char read(unsigned char addr);
25 void write(unsigned char addr, unsigned char data);
26
27 int main()
28 {
29  xil_printf("device id:%x\n",read(0x00));
30  xil_printf("device id:%x\n",read(0x01));
31  xil_printf("device id:%x\n",read(0x02));
32  write(0x23,0x96);
33  write(0x25,0x03);
34  write(0x27,0x0c);
35  write(0x2a,0x20);
36  write(0x2c,0x83);
37  write(0x2d,0x02);
38  while(1){
39    xil_printf("device x:%x\n",read(0x08));
40    xil_printf("device y:%x\n",read(0x09));
41    xil_printf("device z:%x\n",read(0x0a));
42  }
43  return 0;
44 }
```

```
45
46 unsigned char read(unsigned char addr){
47   int i;
48   unsigned char data;
49   XSpi_WriteReg(XPAR_SPI_0_BASEADDR, XSP_CR_OFFSET,0x1c6);
50   XSpi_WriteReg(XPAR_SPI_0_BASEADDR, XSP_SSR_OFFSET,0x1);
51   XSpi_WriteReg(XPAR_SPI_0_BASEADDR, XSP_CR_OFFSET,0x186);
52   XSpi_WriteReg(XPAR_SPI_0_BASEADDR, XSP_SSR_OFFSET,0x0);
53   XSpi_WriteReg(XPAR_SPI_0_BASEADDR, XSP_CR_OFFSET,0x086);
54
55   XSpi_WriteReg(XPAR_SPI_0_BASEADDR, XSP_DTR_OFFSET,0x0b);
56   for(i = 0 ; i <10000; i++){continue;}
57   XSpi_ReadReg(XPAR_SPI_0_BASEADDR, XSP_DRR_OFFSET);
58
59   XSpi_WriteReg(XPAR_SPI_0_BASEADDR, XSP_DTR_OFFSET,addr);
60   for(i = 0 ; i <10000; i++){continue;}
61   XSpi_ReadReg(XPAR_SPI_0_BASEADDR, XSP_DRR_OFFSET);
62
63   XSpi_WriteReg(XPAR_SPI_0_BASEADDR, XSP_DTR_OFFSET,0xff);
64   for(i = 0 ; i <10000; i++){continue;}
65   data = XSpi_ReadReg(XPAR_SPI_0_BASEADDR, XSP_DRR_OFFSET);
66   XSpi_WriteReg(XPAR_SPI_0_BASEADDR, XSP_SSR_OFFSET,0x0);
67   XSpi_WriteReg(XPAR_SPI_0_BASEADDR, XSP_CR_OFFSET,0x186);
68   return data;
69 }
70
71 void write(unsigned char addr,unsigned char data){
72   int i;
73   XSpi_WriteReg(XPAR_SPI_0_BASEADDR, XSP_CR_OFFSET,0x1c6);
74   XSpi_WriteReg(XPAR_SPI_0_BASEADDR, XSP_SSR_OFFSET,0x1);
75   XSpi_WriteReg(XPAR_SPI_0_BASEADDR, XSP_CR_OFFSET,0x186);
76   XSpi_WriteReg(XPAR_SPI_0_BASEADDR, XSP_SSR_OFFSET,0x0);
77   XSpi_WriteReg(XPAR_SPI_0_BASEADDR, XSP_CR_OFFSET,0x086);
78
79   XSpi_WriteReg(XPAR_SPI_0_BASEADDR, XSP_DTR_OFFSET,0x0a);
80   for(i = 0 ; i <10000; i++){continue;}
81   XSpi_ReadReg(XPAR_SPI_0_BASEADDR, XSP_DRR_OFFSET);
82
83   XSpi_WriteReg(XPAR_SPI_0_BASEADDR, XSP_DTR_OFFSET,addr);
84   for(i = 0 ; i <10000; i++){continue;}
85   XSpi_ReadReg(XPAR_SPI_0_BASEADDR, XSP_DRR_OFFSET);
86
87   XSpi_WriteReg(XPAR_SPI_0_BASEADDR, XSP_DTR_OFFSET,data);
88   for(i = 0 ; i <10000; i++){continue;}
89   XSpi_ReadReg(XPAR_SPI_0_BASEADDR, XSP_DRR_OFFSET);
90   XSpi_WriteReg(XPAR_SPI_0_BASEADDR, XSP_SSR_OFFSET,0x0);
91   XSpi_WriteReg(XPAR_SPI_0_BASEADDR, XSP_CR_OFFSET,0x186);
```

```
92 }
ck807x.c
```

本节实验请参考视频 video_7.1_axi_spi_demo_zju.ogv。

7.4　AXI 接口 SPI 控制模块设计

本节介绍如何设计 7.3 节 SoC 中使用的 AXI 接口 SPI 控制模块，本节设计的 SPI 控制模块只实现 SPI 的部分核心功能。

SPI 的 FIFO 和消抖电路与 IIC 里用到的对应电路类似，消抖电路由于 SPI 频率较高，因此需要较少的寄存器。

1. SPI 时钟分频模块

本节实验采用的 SPI 模块传输频率为 1～10MHz，本节实验的 AXI 总线时钟为 100MHz，因此需要一个时钟分频模块将高速的 AXI 时钟频率降低到中速的 SPI 时钟。

时钟分频模块是 SoC 常用的一个功能模块，它的设计对 SoC 的物理实现有很大的影响。spi_clkgen.v 实现了 100∶1 的分频，代码如下。

```
1 module spi_clkgen
2  #(
3   parameter CntNumber = 50
4   )(
5     input     clk,
6     input     reset_n,
7     output reg clk_div
8     );
9
10  reg [15:0]   cnt;
11
12  always @(posedge clk or negedge reset_n)
13    if (!reset_n)
14      cnt = 0;
15    else if (cnt == CntNumber - 1)
16      cnt <= 0;
17    else
18      cnt <= cnt + 1;
19
20  always @(posedge clk or negedge reset_n)
21    if (!reset_n)
22      clk_div <= 0;
23    else if (cnt == CntNumber - 1)
24      clk_div <= ~clk_div;
25
26 endmodule
spi_clkgen.v
```

时钟分频电路第 12～18 行是计数器，每次计数到 CntNumber 后清 0 从头计数。第 20～24 行是比较器实现的分频输出，当计数器的值与预期一致时，clk_div 翻转，实现分频输出。计数模块和比较输出模块分别实现，这样可以实现复杂的计数模块。分频时钟输出只需要经过一个 clk_div 寄存器，这样在 SoC 芯片物理实现时，时钟树的结构比较简单，有助于芯片的静态时序收敛。

2. spi_core 模块设计

spi_core.v 用于实现并行数据的串行发送。spi_core 的接口代码如下。

```
11 module spi_core
12  #(
13    parameter SPIWIDTH = 8,
14    parameter CNT = 3
15    )(
16     input                         reset_n,
17     input                         spi_clk,
18
19     input [SPIWIDTH-1:0]          datain,
20     output reg [SPIWIDTH-1:0]     dataout,
21
22     input                         spi_enable,
23     output reg                    spi_busy,
24
25     input                         MISO,
26     output reg                    MOSI,
27     output                        SCK
28     );
```

SPIWIDTH 用来设置 SPI 传输的位宽，很多 SPI 接口芯片采用 8 位位宽传输，但有些 SPI 接口采用 9 位位宽，如本章实验的 SPI 接口 LCD 驱动芯片。因此设置 SPI 传输位宽为可调整参数。

- spi_clk

1～10MHz 的时钟信号，这个频率就是 SPI 传输的频率。

- reset_n

低电平复位信号。

- datain[SPIWIDTH-1：0]

SPI 发送的数据，通常为 8～9 位位宽。

- dataout[SPIWIDTH-1：0]

SPI 接收的数据和 SPI 发送的数据位宽相同。由于 SPI 的特性，发送和接收是同时发生的，每发送一个数据就会接收一个数据，反过来也一样。如果只需要接收数据，则可以随便发一个数据。如果只需要发送数据，可以将同时接收的数据放弃。

- spi_enable

SPI 传输使能信号，有效时，SPI 主机发送接收数据和时钟信号。

- spi_busy

SPI 传输时有效，AXI 接口可以通过状态寄存器读取这个信号，从而知道 SPI 模块的状态。状态寄存器的设计在 AXI 接口模块中实现。

● MISO、MOSI 和 SCK

SPI 协议的数据和时钟信号。SPI 协议的片选信号不在本模块中实现，因为很多 SPI 接口的芯片通过片选信号作为内部寄存器锁存的控制信号，可能会有较复杂的时序要求，由 CPU 通过 AXI 接口来实现片选信号比较方便。片选信号在 AXI 接口由 CPU 读写的寄存器实现。

SPI 的串行传输包含串行的发送和接收，可以通过计数器电路实现控制信号。第 30～47 行实现了 spi_bitcnt 计数器，当 spi_enable 有效且计数器的值小于传输位宽时，MOSI 输出 datain 的当前位。

```
30   reg [CNT:0]                spi_bitcnt;
31
32   always @(posedge spi_clk or negedge reset_n)
33     if (~reset_n) begin
34        spi_bitcnt <= 0;
35        spi_busy <= 0;
36        MOSI <= 0;
37     end else begin
38        spi_bitcnt <= 0;
39        spi_busy <= 0;
40        MOSI <= 0;
41        if (spi_enable &(spi_bitcnt < SPIWIDTH))
42          begin
43             MOSI <= datain[SPIWIDTH-spi_bitcnt-1];
44             spi_bitcnt <= spi_bitcnt + 1;
45             spi_busy <= 1;
46          end
47     end
```

第 49～53 行实现了 SPI 的串行接收，第 55 行实现了 SCK 的输出，当计数器 spi_bitcnt 大于 0 时，输出时钟 SCK。SCK 的相位与 spi_clk 相反，这样从机时钟比主机时钟慢半个周期。主机发送的数据半个周期后从机接收到，从机发送的数据主机下个周期收到。

```
49   always @(negedge spi_clk or negedge reset_n)
50     if (~reset_n)
51       dataout <= 0;
52     else if (spi_enable &(spi_bitcnt > 0))
53       dataout[SPIWIDTH-spi_bitcnt] <= MISO;
54
55   assign SCK = spi_bitcnt ? ~spi_clk : 0;
```

spi_core.v 的完整代码如下。

```
1 //-------------------------------------------------------------------
2 //
3 // Important: This document is for use only in the <Embedded System Design>
4 //
5 // College of Electrical Engineering, Zhejiang University
6 //
7 // zhangpy@vlsi.zju.edu.cn
```

```
 8 //
 9 //-------------------------------------------------------------------------
10
11 module spi_core
12   #(
13    parameter SPIWIDTH = 8,
14    parameter CNT = 3
15    )(
16     input                          reset_n,
17     input                          spi_clk,
18
19     input [SPIWIDTH-1:0]           datain,
20     output reg [SPIWIDTH-1:0]      dataout,
21
22     input                          spi_enable,
23     output reg                     spi_busy,
24
25     input                          MISO,
26     output reg                     MOSI,
27     output                         SCK
28     );
29
30   reg [CNT:0]                      spi_bitcnt;
31
32   always @(posedge spi_clk or negedge reset_n)
33    if (~reset_n) begin
34      spi_bitcnt <= 0;
35      spi_busy <= 0;
36      MOSI <= 0;
37    end else begin
38      spi_bitcnt <= 0;
39      spi_busy <= 0;
40      MOSI <= 0;
41      if (spi_enable &(spi_bitcnt < SPIWIDTH))
42        begin
43          MOSI <= datain[SPIWIDTH-spi_bitcnt-1];
44          spi_bitcnt <= spi_bitcnt + 1;
45          spi_busy <= 1;
46        end
47    end
48
49   always @(negedge spi_clk or negedge reset_n)
50    if (~reset_n)
51     dataout <= 0;
52    else if (spi_enable &(spi_bitcnt > 0))
53     dataout[SPIWIDTH-spi_bitcnt] <= MISO;
54
```

```
55   assign SCK = spi_bitcnt ? ~spi_clk : 0;
56
57 endmodule
spi_core.v
```

对 spi_core.v 进行仿真验证，可以将 spi_core 与一个 SPI 接口的器件连接，测试读写功能。本节实验将测试 SPI 接口的 1kbit 存储器 25AA010A。

```
1 //-----------------------------------------------------------------
2 //
3 // IMPORTANT: This document is for use only in the <Embedded System Design>
4 //
5 // College of Electrical Engineering, Zhejiang University
6 //
7 // zhangpy@vlsi.zju.edu.cn
8 //
9 //-----------------------------------------------------------------
10
11 module tb_spi_core ();
12
13   reg         spi_clk;
14   reg         reset_n;
15   reg [7:0]   datain;
16   reg         spi_enable;
17   reg         CS_N;
18
19   wire        MOSI,MISO,SCK;
20
21   M25AA010A u_M25AA_01
22     (
23     .SI(MOSI),
24     .SO(MISO),
25     .SCK(SCK),
26     .CS_N(CS_N),
27     .WP_N(1'b1),
28     .HOLD_N(1'b1),
29     .RESET(~reset_n)
30     );
31
32   spi_core #(.WDWIDTH(8), .CNT(3)) UUT
33     (
34     .reset_n(reset_n),
35     .spi_clk(spi_clk),
36     .datain(datain),
37     .dataout(dataout),
38     .spi_enable(spi_enable),
39     .spi_busy(spi_busy),
```

```
40      .MOSI(MOSI),
41      .MISO(MISO),
42      .SCK(SCK)
43      );
44
45   initial begin
46      #0   spi_clk = 1'b0;
47      #0   reset_n = 1'b0;
48      #0   spi_enable = 1'b0;
49      #0   CS_N = 1'b0;
50      #30  reset_n = 1'b1;
51   end
52
53   always  #500 spi_clk = ~spi_clk;
54
55   initial begin
56      #15000    datain = 'h06; spi_enable = 1'b1; CS_N = 1'b0;
57      #9000                    spi_enable = 1'b0; CS_N = 1'b1;
58      #9000     datain = 'h02; spi_enable = 1'b1; CS_N = 1'b0;
59      #9000     datain = 'h10;
60      #9000     datain = 'h21;
61      #9000     datain = 'h22;
62      #9000     datain = 'h23;
63      #9000     datain = 'h24;
64      #9000     datain = 'h25;
65      #9000     datain = 'h26;
66      #9000                    spi_enable = 1'b0; CS_N = 1'b1;
67      #5100000  datain = 'h03; spi_enable = 1'b1; CS_N = 1'b0;
68      #9000     datain = 'h10;
69      #9000     datain = 'h00;
70      #54000                   spi_enable = 1'b0; CS_N = 1'b1;
71   end
72
73 endmodule
tb_spi_core.v
```

tb_spi_core.v 向存储器的地址 h10 连续写入十六进制 h21～h26，再连续读取地址 h10 开始的 6 个字节。SPI 传输过程如下。

（1）第 56 行，spi_enable 有效，开始 SPI 传输。发送 h06，这是存储器 25AA010A 的写使能命令，存储器 25AA010A 接收到这个命令后才可以写入数据。设置 CS_N 为低电平，这样存储器 25AA010A 被选中，命令 h06 发送给了存储器 25AA010A。

（2）第 57 行，命令 h06 发送后，设置 spi_enable 无效，停止 SPI 传输。这时需要设置 CS_N 为无效（高电平），这是存储器 25AA010A 的功能决定的，它需要 CS_N 的上升沿锁存输入的命令 h06。

（3）第 58 行，锁存命令 h06 后，发送命令 h02，这是存储器 25AA010A 的写命令。这时需要 spi_enable 和 CS_N 都有效。

（4）第 59 行，发送地址 h10。

（5）第 60～65 行，连续写入 6 个数据。存储器 25AA010A 在连续写入时，每次会自动将地址加 1。

（6）第 66 行，写完 6 个数据后，设置 spi_enable 无效，停止 SPI 传输。这时需要设置 CS_N 无效（高电平），以完成整个写操作。

（7）第 67 行，存储器 25AA010A 需要 5000000 ns 将数据写入内部存储单元。等待足够的时间后，开始将这些写入的数据读出，判断 SPI 的读写是否正确。

发送命令 h03，这是存储器 25AA010A 的读命令。

（8）第 68 行，发送地址 h10。

（9）第 69～70 行，发送 6 个周期的 h00,，因为 SPI 的发送和接收是同步的，为了接收 6 个数据，必须发送 6 个数据。

发送 6 个数据后，会同时接收到 6 个数据。第 69 行设置 spi_enable 无效，结束 SPI 传输。同时设置 CS_N 为高电平，这样 CS_N 的上升沿会将读命令锁存。

存储器 25AA010A 的操作请参考它的文档。

3. spi_ctrl 模块设计

spi_ctrl 模块实现对 RX_FIFO 和 TX_FIFO 的调度，通过生成 spi_enable 等信号，实现对 spi_core 的控制。

spi_ctrl 的接口代码如下。

```
15      input                  reset_n,
16      input                  clk,
17
18      input [SPIWIDTH-1:0]  tx_fifo_input,
19      input                  tx_fifo_en,
20      input                  clean_tx_fifo,
21      output                 tx_fifo_full,
22      output                 tx_fifo_empty,
23
24      output [SPIWIDTH-1:0] rx_fifo_output,
25      input                  rx_fifo_en,
26      input                  clean_rx_fifo,
27      output                 rx_fifo_full,
28      output                 rx_fifo_empty,
29
30      output                 spi_busy,
31
32      input                  MISO,
33      output                 MOSI,
34      output                 SCK
```

- clk

控制时钟，一般接 AXI 时钟，100MHz 以上。因此需要通过 spi_clkgen 分频。

- reset_n

复位信号。

- tx_fifo_input[SPIWIDTH-1:0]，tx_fifo_en

当 tx_fifo_en 有效时，将 tx_fifo_input[SPIWIDTH-1:0]写入 TX_FIFO。TX_FIFO 里存储要发送的

数据。

● clean_tx_fifo

清除 TX_FIFO 的内容。

● tx_fifo_full，tx_fifo_empty

TX_FIFO 的 full 和 empty 信号

● rx_fifo_output[SPIWIDTH-1:0]，rx_fifo_en

当 rx_fifo_en 有效时，从 rx_fifo_output 读取 RX_FIFO。RX_FIFO 里存储的是 spi_core 接收的 SPI 传输的数据。

● clean_rx_fifo

清除 RX_FIFO 的内容，由于 SPI 发送和接收是同时发生的，所以在发送数据后，RX_FIFO 里会存储接收的数据，如果这些数据不想接收，那么可以把 RX_FIFO 清空。

● rx_fifo_full，rx_fifo_empty

RX_FIFO 的 full 和 empty 信号，当 rx_fifo_empty 不为“0”时，说明 iic_core 接收到了数据，这时可以从 rx_fifo_output 读取 RX_FIFO 的数据。

● spi_busy

SPI 传输的状态，SPI 传输过程中为高电平，传输完一个字后，为低电平。

● MISO、MOSI 和 SCK

SPI 协议的数据和时钟信号。同样，SPI 协议的片选信号不在本模块中实现，它将在上一级的 AXI 接口模块中实现。

spi_busy_negedge 是 spi_busy 的下降沿，它可以用来表示 SPI 已经完成了一个字的发送，同时表明接收到了一个字。第 58～67 行实现了 spi_busy_negedge。

```
58   always @(posedge clk or negedge reset_n)
59     if (~reset_n) begin
60        spi_busy_prev <= 0;
61        spi_busy_now <= 0;
62     end else begin
63        spi_busy_now <= spi_busy;
64        spi_busy_prev <= spi_busy_now;
65     end
66
67   assign spi_busy_negedge = ~spi_busy_now & spi_busy_prev;
```

spi_ctrl 由一个状态机（第 69～99 行）实现控制，SPI_IDLE 状态时，SPI 处于空状态；SPI_DATA 状态时，读入要发送的数据；SPI_SEND 状态时，发送和接收串行信号。

```
54   parameter  SPI_IDLE = 2'h1;
55   parameter  SPI_DATA = 2'h2;
56   parameter  SPI_SEND = 2'h3;
……
69   always @(posedge clk or negedge reset_n)
70     if (~reset_n) spi_state <= SPI_IDLE;
71     else spi_state <= spi_nextstate;
72
73   always @(*) begin
```

```
74      spi_nextstate <= SPI_IDLE;
75      case (spi_state)
76        SPI_IDLE : spi_nextstate <= tx_fifo_empty ? SPI_IDLE : SPI_DATA;
77        SPI_DATA : spi_nextstate <= SPI_SEND;
78        SPI_SEND : spi_nextstate <= spi_busy_negedge ? SPI_IDLE : SPI_SEND;
79      endcase
80    end
81
82    always @(posedge clk or negedge reset_n)
83      if (~reset_n) begin
84        spi_bitcount <= 0;
85        spi_enable <= 0;
86        tx_rd <= 0;
87      end else begin
88        tx_rd <= 0;
89        spi_enable <= 0;
90        case (spi_nextstate)
91          SPI_DATA : begin
92            spi_bitcount <= SPIWIDTH;
93            spi_enable <= 1;
94            tx_rd <= 1;
95            spi_datain <= tx_data_i;
96          end
97          SPI_SEND : spi_enable <= 1;
98        endcase
99      end
```

SPI_DATA 状态只维持一个时钟周期，这样 tx_rd 只有一个周期为高电平，因此只从 TX_FIFO 读取一个字。

SPI_SEND 状态维持到 spi_busy 信号的下降沿（第 78 行），表明当前的传输完成。

spi_ctrl 模块包含了 TX_FIFO、RX_FIFO、时钟分频和 debounce 电路，完整的代码如下。

```
 1 //-----------------------------------------------------------------------
 2 //
 3 // IMPORTANT: This document is for use only in the <Embedded System Design>
 4 //
 5 // College of Electrical Engineering, Zhejiang University
 6 //
 7 // zhangpy@vlsi.zju.edu.cn
 8 //
 9 //-----------------------------------------------------------------------
10
11 module spi_ctrl
12   #(
13     parameter SPIWIDTH = 8
14     )(
15      input                       reset_n,
```

```
16      input                        clk,
17
18      input [SPIWIDTH-1:0]         tx_fifo_input,
19      input                        tx_fifo_en,
20      input                        clean_tx_fifo,
21      output                       tx_fifo_full,
22      output                       tx_fifo_empty,
23
24      output [SPIWIDTH-1:0]        rx_fifo_output,
25      input                        rx_fifo_en,
26      input                        clean_rx_fifo,
27      output                       rx_fifo_full,
28      output                       rx_fifo_empty,
29
30      output                       spi_busy,
31
32      input                        MISO,
33      output                       MOSI,
34      output                       SCK
35      );
36
37    wire                           spi_clk;
38    wire                           MISO_clean;
39
40
41    reg                            spi_enable;
42    reg [SPIWIDTH-1:0]             spi_bitcount;
43    reg                            tx_rd;
44
45    reg [SPIWIDTH-1:0]             spi_datain;
46    wire [SPIWIDTH-1:0]            spi_dataout;
47    wire [SPIWIDTH-1:0]            tx_data_i;
48
49    reg                            spi_busy_prev, spi_busy_now;
50    wire                           spi_busy_negedge;
51
52    reg [1:0]                      spi_state, spi_nextstate;
53
54    parameter  SPI_IDLE = 2'h1;
55    parameter  SPI_DATA = 2'h2;
56    parameter  SPI_SEND = 2'h3;
57
58    always @(posedge clk or negedge reset_n)
59      if (~reset_n) begin
60        spi_busy_prev <= 0;
61        spi_busy_now <= 0;
62      end else begin
```

```
63        spi_busy_now <= spi_busy;
64        spi_busy_prev <= spi_busy_now;
65      end
66
67    assign spi_busy_negedge = ~spi_busy_now & spi_busy_prev;
68
69    always @(posedge clk or negedge reset_n)
70      if (~reset_n) spi_state <= SPI_IDLE;
71      else spi_state <= spi_nextstate;
72
73    always @(*) begin
74       spi_nextstate <= SPI_IDLE;
75       case (spi_state)
76         SPI_IDLE : spi_nextstate <= tx_fifo_empty ? SPI_IDLE : SPI_DATA;
77         SPI_DATA : spi_nextstate <= SPI_SEND;
78         SPI_SEND : spi_nextstate <= spi_busy_negedge ? SPI_IDLE : SPI_SEND;
79       endcase
80    end
81
82    always @(posedge clk or negedge reset_n)
83      if (~reset_n) begin
84        spi_bitcount <= 0;
85        spi_enable <= 0;
86        tx_rd <= 0;
87      end else begin
88        tx_rd <= 0;
89        spi_enable <= 0;
90        case (spi_nextstate)
91          SPI_DATA : begin
92            spi_bitcount <= SPIWIDTH;
93            spi_enable <= 1;
94            tx_rd <= 1;
95            spi_datain <= tx_data_i;
96          end
97          SPI_SEND: spi_enable <= 1;
98        endcase
99      end
100
101    spi_clkgen u_spi_clkgen_01
102     (
103      .clk(clk),
104      .reset_n(reset_n),
105      .clk_div(spi_clk)
106      );
107
108    spi_fifo #(.WIDTH(SPIWIDTH), .DEPTH(16), .COUNT(4)) u_tx_fifo_01
109     (
```

```
110      .dout(tx_data_i),
111      .data_count(),
112      .empty(tx_fifo_empty),
113      .full(tx_fifo_full),
114      .din(tx_fifo_input),
115      .wr_en(tx_fifo_en),
116      .rd_en(tx_rd),
117      .clean_fifo(clean_tx_fifo),
118      .reset_n(reset_n),
119      .clk(clk)
120      );
121
122   spi_fifo #(.WIDTH(SPIWIDTH), .DEPTH(16), .COUNT(4)) u_rx_fifo_01
123     (
124      .dout(rx_fifo_output),
125      .data_count(),
126      .empty(rx_fifo_empty),
127      .full(rx_fifo_full),
128      .din(spi_dataout),
129      .wr_en(spi_busy_negedge),
130      .rd_en(rx_fifo_en),
131      .clean_fifo(clean_rx_fifo),
132      .reset_n(reset_n),
133      .clk(clk)
134      );
135
136   debounce #(.N(3)) u_debounce_spi_01
137     (
138      .clk(clk),
139      .reset_n(reset_n),
140      .datain(MISO),
141      .dataout(MISO_clean)
142      );
143
144   spi_core #(.WDWIDTH(SPIWIDTH), .CNT(3)) u_spi_core_01
145     (
146      .reset_n(reset_n),
147      .spi_clk(spi_clk),
148      .datain(spi_datain),
149      .dataout(spi_dataout),
150      .spi_enable(spi_enable),
151      .spi_busy(spi_busy),
152      .MOSI(MOSI),
153      .MISO(MISO),
154      .SCK(SCK)
155      );
156
```

```
157 endmodule
spi_ctrl.v
```

spi_ctrl 的仿真验证代码如下。

```
 1 //------------------------------------------------------------------------
 2 //
 3 // IMPORTANT: This document is for use only in the <Embedded System Design>
 4 //
 5 // College of Electrical Engineering, Zhejiang University
 6 //
 7 // zhangpy@vlsi.zju.edu.cn
 8 //
 9 //------------------------------------------------------------------------
10
11 module tb_spi_ctrl ();
12
13   reg            clk;
14   reg            reset_n;
15   reg [7:0]      datain;
16   reg            spi_enable;
17   reg            CS_N;
18
19   reg [7:0]      tx_fifo_input;
20   reg            tx_fifo_en;
21   reg            clean_tx_fifo;
22
23   wire [7:0]     rx_fifo_output;
24   reg            rx_fifo_en;
25   reg            clean_rx_fifo;
26
27   wire           tx_fifo_full;
28   wire           tx_fifo_empty;
29   wire           rx_fifo_full;
30   wire           rx_fifo_empty;
31
32   wire           MOSI,MISO,SCK;
33
34   M25AA010A u_M25AA_01
35     (
36      .SI(MOSI),
37      .SO(MISO),
38      .SCK(SCK),
39      .CS_N(CS_N),
40      .WP_N(1'b1),
41      .HOLD_N(1'b1),
42      .RESET(~reset_n)
43     );
```

```
44
45  spi_ctrl UUT
46    (
47     .reset_n(reset_n),
48     .clk(clk),
49     .tx_fifo_input(tx_fifo_input),
50     .tx_fifo_en(tx_fifo_en),
51     .clean_tx_fifo(clean_tx_fifo),
52     .tx_fifo_full(tx_fifo_full),
53     .tx_fifo_empty(tx_fifo_empty),
54     .rx_fifo_output(rx_fifo_output),
55     .rx_fifo_en(rx_fifo_en),
56     .clean_rx_fifo(clean_rx_fifo),
57     .rx_fifo_full(rx_fifo_full),
58     .rx_fifo_empty(rx_fifo_empty),
59     .spi_busy(spi_busy),
60     .MISO(MISO),
61     .MOSI(MOSI),
62     .SCK(SCK)
63    );
64
65  initial begin
66    #0   clk = 0;
67    #0   reset_n = 0;
68    #0   CS_N = 0;
69    #0   clean_tx_fifo = 0;
70    #0   clean_rx_fifo = 0;
71    #0   rx_fifo_en = 0;
72    #0   tx_fifo_en = 0;
73    #30  reset_n = 1;
74  end
75
76  always  #5 clk = ~clk;
77
78  initial begin
79    #15000    tx_fifo_input = 'h06;  CS_N = 0;    tx_fifo_en = 1;
80    #10                                       tx_fifo_en = 0;
81    #10000                           CS_N = 1;
82
83    #1000     tx_fifo_input = 'h02;  CS_N = 0;    tx_fifo_en = 1;
84    #10       tx_fifo_input = 'h10;
85    #10       tx_fifo_input = 'h21;
86    #10       tx_fifo_input = 'h22;
87    #10       tx_fifo_input = 'h23;
88    #10       tx_fifo_input = 'h24;
89    #10       tx_fifo_input = 'h25;
90    #10       tx_fifo_input = 'h26;
```

```
91      #10                                 tx_fifo_en = 0;
92      #900000                     CS_N = 1;
93      #10000                      CS_N = 0;
94
95      #10       clean_tx_fifo = 1;    clean_rx_fifo = 1;
96      #20       clean_tx_fifo = 0;    clean_rx_fifo = 0;
97
98      #5100000  tx_fifo_input = 'h03;  CS_N = 0;    tx_fifo_en = 1;
99      #10       tx_fifo_input = 'h10;
100     #10       tx_fifo_input = 'h00;
101     #10       tx_fifo_input = 'h00;
102     #10       tx_fifo_input = 'h00;
103     #10       tx_fifo_input = 'h00;
104     #10       tx_fifo_input = 'h00;
105     #10       tx_fifo_input = 'h00;
106     #10                                 tx_fifo_en = 0;
107     #90000                      CS_N = 1;
108   end
109
110 endmodule
tb_spi_ctrl.v
```

其中第 95～96 行将 TX_FIFO 和 RX_FIFO 清空。

第 100～105 行写入了 6 个 0，读取连续的 6 个数值。

spi_ctrl 仿真实验视频参考 video_7.2_spi_ctrl_zju.ogv。

4．AXI 接口和控制寄存器设计

给 spi_ctrl 加上 AXI 接口，即可通过 CPU 访问 SPI 控制器。AXI 接口的设计方法和第 6 章 IIC 的 AXI 接口设计类似。

本节实验只设计完成 SPI 的核心功能，AXI 接口只实现了相关的控制寄存器，包括 cs、wr 和 rd 寄存器。

驱动代码如下。

```
1 //------------------------------------------------------------------
2 //
3 // IMPORTANT: This document is for use only in the <Embedded System Design>
4 //
5 // College of Electrical Engineering, Zhejiang University
6 //
7 // Jian Qian
8 //
9 //------------------------------------------------------------------
10
11 #include "xil_printf.h"
12
13 void write(unsigned char address, unsigned char data);
14 unsigned char read(unsigned char address);
```

```
15 void burstread(unsigned char address,unsigned char* buf, int buf_len);
16
17 unsigned char* cs = (unsigned char*)0x44A00000;
18 unsigned char* wr = (unsigned char*)0x44A0000F;
19 unsigned char* rd = (unsigned char*)0x44A0000E;
20
21 int main()
22 {
23  unsigned char data;
24  unsigned char buf[6];
25
26  xil_printf("Spi Demo\n\r");
27
28  xil_printf("device id:%x\n",read(0x00));
29  xil_printf("device id:%x\n",read(0x01));
30  xil_printf("device id:%x\n",read(0x02));
31  write(0x23,0x96);
32  write(0x25,0x03);
33  write(0x27,0x0c);
34  write(0x2a,0x20);
35  write(0x2c,0x83);
36  write(0x2d,0x02);
37  while(1){
38   burstread(0x0e,buf,6);
39   xil_printf("device x_h:%x\n",buf[1]);
40   xil_printf("device x_l:%x\n",buf[0]);
41   xil_printf("device y_h:%x\n",buf[3]);
42   xil_printf("device y_l:%x\n",buf[2]);
43   xil_printf("device z_h:%x\n",buf[5]);
44   xil_printf("device z_l:%x\n",buf[4]);
45  }
46  return 0;
47 }
48
49 void write(unsigned char address, unsigned char data){
50  int i;
51  unsigned char tmp;
52  *cs = 0;
53  *wr = 0x0a;
54  for(i=0;i<30;i++){continue;}
55  tmp = *rd;
56  *wr = address;
57  for(i=0;i<30;i++){continue;}
58  tmp = *rd;
59  *wr = data;
60  for(i=0;i<30;i++){continue;}
61  tmp = *rd;
```

```
62   *cs = 1;
63 }
64
65 unsigned char read(unsigned char address){
66   int i;
67   unsigned char data;
68   *cs = 0;
69   *wr = 0x0b;
70   for(i=0;i<30;i++){continue;}
71   data = *rd;
72   *wr = address;
73   for(i=0;i<30;i++){continue;}
74   data = *rd;
75   *wr = 0x00;
76   for(i=0;i<30;i++){continue;}
77   data = *rd;
78   *cs = 1;
79   return data;
80 }
81
82 void burstread(unsigned char address,unsigned char* buf, int buf_len){
83   int i,j;
84   unsigned char data;
85   *cs = 0;
86   *wr = 0x0b;
87   for(i=0;i<30;i++){continue;}
88   data = *rd;
89   *wr = address;
90   for(i=0;i<30;i++){continue;}
91   data = *rd;
92   for(j=0;j<buf_len;j++){
93     *wr = 0x00;
94     for(i=0;i<30;i++){continue;}
95     buf[j] = *rd;
96   }
97   *cs = 1;
98   return;
99 }
spi_zju.c
```

burstread 用于读取连续的地址，第 38 行一次读取了 6 个地址。

完成 AXI 接口设计后，封装成 AXI 接口 IP，即可在 SoC 中使用。控制寄存器地址和控制方法与 Xilinx 的 SPI IP 类似。

本节实验视频参考 video_7.3_axi_spi_ip_zju.ogv。

7.5 SPI LCD 控制模块设计

本节介绍如何设计 SPI LCD 控制模块，以及包含 SPI LCD 的 SoC 设计。

本节采用 ILI9806G 驱动的 LCD，ILI9806G 支持 SPI 接口，它的传输协议和 7.4 节所实现的 SPI 协议有一点不同，它每次传输 9 位（每个时钟传输 1 个位），其中最高位 MSB 用来表示当前传输的字节是命令还是数据。MSB 为“0”时表明当前传输字节为命令，MSB 为“1”时表明当前传输字节为数据。

由于本节实验只向 LCD 写数据，不从 LCD 读数据，因此 MISO 线可以不用。

ILI9806G SPI 传输波形如图 7.14 所示。

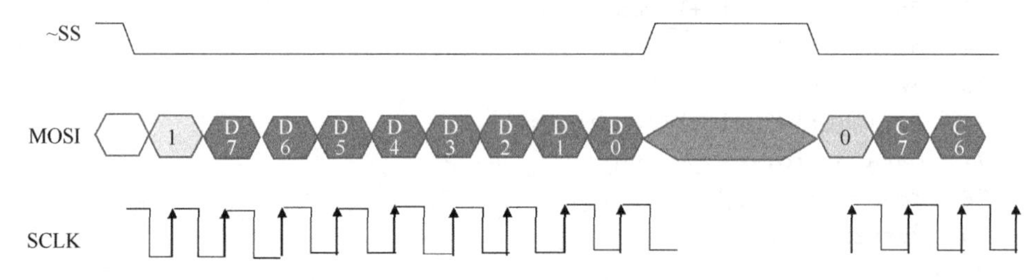

图 7.14　ILI9806G SPI 传输波形

ILI9806G SPI 传输波形与 7.4 节实现的协议不同的地方在于多传输了 1 个位，每个字节（9 位）的最高位用于指示本字节是数据还是命令。本节实验传输的第一个字节是数据，因为最高位 MSB 为“1”。接下来的字节是命令，因为最高位 MSB 为“0”。

本节实验与第 5 章的并行 LCD SoC 实验类似，仅将 LCD 接口改为 SPI，本节实验发送的显示数据格式同样为 RGB565，图 7.15 所示是 ILI9806G SPI RGB565 传输过程。通过 SPI 发送显示数据时，需要按照图 7.15 所示的顺序发送 R/G/B。

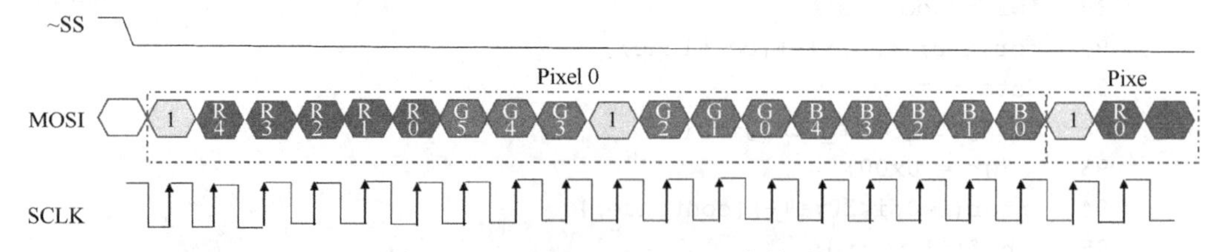

图 7.15　ILI9806G SPI RGB565 传输过程

LCD 的初始化过程和第 5 章类似，可参考本节提供的 lcd_spi.v。

图 7.16 所示是包含 SPI LCD 的 SoC 原理图，从图中可以看出，相对于第 5 章的 SoC，它只改动了 SPI 部分。

xdc 的引脚绑定如下，从 xdc 可以看出，SPI 接口 LCD 所需的引脚数量少于第 5 章的并行接口 LCD 所需引脚数量。

```
        set_property -dict { PACKAGE_PIN J15 IOSTANDARD LVCMOS33 } [get_ports
{ reset_lcd }];

        set_property -dict { PACKAGE_PIN B18 IOSTANDARD LVCMOS33 } [get_ports
{ csky_jtag_tck }];
```

```
set_property CLOCK_DEDICATED_ROUTE FALSE [get_nets csky_jtag_tck_IBUF]

set_property -dict { PACKAGE_PIN A14 IOSTANDARD LVCMOS33 } [get_ports { csky_jtag_trst }];
set_property -dict { PACKAGE_PIN A16 IOSTANDARD LVCMOS33 } [get_ports { csky_jtag_tms }];
set_property -dict { PACKAGE_PIN B17 IOSTANDARD LVCMOS33 } [get_ports { csky_jtag_tdo }];
set_property -dict { PACKAGE_PIN A18 IOSTANDARD LVCMOS33 } [get_ports { csky_jtag_tdi }];

set_property -dict {PACKAGE_PIN H4 IOSTANDARD LVCMOS33} [get_ports rst]
set_property -dict {PACKAGE_PIN H1 IOSTANDARD LVCMOS33} [get_ports csx] # ~SS
set_property -dict {PACKAGE_PIN G4 IOSTANDARD LVCMOS33} [get_ports sdi] # MOSI
set_property -dict {PACKAGE_PIN G2 IOSTANDARD LVCMOS33} [get_ports scl] # SCLK
```

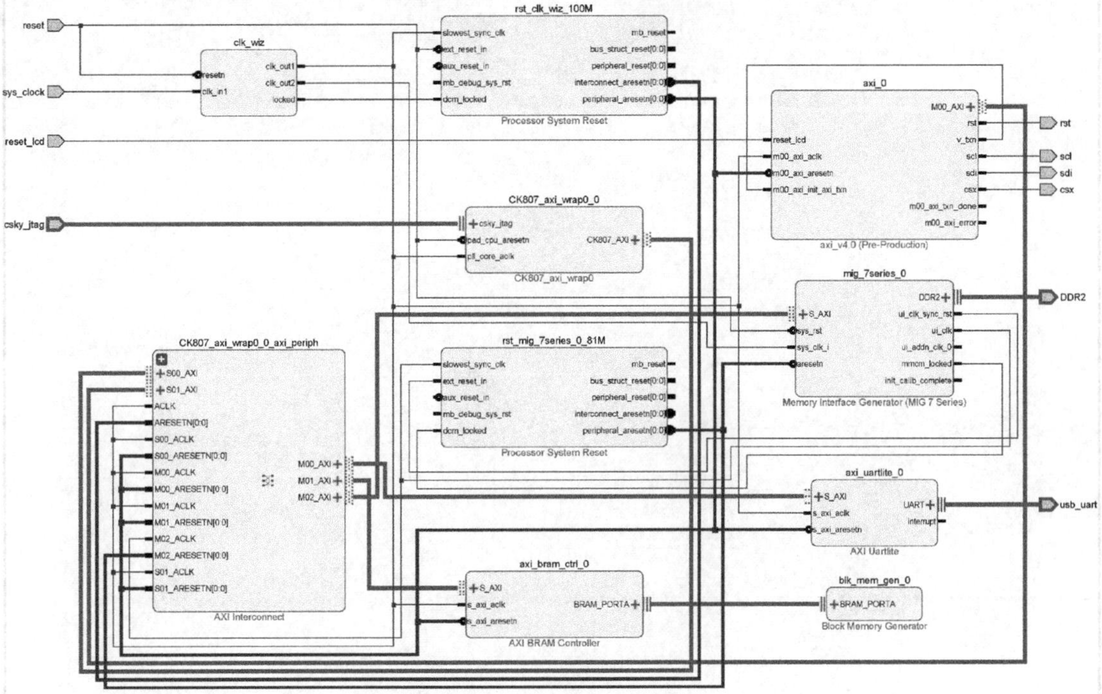

图 7.16　CK807 SPI LCD SoC 原理图

本节实验参考视频 video_7.4_axi_spi_lcd_zju.ogv。

由于本节的 SPI 接口实际只有一根信号线全摆幅地传输数据，因此相对于第 5 章的并行接口，通过 SPI 接口传输视频数据较慢，无法实现视频在 LCD 上的实时显示。提高 LCD 视频传输带宽，需要使用更快的协议，如高速差分串行的 mipi 或 mDP 等。在后续章节会介绍 mipi 等协议的实现。

嵌入式系统芯片设计——实验手册

Chapter 7：SPI 模块设计

Module A：SPI 三轴加速度传感器 SoC 设计

浙江大学超大规模集成电路研究所
http://vlsi.zju.edu.cn

实验简介

完成简单的基于 CK807/CK803 的 SoC 硬件电路，读取三轴加速度传感器。

目标

1．设计 AXI SPI SoC 硬件电路。

2．读取三轴加速度。

背景知识

SPI 协议

实验难度与所需时间

实验难度：█ ░ ░ ░ ░

所需时间：2.0h

实验所需资料

1．7.1 节、7.2 节和 7.3 节

2．AXI Quad SPI v3.2 LogiCORE IP Product Guide

3．ADXL362 Data Sheet

实验设备

1．Nexys-4 DDR FPGA 开发板

2．CK803/CK807 IP

3．CKCPU 下载器

4．逻辑分析仪/示波器

参考视频

video_7.1_axi_spi_demo_zju.ogv（video_7.1）

实验步骤

A．硬件设计

1．参考视频 video_7.1。

2．按照视频演示的步骤，实现 SPI SoC。

B．软件设计

1．参考 ck807x.c。

2．读取三轴加速度值。

串口正确显示三轴加速度信息，表明本节实验已经完成。

实验提示

阅读 Xilinx Quad SPI 文档 和 ADXL362 Data Sheet。

拓展实验

采样并输出 SPI 信号，用逻辑分析仪解码。

嵌入式系统芯片设计——实验手册

Chapter 7：SPI 模块设计

Module B：AXI SPI 设计

浙江大学超大规模集成电路研究所

http://vlsi.zju.edu.cn

实验简介
设计 AXI SPI。
目标
1．设计 AXI SPI。 2．读取三轴加速度。
背景知识
SPI 协议
实验难度与所需时间
实验难度：█ █ █ ░ ░ 所需时间：6.0h
实验所需资料
7.4 节
实验设备
1．Nexys-4 DDR FPGA 开发板 2．CK803/CK807 IP 3．CKCPU 下载器 4．逻辑分析仪/示波器
参考视频
1．video_7.2_spi_ctrl_zju.ogv（video_7.2） 2．video_7.3_axi_spi_ip_zju.ogv（video_7.3）
实验步骤
A．硬件设计 1．参考视频 video_7.2。 2．按照视频演示的步骤，仿真验证 spi_ctrl。 3．生成 AXI Lite Slave 模板，修改模板，给 spi_ctrl 加上 AXI 接口。 4．参考视频 video_7.3，设计 SPI SoC。 B．软件设计 1．参考 zju_spi/demo.c。 2．读取三轴加速度值。 串口正确显示三轴加速度信息，表明本节实验已经完成。
实验提示
给 spi_ctrl 加上 AXI Lite 接口，其方法与第 6 章的 IIC 类似。
可以用 ila 调试 AXI 接口。
拓展实验
采样并输出 SPI 信号，用逻辑分析仪解码。

嵌入式系统芯片设计——实验手册

Chapter 7：SPI 模块设计

Module C：SPI LCD SoC 设计

浙江大学超大规模集成电路研究所

http://vlsi.zju.edu.cn

实验简介
设计 SPI LCD SoC。
目标
1．设计 SPI LCD SoC。 2．读取三轴加速度。
背景知识
SPI 协议
实验难度与所需时间
实验难度：■■■■▒ 所需时间：8.0h
实验所需资料
7.5 节
实验设备
1．Nexys-4 DDR FPGA 开发板
2．CK803/CK807 IP
3．CKCPU 下载器
4．SPI LCD
5．逻辑分析仪/示波器
参考视频
video_7.4_axi_spi_lcd_zju.mp4（video_7.4）
实验步骤
A．硬件设计 1．参考视频 video_7.4。 2．修改 7.B 实验得到的 AXI SPI IP，让它支持 SPI LCD。 3．设计 SPI LCD SoC，驱动 LCD 和三轴传感器。 B．软件设计 给 SPI LCD 编写驱动软件，显示图片和文字。 将三轴传感器的值显示在 LCD 上。
实验提示
图片显示可参考第 5 章。 文字显示需要使用字库，请自行查阅相关知识。
拓展实验
1．以图形方式显示三轴传感器的加速度值。 2．给 SoC 加上温度传感器，用图形方式显示温度值。 3．直接读取 ADXL362 的温度寄存器，用图形方式显示温度。

第 8 章　AHB 总线 CK803

本章介绍如何用 AHB 接口的 CK803 设计 SoC。

AHB/APB 总线是 AXI 总线的早期版本，它的特点是性能相对较低，但功耗也较低，因此目前还有很多场合使用 AHB 总线。采用 AHB 总线的 CK803 CPU 性能低于 CK807，但功耗和成本远低于 CK807，因此适用于功耗和成本等较低，同时对性能要求不高的场合。

使用 AHB 接口的 CPU 设计 SoC，与使用 AXI 接口的 CPU 设计 SoC 类似。通常要求 SoC 采用 AHB/APB 总线，CPU 和所有的 IP 都使用 AHB/APB 接口。

另一种方法是将 AHB 接口通过 AHB to AXI Bridge 转成 AXI 接口后用于 AXI 总线 SoC。这种方法可以在 AXI 总线上使用一些已经过验证的 AHB 接口 IP，不需要将这些 AHB 接口 IP 重新设计成 AXI 接口。对于本书的实验，这种方法可以更好地利用 Vivado 提供的设计环境，简化设计过程。

8.1　AHB 总线协议

AHB 总线是 AXI 的早期版本，AHB 主机的信号线如表 8.1 所示。

表 8.1　AHB 主机的信号线

信 号 名		功　能
HCLK	output	总线时钟
HRESETn	output	低电平有效总线复位
HADDR[31:0]	output	地址总线
HTRANS[1:0]	output	传输类型（IDLE、BUSY、NONSEQ、SEQ）
HWRITE	output	读写信号位，1=写，0=读
HSIZE[2:0]	output	传输字节数
HBURST[2:0]	output	突发类型
HPROT[3:0]	output	保护
HWDATA[31:0]	output	写数据总线
HSELx		slave 选择信号
HRDATA[31:0]	input	读数据总线
HREADY	input	传输完成
HRESP	input	传输响应
HBUSERQx	output	主机向仲裁器发出的总线请求
HLOCKx	output	传输锁定
HGRANTx	input	占用总线确认

AHB 总线传输与 AXI 类似，图 8.1 所示是一次典型的 AHB 传输过程。

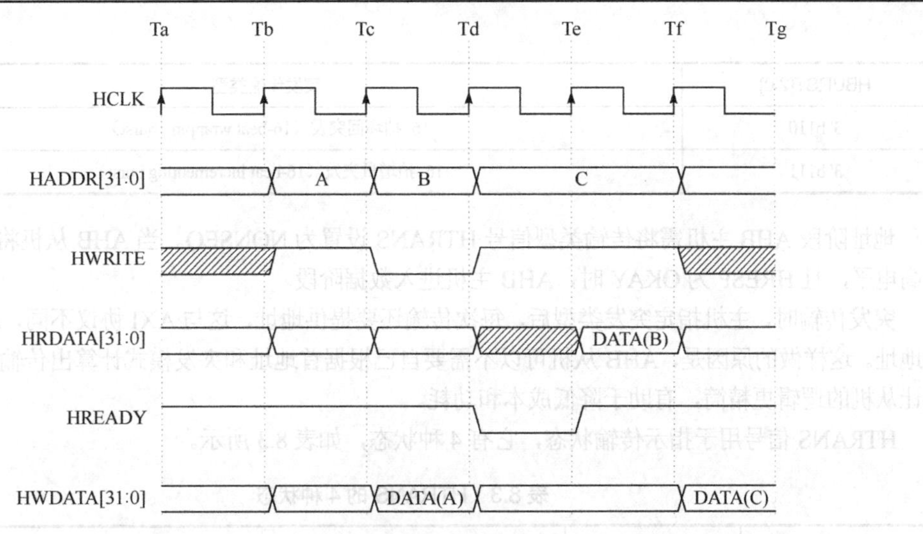

图 8.1　AHB 传输

Tb 时刻，主机设置 HWRITE 为高电平，写操作。同时主机设置 HADDR 地址。

Tc 时刻，主机设置 HWDATA 为 DATA(A)，为地址 A 对应的数据。

Td 时刻，从机设置 HREADY 为低电平，表明从机这一周期不能传输数据。

Te 时刻，从机设置 HREADY 有效，同时输出地址 B 的数据 DATA(B)。

Tf 时刻，HWDATA 输出地址 C 的数据 DATA(C)。

HWRITE 为总线读写标志位，高电平时为写操作，低电平为读操作。

AHB 主机发起的读写过程包括 3 个阶段：总线请求阶段（Bus Request Phase）、地址阶段（Address Phase）和数据阶段（Data Phase）。

总线请求阶段，发起读写的 AHB 主机将 HBUSREQx 置为高电平，如果需要进行锁定的访问（独占总线），则将 LOCKx 置为高电平。当仲裁器的总线授予信号 HGRANTx 和输入的传输完成信号 HREADY（表明相应从机已做好通信的准备）同时有效时，AHB 主机即可进入地址阶段。

地址阶段，AHB 主机将访问地址放在地址总线 HADDR 上，同时设置好数据大小信号 HSIZE 和控制信号 HPROT、HWRITE、HBURST。

HPROT 信号决定传输保护的类型。

HWRITE 信号表明接下来的传输过程是读还是写，高电平为写，低电平为读。

HBURST 表明传输的突发类型，有 8 种不同的类型，如表 8.2 所示。突发传输不能跨越 1KB 的地址边界。

表 8.2　HBURST 的 8 种类型

HBURST[2:0]	突发传输类型
3' b000	单次传输
3' b001	未指定长度的增量突发
3' b010	4 拍环回突发（4-beat wrapping burst）
3' b011	4 拍增量突发（4-beat incrementing burst）
3' b100	8 拍环回突发（8-beat wrapping burst）
3' b101	8 拍增量突发（8-beat incrementing burst）

续表

HBURST[2:0]	突发传输类型
3' b110	16 拍环回突发（16-beat wrapping burst）
3' b111	16 拍增量突发（16-beat incrementing burst）

地址阶段 AHB 主机需将传输类型信号 HTRANS 设置为 NONSEQ。当 AHB 从机将 HREADY 置为高电平，且 HRESP 为 OKAY 时，AHB 主机进入数据阶段。

突发传输时，主机指定突发类型后，每次传输还要提供地址，这与 AXI 协议不同，AXI 只用提供首地址。这样做的原因是，AHB 从机可以不需要自己根据首地址和突发模式计算出传输地址，这样可以让从机的逻辑更精简，有助于降低成本和功耗。

HTRANS 信号用于指示传输状态，它有 4 种状态，如表 8.3 所示。

表 8.3 HTRANS 的 4 种状态

HTRANS[1:0]	类　型	说　明
2' b00	IDLE	空闲状态
2' b01	BUSY	主机忙，下一个周期不能传输数据，本周期继续突发模式传输数据和下一个地址
2' b10	NONSEQ	单次传输或突发模式的第一个传输，地址和控制信号与前一个传输无关
2' b11	SEQ	突发模式，地址和控制信号在上一次传输中被采样

IDLE 状态时，主机获得总线传输权限，但没有数据传输。

BUSY 状态时，主机暂停一个周期的传输。主机在没空处理传输时，通过 BUSY 状态暂停数据的传输。

NONSEQ 状态用于单次传输或突发模式的第一个传输。这时传输的地址和控制信号与前一个传输无关。因此从机要读取 NONSEQ 状态时的地址和控制信号，接下来再传输数据。

SEQ 状态用于突发模式，这时地址和控制信号是上一次传输时采样的，本周期传输数据（用上一次传输采样进来的地址）。同时本次传输输出下一次传输的地址和控制信号。

数据阶段，突发类型将决定传输过程。AHB 主机在传输当前数据时将下一次传输的地址放在地址总线上。

如果传输类型为单次传输，主机将 HTRANS 设置为 IDLE。在写传输时，同时将写数据放在写数据总线 HWDATA 上，当 HREADY 变为高电平且 HRESP 为 OKAY 时，表明 AHB 从机已写入数据，传输完成。在读传输下，其等待 HREADY 为高电平且 HRESP 为 OKAY 时，将数据从读数据总线 HRDATA 上读入，传输完成。

如果传输类型为未指定长度的增量突发，若当前传输为最后一个数据的传输，则主机将 HTRANS 设置为 IDLE，否则设置为 SEQ 或 NONSEQ，同时将下一次传输的地址放在地址总线上。

对于固定长度的增量突发或环回突发，地址和读写数据的时序与未指定长度的增量突发相同，只是此时传输数据的个数是确定的，下一次传输的数据地址是也可预测的。从机可以通过突发模式提前计算出地址，或者不通过突发模式，从总线上读取地址。

图 8.2 所示是突发模式写操作。其中主机用了一次 BUSY 暂停一个周期的传输，从机用了一次 HREADY 暂停了一个周期的传输。

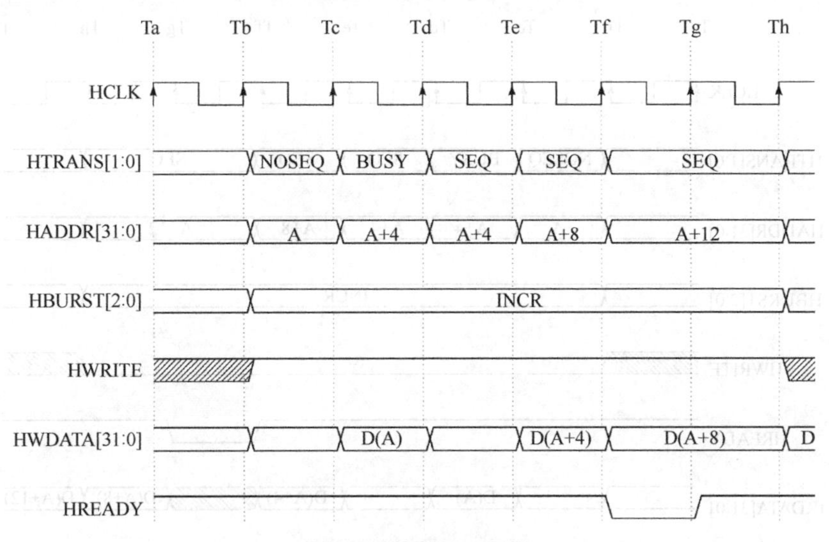

图 8.2 突发模式写操作

传输过程如下，注意所有当前时钟周期发送的信号要下一个时钟周期才能采样到。

（1）Tb 之前，从机设置 HREADY 有效，表明可以接收。

（2）Tb 时刻，主机采样到 HREADY 有效，于是设置 HTRANS 为 NOSEQ，表明传输是非突发或突发的第一次。这样告诉从机，需要读取这个周期输出的地址和控制信号，数据在下一个周期。主机在 Tb 时刻输出 HADDR 地址和控制信号。因为 HREADY 有效，所以主机认为本周期发送的 HADDR 被从机接收了，从机在 Tc 时刻接收了地址 A。Tb 时刻设置 HWRITE 有效，表明这是写操作。

（3）Tc 时刻，主机采样到 HREADY 有效，因此在 HWDATA 发送数据 D(A)。同时主机在 HWADDR 发送下一个传输的地址(A+4)。由于下一个周期无法发送数据，因此主机设置 HTRANS 为 BUSY，这将于 BUSY 在 Td 时刻被从机采样到。

Tc 时刻，从机采样到 HTRANS 为 NOSEQ，地址 HADDR 为 A。这些值都是主机在 Tb 时刻输出的。因为 HTRANS 为 NOSEQ，因此从机知道这个周期只发送了地址和控制信号，没有数据传输。

（4）Td 时刻，从机采样到数据 HWDATA 为 D(A)，完成了第一个数据的传输。从机采样到下一个传输的地址(A+4)，同时 HTRANS 为 BUSY，因此知道下一个周期主机不发送数据。这一时刻主机继续保持地址(A+4)不变。

（5）Te 时刻，由于上一个周期采样到 HTRANS 为 BUSY，因此从机在 Te 时刻不采样 HWDATA 的数据。主机发送下一个传输的地址(A+8)。

（6）Tf 时刻，从机采样到 HWDATA 为 D(A+4)，完成第二个数据的传输。主机继续发送下一个传输的地址(A+12)，在 HWDATA 发送数据 D(A+8)。

Tf 时刻，从机下一个时钟周期不能进行传输，因此将 HREADY 置为低电平。

（7）Tg 时刻，主机采样到 HREADY 无效，知道从机本周期不能传输，因此保持地址数据和控制信号不变。

（8）Th 时刻，主机采样到 HREADY 有效，因此知道上一个周期的数据 D(A+8)被从机采样到。主机继续发送下一个传输地址。

图 8.3 所示是突发模式读操作，过程类似。在 Tf 时刻，从机不能发送数据，因此输出 HREADY 为低电平，同时 HRDATA 输出数据无效。

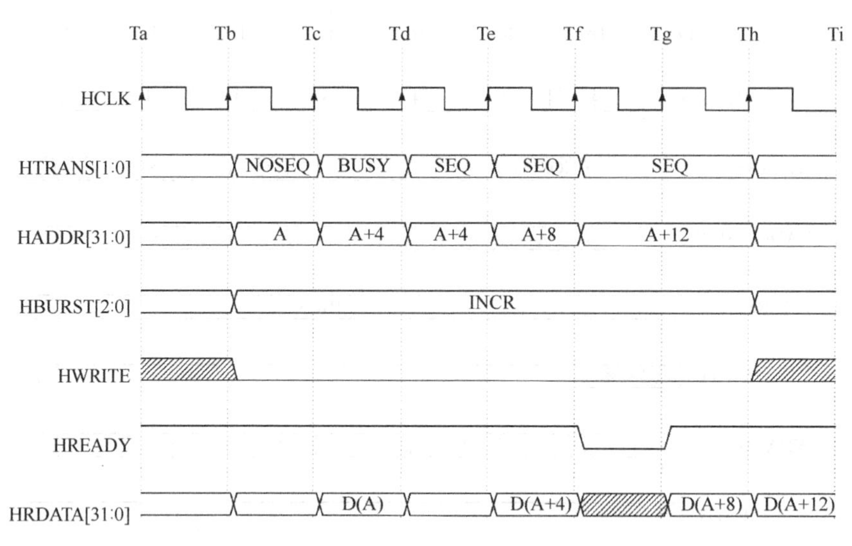

图 8.3 突发模式读操作

图 8.4 所示是 4-beat wrapping 突发模式写，这种模式地址以 16 个字节为边界，所以图中地址顺序为 0x38-0x3C-0x30-0x34。

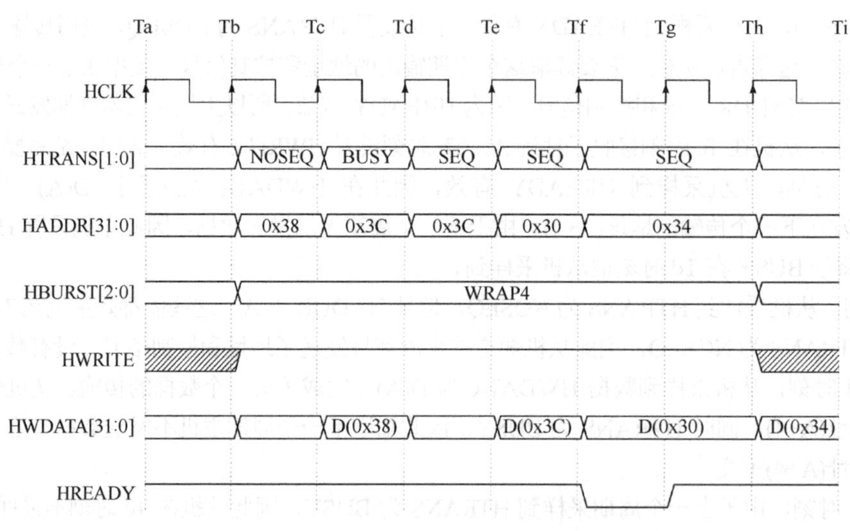

图 8.4 4-beat wrapping 突发模式写

图 8.5 所示是 4-beat incrementing 突发模式写，这种模式地址递增，所以图中地址顺序为 0x38-0x3C-0x40-0x44。

8-beat wrapping 突发模式与 4-beat wrapping 类似，如果第一个地址是 0x38，那么突发模式的地址顺序为 0x38-0x3C-0x20-0x24-0x28-0x2C-0x30-0x34。16-beat wrapping 突发模式地址类推。

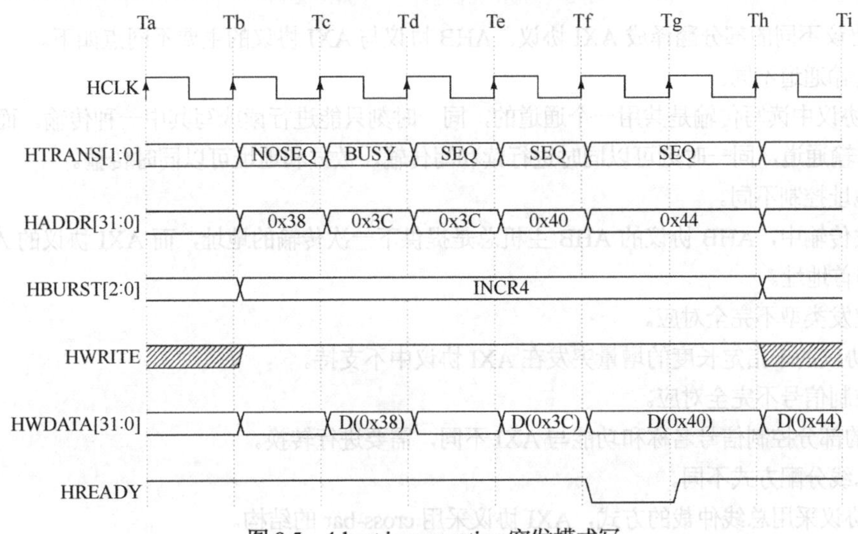

图 8.5　4-beat incrementing 突发模式写

8.2　CK803 SoC

本章实验采用 AHB 转成 AXI 的方法在 SoC 中连接 CK803。本节采用 Vivado 提供的 AHB to AXI Bridge 完成总线协议的转换，8.3 节介绍如何设计实现 AHB to AXI Bridge。

在 Vivado 中使用 CK803 非常简单，与 CK807 方法类似，只需在 CK803 的 AHB 总线上接上 AHB to AXI Bridge，这样 SoC 就可以通过 AXI 总线实现互连了。

图 8.6 所示是 CK803 的 SoC 原理图，实验步骤参考视频 video_8.1_ck803_soc_zju.ogv。

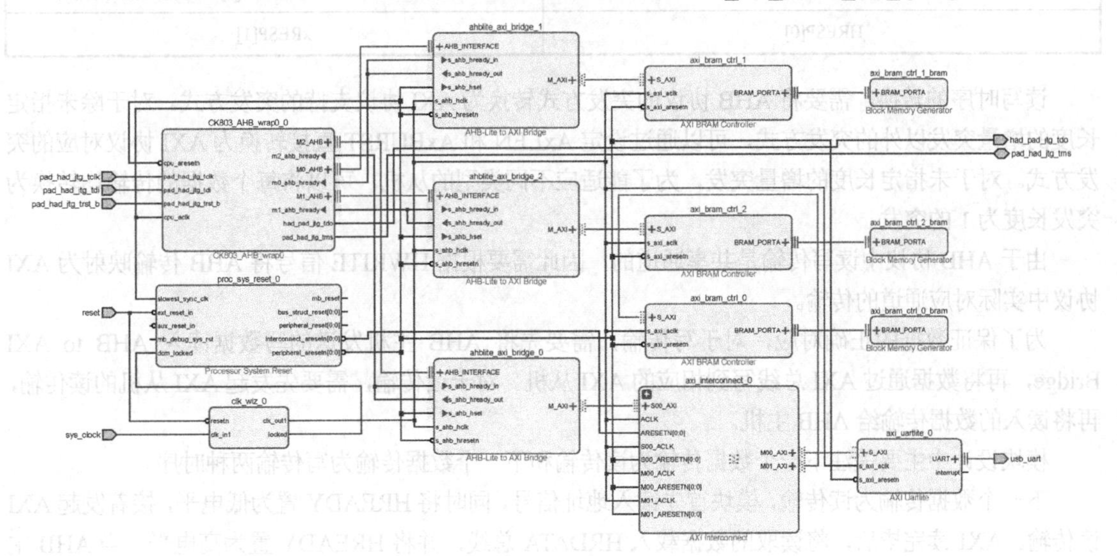

图 8.6　CK803 SoC

8.3　AHB to AXI Bridge

本节介绍如何设计 AHB to AXI Bridge。要将 AHB 接口转接成 AXI 接口，必须将 AHB 协议中所有与 AXI 协议不同的部分翻译成 AXI 协议。AHB 协议与 AXI 协议的主要不同点如下。

（1）传输通道不同。

AHB 协议中读写传输是共用一个通道的，同一时刻只能进行读或写其中一种传输。而 AXI 协议包括 5 个传输通道，同一时刻可以同时进行读和写传输，数据和地址可以同时传输。

（2）地址控制不同。

在突发传输中，AHB 协议的 AHB 主机总是提供下一次传输的地址，而 AXI 协议的 AXI 主机只提供传输的首地址。

（3）突发类型不完全对应。

AHB 协议的未指定长度的增量突发在 AXI 协议中不支持。

（4）控制信号不完全对应。

AHB 的部分控制信号名称和功能与 AXI 不同，需要进行转换。

（5）总线分配方式不同。

AHB 协议采用总线仲裁的方式，AXI 协议采用 cross-bar 的结构。

AHB to AXI Bridge 需要完成控制信号的转换和读写时序的转换。

部分控制信号的对应关系如表 8.4 所示，对于未列出的控制信号位，可以设置为默认值，也可以根据需要（如是否需要安全访问等）设置为特定值。

表 8.4　部分控制信号的对应关系

AHB 控制信号位	AXI 控制信号位
HPROT[0]	~AxPROT[2]
HPROT[1]	AxPROT[0]
HPROT[2]	AxCACHE[0]
HRESP[0]	xRESP[1]

读写时序的转换，需要将 AHB 协议的突发方式转换为 AXI 协议支持的突发方式。对于除未指定长度的增量突发以外的突发方式，可以通过设定 AxLEN 和 AxBURST 直接转换为 AXI 协议对应的突发方式。对于未指定长度的增量突发，为了能适应不同类型的从机，可以将每个数据的传输均转换为突发长度为 1 的突发。

由于 AHB 协议中读写传输是共享通道的，因此需要根据 HWRITE 信号将 AHB 传输映射为 AXI 协议中实际对应通道的传输。

为了保证数据的正确对应，对于写传输，需要先将 AHB 主机发送的写数据读入 AHB to AXI Bridge，再将数据通过 AXI 总线写到相应的 AXI 从机。对于读传输，需要先发起 AXI 从机的读传输，再将读入的数据传输给 AHB 主机。

模块设计中主要关注下一个数据传输为读传输和下一个数据传输为写传输两种时序。

下一个数据传输为读传输，模块首先读入地址信号，同时将 HREADY 置为低电平，接着发起 AXI 读传输。AXI 读完毕后，将读取的数据载入 HRDATA 总线，并将 HREADY 置为高电平。当 AHB 主机在非 BUSY 状态读到 HREADY 为高电平后，进入下一个数据的传输。如果 AXI 读传输产生异常响应，则模块将该异常通过映射关系，转换为 AHB 协议中的异常，并传输给 AHB 主机。

下一个数据传输为写传输，模块同样读入地址信号，但必须置 HREADY 为高电平以使 AHB 主机将数据载入 HWDATA 总线。此时模块读入数据，并暂存下一个数据的地址，同时将 HREADY 置为低电平，接着发起 AXI 写传输。AXI 读完毕后，将 HREADY 置为高电平。当 AHB 主机在非 BUSY 状态读到 HREADY 为高电平后，进入下一个数据的传输。如果 AXI 写传输产生异常响应，则模块将该异常通过映射关系，转换为 AHB 协议中的异常，并传输给 AHB 主机。

如果 AXI 传输产生异常，AHB to AXI Bridge 模块总是能在正常响应 AHB 主机之前产生异常响应，而不是产生当前传输的正常响应后再产生异常响应，从而避免异常响应所指示的传输与实际发生异常的传输不符。

AHB to AXI Bridge 模块以一个状态机来实现，其状态转换图如图 8.7 所示。

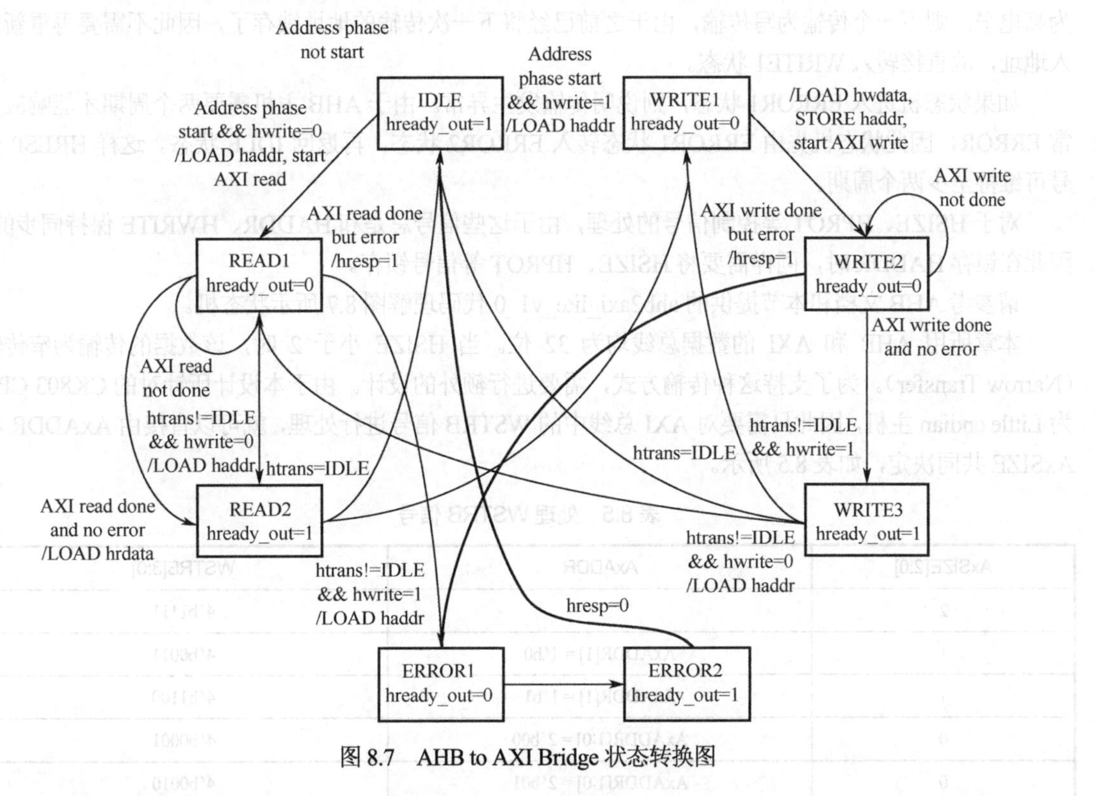

图 8.7　AHB to AXI Bridge 状态转换图

在没有 AHB 主机发起传输时，状态机处于 IDLE 状态。当有 AHB 主机发起传输时（HSELx ='1', HREADY_IN ='1'，且 HTRANS = NONSEQ），根据 HWRITE 信号决定转入 READ1 或 WRITE1 状态。

当 HWRITE 为低电平时，状态机将 HADDR 上的地址信号存入 ARADDR，发起 AXI 读传输，并转入 READ1 状态。

当 HWRITE 为高电平时，状态机将地址信号存入写地址临时寄存器 AWADDR_TMP，并转入 WRITE1 状态。

在 READ1 状态下，当 AXI 读传输未完成时，状态机在 READ1 状态等待。当 AXI 读传输完成后，状态机根据 RRESP 判断是否进入异常响应。若有异常，则进入 ERROR1 状态，同时将 HRESP 设置为 ERROR。若无异常，则将由 AXI 读入的数据 RDATA 写在 HRDATA 总线上，并进入 READ2 状态。

在 READ2 状态，状态机根据 HTRANS 信号判断传输是否继续。若 HTRANS = IDLE，则传输结束，状态返回 IDLE。若 HWRITE 为低电平，则下一个传输为读传输，状态机锁存 HADDR 并进入 READ1 状态。若 HWRITE 为高电平，则下一个传输为写传输，状态机执行与从 IDLE 进入 WRITE1 时相同的操作（将 HADDR 存入写地址临时寄存器 AWADDR_TMP，并进入 WRITE1 状态）。

在 WRITE1 状态下，状态机将 AWADDR_TMP 中的地址载入 AWADDR，同时将 HWDATA 上的数据载入 WDATA，而将此时在 HADDR 总线上的下一次传输的地址载入 AWADDR_TMP，并发起

AXI 写传输，进入 WRITE2 状态。

与 READ1 状态相似，WRITE2 状态下，状态机维持状态直到 AXI 写传输完成，并根据 BRESP 判断是否进入异常响应。若有异常，则进入 ERROR1 状态，同时将 HRESP 设置为 ERROR。否则，进入 WRITE3 状态。

与 READ2 状态相似，在 WRITE3 状态下，若 HTRANS＝IDLE，则传输结束，状态返回 IDLE。若 HWRITE 为低电平，则下一个传输为读传输，状态机锁存 HADDR 并进入 READ1 状态。若 HWRITE 为高电平，则下一个传输为写传输，由于之前已经将下一次传输的地址锁存了，因此不需要再重新载入地址，故直接转入 WRITE1 状态。

如果状态机进入 ERROR1 状态，则说明传输发生异常。由于 AHB 主机需要两个周期才能响应异常 ERROR，因此状态机先由 ERROR1 状态转入 ERROR2 状态，再返回 IDLE 状态。这样 HRESP 信号可维持至少两个周期。

对于 HSIZE、HPROT 等控制信号的处理，由于这些信号总是和 HADDR、HWRITE 保持同步的，因此在锁存 HADDR 时，同样需要将 HSIZE、HPROT 等信号锁存。

请参考 AHB 文档和本节提供的 ahb2axi_lite_v1_0 代码理解图 8.7 所示状态机。

本章所用 AHB 和 AXI 的数据总线均为 32 位。当 HSIZE 小于 2 时，该数据的传输为窄传输（Narrow Transfer）。为了支持这种传输方式，需要进行额外的设计。由于本设计所针对的 CK803 CPU 为 Little endian 主机，因此只需要对 AXI 总线中的 WSTRB 信号进行处理，就可以直接由 AxADDR 和 AxSIZE 共同决定，如表 8.5 所示。

表 8.5 处理 WSTRB 信号

AxSIZE[2:0]	AxADDR	WSTRB[3:0]
2	/	4′b1111
1	AxADDR[1]＝1′b0	4′b0011
1	AxADDR[1]＝1′b1	4′b1100
0	AxADDR[1:0]＝2′b00	4′b0001
0	AxADDR[1:0]＝2′b01	4′b0010
0	AxADDR[1:0]＝2′b10	4′b0100
0	AxADDR[1:0]＝2′b11	4′b1000

8.4 AHB to AXI Bridge 模块验证

为了验证 8.3 节设计的 AHB to AXI Bridge 模块功能的正确性，需要将该模块接入 SoC 进行测试。图 8.8 所示是 AHB to AXI Bridge 模块的测试系统，其中包括一个 CK803 CPU，一个时钟生成单元，一个复位信号生成单元，8.3 节设计的 AHB to AXI Bridge 模块和两个 Vivado 提供的 AHBLite to AXI Bridge IP，一个 AXI Interconnect IP，三个 AXI Block Memory Controller IP 和对应的 Block Memory，一个 AXI Uartlite IP 和一个 DDR 控制器 IP。

自主设计的 AHB to AXI Bridge 模块与 CK803 的 M2 端口连接，另一端接入 AXI Interconnect IP。三个 AXI Block Memory Controller IP 中一个接入 AXI Interconnect IP，起始地址设置为 0x00000000，另外两个分别通过 AHB to AXI Bridge IP 连接到 CK803 的 M1 和 M0 端口，设置起始地址为 0x10000000 和 0x20000000。AXI Uartlite IP 和 DDR 控制器 IP 均接入 AXI Interconnect IP，AXI Uartlite IP 的起始地址为 0x40600000，DDR 控制器 IP 的起始地址设置为 0x80000000。

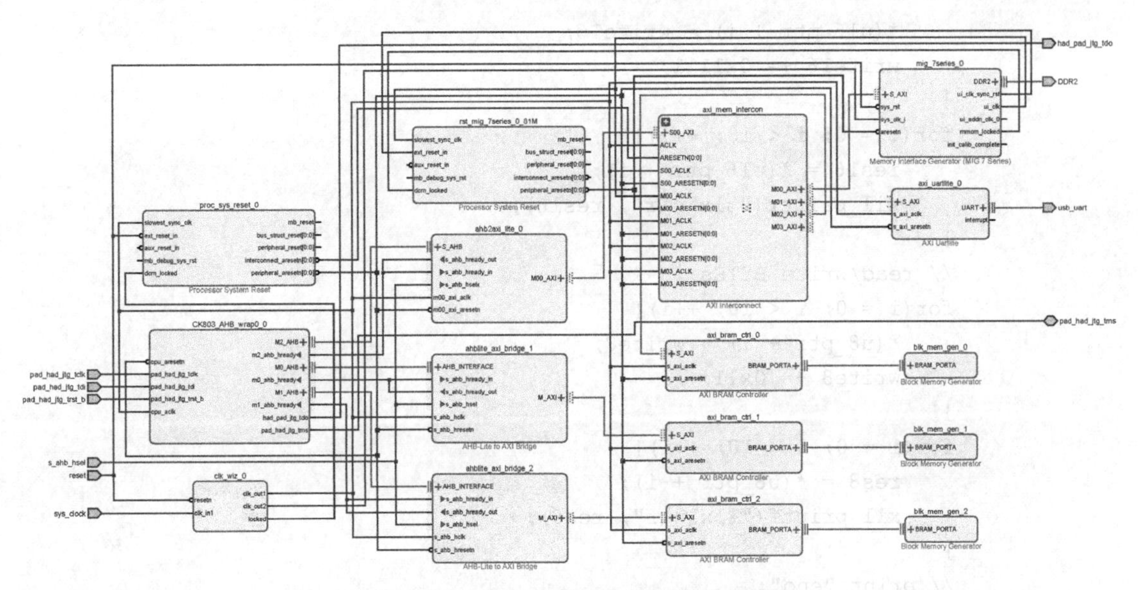

图 8.8　AHB to AXI Bridge 模块的测试系统

测试代码如下。

```
int main() {
    // TODO
    char tmp[20] = {"Hello World!"};
    u32 * u32_ptr = (u32 *)0x80001000;
    u32 write32 = 0xaaaaaaaa;
    u32 res32;
    u16 * u16_ptr = (u16 *)0x80001102;
    u16 write16 = 0x0000;
    u16 res16;
    u8 * u8_ptr = (u8 *)0x80001201;
    u8 write8 = 0xff;
    u8 res8;
    int i;

    // print "Hello world!"
    xil_printf("%s\n\r", tmp);
    // read/write DWORDs;
    for(i = 0; i < 10; ++i){
        *(u32_ptr + i) = write32;
        write32 -= 0x11111111;
    }
    for(i = 0; i < 10; ++i){
        res32 = *(u32_ptr + i);
        xil_printf("%lx\n\r", res32);
    }
    // read/write WORDs;
    for(i = 0; i < 10; ++i){
```

```
            *(u16_ptr + i) = write16;
            write16 += 0x1111;
        }
        for(i = 0; i < 10; ++i){
            res16 = *(u16_ptr + i);
            xil_printf("%lx\n\r", res16);
        }
        // read/write BYTEs;
        for(i = 0; i < 10; ++i){
            *(u8_ptr + i) = write8;
            write8 -= 0x11;
        }
        for(i = 0; i < 10; ++i){
            res8 = *(u8_ptr + i);
            xil_printf("%lx\n\r", res8);
        }
        // print "end";
        xil_printf("end\n\r");

        return 0;
    }
```

测试的内容主要包括以下几部分。

（1）通过串口打印“Hello World!”。

（2）向 DDR 控制器的有效地址内连续写入 U32 类型的数据。

（3）从写入数据的地址内连续读出 U32 类型的数据，通过串口打印。

（4）向 DDR 控制器的有效地址内连续写入 U16 类型的数据。

（5）从写入数据的地址内连续读出 U16 类型的数据，通过串口打印。

（6）向 DDR 控制器的有效地址内连续写入 U8 类型的数据。

（7）从写入数据的地址内连续读出 U8 类型的数据，通过串口打印。

测试 2 用于检测 AHB to AXI Bridge 模块的 32 位数据写传输功能。

测试 3 用于检测模块的 32 位数据读传输功能。

测试 4 用于检测模块的 32 位数据写传输功能。

测试 5 用于检测模块的 16 位数据读传输功能。

测试 6 用于检测模块的 16 位数据写传输功能。

测试 7 用于检测模块的 8 位数据读传输功能。

测试 4～7 主要用于检测 AHB to AXI Bridge 模块的 Narrow Transfer 功能。

AHB to AXI Bridge 的 IP 封装、SoC 设计和软件测试过程参考视频 video_8.2_ahb2axi_soc_zju.ogv。

嵌入式系统芯片设计——实验手册

Chapter 8：AHB 总线 CK803

Module A：CK803 SoC

浙江大学超大规模集成电路研究所
http://vlsi.zju.edu.cn

实验简介

设计完成基于 CK803 的 SoC 硬件电路。

目标

1. 设计基于 AHB 接口的 SoC 硬件电路。
2. 设计 AHB to AXI Bridge。

背景知识

AXI/AMBA 协议

实验难度与所需时间

实验难度：■ ■ ░ ░ ░

所需时间：4.0h

实验所需资料

第 8 章

实验设备

1. Nexys-4 DDR FPGA
2. CK803 IP
3. CKCPU 下载器

参考视频

1. video_8.1_ck803_soc_zju.org（video_8.1）
2. video_8.2_ahb2axi_soc_zju.org（video_8.2）

实验步骤

A. CK803 SoC 设计

1. 参考视频 video_8.1。
2. 按照视频演示的步骤，设计基于 CK803 的 SoC。
3. 设计软件实现 UART 输出，证明 CK803 SoC 正常工作。

B. AHB to AXI Bridge 验证 SoC 设计

1. 参考视频 video_8.2。
2. 封装 AHB to AXI Bridge。
3. 参考 8.4 节，设计 CK803 SoC 测试 AHB to AXI Bridge。
4. 参考 8.4 节，编写测试软件。

实验提示

用 ila 抓取 AHB 波形。

拓展实验

1. 测量 Vivado 提供的 AHB to AXI Bridge 的效率。
2. 测量设计的 AHB to AXI Bridge 效率，与 Vivado 提供的进行比较。

第 9 章　MIPI 全高清摄像 SoC 设计

第 5 章介绍了并行接口摄像头控制模块的设计，并行接口的缺点是连线很多，同时全摆幅的信号传输速度受限。差分串行传输克服了这些缺点，可以用相对较少的连线实现高速传输。

MIPI 协议是广泛使用的一种差分串行传输协议，它被用于手机和平板电脑的摄像头及显示器接口。本章介绍 MIPI 协议的全高清摄像头控制模块设计，将设计嵌入式系统实现全高清视频的读取和显示。本章用到的摄像头为 500 万像素的 OV5647 和 800 万像素的 IMX219。本章实验将在 Nexys-Video 或 Genesys 2 开发板上实现。

9.1　MIPI 总线协议

MIPI 总线协议是一种基于差分串行传输的协议，差分传输由于充放电幅值小，因此速度较快。图 9.1 所示为全摆幅传输和差分传输，信号的传输可以理解为对连线等负载电容的充放电过程。全摆幅传输的逻辑“1”一般是芯片供电电压，从逻辑“0”到逻辑“1”，需要从低电平充电到芯片供电电压。而差分传输只需要差分对充放电一个很小的电压就可以实现数据的变化，因此差分传输速度更快。

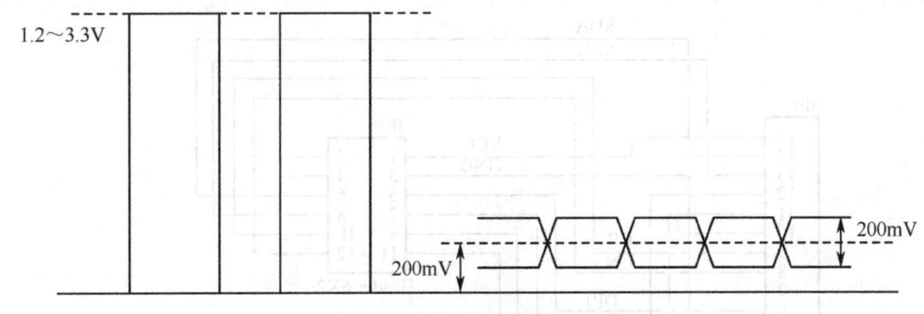

图 9.1　全摆幅传输和差分传输

MIPI 总线协议的差分信号共模电压为 200mV，摆幅也为 200mV。MIPI 接口的传输速度可以达到每对差分对 1Gb/s。

由于差分传输速度很高，因此可以用很少的差分对满足传输高清视频的带宽要求，这样可以减少连线的数量。MIPI 支持多差分对（lane）传输，本章实验使用的摄像头采用两个差分对（2 lanes）传输，更高分辨率的摄像头和显示器可能采用 4 lanes 传输。

图 9.2 所示是本章实验 FPGA 连接 MIPI 摄像头的示意图，其中 DATA0 和 DATA1 是数据传输差分对，Clock 是时钟差分对，用于传输 MIPI 时钟信号。SCL 和 SDA 是摄像头的 SCCB 接口（一种类似 IIC 的总线），SCCB 接口用于传输摄像头的控制命令等对速度要求不高的场合。

MIPI 的差分传输对有两种工作模式：一种是高速模式（HS，High-Speed 模式），在这种模式下，信号以差分模式高速传输；另一种是低功耗模式（LP，Low-Power 模式），在这种模式下，差分信号线不再工作于差分模式，而是按照单端全摆幅的方式独立传输“0”和“1”。低功耗模式通常运行在高速模式的间隙，可以用来传输低速的控制信号。不同的工作模式之间按照 MIPI 协议进行切换，本章实验中的摄像头一直工作在高速模式。

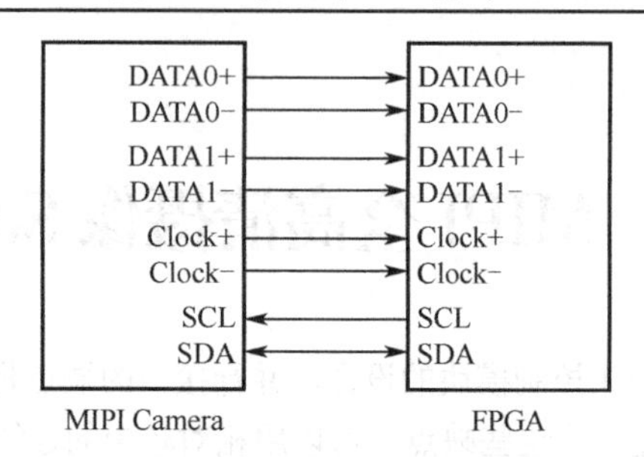

图 9.2 FPGA 连接 MIPI 摄像头

9.2 摄像头控制

本章实验采用 500 万像素的 OV5647 和 800 万像素的 IMX219 摄像头模块，由于 Genesys 2 和 Nexys-Video 开发板不直接支持 MIPI 接口，因此需要一个转接电路板将 MIPI 协议的电平转为 FPGA 支持的 LVDS（Low-Voltage Differential Signaling）电平。

图 9.3 所示是 MIPI 转 LVDS 的原理图，将摄像头的 MIPI 接口电平转为 FPGA 支持的 LVDS 电平。其中 JP1 是连接 OV5647 或 IMX219 的 FPC 接口。JP2 和 JP3 用于连接 FPGA 开发板的差分 PMOD 接口。对于 Genesys 2 开发板，连接 JA 和 JB 接口。对于 Nexys-Video 开发板，连接 JB 和 JC 接口，对于 Zedboard，连接 JC1 和 JD1，对于 Zybo Z7 开发板，它已经在板上集成了图 9.3 所示电路。图 9.4 所示是连接摄像头的 FPGA 开发板。

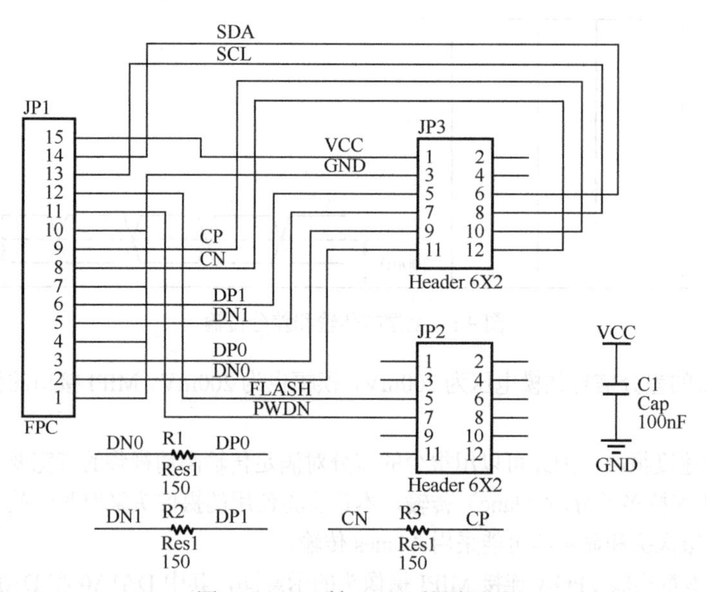

图 9.3 MIPI 转 LVDS 的原理图

对摄像头模块的控制需要用到 PWDN 引脚。PWDN 低电平有效，当它有效时，摄像头模块处于断电状态。在摄像头工作时，PWDN 应当保持高电平。PWDN 参与了摄像头的上电时序（Power Up Sequence），本章实验建议在发送 IIC 控制命令前，先控制 PWDN 发送一个 20ms 的高电平，再发送一个 20ms 的低电平，最后让 PWDN 维持高电平，PWDN 的这些操作让摄像头完成上电初始化。

FLASH 引脚用于点亮摄像头模块的一个 LED，指示摄像头正在工作。

图 9.4　MIPI 转接板连接 FPGA 开发板

PWDN 和 FLASH 引脚的控制可以采用 GPIO（General Purpose IO）模块实现，GPIO 模块可以采用 Vivado 的 AXI-GPIO，也可以自行设计一个 AXI 接口的 GPIO 模块，将内存地址映射到 FPGA 的引脚。可参考实验 3.B 的 GPIO 设计。

完成了摄像头模块的上电初始化后，需要用 SCCB 接口向摄像头发送初始化命令，这些命令包含摄像头的分辨率、刷新率等非常多的配置信息，通常需要由摄像头厂家提供这些信息。

SCCB 协议是一个类 IIC 协议，可以使用第 6 章设计的 IIC 接口控制模块实现对摄像头的控制。

对于 OV5647，它的写地址是 h6C，读地址是 h6D。

对于 IMX219，它的写地址是 h20，读地址是 h21。

将摄像头连接到 FPGA 板后，通常会读取摄像头的 ID 以确认摄像头是否正常工作。图 9.5 所示是读取摄像头 ID 的硬件原理图，读取 ID 的实验步骤请参考视频 video_9.1_camera_id_zju.ogv。

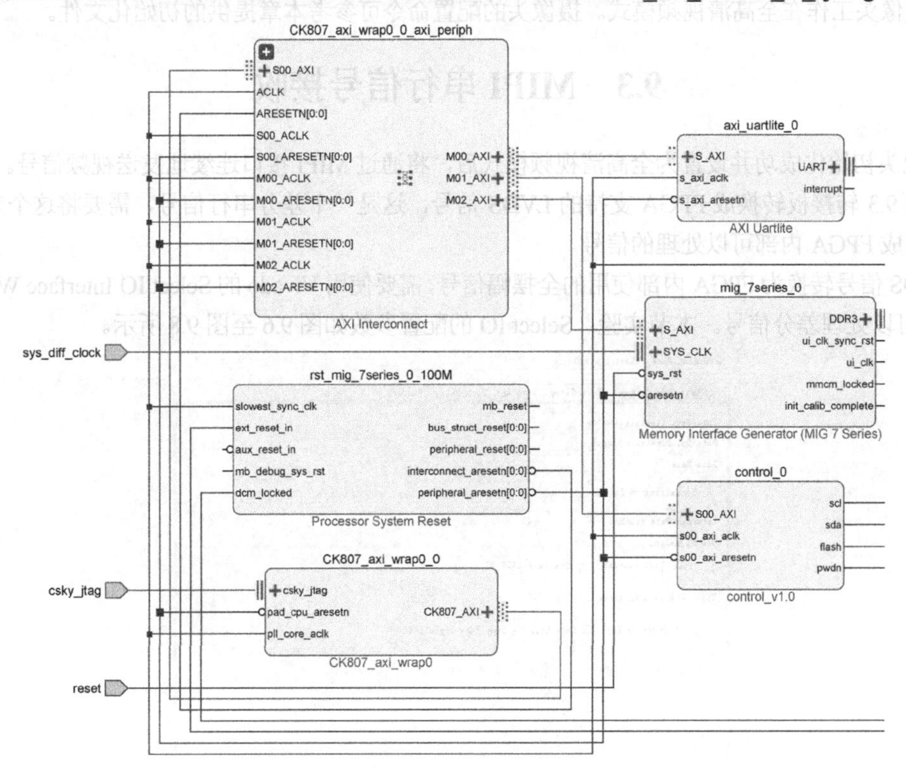

图 9.5　读取 ID 原理图

OV5647 的 ID 为 h5647，高位地址是 h300a，低位地址是 h300b。

IMX219 的 ID 为 h219，高位地址是 h0000，低位地址是 h0001。

对应的 XDC 如下。

```
        set_property -dict {PACKAGE_PIN T26 IOSTANDARD LVCMOS33} [get_ports flash]
        set_property -dict {PACKAGE_PIN T27 IOSTANDARD LVCMOS33} [get_ports pwdn]
        set_property -dict {PACKAGE_PIN U23 IOSTANDARD LVCMOS33} [get_ports sda]
        set_property -dict {PACKAGE_PIN U22 IOSTANDARD LVCMOS33} [get_ports scl]


        set_property  -dict  {PACKAGE_PIN  AC26  IOSTANDARD  LVCMOS33}  [get_ports
csky_jtag_tck]
        set_property CLOCK_DEDICATED_ROUTE FALSE [get_nets csky_jtag_tck_IBUF]
        set_property  -dict  {PACKAGE_PIN  AJ27  IOSTANDARD  LVCMOS33}  [get_ports
csky_jtag_trst]
        set_property  -dict  {PACKAGE_PIN  AH30  IOSTANDARD  LVCMOS33}  [get_ports
csky_jtag_tms]
        set_property  -dict  {PACKAGE_PIN  AK29  IOSTANDARD  LVCMOS33}  [get_ports
csky_jtag_tdo]
        set_property  -dict  {PACKAGE_PIN  AD26  IOSTANDARD  LVCMOS33}  [get_ports
csky_jtag_tdi]
```

顺利读取摄像头的 ID，表明摄像头的硬件能正常工作。接下来可以通过 IIC 发送摄像头的控制命令，让摄像头工作在全高清视频模式。摄像头的配置命令可参考本章提供的初始化文件。

9.3 MIPI 串行信号接收

摄像头初始化成功并设置为全高清视频模式后，将通过 MIPI 接口连续地发送视频信号。MIPI 信号通过图 9.3 转接板转换成 FPGA 支持的 LVDS 信号，这是一个差分串行信号，需要将这个差分串行信号转换成 FPGA 内部可以处理的信号。

LVDS 信号转换为 FPGA 内部使用的全摆幅信号，需要使用 Vivado 的 Select IO Interface Wizard IP，这个 IP 可以处理差分信号。本节实验，Select IO 的配置参数如图 9.6 至图 9.8 所示。

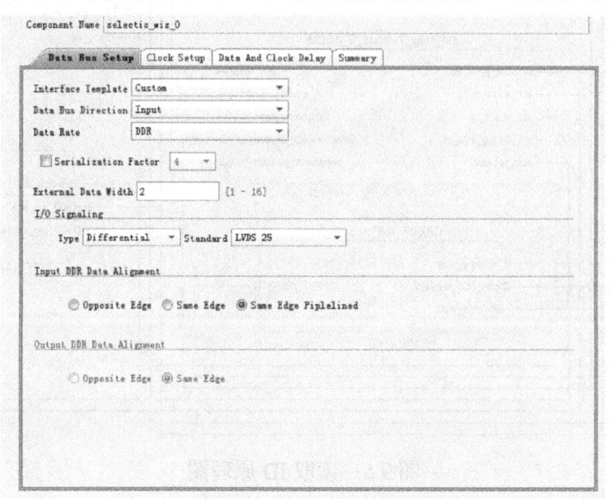

图 9.6　Select IO 界面 1

图 9.7　Select IO 界面 2

图 9.8　Select IO 界面 3

Data Rate 选择双边时钟数据率（DDR），MIPI 协议在时钟的上升沿和下降沿都传输信号，所以要选择 DDR 模式。External Data Width 是指输入信号的位宽，由于本章使用的摄像头采用两条 Lane 传输数据，因此将位宽设为 2。这样每个时钟周期将会有 2(lanes)×2(DDR)共 4 个位数据输入，因此输出位宽为 4 位。由于采用 DDR 的传输方式，在时钟的上升沿和下降沿都会有新的数据。

图 9.9 所示是 Select IO 的测试电路，用于测试摄像头的差分串行信号被 FPGA 正确接收。由于 MIPI 信号频率高、摆幅小，因此需要带宽较高的示波器才能直接观察。本节实验摄像头输出的 MIPI 信号频率为 300～500MHz（取决于实验设置的摄像头刷新率），推荐采用带宽 4GHz 以上的示波器直接观测。

另一种方法是测量 Select IO 输出端，将它接到 FPGA 的普通输出端，通过逻辑分析仪或示波器测量。FPGA 普通单端端口的工作频率上限为 150～200MHz，在摄像头刷新率不太高时，可以采样到 Select IO 的输出。实验步骤参考视频 video_9.2_select_io_la_zju.ogv。

图 9.9 采用了 ila 的方法测量 Select IO 的输出，这种方法不需要使用示波器或逻辑分析仪。当差分信号频率非常高时，需要带宽很高的高档示波器才可以测量差分信号，图 9.9 所示的方法可以用 ila 代替高档示波器。实验步骤参考视频 video_9.3_select_io_ila_zju.ogv。

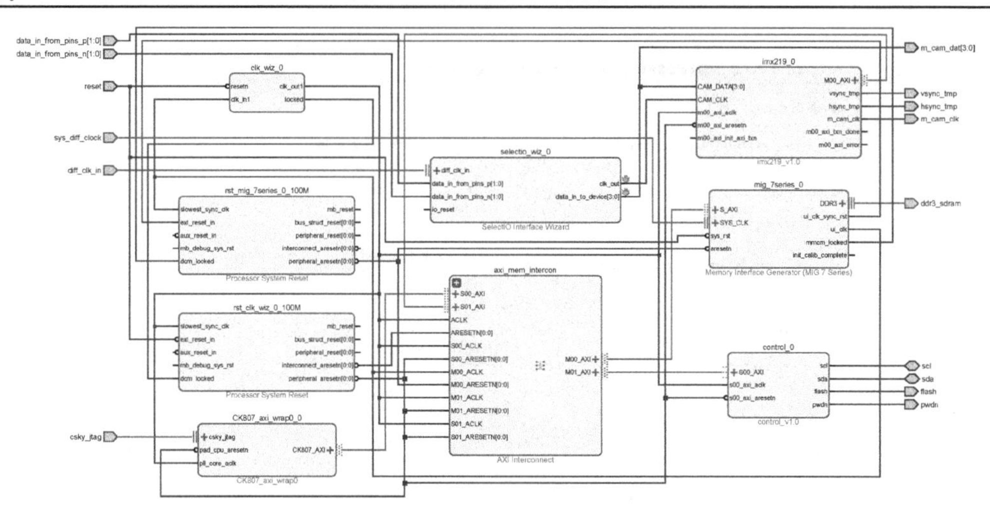

图 9.9 Select IO 的测试电路

引脚配置的 XDC 文件如下。

```
    set_property -dict {PACKAGE_PIN T26 IOSTANDARD LVCMOS33} [get_ports flash]
    set_property -dict {PACKAGE_PIN T27 IOSTANDARD LVCMOS33} [get_ports pwdn]
    set_property -dict {PACKAGE_PIN U23 IOSTANDARD LVCMOS33} [get_ports sda]
    set_property -dict {PACKAGE_PIN U22 IOSTANDARD LVCMOS33} [get_ports scl]


    set_property -dict {PACKAGE_PIN AC26 IOSTANDARD LVCMOS33} [get_ports
csky_jtag_tck]
    set_property CLOCK_DEDICATED_ROUTE FALSE [get_nets csky_jtag_tck_IBUF]
    set_property -dict {PACKAGE_PIN AJ27 IOSTANDARD LVCMOS33} [get_ports
csky_jtag_trst]
    set_property -dict {PACKAGE_PIN AH30 IOSTANDARD LVCMOS33} [get_ports
csky_jtag_tms]
    set_property -dict {PACKAGE_PIN AK29 IOSTANDARD LVCMOS33} [get_ports
csky_jtag_tdo]
    set_property -dict {PACKAGE_PIN AD26 IOSTANDARD LVCMOS33} [get_ports
csky_jtag_tdi]

    set_property -dict {PACKAGE_PIN V29 IOSTANDARD LVDS_25 DIFF_TERM 0} [get_ports
{data_in_from_pins_p[0]}]
    set_property -dict {PACKAGE_PIN V25 IOSTANDARD LVDS_25 DIFF_TERM 0} [get_ports
{data_in_from_pins_p[1]}]
    set_property -dict {IOSTANDARD LVDS_25 DIFF_TERM 0} [get_ports
{data_in_from_pins_n[0]}]
    set_property -dict {IOSTANDARD LVDS_25 DIFF_TERM 0} [get_ports
{data_in_from_pins_n[1]}]

    set_property -dict {PACKAGE_PIN T25 IOSTANDARD LVDS_25 DIFF_TERM 0} [get_ports
diff_clk_in_clk_p]
    set_property -dict {IOSTANDARD LVDS_25 DIFF_TERM 0} [get_ports
```

```
diff_clk_in_clk_n]

      set_property  -dict  {PACKAGE_PIN  V27  IOSTANDARD  LVCMOS33}  [get_ports
{m_cam_dat[0]}]
      set_property  -dict  {PACKAGE_PIN  Y30  IOSTANDARD  LVCMOS33}  [get_ports
{m_cam_dat[2]}]
      set_property  -dict  {PACKAGE_PIN  V24  IOSTANDARD  LVCMOS33}  [get_ports
{m_cam_dat[1]}]
      set_property  -dict  {PACKAGE_PIN  W22  IOSTANDARD  LVCMOS33}  [get_ports
{m_cam_dat[3]}]
      set_property -dict {PACKAGE_PIN U24 IOSTANDARD LVCMOS33} [get_ports vsync_tmp]
      set_property -dict {PACKAGE_PIN Y26 IOSTANDARD LVCMOS33} [get_ports hsync_tmp]
      set_property -dict {PACKAGE_PIN V22 IOSTANDARD LVCMOS33} [get_ports m_cam_clk]
```

9.4　MIPI 信号解码

9.3 节将 MIPI 的 HS 信号转换成了 FPGA 内部的数字信号，本节从 MIPI 数据流中提取视频数据，实现 MIPI 数据串行转并行，数据包的抓取和解码，根据解码的结果产生 V-sync、H-sync 等信号。

MIPI 协议在物理层定义了逻辑“0”和逻辑“1”，数据链路层定义了什么样的数据是有效的数据。数据链路层采用了网络协议类似的方法，分为 3 个子层，从上到下为包（Package）管理层、线路（Lane）管理层、传输（Transmission）管理层。

MIPI 视频传输过程如下。由摄像头产生的数据首先交给包管理层将数据打包，加上包头和包尾。将打包好的数据交给下一层——线路层。线路层接到上层传来的包后，将整个包分散到各个线路上。如果只有一条线路则不分包。线路层将所有分好的包交给下一层——传输层。在传输层中，控制器对每个分包加上传输开始和传输结尾的信号。同步地通过物理层传输给接收端。

在接收端，理论上应分层次地将接收到的数据一层一层地打开，最终得到有效的数据。在本章实验中，由于预先知道了将要接收到的数据形式，因此可以对接收器进行简化处理。

1．传输管理层

传输管理层是实际传输数据的层，对传输的数据，层控制器会在数据前后加上 SoT（Start of Transmission）和 EoT（End of Transmission），用于指示传输的开始和结尾，如图 9.10 所示。其中，SoT 信号提供了接收器开始接收数据的触发条件，也提供了字对齐的依据。

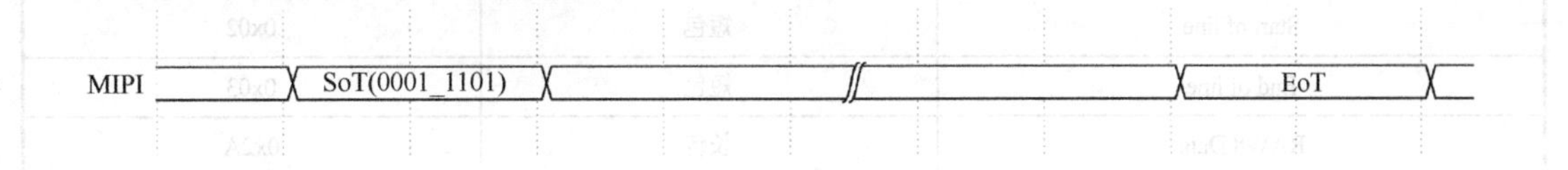

图 9.10　传输管理层

传输开始（SoT）信号包括了 MIPI 信号在两种工作状态下的特定编码。由于本章实验摄像头一直采用 HS 的输出方式，因此可以忽略 LP 模式。SoT 的编码是一段时间的全 0 跟着一个特定的同步码 b00011101。在 SoT 之后紧接着就是包数据，所以 SoT 指示了数据的开始。同时，SoT 中的 8 位属于同一字节。因此，SoT 也表明了数据流中字节的划分。

2．线路管理层

线路管理层将一个包的数据分散到各条线路上。MIPI 协议的数据是以字节（Byte）为单位的，因此在拆分数据时也以字节为最小单位。控制器会将整个包的数据按字节，依次循环地分到每条线路上，如图 9.11 所示。

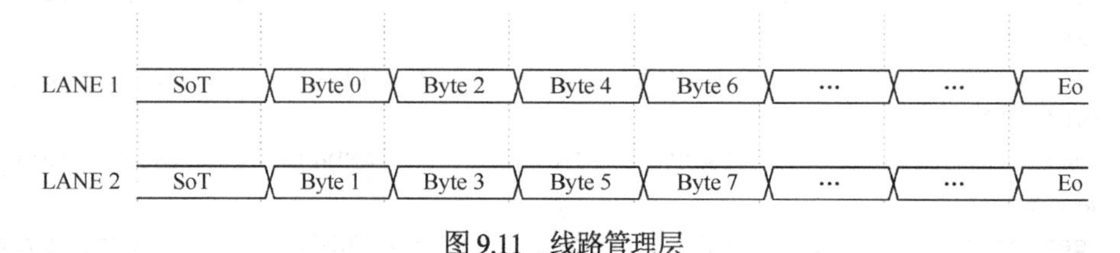

图 9.11　线路管理层

3．包管理层

MIPI 数据分为长包（Long Package）和短包（Short Package）。长包有包头（Package Head）和包尾（Package Foot），头尾之间是有效的数据。长包用于传输视频信息。长包的包头包含数据类型（Data ID）、包长（Word Count）和校正码（ECC），包尾是校验和（Checksum）。本章的实验最重要的是数据类型（Data ID）。数据类型用一个 8 位的二进制数表示，用以声明此包的数据是什么样的数据，它包括时序信号、数据的颜色格式或用户自定义信息。包内的每个字节（包括头、尾）都是低位在前的。

短包是简化的包，仅有包头。因此短包并不用来传送数据，而是用来传送时序信号的，如 H-sync、V-sync 等信号。它与长包包头的不同之处是它没有包长。

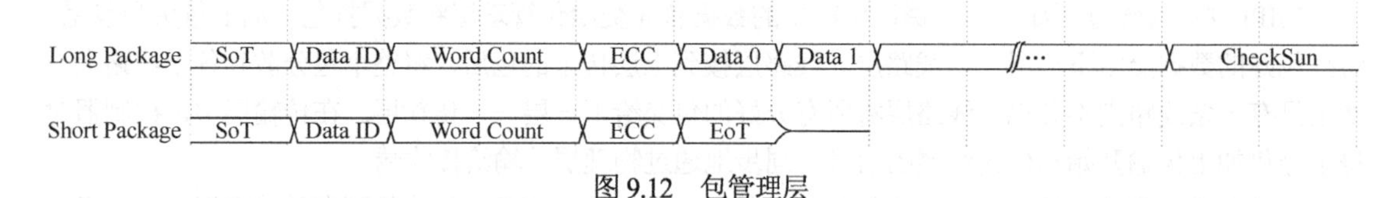

图 9.12　包管理层

本章实验用到的数据类型（Data ID）如表 9.1 所示。

表 9.1　本章实验用到的数据类型（Data ID）

数据类型（Data ID）	包　类　型	16 进制值
Start of frame	短包	0x00
End of Frame	短包	0x01
Start of line	短包	0x02
End of line	短包	0x03
RAW8 Data	长包	0x2A

由于预先知道将接收到的数据形式，因此可以将三层协议简化处理。

```
35    parameter VSYNC_CODE = 32'h00001D00;
36    parameter HSYNC_CODE = 32'h00001D40;
37    parameter DATA_CODE  = 32'h00001D54;
```

其中 VSYNC_CODE 用于检测输入的串行数据中是否包含 VSYNC 信号，它由两部分组成，

h00001D 是传输开始特征码（32 个 b0 加上 b00011101），后 8 位 0 是 Start of Frame。因此，当串行数据中包含 h00001D00 时，表明短包传输了一个 VSYNC。

HSYNC_CODE 用于检测 HSYNC，同样它由传输开始特征码 h00001D 和 h40 组成，Start of Line 特征码是 h02，因为包内的每个字节（包括头、尾）都是低位在前的，所以 Start of Line 的特征码 h02 低位在前变化为 h40。当串行数据中包含 h00001D40 时，表明短包传输了一个 HSYNC。

DATA_CODE 用于检测长包里的数据开始，同样它由传输开始特征码 h00001D 和 h54 组成，RAW8 Data 的特征码是 h2A，低位在前变化为 h54。当串行数据中包含 h00001D54 时，表明长包开始传输数据。由图 9.12 可知，数据开始的位置固定在 Data ID（RAW8 Data）出现的 3 个字节后，因此可以跳过包长和校正码，直接开始读取数据。EoT 前的 16 位校验和本实验也忽略，这样可以降低实验复杂度。

通过 HSYNC、VSYNC 和 DATA 的检测，可以将三层传输协议直接一次解码。

由于实际视频传输数据中可能也含有上述 3 个特征码，因此需要设计一个状态机进行数据解码。状态机可以实现状态之间严格的跳转关系，因此，传输数据时，即使数据与特征码相同，也不会误触发 HSYNC 和 VSYNC。

图 9.13 所示是 MIPI 解码状态机的状态图，首先检测当前接收 buffer 里是否有 VSYNC_CODE 特征码，检测到 VSYNC 后跳转到检测 HSYNC_CODE 特征码，检测到 HSYNC 后跳转到检测 DATA_CODE 特征码，检测到 DATA_CODE 特征码后，表明当前传输的长包里是视频一帧的第一行，跳过包头 3 个字节后，接收 1920 个字节（1920 像素×1080 像素分辨率），然后返回 IDLE 状态准备下一行的接收。特征码只需检测第一个线路即可。

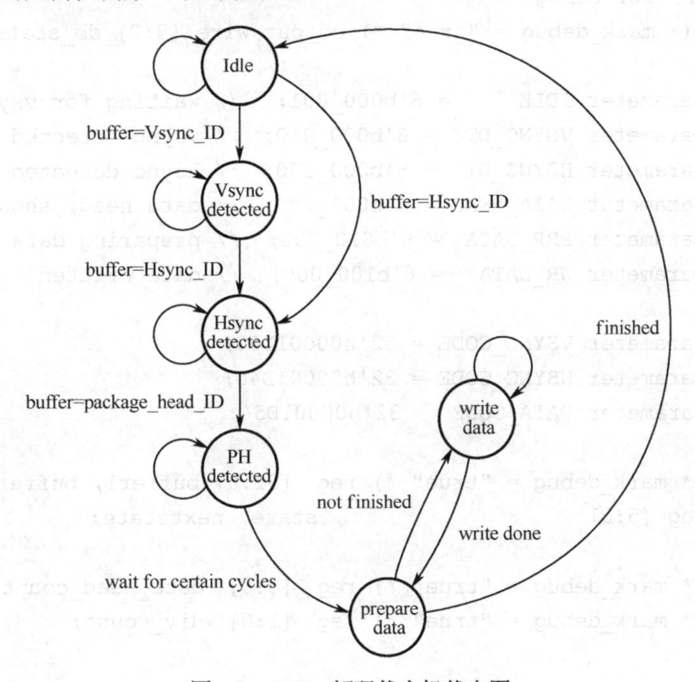

图 9.13　MIPI 解码状态机状态图

状态机的部分代码如下。

```
1 //-------------------------------------------------------------------
2 //
3 // Important: this document is for use only in the <embedded system design>
4 //
```

```
 5 // College of Electrical Engineering, Zhejiang University
 6 //
 7 // Tan Tian, doublsky@163.com
 8 //
 9//-------------------------------------------------------------------
10 module mipi_interface #(//parameters
11                  parameter integer CAM_DATA_WIDTH = 4,
12                  parameter integer RAM_DATA_WIDTH = 8)
13   (// global signals
14    input wire                  RESET,
15    // mipi side
16    input wire [CAM_DATA_WIDTH-1:0] CAM_DATA,
17    input wire                  CAM_CLK,
18
19    (* mark_debug = "true" *) output wire VSYNC,
20    (* mark_debug = "true" *) output wire HSYNC,
21    (* mark_debug = "true" *) output wire LINE_END,
22    (* mark_debug = "true" *) output wire PCLK,
23    (* mark_debug = "true" *) output reg [15:0] DATA_OUT,
24    (* mark_debug = "true" *) output reg [9:0] ADDRA,
25    // for debug
26    (* mark_debug = "true" *) output wire [5:0] db_state);
27
28   parameter IDLE      = 6'b000_001;  // waiting for vsync
29   parameter VSYNC_DTC = 6'b000_010;  // vsync detected
30   parameter HSYNC_DTC = 6'b000_100;  // hsync detected
31   parameter DATA_HEAD = 6'b001_000;  // data head, should be jumped
32   parameter PRP_DATA  = 6'b010_000;  // preparing data
33   parameter WR_DATA   = 6'b100_000;  // data written
34
35   parameter VSYNC_CODE = 32'h00001D00;
36   parameter HSYNC_CODE = 32'h00001D40;
37   parameter DATA_CODE  = 32'h00001D54;
38
39   (* mark_debug = "true" *) reg  [31:0] buffer1, buffer2;
40   reg [5:0]                      state, nextstate;
41
42   (* mark_debug = "true" *) reg  [3:0]  data_head_count;
43   (* mark_debug = "true" *) reg  [1:0]  div_count;
44
45   // shift registers
46   always @(posedge CAM_CLK)
47    begin
48      if (RESET)
49        {buffer1, buffer2} <= 'b0;
50      else
51        begin
```

```
 52            buffer1 <= {buffer1[29:0], CAM_DATA[0], CAM_DATA[2]};
 53            buffer2 <= {buffer2[29:0], CAM_DATA[1], CAM_DATA[3]};
 54          end
 55     end

… …

118    assign PCLK     = state ==   WR_DATA ? 1'b1 : 1'b0 ;
119    assign VSYNC    = state == VSYNC_DTC ? 1'b1 : 1'b0 ;
120    assign HSYNC    = state == HSYNC_DTC ? 1'b1 : 1'b0 ;
121    assign LINE_END = (ADDRA == 960) ? 1'b1 : 1'b0 ;
122
123    // for debug
124    assign db_state = state;
125
126 endmodule
mipi_interface.v
```

第 55～118 行之间的代码请分析状态图后自行实现。

经过解码后，MIPI 信号被分解为 HSYNC 和 VSYNC 等视频行场控制信号和 DATA_OUT[15 : 0]视频信号。DATA_OUT[15 : 0]包含了两个像素点的 RAW8 信息。

9.5　RAW8 格式转换为 RGB 格式

颜色数据有许多格式，如 RGB、YUV 等。9.4 节解码得到的 RAW 数据，是摄像头采集到的原始数据，没有经过 ISP 转换为颜色数据。

在摄像头内部，无法感应出数字化的颜色信号，所有的像素点都是黑白的。为了能够感应颜色，摄像头的感光面板前放置不同颜色的滤光板，这样感光面板感应到的就是某种特定颜色的亮度。如果收集到一个点三原色的信息，就可以还原出这个点原本的颜色。

Bayer Pattern 是每个像素点只感应一种颜色（红、绿、蓝）的亮度，相邻点感应不同的颜色。某个点缺少的颜色分量由周围像素点的颜色分量计算而得。采用这种方式每个像素点只需要一个字节（RGB888 需要 3 个字节）就能表示一个点，大大节省了带宽。从图 9.14 可以看出，每个像素点只有 R/G/B 中的一种颜色信息。

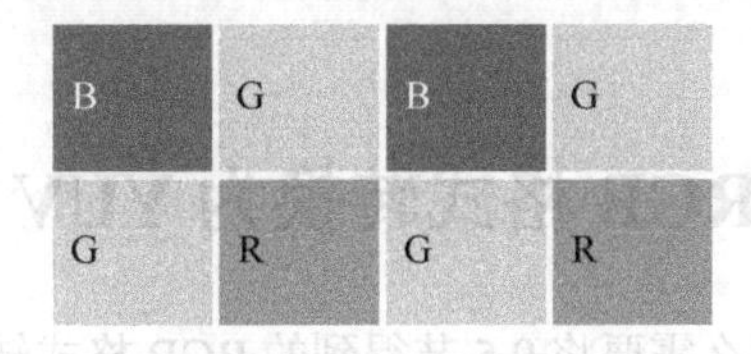

图 9.14　Bayer Pattern

为了让每个像素点有完整的 R/G/B 颜色信息，需要一个算法将 RAW 格式数据恢复为 RGB 全基色。有很多种各具特色的算法实现这个工作，基本的原理是从周围的像素点推算出当前像素点缺少的颜色值。本章实验采用一种简单的方法，对于每个像素点，其缺失的颜色分量直接取最近的点的相应颜色分量。这样做的好处是简化设计，同时也减小了转换所需要的时间（减小电路延迟）。RAW 转化为 RGB 的代码如下。

```
 1 // -----------------------------------------------------------------------
 2 //
 3 // Important: this document is for use only in the <embedded system design>
 4 //
 5 // College of Electrical Engineering, Zhejiang University
 6 //
 7 // Tan Tian, doublsky@163.com
 8 //
 9 // -----------------------------------------------------------------------
10 module raw2rgb #(parameter integer DATA_WIDTH_RAW = 16,
11                  parameter integer DATA_WIDTH_RGB = 8)
12    (input  wire [DATA_WIDTH_RAW-1:0] DATA_IN1,
13     input wire [DATA_WIDTH_RAW-1:0] DATA_IN2,
14     output reg [DATA_WIDTH_RGB-1:0] R1,
15     output reg [DATA_WIDTH_RGB-1:0] G1,
16     output reg [DATA_WIDTH_RGB-1:0] B1,
17     output reg [DATA_WIDTH_RGB-1:0] R2,
18     output reg [DATA_WIDTH_RGB-1:0] G2,
19     output reg [DATA_WIDTH_RGB-1:0] B2);
20
21
22    // bayer to RGB
23    // to apply this settings, set 0x4300 to 0x01 and 0x501f to 0x02 (OV5647)
24    always @(*)
25     begin
26        R1 = DATA_IN2[DATA_WIDTH_RGB-1:0];
27        G1 = DATA_IN2[DATA_WIDTH_RAW-1:DATA_WIDTH_RGB];
28        B1 = DATA_IN1[DATA_WIDTH_RAW-1:DATA_WIDTH_RGB];
29        R2 = DATA_IN2[DATA_WIDTH_RGB-1:0];
30        G2 = DATA_IN1[DATA_WIDTH_RGB-1:0];
31        B2 = DATA_IN1[DATA_WIDTH_RAW-1:DATA_WIDTH_RGB];
32     end
33
34 endmodule
raw2rgb.v
```

9.6 RGB格式转换为YUV格式

如果输出使用YUV格式，那么需要将9.5节得到的RGB格式转换为YUV格式。

RGB与YUV是两种颜色数据的表示方式。两者之间的转换可以直接通过公式进行。转换公式如下。

```
Y = 0.299R + 0.578G + 0.114B
U = 128 - 0.1687R - 0.3313G + 0.5B
V = 128 + 0.5R - 0.4187G - 0.0813B
```

由于RGB和YUV信号在本章实验里是整数表示的，因此上述转换公式需要采用整数的计算方法。代码如下。

```
 1 // -----------------------------------------------------------------
 2 //
 3 // Important: this document is for use only in the <embedded system design>
 4 //
 5 // College of Electrical Engineering, Zhejiang University
 6 //
 7 // Tan Tian, doublsky@163.com
 8 //
 9 // -----------------------------------------------------------------
10 module rgb2yuv #(parameter integer DATA_WIDTH = 8)
11    (input  wire [DATA_WIDTH-1:0] R,
12     input wire [DATA_WIDTH-1:0]  G,
13     input wire [DATA_WIDTH-1:0]  B,
14     output wire [DATA_WIDTH-1:0] Y,
15     output wire [DATA_WIDTH-1:0] U,
16     output wire [DATA_WIDTH-1:0] V);
17
18
19    wire [DATA_WIDTH*2-1:0]     redxY, greenxY, bluexY;
20    wire [DATA_WIDTH*2-1:0]     redxU, greenxU, bluexU;
21    wire [DATA_WIDTH*2-1:0]     redxV, greenxV, bluexV; //matrix coefficients
22
23    // Y = 0.299R + 0.578G + 0.114B
24    // Y = 77/256R + 148/256G + 29/256B
25    assign redxY = R*77;
26    assign greenxY = G*148;
27    assign bluexY = B*29;
28
29    // U = -0.1687R - 0.3313G + 0.5B + 128
30    // U = -43/256R - 85/256G + 1/2B + 128
31    assign redxU = R*43;
32    assign greenxU = G*85;
33    assign bluexU = B;
34
35    // V = 0.5R - 0.4187G - 0.0813B + 128
36    // V = 1/2R - 107/256G - 21/256B + 128
37    assign redxV = R;
38    assign greenxV = G*107;
39    assign bluexV = B*21;
40
41    // shifting as dividing
42    assign Y = (redxY[2*DATA_WIDTH-1:DATA_WIDTH])
43             + (greenxY[2*DATA_WIDTH-1:DATA_WIDTH])
44             + (bluexY[2*DATA_WIDTH-1:DATA_WIDTH]);
```

```
45
46   assign U = 128 + (bluexU[DATA_WIDTH:1])
47            - (redxU[2*DATA_WIDTH-1:DATA_WIDTH])
48            - (greenxU[2*DATA_WIDTH-1:DATA_WIDTH]);
49
50   assign V = 128 + (redxV[DATA_WIDTH:1])
51            - (greenxV[2*DATA_WIDTH-1:DATA_WIDTH])
52            - (bluexV[2*DATA_WIDTH-1:DATA_WIDTH]);
53
54 endmodule
rgb2yuv.v
```

实现摄像头输出的 RAW8 转为 HDMI 显示输入的 YUV422，需要使用 raw2rgb 和 rgb2yuv 模块，代码如下。

```
 1 // ------------------------------------------------------------------------
 2 //
 3 // Important: this document is for use only in the <embedded system design>
 4 //
 5 // College of Electrical Engineering, Zhejiang University
 6 //
 7 // Tan Tian, doublsky@163.com
 8 //
 9 // ------------------------------------------------------------------------
10 // convert RAW bayer data to YUV 422
11 // I extract this to an independent module because there are algorithms
12 // that can be adopted in to conversion, like linear interpolation
13
14 module raw2yuv422 #(parameter integer DATA_WIDTH_RAW = 16,
15                     parameter integer DATA_WIDTH_RGB = 8,
16                     parameter integer DATA_WIDTH_YUV = 32,
17                     parameter integer ADDR_WIDTH = 10)
18   (input wire                        CLK,
19    input wire                        RESET,
20    input wire                        RD_EN,
21    input wire [DATA_WIDTH_RAW-1:0]  DATA_IN1,
22    input wire [DATA_WIDTH_RAW-1:0]  DATA_IN2,
23    output wire [DATA_WIDTH_YUV-1:0] YUV_DATA_OUT);
24
25   wire [DATA_WIDTH_RGB-1:0]    red1, green1, blue1, red2, green2, blue2;
26   wire [DATA_WIDTH_RGB-1:0]    y1, u1, v1, y2, u2, v2;
27
28   // bayer to RGB
29   raw2rgb raw2rgb_inst(.DATA_IN1(DATA_IN1),
30                        .DATA_IN2(DATA_IN2),
31                        .R1(red1),
32                        .G1(green1),
33                        .B1(blue1),
```

```
34                    .R2(red2),
35                    .G2(green2),
36                    .B2(blue2));
37
38
39    // RGB to YUV
40    rgb2yuv rgb2yuv_inst1(.R(red1),
41                    .G(green1),
42                    .B(blue1),
43                    .Y(y1),
44                    .U(u1),
45                    .V(v1));
46
47
48    rgb2yuv rgb2yuv_inst2(.R(red2),
49                    .G(green2),
50                    .B(blue2),
51                    .Y(y2),
52                    .U(u2),
53                    .V(v2));
54
55    assign YUV_DATA_OUT = {y1, u1, y2, v2};
56
57 endmodule
raw2yuv.v
```

从图 9.14 可以看出，算出一个像素点完整的 RGB 信息，需要相邻两行像素信息。因此需要两个 cache-line 存储器，用于存储两行像素的原始 RAW8 数据，代码如下。

```
 1 // ----------------------------------------------------------------------
 2 //
 3 // Important: this document is for use only in the <embedded system design>
 4 //
 5 // College of Electrical Engineering, Zhejiang University
 6 //
 7 // Tan Tian, doublsky@163.com
 8 //
 9 // ----------------------------------------------------------------------
10 // Since I use RAW/RGB format, dual-cacheline is needed
11 // This module is the controller for two brams
12 // Basically, I write the lines of image into two brams alternately
13
14 module bram_controller #(parameter integer ADDR_WIDTH = 10,
15                          parameter integer DATA_WIDTH_A = 16,
16                          parameter integer DATA_WIDTH_B = 32)
17    (// global
18     (* mark_debug = "true" *)  input  wire VSYNC,
19     (* mark_debug = "true" *)  input  wire HSYNC,
```

```
20    input  wire RESET,
21    input  wire CAM_CLK,
22    // write side, side A
23    input  wire CLKA,
24    (* mark_debug = "true" *)  input  wire [ADDR_WIDTH-1:0] ADDRA,
25    (* mark_debug = "true" *)  input  wire [DATA_WIDTH_A-1:0] DATA_IN,
26    // read side, side B
27    input  wire CLKB,
28    (* mark_debug = "true" *)  input  wire RD_EN,
29    (* mark_debug = "true" *)  input  wire [ADDR_WIDTH-1:0] ADDRB,
30    (* mark_debug = "true" *)  output wire [DATA_WIDTH_B-1:0] DATA_OUT);
31
32    (* mark_debug = "true" *)  reg  line_select;
33    (* mark_debug = "true" *)  wire [DATA_WIDTH_A-1:0] doutb1, doutb2;
34
35   always @(posedge VSYNC or posedge HSYNC)
36     begin
37        if (VSYNC)
38          line_select <= 1;
39        else if (HSYNC)
40          line_select <= ~line_select;
41     end
42
43   bram_cacheline_cam bram_inst1(.clka(CLKA),
44                                 .wea(line_select),
45                                 .addra(ADDRA),
46                                 .dina(DATA_IN),
47                                 .clkb(CLKB),
48                                 .web(1'b0),
49                                 .addrb(ADDRB),
50                                 .dinb('b0),
51                                 .doutb(doutb1));
52
53   bram_cacheline_cam bram_inst2(.clka(CLKA),
54                                 .wea(~line_select),
55                                 .addra(ADDRA),
56                                 .dina(DATA_IN),
57                                 .clkb(CLKB),
58                                 .web(1'b0),
59                                 .addrb(ADDRB),
60                                 .dinb('b0),
61                                 .doutb(doutb2));
62
63   raw2yuv422 raw2yuv422_inst(.CLK(CLKB),
64                              .RESET(RESET),
65                              .RD_EN(RD_EN),
66                              .DATA_IN1(doutb1),
```

```
67                              .DATA_IN2(doutb2),
68                              .YUV_DATA_OUT(DATA_OUT));
69
70 endmodule
bram_controller.v
```

代码中 bram_cacheline-cam 是 1920×8 的双端口 SRAM，用于存储一行 RAW8 原始信息，每个像素点的 YUV，由两行 cache-line 读出相应 RAW8 后经过 raw2yuv422 算出。

9.7 AXI 接口 MIPI 控制器

完成了串行差分信号接收、MIPI 解码、RAW 转 YUV，就基本实现了 MIPI 控制器的功能。camera_ov5647_interface 将这些模块功能组合，代码如下。

```
 1 // -----------------------------------------------------------------------
 2 //
 3 // Important: this document is for use only in the <embedded system design>
 4 //
 5 // College of Electrical Engineering, Zhejiang University
 6 //
 7 // Tan Tian, doublsky@163.com
 8 //
 9 // -----------------------------------------------------------------------
10 module camera_ov5647_interface #
11   (parameter integer CAM_DATA_WIDTH = 4,
12    parameter integer C_M_AXI_DATA_WIDTH = 32)
13   (// global signals
14    input wire                         RESET,
15    (* mark_debug = "true" *) output wire VSYNC,
16    (* mark_debug = "true" *) output wire HSYNC,
17    (* mark_debug = "true" *) output wire LINE_END,
18    (* mark_debug = "true" *) output wire PCLK,
19    // camera side
20    input wire [CAM_DATA_WIDTH-1:0]     CAM_DATA,
21    input wire                         CAM_CLK,
22    // AXI side
23    input wire                         M_AXI_CLK,
24    input wire                         RD_EN,
25    output wire [C_M_AXI_DATA_WIDTH-1:0] AXI_DATA,
26    // debug
27    output wire [5:0]                   db_state
28    );
29
30   parameter integer                    IMAGE_X = 1920;
31
32   // internal signals
33   wire [9:0]                          addra;
```

```
34    reg [9:0]                      addrb_count;
35    wire [9:0]                     addrb;
36    wire [15:0]                    bram_data;
37
38    wire hsync_camclk, vsync_camclk, line_end_camclk;
39
40    mipi_interface mipi_inst(.RESET(RESET),
41                             .CAM_DATA(~CAM_DATA),
42                             .CAM_CLK(CAM_CLK),
43                             .VSYNC(vsync_camclk),
44                             .HSYNC(hsync_camclk),
45                             .LINE_END(line_end_camclk),
46                             .PCLK(PCLK),
47                             .DATA_OUT(bram_data),
48                             .ADDRA(addra),
49                             .db_state(db_state));
50
51    single_pulse_gen spg_inst1(.CLK(M_AXI_CLK),.LIN(line_end_camclk),
.POUT(LINE_END));
52    single_pulse_gen spg_inst2(.CLK(M_AXI_CLK),.LIN(hsync_camclk),
.POUT(HSYNC));
53    single_pulse_gen spg_inst3(.CLK(M_AXI_CLK),.LIN(vsync_ camclk),
.POUT(VSYNC));
54
55    always @(posedge M_AXI_CLK)
56      begin
57         if (RESET || LINE_END)
58           addrb_count <= 0;
59         else if (RD_EN)
60           addrb_count <= addrb_count + 1;
61      end
62
63    assign addrb = (RD_EN)?(addrb_count+1):addrb_count;
64
65    bram_controller controller_inst(.VSYNC(vsync_camclk),
66                                    .HSYNC(hsync_camclk),
67                                    .RESET(RESET),
68                                    .CLKA(PCLK),
69                                    .CAM_CLK(CAM_CLK),
70                                    .ADDRA(addra),
71                                    .DATA_IN(bram_data),
72                                    .CLKB(M_AXI_CLK),
73                                    .RD_EN(RD_EN),
74                                    .ADDRB(addrb),
75                                    .DATA_OUT(AXI_DATA));
76
77 endmodule
camera_ov5647_interface.v
```

camera_ov5647_interface 模块将 Select IO 接收到的数据解码并转成 YUV422 格式，从 AXI_DATA 输出。

其中 single_pulse_gen 是电平转脉冲电路，与前面章节中用到的类似电路一样，代码如下。

```
module single_pulse_gen(input  wire CLK,
                         input wire  LIN,
                         output wire POUT);

  reg                       r1,r2,r3;

  always @(posedge CLK)
    begin
    r1 <= LIN;
    r2 <= r1;
    r3 <= r2;
    end

  assign POUT = ~r3 & r2;

endmodule
single_pulse_gen.v
```

AXI_DATA 用于将 YUV422 数据通过 AXI 接口写入 HDMI 的显存，这一步与第 5 章的并行摄像头系统类似。由于带宽要求较高，因此 camera_ov5647_interface 需要使用 AXI 的突发模式传输数据。

camera_ov5647_interface 模块加上 AXI Master 接口后，就构成了完整的 MIPI 控制器 IP，加 AXI 接口的方法与第 5 章类似。

图 9.15 所示是控制 MIPI 摄像头的 SoC 原理图，它将摄像头的图像解码转化后写入 DDR 内存，由 HDMI 或 DP 控制器将内存的视频输出到显示器。

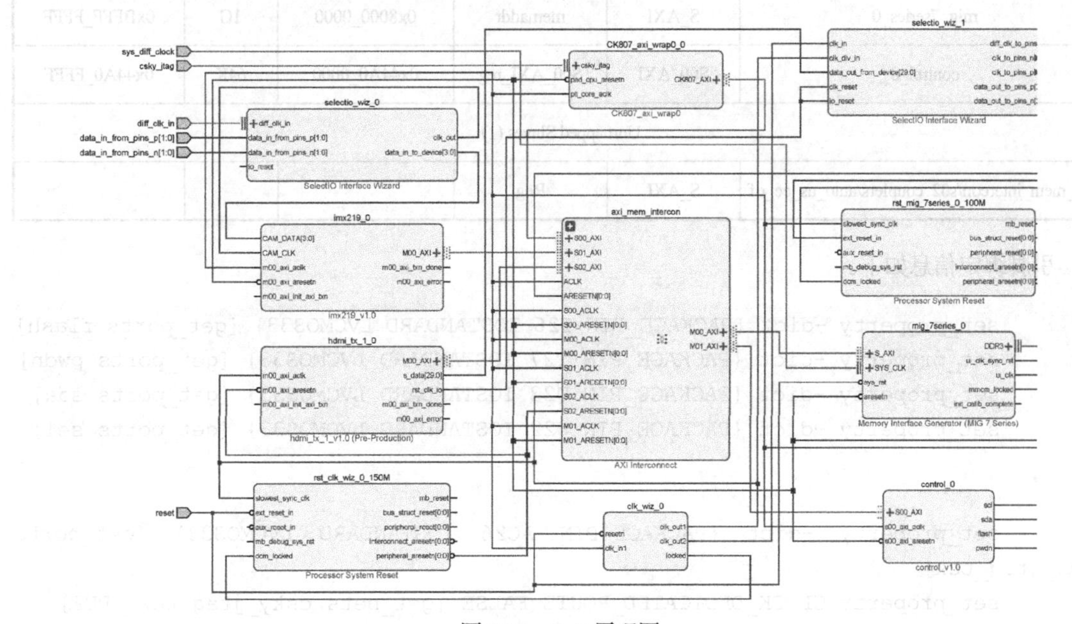

图 9.15　SoC 原理图

SoC 地址分配如表 9.2 所示。

表 9.2 SoC 地址分配

Cell	Slave Interface	Base Name	Offset Address	Range	High Address
CK807_axi_wrap0_0					
CK807_AXI (32 address bits : 4G)					
mig_7series_0	S_AXI	memaddr	0x8000_0000	1G	0xBFFF_FFFF
control_0	S00_AXI	S00_AXI_reg	0x44A0_0000	64K	0x44A0_FFFF
Unmapped Slaves (1)					
axi_mem_intercon/s00_couplers/auto_pc	S_AXI	Reg			
imx219_0					
M00_AXI (32 address bits : 4G)					
mig_7series_0	S_AXI	memaddr	0x8000_0000	1G	0xBFFF_FFFF
control_0	S00_AXI	S00_AXI_reg	0x44A0_0000	64K	0x44A0_FFFF
Unmapped Slaves (1)					
axi_mem_intercon/s01_couplers/auto_us_df	S_AXI	Reg			
hdmi_tx_1_0					
M00_AXI (32 address bits : 4G)					
mig_7series_0	S_AXI	memaddr	0x8000_0000	1G	0xBFFF_FFFF
control_0	S00_AXI	S00_AXI_reg	0x44A0_0000	64K	0x44A0_FFFF
Unmapped Slaves (1)					
axi_mem_intercon/s02_couplers/auto_us_cc_df	S_AXI	Reg			

引脚绑定信息如下。

```
        set_property -dict {PACKAGE_PIN T26 IOSTANDARD LVCMOS33} [get_ports flash]
        set_property -dict {PACKAGE_PIN T27 IOSTANDARD LVCMOS33} [get_ports pwdn]
        set_property -dict {PACKAGE_PIN U23 IOSTANDARD LVCMOS33} [get_ports sda]
        set_property -dict {PACKAGE_PIN U22 IOSTANDARD LVCMOS33} [get_ports scl]


        set_property  -dict  {PACKAGE_PIN  AC26  IOSTANDARD  LVCMOS33}  [get_ports
csky_jtag_tck]
        set_property CLOCK_DEDICATED_ROUTE FALSE [get_nets csky_jtag_tck_IBUF]
        set_property  -dict  {PACKAGE_PIN  AJ27  IOSTANDARD  LVCMOS33}  [get_ports
```

```
csky_jtag_trst]
        set_property  -dict  {PACKAGE_PIN  AH30  IOSTANDARD  LVCMOS33}  [get_ports
csky_jtag_tms]
        set_property  -dict  {PACKAGE_PIN  AK29  IOSTANDARD  LVCMOS33}  [get_ports
csky_jtag_tdo]
        set_property  -dict  {PACKAGE_PIN  AD26  IOSTANDARD  LVCMOS33}  [get_ports
csky_jtag_tdi]

        set_property -dict {PACKAGE_PIN V29 IOSTANDARD LVDS_25 DIFF_TERM 0} [get_ports
{data_in_from_pins_p[0]}]
        set_property -dict {PACKAGE_PIN V25 IOSTANDARD LVDS_25 DIFF_TERM 0} [get_ports
{data_in_from_pins_p[1]}]
        set_property  -dict  {IOSTANDARD  LVDS_25  DIFF_TERM  0}  [get_ports
{data_in_from_pins_n[0]}]
        set_property  -dict  {IOSTANDARD  LVDS_25  DIFF_TERM  0}  [get_ports
{data_in_from_pins_n[1]}]

        set_property -dict {PACKAGE_PIN T25 IOSTANDARD LVDS_25 DIFF_TERM 0} [get_ports
diff_clk_in_clk_p]
        set_property  -dict  {IOSTANDARD  LVDS_25  DIFF_TERM  0}  [get_ports
diff_clk_in_clk_n]

        set_property  -dict  {PACKAGE_PIN  AB20  IOSTANDARD  TMDS_33}  [get_ports
clk_to_pins_n]
        set_property  -dict  {PACKAGE_PIN  AA20  IOSTANDARD  TMDS_33}  [get_ports
clk_to_pins_p]
        set_property IOSTANDARD TMDS_33 [get_ports {data_out_to_pins_n[0]}]
        set_property PACKAGE_PIN AC20 [get_ports {data_out_to_pins_p[0]}]
        set_property PACKAGE_PIN AC21 [get_ports {data_out_to_pins_n[0]}]
        set_property IOSTANDARD TMDS_33 [get_ports {data_out_to_pins_p[0]}]
        set_property IOSTANDARD TMDS_33 [get_ports {data_out_to_pins_n[1]}]
        set_property PACKAGE_PIN AA22 [get_ports {data_out_to_pins_p[1]}]
        set_property PACKAGE_PIN AA23 [get_ports {data_out_to_pins_n[1]}]
        set_property IOSTANDARD TMDS_33 [get_ports {data_out_to_pins_p[1]}]
        set_property IOSTANDARD TMDS_33 [get_ports {data_out_to_pins_n[2]}]
        set_property PACKAGE_PIN AB24 [get_ports {data_out_to_pins_p[2]}]
        set_property PACKAGE_PIN AC25 [get_ports {data_out_to_pins_n[2]}]
        set_property IOSTANDARD TMDS_33 [get_ports {data_out_to_pins_p[2]}]
        mipi_imx219.xdc
```

实验步骤参考视频 video_9.4_camera_hd_genesys2_zju.ogv。

嵌入式系统芯片设计——实验手册

Chapter 9：MIPI 全高清摄像 SoC 设计

Module A：摄像头启动电路

浙江大学超大规模集成电路研究所

http://vlsi.zju.edu.cn

实验简介

完成摄像头启动电路。

本章实验较复杂，不提供代码，需要自行设计。

目标

1. 设计 GPIO 电路发送控制信号。
2. 设计 IIC 电路发送启动代码。

背景知识

1. IIC 协议
2. GPIO 应用（实验 3.B）

实验难度与所需时间

实验难度：■■■░░

所需时间：4.0h

实验所需资料

9.1 节和 9.2 节

实验设备

1. Genesys 2 FPGA 开发板
2. OV5647 或 IMX219 摄像头
3. CK807 IP
4. CKCPU 下载器
5. 逻辑分析仪、示波器

参考视频

video_9.1_camera_id_zju.ogv（video_9.1）

实验步骤

A. 硬件设计

1. 参考视频 video_9.1。

2. 设计 SoC，包含 UART、IIC 和 GPIO，IIC 接摄像头的 SCCB，GPIO 接摄像头的 PWDN 和 FLASH。

B. 软件设计

1. 参考 9.2 节，在发送 IIC 控制命令前，先控制 PWDN 发送一个 20 ms 的高电平，再发送一个 20 ms 的低电平，最后让 PWDN 维持高电平。

2. 发送 IIC 初始化命令，查询摄像头的 ID，接收 IIC 返回值，通过 UART 串口打印。

串口软件正确显示摄像头的 ID，表明本节实验完成。

实验提示

逻辑分析仪或示波器测量 SCCB 和 PWDN。

拓展实验

嵌入式系统芯片设计——实验手册

Chapter 9：MIPI 全高清摄像 SoC 设计

Module B：MIPI 解码

浙江大学超大规模集成电路研究所
http://vlsi.zju.edu.cn

实验简介

完成 MIPI 解码。

目标

1. 通过逻辑分析仪或 ila，分析 MIPI 信号。
2. 解码 MIPI 信号，输出 HSYNC 和 VSYNC，用示波器观察。

背景知识

MIPI 协议

实验难度与所需时间

实验难度：■ ■ ■ ■ ░

所需时间：8.0h

实验所需资料

9.3 节和 9.4 节

实验设备

1. Genesys 2 FPGA 开发板
2. OV5647 或 IMX219 摄像头
3. CK807 IP
4. CKCPU 下载器
5. 逻辑分析仪、示波器

参考视频

1. video_9.2_select_io_la_zju.ogv（video_9.2）
2. video_9.3_select_io_ila_zju.ogv（video_9.3）

实验步骤

A．逻辑分析仪/示波器 MIPI 信号测量

1. 参考视频 video_9.2。
2. 参考 9.3 节，利用 Select IO 读取 MIPI 信号，将输出信号通过 FPGA 引脚输出。
3. 用实验 9.A 的方法发送启动信号和 SCCB 初始化命令，观察测量到的 FPGA 输出 MIPI 信号。
4. 找到 HSYNC 和 VSYNC。

B．ila MIPI 信号测量

1. 参考视频 video_9.3，用 ila 实现 MIPI 信号测量。
2. 找到 HSYNC 和 VSYNC。

C．MIPI 解码器设计

1. 参考 9.4 节，解码 HSYNC、VSYNC 和 DATA。
2. 用 FPGA 引脚输出 HSYNC、VSYNC 和部分 DATA。
3. 用示波器观察 FPGA 输出的 HSYNC、VSYNC 和 DATA。

实验提示

摄像头顺利初始化，读取摄像头 ID 后，才会输出 MIPI 视频流。

参考图 9.13 所示的状态机。

如果没有逻辑分析仪和示波器，那么只能采用 ila 的方法测量 HSYNC 和 VSYNC。

MIPI 信号经过 Select IO 读入 FPGA，是实验成功的关键。

不同的摄像头，初始化代码不一样。

VSYNC 和 HSYNC 解码输出后在示波器显示，有助于找到状态机电路的错误。

拓展实验

嵌入式系统芯片设计——实验手册

Chapter 9：MIPI 全高清摄像 SoC 设计

Module C：MIPI SoC 设计

浙江大学超大规模集成电路研究所

http://vlsi.zju.edu.cn

实验简介

将 MIPI 视频通过 HDMI 显示器输出。

目标

1. 设计格式转换电路。
2. 设计 MIPI 视频 SoC。

背景知识

1. MIPI 协议
2. HDMI

实验难度与所需时间

实验难度：■■■■■

所需时间：10.0h

实验所需资料

9.5 节、9.6 节和 9.7 节

实验设备

1. Genesys 2 FPGA 开发板
2. OV5647 或 IMX219 摄像头
3. HDMI 显示器
4. CK807 IP，CKCPU 下载器
5. 逻辑分析仪、示波器

参考视频

1. video_9.4_camera_hd_genesys2_zju.ogv（video_9.4）
2. video_9.5_camera_hd_zedboard_zju.ogv（video_9.5）

实验步骤

A. 格式转换

1. 参考 9.5 节，设计 RAW8 转 RGB 电路。
2. 参考 9.6 节，设计 RGB 转 YUV 电路。
3. 实现 RAW8 转 YUV 电路。

B. AXI 接口 MIPI 控制器设计

1. 参考 9.7 节，设计 AXI 接口 MIPI 控制器，AXI Master Full。
2. 参考图 9.15，设计 SoC，包含 MIPI 控制器、初始化电路和 HDMI 控制器。MIPI 控制器将解码后视频直接写入 DDR 指定地址，HDMI 控制器从这个地址读取显示内容，通过 HDMI 显示器输出。

实验提示

实验比较复杂，需要较多时间。

参考视频 video_9.4 和 video_9.5。

拓展实验

对摄像头采集视频除噪后输出。

第 10 章　运动控制与中断

本章设计实现一个简单运动控制的 SoC 系统，配合相应驱动软件实现一个两轮平衡车的控制器。该 SoC 以 CK803 CPU 为控制核心，包含 PWM、UART、GPIO 和 BRAM 等模块。其中 UART 用于平衡车与上位机通信，GPIO 用于控制电动机方向，PWM 用于调制电动机转速。整个系统以电动机 PWM 驱动占空比为输出，陀螺仪倾角为输入，形成一个闭环控制系统。

10.1　两轮平衡车原理

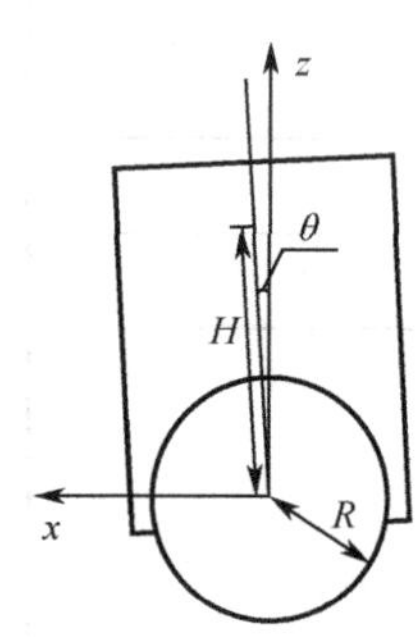

图 10.1　两轮平衡车示意图

本章设计中使用的两轮平衡车的示意图如图 10.1 所示。该图表示两轮平衡车的侧视图，其中 x 和 z 分别为水平和垂直方向的坐标轴，θ 为车身主体以轮轴为圆心偏离垂直坐标轴 z 的角度，H 为两轮平衡车重心与轮轴圆心的距离，R 为轮子半径。

外力在平衡车车体重心产生的干扰角角速度为 $x(t)$，轮子运动角加速度为 $a(t)$，重力加速度为 g，则可以建立平衡车运动方程：

$$H\frac{\mathrm{d}^2\theta(t)}{\mathrm{d}t^2} = g\sin[\theta(t)] - a(t)R\cos[(\theta(t))] + Hx(t)$$

当车体静止时，且 θ 约等于零时，上述运动方程可以简化为：

$$H\frac{\mathrm{d}^2\theta(t)}{\mathrm{d}t^2} = g\theta(t) + Hx(t)$$

以外力施加的干扰角加速度 $x(t)$ 为输入，系统偏移角 $\theta(t)$ 为输出，可以得到两轮平衡车在开环条件下的系统框图，如图 10.2 所示。

由控制理论相关知识可知，该系统在复平面右侧存在极点，系统是不稳定的，因此需要对系统进行反馈控制。

控制系统中实现反馈控制常用的方法便是使用 PID 控制器（比例积分微分控制器）。PID 控制器是一种具有反馈特点的控制器，其控制部件由三类组成：比例部分、积分部分和微分部分。一般来说，为了使系统尽可能达到平衡状态并稳定，需要尽早对系统进行矫正，因此本设计中使用 PD 控制方法。其中比例部分用于提高系统的相应速度，微分环节用于提高系统的抗扰能力。比例环节的增益常数为 K_p，微分环节的常数为 K_d，加入比例和微分环节后平衡车系统闭环 PD 控制框图如图 10.3 所示。

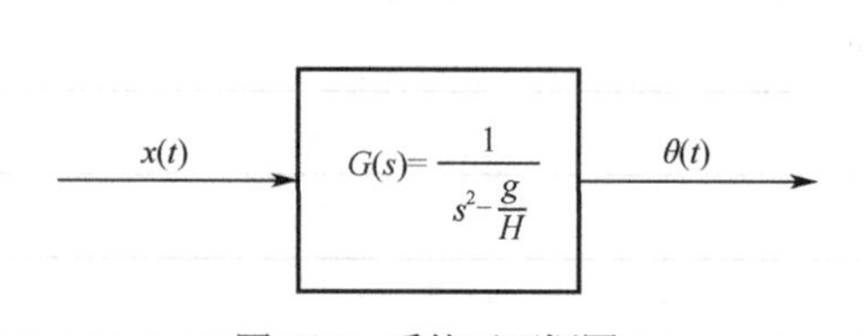

图 10.2　系统开环框图

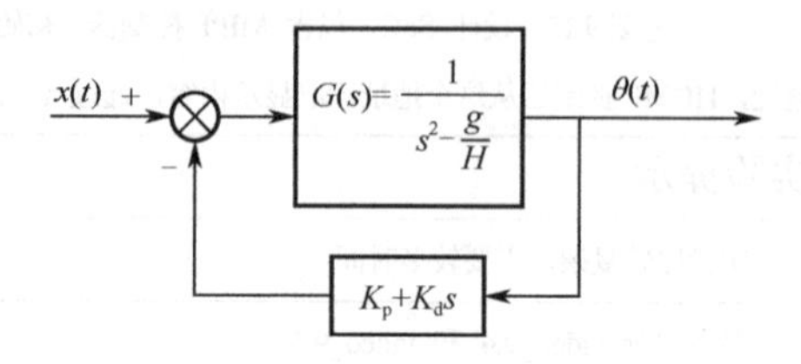

图 10.3　系统闭环 PD 控制框图

基于 PD 控制，可以得到离散的 PD 公式：

$$u(n) = K_\mathrm{p}e(n) + K_\mathrm{d}[e(n) - e(n-1)]$$

上式中，$u(n)$为控制器输出。$e(n)$和 $e(n-1)$分别为当前和上一时刻系统误差，等于设定值与预期值的差。K_p为比例环节增益常数。K_d为微分增益常数。得到的控制器输出经过相应的线性转化后即可作为电动机的 PWM 调速占空比，最后按照先令 K_d为 0 确定 K_p的取值，然后令 K_p为 0 确定 K_d的取值，最后再针对两个参数进行微调。

10.2　SoC 硬件设计

本节设计一个包含 PWM、UART、GPIO 和 BRAM 等模块在内的简单 SoC 系统，作为两轮平衡车的控制逻辑硬件。图 10.4 所示为 SoC 的硬件结构。

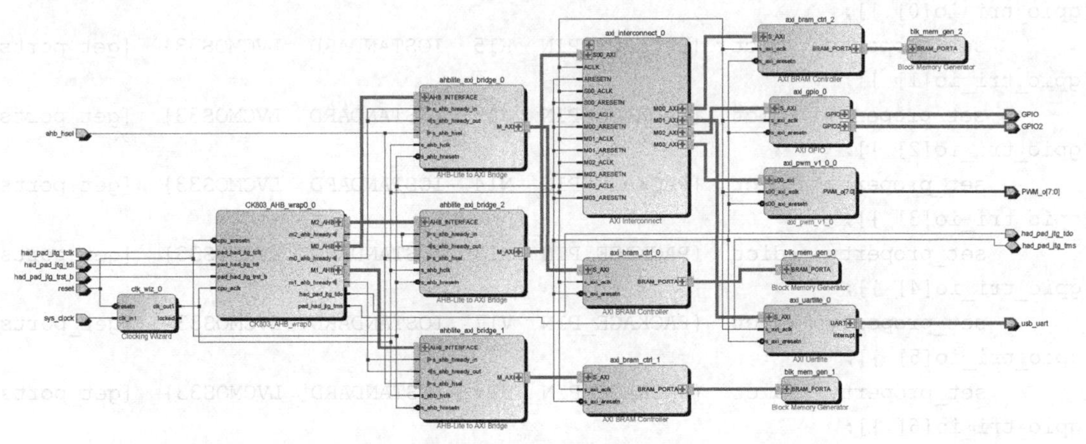

图 10.4　SoC 硬件结构

SoC 的地址分配如表 10.1 所示。

表 10.1　SoC 的地址分配

Cell	Slave Interface	Base Name	Offset Address	Range	High Address
CK803_AHB_wrap0_0					
M0_AHB (32 address bits : 4G)					
axi_bram_ctrl_0	S_AXI	Mem0	0x1000_0000	8K	0x1000_1FFF
M1_AHB (32 address bits : 4G)					
axi_bram_ctrl_1	S_AXI	Mem0	0x2000_0000	8K	0x1000_1FFF
M2_AHB (32 address bits : 4G)					
axi_bram_ctrl_2	S_AXI	Mem0	0x0000_0000	128K	0x0001_FFFF
axi_uartlite_0	S_AXI	Reg	0x4060_0000	64K	0x4060_FFFF
axi_gpio_0	S_AXI	Reg	0x4000_0000	8K	0x4000_1FFF
axi_pwm_v1_0_0	s00_axi	reg	0x4000_2000	8K	0x4000_3FFF

引脚部分定义如下。

```
    set_property  -dict  {PACKAGE_PIN  G4  IOSTANDARD  LVCMOS33}  [get_ports
{had_pad_jtg_tclk}];
    set_property CLOCK_DEDICATED_ROUTE FALSE [get_nets had_pad_jtg_tclk_IBUF]
```

```
        set_property  -dict  {PACKAGE_PIN  G3  IOSTANDARD  LVCMOS33}  [get_ports {had_pad_jtg_trst_b}];
        set_property  -dict  {PACKAGE_PIN  H2  IOSTANDARD  LVCMOS33}  [get_ports {had_pad_jtg_tms}];
        set_property  -dict  {PACKAGE_PIN  G2  IOSTANDARD  LVCMOS33}  [get_ports {had_pad_jtg_tdo}];
        set_property  -dict  {PACKAGE_PIN  F3  IOSTANDARD  LVCMOS33}  [get_ports {had_pad_jtg_tdi}];
        #32-bits GPIO
        set_property  -dict  {PACKAGE_PIN  H17  IOSTANDARD  LVCMOS33}  [get_ports {gpio_tri_io[0] }];
        set_property  -dict  {PACKAGE_PIN  K15  IOSTANDARD  LVCMOS33}  [get_ports {gpio_tri_io[1] }];
        set_property  -dict  {PACKAGE_PIN  J13  IOSTANDARD  LVCMOS33}  [get_ports {gpio_tri_io[2] }];
        set_property  -dict  {PACKAGE_PIN  N14  IOSTANDARD  LVCMOS33}  [get_ports {gpio_tri_io[3] }];
        set_property  -dict  {PACKAGE_PIN  R18  IOSTANDARD  LVCMOS33}  [get_ports {gpio_tri_io[4] }];
        set_property  -dict  {PACKAGE_PIN  V17  IOSTANDARD  LVCMOS33}  [get_ports {gpio_tri_io[5] }];
        set_property  -dict  {PACKAGE_PIN  U17  IOSTANDARD  LVCMOS33}  [get_ports {gpio_tri_io[6] }];
        set_property  -dict  {PACKAGE_PIN  U16  IOSTANDARD  LVCMOS33}  [get_ports {gpio_tri_io[7] }];
        set_property  -dict  {PACKAGE_PIN  V16  IOSTANDARD  LVCMOS33}  [get_ports {gpio_tri_io[8] }];
        set_property  -dict  {PACKAGE_PIN  T15  IOSTANDARD  LVCMOS33}  [get_ports {gpio_tri_io[9] }];
        set_property  -dict  {PACKAGE_PIN  U14  IOSTANDARD  LVCMOS33}  [get_ports {gpio_tri_io[10]}];
        set_property  -dict  {PACKAGE_PIN  T16  IOSTANDARD  LVCMOS33}  [get_ports {gpio_tri_io[11]}];
        set_property  -dict  {PACKAGE_PIN  V15  IOSTANDARD  LVCMOS33}  [get_ports {gpio_tri_io[12]}];
        set_property  -dict  {PACKAGE_PIN  V14  IOSTANDARD  LVCMOS33}  [get_ports {gpio_tri_io[13]}];
        set_property  -dict  {PACKAGE_PIN  V12  IOSTANDARD  LVCMOS33}  [get_ports {gpio_tri_io[14]}];
        set_property  -dict  {PACKAGE_PIN  V11  IOSTANDARD  LVCMOS33}  [get_ports {gpio_tri_io[15]}];
        set_property  -dict  {PACKAGE_PIN  J15  IOSTANDARD  LVCMOS33}  [get_ports {gpio_tri_io[16]}];
        set_property  -dict  {PACKAGE_PIN  L16  IOSTANDARD  LVCMOS33}  [get_ports {gpio_tri_io[17]}];
        set_property  -dict  {PACKAGE_PIN  M13  IOSTANDARD  LVCMOS33}  [get_ports {gpio_tri_io[18]}];
```

```
	set_property  -dict  {PACKAGE_PIN  R15  IOSTANDARD  LVCMOS33}  [get_ports {gpio_tri_io[19]}];
	set_property  -dict  {PACKAGE_PIN  R17  IOSTANDARD  LVCMOS33}  [get_ports {gpio_tri_io[20]}];
	set_property  -dict  {PACKAGE_PIN  T18  IOSTANDARD  LVCMOS33}  [get_ports {gpio_tri_io[21]}];
	set_property  -dict  {PACKAGE_PIN  U18  IOSTANDARD  LVCMOS33}  [get_ports {gpio_tri_io[22]}];
	set_property  -dict  {PACKAGE_PIN  R13  IOSTANDARD  LVCMOS33}  [get_ports {gpio_tri_io[23]}];
	set_property  -dict  {PACKAGE_PIN  T8   IOSTANDARD  LVCMOS33}  [get_ports {gpio_tri_io[24]}];
	set_property  -dict  {PACKAGE_PIN  U8   IOSTANDARD  LVCMOS33}  [get_ports {gpio_tri_io[25]}];
	set_property  -dict  {PACKAGE_PIN  R16  IOSTANDARD  LVCMOS33}  [get_ports {gpio_tri_io[26]}];
	set_property  -dict  {PACKAGE_PIN  T13  IOSTANDARD  LVCMOS33}  [get_ports {gpio_tri_io[27]}];
	set_property  -dict  {PACKAGE_PIN  H6   IOSTANDARD  LVCMOS33}  [get_ports {gpio_tri_io[28]}];
	set_property  -dict  {PACKAGE_PIN  U12  IOSTANDARD  LVCMOS33}  [get_ports {gpio_tri_io[29]}];
	set_property  -dict  {PACKAGE_PIN  U11  IOSTANDARD  LVCMOS33}  [get_ports {gpio_tri_io[30]}];
	set_property  -dict  {PACKAGE_PIN  V10  IOSTANDARD  LVCMOS33}  [get_ports {gpio_tri_io[31]}];
	#16-bits GPIO2
	set_property  -dict  {PACKAGE_PIN  C17  IOSTANDARD  LVCMOS33}  [get_ports {gpio2_tri_io[0]}];
	set_property  -dict  {PACKAGE_PIN  D18  IOSTANDARD  LVCMOS33}  [get_ports {gpio2_tri_io[1]}];
	set_property  -dict  {PACKAGE_PIN  E18  IOSTANDARD  LVCMOS33}  [get_ports {gpio2_tri_io[2]}];
	set_property  -dict  {PACKAGE_PIN  G17  IOSTANDARD  LVCMOS33}  [get_ports {gpio2_tri_io[3]}];
	set_property  -dict  {PACKAGE_PIN  D17  IOSTANDARD  LVCMOS33}  [get_ports {gpio2_tri_io[4]}];
	set_property  -dict  {PACKAGE_PIN  E17  IOSTANDARD  LVCMOS33}  [get_ports {gpio2_tri_io[5]}];
	set_property  -dict  {PACKAGE_PIN  F18  IOSTANDARD  LVCMOS33}  [get_ports {gpio2_tri_io[6]}];
	set_property  -dict  {PACKAGE_PIN  G18  IOSTANDARD  LVCMOS33}  [get_ports {gpio2_tri_io[7]}];
	set_property  -dict  {PACKAGE_PIN  D14  IOSTANDARD  LVCMOS33}  [get_ports {gpio2_tri_io[8]}];
	set_property  -dict  {PACKAGE_PIN  F16  IOSTANDARD  LVCMOS33}  [get_ports {gpio2_tri_io[9]}];
```

```
        set_property  -dict  {PACKAGE_PIN  G16  IOSTANDARD  LVCMOS33}  [get_ports
{gpio2_tri_io[10]}];
        set_property  -dict  {PACKAGE_PIN  H14  IOSTANDARD  LVCMOS33}  [get_ports
{gpio2_tri_io[11]}];
        set_property  -dict  {PACKAGE_PIN  E16  IOSTANDARD  LVCMOS33}  [get_ports
{gpio2_tri_io[12]}];
        set_property  -dict  {PACKAGE_PIN  F13  IOSTANDARD  LVCMOS33}  [get_ports
{gpio2_tri_io[13]}];
        set_property  -dict  {PACKAGE_PIN  G13  IOSTANDARD  LVCMOS33}  [get_ports
{gpio2_tri_io[14]}];
        set_property  -dict  {PACKAGE_PIN  H16  IOSTANDARD  LVCMOS33}  [get_ports
{gpio2_tri_io[15]}];
        #8-bit PWM_o
        set_property  -dict  {PACKAGE_PIN  K1   IOSTANDARD  LVCMOS33}  [get_ports
{PWM_o[0]}];
        set_property  -dict  {PACKAGE_PIN  F6   IOSTANDARD  LVCMOS33}  [get_ports
{PWM_o[1]}];
        set_property  -dict  {PACKAGE_PIN  J2   IOSTANDARD  LVCMOS33}  [get_ports
{PWM_o[2]}];
        set_property  -dict  {PACKAGE_PIN  G6   IOSTANDARD  LVCMOS33}  [get_ports
{PWM_o[3]}];
        set_property  -dict  {PACKAGE_PIN  H2   IOSTANDARD  LVCMOS33}  [get_ports
{PWM_o[4]}];
        set_property  -dict  {PACKAGE_PIN  G4   IOSTANDARD  LVCMOS33}  [get_ports
{PWM_o[5]}];
        set_property  -dict  {PACKAGE_PIN  G2   IOSTANDARD  LVCMOS33}  [get_ports
{PWM_o[6]}];
        set_property  -dict  {PACKAGE_PIN  F3   IOSTANDARD  LVCMOS33}  [get_ports
{PWM_o[7]}];
```

SoC 中电动机的 PWM 调速控制由 AXI 接口 PWM 电路实现，使用 AXI4-Lite 总线，共有 8 路输出。PWM 代码如下。

```
module pwm(
    input clk,
    input rst_n,
    input [31:0]fre_set,
    input [31:0]wav_set,
    output PWM_o);

    reg [31:0]fre_cnt;
    always @(posedge clk)begin
        if(rst_n==1'b0)begin
            fre_cnt <=32'd0;
        end
        else begin
            if(fre_cnt<fre_set) begin
```

```
                fre_cnt <= fre_cnt+1'b1;
            end
            else begin
                fre_cnt<=32'd0;
            end
        end
    end
    assign PWM_o = (wav_set>fre_cnt);
endmodule
```

AXI PWM 电路的寄存器分配如表 10.2 所示（仅列出一路 PWM，可依此类推）。

表 10.2　AXI PWM 电路的寄存器分配

Reg_name	Width	Offset Address	Access
FRE_SET0	32	0x00	R/W
WAV_SET0	32	0x04	R/W

FRE_SET0 和 WAV_SET0 分别用于设置周期计数和高电平计数。占空比的设定满足下式：

$$\text{Duty} = \text{WAV\_SET0}/\text{FRE\_SET0}$$

10.3　驱动软件设计

两轮平衡车驱动软件流程图如图 10.5 所示。

IO 初始化部分需要将所有用到的 IO 口输入方向选定。MPU6050 传感器是一个 9 轴传感器，其初始化过程包括传感器初始化及内部 DMP 初始化，本节设计中的传感器每 5ms 产生一次中断，并通过 IIC 接口提供倾角、角速度等信息，IIC 部分请参考本书第 6 章，本节采用 GPIO 模拟的方法实现 IIC。

本节设计中的 SoC 系统使用了读取 IO 的方式来判断中断是否到来（在 10.4 节中会给出硬件中断的设计方法）。因此，CPU 可以每 5ms 便对数据进行一次处理，处理的主要过程是读取传感器倾角，并与上一次读取的倾角值一起代入到离散 PD 控制公式中进行计算，得到一个控制器输出参数，对该参数进行简单的线性化处理后即可通过 PWM 的方式控制电动机转速和方向，从而达到控制效果。

设计中包括 K_p 和 K_d 在内的参数通过实际实验测定，其中关于 PWM 参数的设定不能超过 100%。

K_p 和 K_d 的测定按照以下方法。先令 K_d 为 0，调节 K_p 的取值大小。此时可以看到平衡车虽然能够稳定下来，但会进入周期性摆动的状态，此时便需要加入 K_d 参数。令 K_p 为 0，调节 K_d 的取值，车轮会随车身倾角的角度改变，最后结合之前调试出的 K_p 取值，对两个参数进行微调即可。

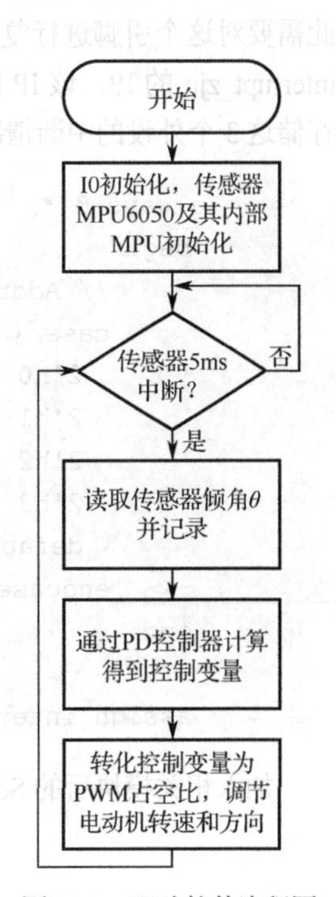

图 10.5　驱动软件流程图

10.4 中　　断

10.3 节实现的 SoC 系统采用轮询法读取传感器信息，采用中断的方法可以更方便地实现按时读取传感器信息并控制 PWM 输出。

1. 中断电路硬件设计

CK807 CPU 包含一个普通中断引脚，名为 pad_biu_int_b。当该引脚上为低电平时即可进入 CK807 的中断服务，因此在硬件上需要将该引脚引出来。图 10.6 所示为增加了中断功能的 CK807。

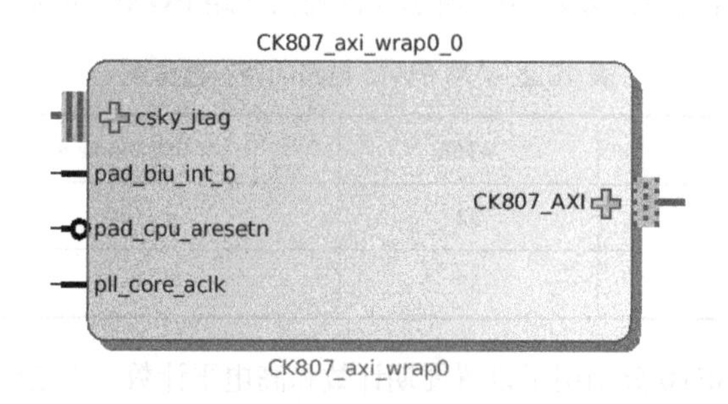

图 10.6　CK807（含中断引脚）

由于本章实验只用了 CK807 的一个中断引脚，而实际设计中会需要不只一个含有中断的外设，因此需要对这个引脚进行复用。在本设计中，一共有 3 个含有中断的外设。为此，本项目设计了一个 interrupt_zju 的 IP。该 IP 的功能有两个：一是将 3 个外设的中断信号合为一个信号；二是在寄存器中存储这 3 个外设的中断情况，使 CPU 知道是哪一个外设触发了中断。部分代码如下。

```
always @(*)
 begin
      // Address decoding for reading registers
      case ( axi_araddr[ADDR_LSB+OPT_MEM_ADDR_BITS:ADDR_LSB] )
        2'h0   : reg_data_out <= {29'b0,int_2,int_1,int_0};
        2'h1   : reg_data_out <= slv_reg1;
        2'h2   : reg_data_out <= slv_reg2;
        2'h3   : reg_data_out <= slv_reg3;
        default : reg_data_out <= 0;
      endcase
 end

 assign inter_b  = ~(int_0 | int_1 | int_2);
```

加入相关模块后的 SoC 中断硬件结构如图 10.7 所示。

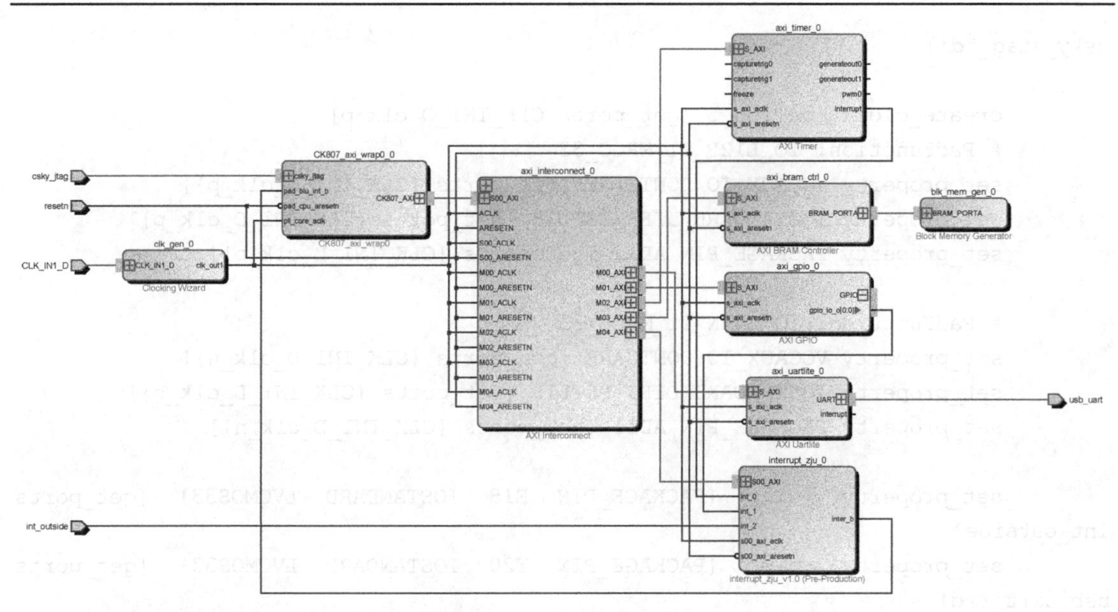

图 10.7　SoC 中断硬件结构

SoC 的地址分配如表 10.3 所示。

表 10.3　SoC 的地址分配

Cell	Slave Interface	Base Name	Offset Address	Range	High Address
CK807_axi_wrap0_0					
CK807_AXI (32 address bits : 4G)					
axi_timer_0	S_AXI	Reg	0x41C0_0000	64K	0x41C0_FFFF
axi_gpio_0	S_AXI	Reg	0x4000_0000	64K	0x4000_FFFF
axi_uartlite_0	S_AXI	Reg	0x4060_0000	64K	0x4060_FFFF
axi_bram_ctrl_0	S_AXI	Mem0	0xC000_0000	64K	0xC000_FFFF
interrupt_zju_0	S00_AXI	S00_AXI_reg	0x44A0_0000	64K	0x44A0_FFFF

SoC 的约束文件如下。

```
    set_property -dict {PACKAGE_PIN AC26 IOSTANDARD LVCMOS33} [get_ports csky_jtag_tck]
    set_property CLOCK_DEDICATED_ROUTE FALSE [get_nets csky_jtag_tck_IBUF]
    set_property -dict {PACKAGE_PIN AJ27 IOSTANDARD LVCMOS33} [get_ports csky_jtag_trst]
    set_property -dict {PACKAGE_PIN AH30 IOSTANDARD LVCMOS33} [get_ports csky_jtag_tms]
    set_property -dict {PACKAGE_PIN AK29 IOSTANDARD LVCMOS33} [get_ports csky_jtag_tdo]
    set_property -dict {PACKAGE_PIN AD26 IOSTANDARD LVCMOS33} [get_ports
```

```
csky_jtag_tdi]

        create_clock -period 5 [get_ports CLK_IN1_D_clk_p]
        # PadFunction: IO_L12P_T1_MRCC_33
        set_property VCCAUX_IO DONTCARE [get_ports {CLK_IN1_D_clk_p}]
        set_property IOSTANDARD DIFF_SSTL15 [get_ports {CLK_IN1_D_clk_p}]
        set_property PACKAGE_PIN AD12 [get_ports {CLK_IN1_D_clk_p}]

        # PadFunction: IO_L12N_T1_MRCC_33
        set_property VCCAUX_IO DONTCARE [get_ports {CLK_IN1_D_clk_n}]
        set_property IOSTANDARD DIFF_SSTL15 [get_ports {CLK_IN1_D_clk_n}]
        set_property PACKAGE_PIN AD11 [get_ports {CLK_IN1_D_clk_n}]

        set_property  -dict  {PACKAGE_PIN  E18  IOSTANDARD  LVCMOS33}  [get_ports
int_outside]
        set_property  -dict  {PACKAGE_PIN  Y20  IOSTANDARD  LVCMOS33}  [get_ports
usb_uart_rxd]
        set_property  -dict  {PACKAGE_PIN  Y23  IOSTANDARD  LVCMOS33}  [get_ports
usb_uart_txd]
        set_property -dict {PACKAGE_PIN R19 IOSTANDARD LVCMOS33} [get_ports resetn]
```

2. 软件设计

CK807 中断软件需要完成 4 个步骤。

（1）配置处理器状态寄存器。

开启 CK807 的中断使能信号，对应需要修改的寄存器为处理器状态寄存器（PSR）。图 10.8 给出了 PSR 寄存器各个位所代表的含义。

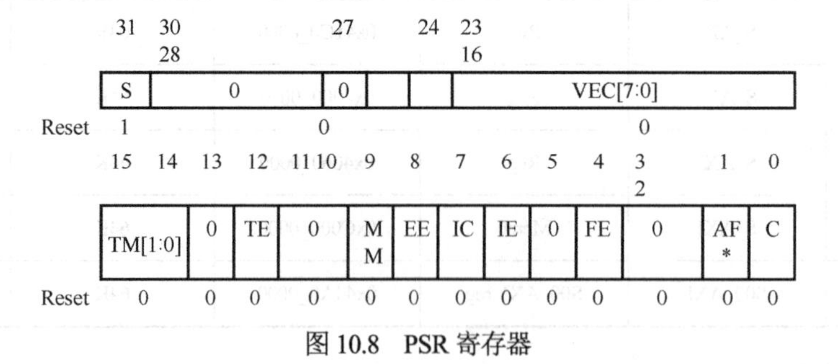

图 10.8　PSR 寄存器

本项目中需要修改的位置为 IC 和 IE。其中 IC 是中断控制位，当 IC 为 0 时，代表中断只能在指令之间被响应，当 IC 为 1 时，表明中断可以在长时间、多周期的指令执行完毕前被响应。将 IC 置位为 1 可以提高中断的响应速度。IE 代表中断有效控制位，当 IE 为 0 时，代表中断无效，当 IE 为 1 时，中断有效。在本项目中需要将 IC 和 IE 都置位为 1，代码如下。

```
        __asm__("psrset ie,ic \n\t")
```

（2）配置中断向量表。

CK807 的普通中断的默认向量号为 10。因此需要修改 crt0.S 文件中的中断向量表。配置代码如下。前面 10 个中断（0～9）使用系统默认的中断处理函数（default_exception_handler）。第 11 个中断（中断向量号 10）则使用自行编写的中断服务程序（hw_vsr_autovec）。之后的 117 中断个仍旧使用系统默认的中断处理函数。

```
ckcpu_vsr_table:
.rept 10
.long default_exception_handler
.endr
.long hw_vsr_autovec
.rept 117
.long default_exception_handler
.endr
```

（3）现场的保护与恢复。

在进入中断和退出中断时，编译器不会对现场进行保护和恢复，因此在进入中断函数时需要进行现场的保护，在退出中断后需要对现场进行恢复。具体的代码如下。

```
hw_vsr_autovec:
    /* save context */
    subi   sp, 28           /* Allocate space for all registers */
    stw    a0, (sp, 0)
    stw    a1, (sp, 4)
    stw    a2, (sp, 8)
    stw    a3, (sp, 12)
    stw    t0, (sp, 16)
    stw    t1, (sp, 20)
    /* local registers need not be saved */
    stw    lr, (sp, 24)

    subi   sp, 8
    mfcr   a3, epsr
    stw    a3, (sp, 4)  /* save epsr registwr */
    mfcr   a2, epc
    stw    a2, (sp, 0)  /* save epc register */

    /* read the interrupt vector number from interrupt status register */
    //lrw    a3, CK_INTC_BASEADDRESS
    //ldw    a0, (a3, 0x0)
    //movi   a2, 0x7f
    //and    a0, a2
    bsr    inter_irq

    ldw    a3, (sp, 0)
    mtcr   a3, epc       /* restore the epc */
    ldw    a2, (sp, 4)
    mtcr   a2, epsr /* restore the epsr */
    addi   sp, 8
```

```
    /* restore all the regs */
    ldw    a0, (sp, 0)
    ldw    a1, (sp, 4)
    ldw    a2, (sp, 8)
    ldw    a3, (sp, 12)
    ldw    t0, (sp, 16)
    ldw    t1, (sp, 20)
    /* local registers need not be saved */
    ldw    lr, (sp, 24)
    addi   sp, 28

    rte
```

hw_vsr_autovec 为在中断向量表中注册的中断函数。当外部信号触发了中断后，CPU 会执行 hw_vsr_autovec 函数，在完成现场的保护后，CPU 会跳转到函数 inter_irq。在执行完 inter_irq，对现场进行恢复。最后 CPU 回到中断之前的状态继续执行程序。

（4）中断函数功能。

```
#include "xtmrctr.h"
#include "xparameters.h"
XTmrCtr xtime;
unsigned int *gpio=(unsigned int *)0x40000000;
void time_irq()
{
    xil_printf("time_interrupt\n");
    XTmrCtr_InterruptHandler(&xtime);
}

void inside_irq()
{
    gpio[0]=0;
    xil_printf("inside_irq\n");
}

void outside_irq()
{
    xil_printf("outside_irq\n");
}

void inter_irq()
{
    unsigned int *inter = (unsigned int *)0x44a00000;
    unsigned int irq=inter[0];
    while(irq)
    {
        if (irq & 1)
        {
```

```
                time_irq();
            }
            else if(irq & 2)
            {
                inside_irq();
            }
            else if(irq & 4)
            {
                outside_irq();
            }
            irq=inter[0];
        }
    }



    int main() {
        __asm__("psrset ie,ic \n\t");
        xil_printf("status:%d\n",XTmrCtr_Initialize(&xtime,XPAR_AXI_TIMER_0_D
EVICE_ID));

XTmrCtr_SetOptions(&xtime,0,XTC_INT_MODE_OPTION|XTC_AUTO_RELOAD_OPTION);
           XTmrCtr_SetResetValue(&xtime,0,0xFFFFFFFF-100000000);
        XTmrCtr_Start(&xtime,0);
        int i,j;
        for (i=0;i<10;i++)
        {
            gpio[0]=1;
            for(j=0;j<1000000;j++);
            //xil_printf("time%d:%x\n",i,XTmrCtr_GetValue(&xtime,0));
        }



        XTmrCtr_Stop(&xtime,0);
        return 0;
    }
```

在上述代码中，注册使用的中断函数名为 inter_irq。在该函数内可以自由编写相应的代码。进入 inter_irq 这个中断函数后，程序先去判断是哪一个中断触发了这一次的中断事件，然后再进入相应的函数中。

嵌入式系统芯片设计——实验手册

Chapter 10：运动控制与中断

Module A：CK807 中断设计

浙江大学超大规模集成电路研究所
http://vlsi.zju.edu.cn

实验简介

设计完成基于 CK807 的 SoC 硬件电路，实现中断功能。

目标

1. 设计基于 AXI 接口的 SoC 硬件电路。
2. 设计含有中断引脚的 CK807。
3. 设计中断复用 IP。

背景知识

中断

实验难度与所需时间

实验难度：■ ■ ░ ░ ░

所需时间：4.0h

实验所需资料

第 10 章

实验设备

1. Genesys 2 FPGA 开发板
2. CK807 IP
3. CKCPU 下载器

参考视频

实验步骤

A. 硬件设计

参考本书第 10 章完成相应的硬件设计。

B. 软件设计

1. 参考本书第 10 章完成相应的软件设计。
2. 3 个中断能够彼此不冲突的工作，并且在触发中断后能做出正确的响应，如在串口打印文字，这就表明本节实验完成。

实验提示

拓展实验

第 11 章 MP3 播放器设计

本章将设计 MP3 播放器，主要功能包括从 SD/Micro SD 卡读取 MP3 文件，CK807 CPU 通过 libmad 软件解码 MP3 和 PWM 输出。

本章实验采用 Nexys-4 DDR 开发板和 CK807 CPU，稍加修改也可以采用其他 FPGA 开发板。

11.1 SD 卡读写

播放 MP3 的第一步是将 MP3 文件从 SD 卡存储器里读出，因此首先要设计 SD 卡控制器电路读取 SD 卡，再通过软件（fatfs 文件系统等）从 SD 卡读取指定的 MP3 文件。

SD 卡有很多版本，常见的 SD 卡工作于 3 种模式，如图 11.1 所示。

（1）SPI 模式。

SD 卡采用 SPI 协议传输数据和命令。

（2）1 bit SD 模式。

采用 SD 模式传输数据和命令，CMD 传输命令，DAT0 传输数据，CMD 和 DAT0 都是双向传输。

（3）4 bit SD 模式。

与 1 bit SD 模式类似，同时采用 4 组 DAT 传输，因此带宽是 1 bit SD 模式的 4 倍，适用于带宽要求高的场合。

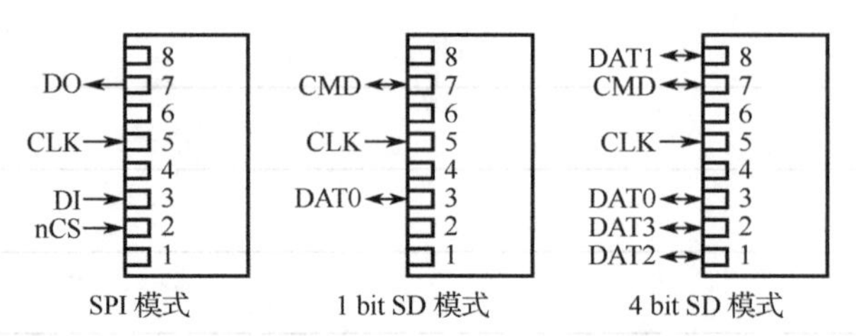

图 11.1　SD 卡 3 种工作模式

本章设计实现 4 bit SD 模式的 SD 卡控制器，SPI 模式可参考本章提供的代码 spi_sd_lcd_demo，它包含了 spi 模式 SD 卡控制器的硬件电路和软件驱动，以及 fatfs 移植。

4 bit SD 模式使用了 CMD 引脚和 DAT[3 : 0]引脚，其中 CMD 引脚用于发送命令和接收反馈，DAT[3 : 0]用于发送和接收数据，CLK 引脚用于发送时钟信号。

SD 卡工作于两种状态，这两种状态的时钟频率不同。

1. 初始化状态

SD 卡在读写操作前需要先初始化，初始化时 CLK 频率为 400kHz。4bit SD 模式要求 CMD 引脚发送一系列的命令，同时 DAT[3]引脚为高电平。

初始化时，CMD 引脚发送的命令序列如下。

（1）CLK 引脚发送 74 个 CLK 时钟信号。

（2）CMD 引脚发送 CMD0。

（3）CMD 引脚发送 CMD8。

（4）CMD 引脚发送 CMD55+CMD41。

CMD0 的正确返回值为 01h，当检测到 SD 卡传送了 01h 后，发送 CMD8 命令。CMD8 命令的时序与 CMD0 类似，正确的返回值也为 01h。检测到 CMD8 命令响应正确后，需要发送 CMD55+CMD41 命令。CMD55+CMD41 是一个组合命令，与 CMD0 和 CMD8 的区别在于，CMD0 和 CMD8 命令检测返回值检测到错误值，需要重新发送 CMD0 命令或 CMD8 命令，而 CMD41 命令检测返回值检测到错误值时，需要重新发送 CMD55+CMD41 组合命令。CMD55 命令的正确返回值为 01h，CMD41 命令的正确返回值为 00h。当检测到 CMD41 返回 00h 时，初始化结束。

初始化时需要根据 SD 卡的返回值执行不同的初始化命令，因此用驱动软件实现初始化相对比较灵活。

CMD 命令长度为 48 位，如表 11.1 所示。其中 45～40 位为 CMD 命令，39～8 位为 32 位参数，7～1 位为 CRC7 校验码。

表 11.1　CMD 命令长度

47	46	45～40	39～8	7～1	0
Start	主机	命令	命令参数	校验码	End
0	1	CMD0...CMD55...	Argument	CRC7	1

发送 CMD 命令后，通常 SD 卡在 CMD 引脚上发送反馈，反馈分为两种，一种为 48 位，另一种为 136 位。

2．读写状态

初始化结束后，SD 卡读写时可以使用更高频率的时钟，默认为 25MHz，本章实验采用 50MHz。当 SD 卡完成初始化并发送初始化成功标识位后，可以进行数据读取。读 SD 卡的命令分为 CMD17 命令和 CMD18 命令两种，CMD17 命令为每次读取一个扇区的数据，CMD18 命令为连续读指定数量扇区的数据。本实验采用 CMD17 命令，每次读取一个扇区的数据。

CMD17 命令通过 CMD 引脚发送 32 位的扇区号，接收到 SD 卡返回 00h 后，DAT[3：0]开始接收 SD 卡的存储的数据。SD 卡返回数据时将会先发送起始位“0”，接着发送 512 个字节的 SD 卡数据和 CRC 校验码，最后发送结束位“1”。DAT[3：0]数据线的分配如表 11.2 所示。

表 11.2　DAT[3：0]数据线分配

	Start	Byte 1		Byte 2		Byte 3			Byte 512			End
DAT3	0	b7	b3	b7	b3	b7	b3	...	b7	b3	CRC	1
DAT2	0	b6	b2	b6	b2	b6	b2	...	b6	b2	CRC	1
DAT1	0	b5	b1	b5	b1	b5	b1	...	b5	b1	CRC	1
DAT0	0	b4	b0	b4	b0	b4	b0	...	b4	b0	CRC	1

11.2　SD 卡控制器设计

本节设计一个简单的 4 bit SD 模式 SD 卡控制器，由硬件电路实现命令和数据的发送与接收，复杂的状态分析和处理部分由驱动软件实现。

sdio4_cmd 用于实现 CMD 引脚的信号发送与接收。

```
 1 //------------------------------------------------------------------------------
 2 //
 3 // IMPORTANT: This document is for use only in the <Embedded System Design>
 4 //
 5 // College of Electrical Engineering, Zhejiang University
 6 //
 7 // Wang Yubo, wangyubo_vlsi@qq.com
 8 //
 9 //------------------------------------------------------------------------------
10
11 module sdio4_cmd (
12                     input wire        clk,
13                     input wire        reset_n,
14                     input wire        long_or_short,
15
16                     input wire        start,
17                     input wire [47:0]  cmd_arg_crc,
18
19                     inout wire        cmd,
20                     output reg [135:0] cmd_resp,
21                     output wire       idle,
22
23                     output wire       m_sdio_cmd
24                     );
25
26    parameter TOTAL_SEND = 48;
27
28    parameter CMD_IDLE = 2'h0;
29    parameter CMD_SEND = 2'h1;
30    parameter CMD_WAIT = 2'h2;
31    parameter CMD_RECV = 2'h3;
32
33    reg [1:0]                         state;
34    reg [1:0]                         next_state;
35
36    reg [7:0]                         send_cnt;
37    reg [7:0]                         wait_cnt;
38    reg [7:0]                         receive_cnt;
39
40    wire [8:0]                        TOTAL_RECEIVE;
41
42    assign TOTAL_RECEIVE = (long_or_short == 1) ? 136 : 48;
43
44    assign idle = (state == CMD_IDLE) ? 1 : 0;
45
46    always @(posedge clk or negedge reset_n)  //wait for recv
47      begin
```

```
48          if(reset_n == 0)
49            wait_cnt <= 0;
50          else if(state == CMD_WAIT)
51            wait_cnt <= wait_cnt + 1;
52          else
53            wait_cnt <= 0;
54        end
55
56      always @(*)
57        begin
58          case(state)
59            CMD_IDLE : next_state <= start ? CMD_SEND : CMD_IDLE;
60             CMD_SEND : next_state <= send_cnt == TOTAL_SEND ? CMD_WAIT :
CMD_SEND;
61            CMD_WAIT : next_state <= wait_cnt > 200 ? CMD_IDLE : (cmd == 0 ?
CMD_RECV : CMD_WAIT);
62            CMD_RECV : next_state <= receive_cnt == TOTAL_RECEIVE ? CMD_IDLE :
CMD_RECV;
63            default : next_state <= CMD_IDLE;
64          endcase
65        end
66
67      always @(posedge clk or negedge reset_n)
68        begin
69          if(reset_n == 0)
70            state <= CMD_IDLE;
71          else
72            state <= next_state;
73        end
74
75      reg cmd_t, cmd_o, cmd_o_reg;
76
77      always @(negedge clk or negedge reset_n)
78        begin
79          if(reset_n == 0)
80            cmd_o_reg <= 1;
81          else
82            cmd_o_reg <= cmd_o;
83        end
84
85      assign cmd = cmd_t ? cmd_o_reg : 1'bz;
86      assign m_sdio_cmd = cmd_t ? cmd_o_reg : cmd;
87
88      always @(posedge clk or negedge reset_n)
89        begin
90          if(reset_n == 0)
91            begin
```

```
 92             cmd_t <= 1;
 93             cmd_o <= 1;
 94           end
 95         else
 96           case(next_state)
 97             CMD_IDLE:
 98               begin
 99                 send_cnt <= 0;
100                 receive_cnt <= 0;
101                 cmd_t <= 1;
102                 cmd_o <= 1;
103               end
104             CMD_SEND:
105               begin
106                 cmd_o <= cmd_arg_crc[47-send_cnt];
107                 send_cnt <= send_cnt + 1;
108               end
109             CMD_WAIT:
110               begin
111                 cmd_o <= 1;
112                 cmd_t <= 0;
113                 cmd_resp <= 136'b0;
114               end
115             CMD_RECV:
116               begin
117                 cmd_resp[135-receive_cnt] <= cmd;
118                 receive_cnt <= receive_cnt + 1;
119               end
120           endcase
121     end
122
123 endmodule
sdio4_cmd.v
```

sdio4_dat 实现数据的发送、接收。

```
 1 //-----------------------------------------------------------------------
 2 //
 3 // IMPORTANT: This document is for use only in the <Embedded System Design>
 4 //
 5 // College of Electrical Engineering, Zhejiang University
 6 //
 7 // Wang Yubo, wangyubo_vlsi@qq.com
 8 //
 9 //-----------------------------------------------------------------------
10
11 module sdio4_dat
12   (
```

```
13   input wire          clk,
14   inout wire [3:0]  sd_dat,
15
16   output reg [7:0]  rdata,
17   output reg          ren,
18   input wire          start_r,
19
20   input wire [7:0]  wdata,
21   output reg          wen,
22   input wire          start_w,
23
24   input wire          reset_n,
25   output wire          idle,
26
27   output wire [3:0] m_sdio_dat
28   );
29
30   reg [2:0]         state, next_state;
31
32   parameter IDLE = 3'h0;
33   parameter READ_WAIT = 3'h1;
34   parameter READ_DATA = 3'h2;
35   parameter WRITE_WAIT = 3'h3;
36   parameter WRITE_ZERO = 3'h4;
37   parameter WRITE_DATA = 3'h5;
38   parameter WRITE_ONE  = 3'h6;
39   parameter WRITE_RESP = 3'h7;
40
41   assign idle = state == IDLE ? 1 : 0;
42
43   parameter READ_CNT = 12'd1042;    //1+512×2+8×2+1
44   parameter WRITE_CNT = 12'd1040;   //512×2+8×2
45   parameter RESPONSE_CNT = 6'd20;
46
47   reg [11:0]        rd_cnt;
48   reg [11:0]        wr_cnt;
49   reg [5:0]         resp_cnt;
50
51   always @(*)
52     begin
53        case(state)
54          IDLE: next_state <= start_r == 1 ? READ_WAIT : (start_w == 1 ?
WRITE_WAIT : IDLE);
55
56          READ_WAIT: next_state <= sd_dat == 4'b0000 ? READ_DATA : READ_WAIT;
57          READ_DATA: next_state <= rd_cnt == READ_CNT ? IDLE : READ_DATA;
58
```

```
59          WRITE_WAIT:next_state <= WRITE_ZERO;
60          WRITE_ZERO:next_state <= WRITE_DATA;
61            WRITE_DATA:next_state <= wr_cnt ==  WRITE_CNT ? WRITE_ONE :
WRITE_DATA;
62          WRITE_ONE: next_state <= WRITE_RESP;
63            WRITE_RESP: next_state <= resp_cnt == RESPONSE_CNT ? IDLE :
WRITE_RESP;
64
65          default: next_state <= IDLE;
66        endcase
67    end
68
69  reg [3:0] dat_o;
70  reg [3:0] dat_o_tmp;
71  reg     dat_t;
72
73  assign sd_dat = dat_t ? dat_o_tmp : 4'bzzzz;
74  assign m_sdio_dat = dat_t ? dat_o_tmp : sd_dat;
75
76  always @(negedge clk or negedge reset_n)
77    begin
78      if(reset_n == 0)
79        dat_o_tmp <= 4'b1111;
80      else
81        dat_o_tmp <= dat_o;
82    end
83
84  always @(posedge clk or negedge reset_n)
85    begin
86      if(reset_n == 0)
87        begin
88          dat_t <= 1;
89          dat_o <= 4'b1111;
90          state <= IDLE;
91        end
92      else
93        begin
94          state <= next_state;
95          case(next_state)
96            IDLE:
97              begin
98                dat_t <= 1;
99                dat_o <= 4'b1111;
100               rd_cnt <= 0;
101               wr_cnt <= 0;
102               resp_cnt <= 0;
103               ren <= 0;
```

```
104                 wen <= 0;
105               end
106 
107             READ_WAIT:
108               begin
109                 dat_o <= 4'b1111;
110                 dat_t <= 0;
111               end
112 
113             READ_DATA:
114               begin
115                 rd_cnt <= rd_cnt + 1;
116                 if(rd_cnt >= 1 && rd_cnt <=1024)
117                   begin
118                     if(rd_cnt[0] == 1)
119                       begin
120                         rdata[7:4] <= sd_dat;
121                         ren <= 0;
122                       end
123                     else
124                       begin
125                         rdata[3:0] <= sd_dat;
126                         ren <= 1;
127                       end
128                   end
129                 else
130                   ren <= 0;
131               end
132 
133             WRITE_WAIT:
134               begin
135                 dat_t <= 1;
136                 wen <= 1;
137               end
138 
139             WRITE_ZERO:
140               begin
141                 dat_o <= 4'b0000;
142                 wen <= 0;
143               end
144 
145             WRITE_DATA:
146               begin
147                 wr_cnt <= wr_cnt + 1;
148                 if(wr_cnt[0] == 1)
149                   begin
150                     wen <= 0;
```

```
151                  dat_o <= wdata[3:0];
152                end
153              else
154                begin
155                  wen <= 1;
156                  dat_o <= wdata[7:4];
157                end
158            end
159
160          WRITE_ONE:
161            begin
162              dat_o <= 4'b1111;
163              wen <= 0;
164            end
165
166          WRITE_RESP:
167            begin
168              dat_t <= 0;
169              resp_cnt <= resp_cnt + 1;
170            end
171
172        endcase
173      end
174    end
175
176 endmodule
sdio4_dat.v
```

sdio4_dat 采用高速时钟发送数据，sdio4_cmd 采用低速时钟进行初始化，时钟分频电路代码如下。

```
 1 //--------------------------------------------------------------------------
 2 //
 3 // IMPORTANT: This document is for use only in the <Embedded System Design>
 4 //
 5 // College of Electrical Engineering, Zhejiang University
 6 //
 7 // Wang Yubo, wangyubo_vlsi@qq.com
 8 //
 9 //--------------------------------------------------------------------------
10
11 module clk_gen
12   #(
13     parameter CntNumber0 = 2,
14     parameter CntNumber1 = 1000
15     )
16    (
17     input wire clk_in,
18     input wire reset_n,
```

```
19    output reg clk_out_fast,
20    output reg clk_out_slow
21    );
22
23   reg [15:0]  cnt0;
24   reg [15:0]  cnt1;
25
26   always @(posedge clk_in or negedge reset_n)
27     begin
28       if (!reset_n)
29         cnt0 <= 0;
30       else if (cnt0 == CntNumber0 - 1)
31         cnt0 <= 0;
32       else
33         cnt0 <= cnt0 + 1;
34     end
35
36   always @(posedge clk_in or negedge reset_n)
37     begin
38       if (!reset_n)
39         clk_out_fast <= 0;
40       else if (cnt0 == CntNumber0 - 1)
41         clk_out_fast <= ~clk_out_fast;
42     end
43
44   always @(posedge clk_in or negedge reset_n)
45     begin
46       if (!reset_n)
47         cnt1 <= 0;
48       else if (cnt1 == CntNumber1 - 1)
49         cnt1 <= 0;
50       else
51         cnt1 <= cnt1 + 1;
52     end
53
54   always @(posedge clk_in or negedge reset_n)
55     begin
56       if (!reset_n)
57         clk_out_slow <= 0;
58       else if (cnt1 == CntNumber1 - 1)
59         clk_out_slow <= ~clk_out_slow;
60     end
61
62 endmodule
clk_gen.v
```

sdio4_ctrl 将控制 sdio4_dat 和 sdio4_cmd，同时给发送和接收端加上 FIFO，代码如下。

```
 1 //------------------------------------------------------------------------
 2 //
 3 // IMPORTANT: This document is for use only in the <Embedded System Design>
 4 //
 5 // College of Electrical Engineering, Zhejiang University
 6 //
 7 // Wang Yubo, wangyubo_vlsi@qq.com
 8 //
 9 //------------------------------------------------------------------------
10
11 module sdio4_ctrl
12   (
13    input wire          clk,
14    input wire          reset_n,
15    input wire          clk_sel,
16
17    input wire          long_or_short,
18    input wire [47:0]   cmd_arg_crc,
19    input wire          start_cmd,
20    output wire         cmd_idle,
21    output wire [135:0] cmd_resp,
22
23    input wire [7:0]    send_data,
24    input wire          send_en,
25    input wire          send_reset,
26    input wire          start_write,
27
28    output wire [7:0]   recv_data,
29    input wire          recv_en,
30    input wire          recv_reset,
31    input wire          start_read,
32
33    output wire         dat_idle,
34
35    output wire         sdio_clk,
36    inout wire          sdio_cmd,
37    inout wire [3:0]    sdio_dat,
38
39    output wire         m_sdio_cmd,
40    output wire [3:0]   m_sdio_dat
41    );
42
43    wire               sd_clk_slow;
44    wire               sd_clk_fast;
45
46    assign sdio_clk = clk_sel ? sd_clk_fast : sd_clk_slow;
47
```

```
48   clk_gen clk_sd_gen
49     (
50      .clk_in(clk),
51      .reset_n(reset_n),
52      .clk_out_fast(sd_clk_fast),
53      .clk_out_slow(sd_clk_slow)
54      );
55
56   sdio4_cmd sdio4_cmd_s
57     (
58      .clk(sdio_clk),
59      .reset_n(reset_n),
60      .long_or_short(long_or_short),
61      .start(start_cmd),
62      .cmd_arg_crc(cmd_arg_crc),
63      .cmd(sdio_cmd),
64      .cmd_resp(cmd_resp),
65      .idle(cmd_idle),
66      .m_sdio_cmd(m_sdio_cmd)
67      );
68
69   wire [7:0]          rdata;
70   wire               ren;
71   wire [7:0]          wdata;
72   wire               wen;
73
74   sdio4_dat
75     (
76      .clk(sdio_clk),
77      .sd_dat(sdio_dat),
78      .rdata(rdata),
79      .ren(ren),
80      .start_r(start_read),
81      .wdata(wdata),
82      .wen(wen),
83      .start_w(start_write),
84      .reset_n(reset_n),
85      .idle(dat_idle),
86      .m_sdio_dat(m_sdio_dat)
87      );
88
89   fifo_wr write_fifo
90     (
91      .full(),
92      .din(send_data),
93      .wr_en(send_en),
94      .wr_clk(clk),
```

```
 95      .empty(),
 96      .dout(wdata),
 97      .rd_en(wen),
 98      .rd_clk(sdio_clk),
 99      .rst(send_reset)
100      );
101
102   fifo_wr read_fifo
103     (
104      .full(),
105      .din(rdata),
106      .wr_en(ren),
107      .wr_clk(sdio_clk),
108      .empty(),
109      .dout(recv_data),
110      .rd_en(recv_en),
111      .rd_clk(clk),
112      .rst(recv_reset)
113      );
114
115 endmodule
sdio4_ctrl.v
```

sdio4_axi 模块通过 AXI 接口实现数据和命令的发送接收，代码如下。

```
10
11 module sd_soc_v1_0_S00_AXI #
12   (
13    // Users to add parameters here
14
15    // User parameters ends
16    // Do not modify the parameters beyond this line
17
18    // Width of S_AXI data bus
19    parameter integer C_S_AXI_DATA_WIDTH = 32,
20    // Width of S_AXI address bus
21    parameter integer C_S_AXI_ADDR_WIDTH = 6
22    )
23    (
24     // Users to add ports here
25
26     output wire                               sdio_clk,
27     inout wire                                sdio_cmd,
28     inout wire [3:0]                           sdio_dat,
29     output wire                               sdio_vcc,
30     output wire                               m_sdio_cmd,
31     output wire [3:0]                          m_sdio_dat,
32
```

```
33    // User ports ends
34    // Do not modify the ports beyond this line
35
36    // Global Clock Signal
37    input wire                              S_AXI_ACLK,
38    // Global Reset Signal. This Signal is Active LOW
39    input wire                              S_AXI_ARESETN,
40    // Write address (issued by master, accepted by Slave)
41    input wire [C_S_AXI_ADDR_WIDTH-1 : 0]    S_AXI_AWADDR,
42    // Write channel Protection type. This signal indicates the
43    // privilege and security level of the transaction, and whether
44    // the transaction is a data access or an instruction access.
45    input wire [2 : 0]                       S_AXI_AWPROT,
46    // Write address valid. This signal indicates that the master signaling
47    // valid write address and control information.
48    input wire                              S_AXI_AWVALID,
49    // Write address ready. This signal indicates that the slave is ready
50    // to accept an address and associated control signals.
51    output wire                             S_AXI_AWREADY,
52    // Write data (issued by master, accepted by Slave)
53    input wire [C_S_AXI_DATA_WIDTH-1 : 0]    S_AXI_WDATA,
54    // Write strobes. This signal indicates which byte lanes hold
55    // valid data. There is one write strobe bit for each eight
56    // bits of the write data bus.
57    input wire [(C_S_AXI_DATA_WIDTH/8)-1 : 0] S_AXI_WSTRB,
58    // Write valid. This signal indicates that valid write
59    // data and strobes are available.
60    input wire                              S_AXI_WVALID,
61    // Write ready. This signal indicates that the slave
62    // can accept the write data.
63    output wire                             S_AXI_WREADY,
64    // Write response. This signal indicates the status
65    // of the write transaction.
66    output wire [1 : 0]                      S_AXI_BRESP,
67    // Write response valid. This signal indicates that the channel
68    // is signaling a valid write response.
69    output wire                             S_AXI_BVALID,
70    // Response ready. This signal indicates that the master
71    // can accept a write response.
72    input wire                              S_AXI_BREADY,
73    // Read address (issued by master, accepted by Slave)
74    input wire [C_S_AXI_ADDR_WIDTH-1 : 0]    S_AXI_ARADDR,
75    // Protection type. This signal indicates the privilege
76    // and security level of the transaction, and whether the
77    // transaction is a data access or an instruction access.
78    input wire [2 : 0]                       S_AXI_ARPROT,
79    // Read address valid. This signal indicates that the channel
```

```
80    // is signaling valid read address and control information.
81    input wire                              S_AXI_ARVALID,
82    // Read address ready. This signal indicates that the slave is
83    // ready to accept an address and associated control signals.
84    output wire                             S_AXI_ARREADY,
85    // Read data (issued by slave)
86    output wire [C_S_AXI_DATA_WIDTH-1 : 0]     S_AXI_RDATA,
87    // Read response. This signal indicates the status of the
88    // read transfer.
89    output wire [1 : 0]                     S_AXI_RRESP,
90    // Read valid. This signal indicates that the channel is
91    // signaling the required read data.
92    output wire                             S_AXI_RVALID,
93    // Read ready. This signal indicates that the master can
94    // accept the read data and response information.
95    input wire                              S_AXI_RREADY
96    );
97
98   // AXI4-Lite signals
99   reg [C_S_AXI_ADDR_WIDTH-1 : 0]         axi_awaddr;
100  reg                                 axi_awready;
101  reg                                 axi_wready;
102  reg [1 : 0]                         axi_bresp;
103  reg                                 axi_bvalid;
104  reg [C_S_AXI_ADDR_WIDTH-1 : 0]         axi_araddr;
105  reg                                 axi_arready;
106  reg [C_S_AXI_DATA_WIDTH-1 : 0]         axi_rdata;
107  reg [1 : 0]                         axi_rresp;
108  reg                                 axi_rvalid;
109
110  // Example-specific design signals
111  // local parameter for addressing 32 bit / 64 bit C_S_AXI_DATA_WIDTH
112  // ADDR_LSB is used for addressing 32/64 bit registers/memories
113  // ADDR_LSB = 2 for 32 bits (n downto 2)
114  // ADDR_LSB = 3 for 64 bits (n downto 3)
115  localparam integer ADDR_LSB = (C_S_AXI_DATA_ WIDTH/32) + 1;
116  localparam integer                      OPT_MEM_ADDR_BITS = 3;
117  //----------------------------------------------
118  //-- Signals for user logic register space example
119  //------------------------------------------------
120  //-- Number of Slave Registers 16
121  reg [C_S_AXI_DATA_WIDTH-1:0]             slv_reg0;
122  reg [C_S_AXI_DATA_WIDTH-1:0]             slv_reg1;
123  reg [C_S_AXI_DATA_WIDTH-1:0]             slv_reg2;
124  reg [C_S_AXI_DATA_WIDTH-1:0]             slv_reg3;
125  reg [C_S_AXI_DATA_WIDTH-1:0]             slv_reg4;
126  reg [C_S_AXI_DATA_WIDTH-1:0]             slv_reg5;
```

```
127   reg [C_S_AXI_DATA_WIDTH-1:0]                  slv_reg6;
128   reg [C_S_AXI_DATA_WIDTH-1:0]                  slv_reg7;
129   reg [C_S_AXI_DATA_WIDTH-1:0]                  slv_reg8;
130   reg [C_S_AXI_DATA_WIDTH-1:0]                  slv_reg9;
131   reg [C_S_AXI_DATA_WIDTH-1:0]                  slv_reg10;
132   reg [C_S_AXI_DATA_WIDTH-1:0]                  slv_reg11;
133   reg [C_S_AXI_DATA_WIDTH-1:0]                  slv_reg12;
134   reg [C_S_AXI_DATA_WIDTH-1:0]                  slv_reg13;
135   reg [C_S_AXI_DATA_WIDTH-1:0]                  slv_reg14;
136   reg [C_S_AXI_DATA_WIDTH-1:0]                  slv_reg15;
137   wire                                      slv_reg_rden;
138   wire                                      slv_reg_wren;
139   reg [C_S_AXI_DATA_WIDTH-1:0]                  reg_data_out;
140   integer                                    byte_index;
141
142   // I/O Connections assignments
143
144   assign S_AXI_AWREADY = axi_awready;
145   assign S_AXI_WREADY  = axi_wready;
146   assign S_AXI_BRESP   = axi_bresp;
147   assign S_AXI_BVALID  = axi_bvalid;
148   assign S_AXI_ARREADY = axi_arready;
149   assign S_AXI_RDATA   = axi_rdata;
150   assign S_AXI_RRESP   = axi_rresp;
151   assign S_AXI_RVALID  = axi_rvalid;
152   // Implement axi_awready generation
153   // axi_awready is asserted for one S_AXI_ACLK clock cycle when both
154   // S_AXI_AWVALID and S_AXI_WVALID are asserted. axi_awready is
155   // de-asserted when reset is low.
156
157   always @( posedge S_AXI_ACLK )
158     begin
159       if ( S_AXI_ARESETN == 1'b0 )
160         begin
161           axi_awready <= 1'b0;
162         end
163       else
164         begin
165           if (~axi_awready && S_AXI_AWVALID && S_AXI_WVALID)
166             begin
167               // slave is ready to accept write address when
168               // there is a valid write address and write data
169               // on the write address and data bus. This design
170               // expects no outstanding transactions.
171               axi_awready <= 1'b1;
172             end
173           else
```

```
174             begin
175                axi_awready <= 1'b0;
176             end
177          end
178       end
179
180    // Implement axi_awaddr latching
181    // This process is used to latch the address when both
182    // S_AXI_AWVALID and S_AXI_WVALID are valid.
183
184    always @( posedge S_AXI_ACLK )
185      begin
186        if ( S_AXI_ARESETN == 1'b0 )
187          begin
188            axi_awaddr <= 0;
189          end
190        else
191          begin
192            if (~axi_awready && S_AXI_AWVALID && S_AXI_WVALID)
193              begin
194                // Write Address latching
195                axi_awaddr <= S_AXI_AWADDR;
196              end
197          end
198      end
199
200    // Implement axi_wready generation
201    // axi_wready is asserted for one S_AXI_ACLK clock cycle when both
202    // S_AXI_AWVALID and S_AXI_WVALID are asserted. axi_wready is
203    // de-asserted when reset is low.
204
205    always @( posedge S_AXI_ACLK )
206      begin
207        if ( S_AXI_ARESETN == 1'b0 )
208          begin
209            axi_wready <= 1'b0;
210          end
211        else
212          begin
213            if (~axi_wready && S_AXI_WVALID && S_AXI_AWVALID)
214              begin
215                // slave is ready to accept write data when
216                // there is a valid write address and write data
217                // on the write address and data bus. This design
218                // expects no outstanding transactions.
219                axi_wready <= 1'b1;
220              end
```

```
221                 else
222                   begin
223                     axi_wready <= 1'b0;
224                   end
225               end
226           end
227
228       // Implement memory mapped register select and write logic generation
229       // The write data is accepted and written to memory mapped registers
230       // when axi_awready, S_AXI_WVALID, axi_wready and S_AXI_WVALID are
231       // asserted. Write strobes are used to select byte enables of slave
          // registers while writing.
232       // These registers are cleared when reset (active low) is applied.
233       // Slave register write enable is asserted when valid address and data
234       // are available and the slave is ready to accept the write address
          // and write data.
235       assign slv_reg_wren = axi_wready && S_AXI_WVALID && axi_awready &&
S_AXI_AWVALID;
236
237       always @( posedge S_AXI_ACLK )
238         begin
239           if ( S_AXI_ARESETN == 1'b0 )
240             begin
241               slv_reg0 <= 0;
242               slv_reg1 <= 0;
243               slv_reg2 <= 0;
244               slv_reg3 <= 0;
245               slv_reg4 <= 0;
246               slv_reg5 <= 0;
247               slv_reg6 <= 0;
248               slv_reg7 <= 0;
249               slv_reg8 <= 0;
250               slv_reg9 <= 0;
251               slv_reg10 <= 0;
252               slv_reg11 <= 0;
253               slv_reg12 <= 0;
254               slv_reg13 <= 0;
255               slv_reg14 <= 0;
256               slv_reg15 <= 0;
257             end
258           else begin
259             if (slv_reg_wren)
260               begin
261                 case ( axi_awaddr[ADDR_LSB+OPT_MEM_ADDR_BITS:ADDR_LSB] )
262                   4'h0:
263                 for ( byte_index = 0; byte_index <= (C_S_AXI_DATA_WIDTH/8)-1;
byte_index = byte_index+1 )
```

```
264                  if ( S_AXI_WSTRB[byte_index] == 1 ) begin
265           // Respective byte enables are asserted as per write strobes
266                    // Slave register 0
267                    slv_reg0[(byte_index*8) +: 8] <= S_AXI_WDATA[(byte_
index*8) +: 8];
268                  end
269               4'h1:
270            for ( byte_index = 0; byte_index <= (C_S_AXI_DATA_WIDTH/8)-1;
byte_index = byte_index+1 )
271                  if ( S_AXI_WSTRB[byte_index] == 1 ) begin
272           // Respective byte enables are asserted as per write strobes
273                    // Slave register 1
274                       slv_reg1[(byte_index*8) +: 8] <= S_AXI_WDATA
[(byte_index*8) +: 8];
275                  end
276               4'h2:
277            for ( byte_index = 0; byte_index <= (C_S_AXI_DATA_WIDTH/8)-1;
byte_index = byte_index+1 )
278                  if ( S_AXI_WSTRB[byte_index] == 1 ) begin
279           // Respective byte enables are asserted as per write strobes
280                    // Slave register 2
281                    slv_reg2[(byte_index*8) +: 8] <= S_AXI_WDATA[(byte_
index*8) +: 8];
282                  end
283               4'h3:
284            for ( byte_index = 0; byte_index <= (C_S_AXI_DATA_WIDTH/8)-1;
byte_index = byte_index+1 )
285                  if ( S_AXI_WSTRB[byte_index] == 1 ) begin
286           // Respective byte enables are asserted as per write strobes
287                    // Slave register 3
288                       slv_reg3[(byte_index*8) +: 8] <= S_AXI_WDATA
[(byte_index*8) +: 8];
289                  end
290               4'h4:
291            for ( byte_index = 0; byte_index <= (C_S_AXI_DATA_WIDTH/8)-1;
byte_index = byte_index+1 )
292                  if ( S_AXI_WSTRB[byte_index] == 1 ) begin
293           // Respective byte enables are asserted as per write strobes
294                    // Slave register 4
295                    slv_reg4[(byte_index*8) +: 8] <= S_AXI_WDATA[(byte_
index*8) +: 8];
296                  end
297               4'h5:
298            for ( byte_index = 0; byte_index <= (C_S_AXI_DATA_WIDTH/8)-1;
byte_index = byte_index+1 )
299                  if ( S_AXI_WSTRB[byte_index] == 1 ) begin
300           // Respective byte enables are asserted as per write strobes
```

```
301                                 // Slave register 5
302                                 slv_reg5[(byte_index*8) +: 8] <= S_AXI_WDATA[(byte_
index*8) +: 8];
303                             end
304                         4'h6:
305                     for ( byte_index = 0; byte_index <= (C_S_AXI_DATA_WIDTH/8)-1;
byte_index = byte_index+1 )
306                             if ( S_AXI_WSTRB[byte_index] == 1 ) begin
307                 // Respective byte enables are asserted as per write strobes
308                                 // Slave register 6
309                                 slv_reg6[(byte_index*8) +: 8] <= S_AXI_WDATA[(byte_
index*8) +: 8];
310                             end
311                         4'h7:
312                     for ( byte_index = 0; byte_index <= (C_S_AXI_DATA_WIDTH/8)-1;
byte_index = byte_index+1 )
313                             if ( S_AXI_WSTRB[byte_index] == 1 ) begin
314                 // Respective byte enables are asserted as per write strobes
315                                 // Slave register 7
316                                 slv_reg7[(byte_index*8) +: 8] <= S_AXI_WDATA[(byte_
index*8) +: 8];
317                             end
318                         4'h8:
319                     for ( byte_index = 0; byte_index <= (C_S_AXI_DATA_WIDTH/8)-1;
byte_index = byte_index+1 )
320                             if ( S_AXI_WSTRB[byte_index] == 1 ) begin
321                  // Respective byte enables are asserted as per write strobes
322                                 // Slave register 8
323                                 slv_reg8[(byte_index*8) +: 8] <= S_AXI_WDATA[(byte_
index*8) +: 8];
324                             end
325                         4'h9:
326                     for ( byte_index = 0; byte_index <= (C_S_AXI_DATA_WIDTH/8)-1;
byte_index = byte_index+1 )
327                             if ( S_AXI_WSTRB[byte_index] == 1 ) begin
328                 // Respective byte enables are asserted as per write strobes
329                                 // Slave register 9
330                                 slv_reg9[(byte_index*8) +: 8] <= S_AXI_WDATA[(byte_
index*8) +: 8];
331                             end
332                         4'hA:
333                     for ( byte_index = 0; byte_index <= (C_S_AXI_DATA_WIDTH/8)-1;
byte_index = byte_index+1 )
334                             if ( S_AXI_WSTRB[byte_index] == 1 ) begin
335                 // Respective byte enables are asserted as per write strobes
336                                 // Slave register 10
337                                     slv_reg10[(byte_index*8) +: 8] <= S_AXI_WDATA
```

```
[(byte_index*8) +: 8];
      338                end
      339              4'hB:
      340           for ( byte_index = 0; byte_index <= (C_S_AXI_DATA_WIDTH/8)-1;
byte_index = byte_index+1 )
      341                if ( S_AXI_WSTRB[byte_index] == 1 ) begin
      342          // Respective byte enables are asserted as per write strobes
      343                  // Slave register 11
      344                    slv_reg11[(byte_index*8) +: 8] <= S_AXI_WDATA
[(byte_index*8) +: 8];
      345                end
      346              4'hC:
      347           for ( byte_index = 0; byte_index <= (C_S_AXI_DATA_WIDTH/8)-1;
byte_index = byte_index+1 )
      348                if ( S_AXI_WSTRB[byte_index] == 1 ) begin
      349          // Respective byte enables are asserted as per write strobes
      350                  // Slave register 12
      351                    slv_reg12[(byte_index*8) +: 8] <= S_AXI_WDATA
[(byte_index*8) +: 8];
      352                end
      353              4'hD:
      354           for ( byte_index = 0; byte_index <= (C_S_AXI_DATA_WIDTH/8)-1;
byte_index = byte_index+1 )
      355                if ( S_AXI_WSTRB[byte_index] == 1 ) begin
      356          // Respective byte enables are asserted as per write strobes
      357                  // Slave register 13
      358                    slv_reg13[(byte_index*8) +: 8] <= S_AXI_WDATA
[(byte_index*8) +: 8];
      359                end
      360              4'hE:
      361           for ( byte_index = 0; byte_index <= (C_S_AXI_DATA_WIDTH/8)-1;
byte_index = byte_index+1 )
      362                if ( S_AXI_WSTRB[byte_index] == 1 ) begin
      363          // Respective byte enables are asserted as per write strobes
      364                  // Slave register 14
      365                    slv_reg14[(byte_index*8) +: 8] <= S_AXI_WDATA
[(byte_index*8) +: 8];
      366                end
      367              4'hF:
      368           for ( byte_index = 0; byte_index <= (C_S_AXI_DATA_WIDTH/8)-1;
byte_index = byte_index+1 )
      369                if ( S_AXI_WSTRB[byte_index] == 1 ) begin
      370          // Respective byte enables are asserted as per write strobes
      371                  // Slave register 15
      372                    slv_reg15[(byte_index*8) +: 8] <= S_AXI_WDATA
[(byte_index*8) +: 8];
      373                end
```

```
374                      default : begin
375                        slv_reg0 <= slv_reg0;
376                        slv_reg1 <= slv_reg1;
377                        slv_reg2 <= slv_reg2;
378                        slv_reg3 <= slv_reg3;
379                        slv_reg4 <= slv_reg4;
380                        slv_reg5 <= slv_reg5;
381                        slv_reg6 <= slv_reg6;
382                        slv_reg7 <= slv_reg7;
383                        slv_reg8 <= slv_reg8;
384                        slv_reg9 <= slv_reg9;
385                        slv_reg10 <= slv_reg10;
386                        slv_reg11 <= slv_reg11;
387                        slv_reg12 <= slv_reg12;
388                        slv_reg13 <= slv_reg13;
389                        slv_reg14 <= slv_reg14;
390                        slv_reg15 <= slv_reg15;
391                      end
392                    endcase
393                  end
394              end
395            end
396
397        // Implement write response logic generation
398        // The write response and response valid signals are asserted by the
399        // slave when axi_wready, S_AXI_WVALID, axi_wready and S_AXI_WVALID
are asserted.
400        // This marks the acceptance of address and indicates the status of
401        // write transaction.
402
403        always @( posedge S_AXI_ACLK )
404          begin
405            if ( S_AXI_ARESETN == 1'b0 )
406              begin
407                axi_bvalid  <= 0;
408                axi_bresp   <= 2'b0;
409              end
410            else
411              begin
412                if (axi_awready && S_AXI_AWVALID && ~axi_bvalid && axi_wready
&& S_AXI_WVALID)
413                  begin
414                    // indicates a valid write response is available
415                    axi_bvalid <= 1'b1;
416                    axi_bresp  <= 2'b0; // 'OKAY' response
417                  end                   // work error responses in future
418                else
```

```
419          begin
420             if (S_AXI_BREADY && axi_bvalid)
421               //check if bready is asserted while bvalid is high
422       //(there is a possibility that bready is always asserted high)
423               begin
424                 axi_bvalid <= 1'b0;
425               end
426          end
427       end
428    end
429
430  // Implement axi_arready generation
431  // axi_arready is asserted for one S_AXI_ACLK clock cycle when
432  // S_AXI_ARVALID is asserted. axi_awready is
433  // de-asserted when reset (active low) is asserted.
434  // The read address is also latched when S_AXI_ARVALID is
435  // asserted. axi_araddr is reset to zero on reset assertion.
436
437  always @( posedge S_AXI_ACLK )
438    begin
439      if ( S_AXI_ARESETN == 1'b0 )
440        begin
441          axi_arready <= 1'b0;
442          axi_araddr  <= 32'b0;
443        end
444      else
445        begin
446          if (~axi_arready && S_AXI_ARVALID)
447            begin
448              //indicates that the slave has accepted the valid read address
449              axi_arready <= 1'b1;
450              // Read address latching
451              axi_araddr  <= S_AXI_ARADDR;
452            end
453          else
454            begin
455              axi_arready <= 1'b0;
456            end
457        end
458    end
459
460  // Implement axi_arvalid generation
461  // axi_rvalid is asserted for one S_AXI_ACLK clock cycle when both
462  // S_AXI_ARVALID and axi_arready are asserted. The slave registers
463  // data are available on the axi_rdata bus at this instance. The
464  // assertion of axi_rvalid marks the validity of read data on the
465  // bus and axi_rresp indicates the status of read transaction.axi_rvalid
```

```
466   // is deasserted on reset (active low). axi_rresp and axi_rdata are
467   // cleared to zero on reset (active low).
468   always @( posedge S_AXI_ACLK )
469     begin
470       if ( S_AXI_ARESETN == 1'b0 )
471         begin
472           axi_rvalid <= 0;
473           axi_rresp  <= 0;
474         end
475       else
476         begin
477           if (axi_arready && S_AXI_ARVALID && ~axi_rvalid)
478             begin
479               // Valid read data is available at the read data bus
480               axi_rvalid <= 1'b1;
481               axi_rresp  <= 2'b0; // 'OKAY' response
482             end
483           else if (axi_rvalid && S_AXI_RREADY)
484             begin
485               // Read data is accepted by the master
486               axi_rvalid <= 1'b0;
487             end
488         end
489     end
490
491   // Implement memory mapped register select and read logic generation
492   // Slave register read enable is asserted when valid address is available
493   // and the slave is ready to accept the read address.
494   assign slv_reg_rden = axi_arready & S_AXI_ARVALID & ~axi_rvalid;
495   always @(*)
496     begin
497       // Address decoding for reading registers
498       case ( axi_araddr[ADDR_LSB+OPT_MEM_ADDR_BITS:ADDR_LSB] )
499         4'h0   : reg_data_out <= slv_reg0;
500         4'h1   : reg_data_out <= slv_reg1;
501         4'h2   : reg_data_out <= slv_reg2;
502         4'h3   : reg_data_out <= slv_reg3;
503         4'h4   : reg_data_out <= slv_reg4;
504         4'h5   : reg_data_out <= slv_reg5;
505         4'h6   : reg_data_out <= slv_reg6;
506         4'h7   : reg_data_out <= {30'b0,dat_idle,cmd_idle};
507         4'h8   : reg_data_out <= cmd_resp[127:96];
508         4'h9   : reg_data_out <= cmd_resp[95:64];
509         4'hA   : reg_data_out <= cmd_resp[63:32];
510         4'hB   : reg_data_out <= cmd_resp[31:0];
511         4'hC   : reg_data_out <= {24'b0,recv_data};
512         4'hD   : reg_data_out <= slv_reg13;
```

```
513         4'hE   : reg_data_out <= slv_reg14;
514         4'hF   : reg_data_out <= slv_reg15;
515         default : reg_data_out <= 0;
516       endcase
517     end
518
519   // Output register or memory read data
520   always @( posedge S_AXI_ACLK )
521     begin
522       if ( S_AXI_ARESETN == 1'b0 )
523         begin
524           axi_rdata  <= 0;
525         end
526       else
527         begin
528           // When there is a valid read address (S_AXI_ARVALID) with
529           // acceptance of read address by the slave (axi_arready),
530           // output the read dada.
531           if (slv_reg_rden)
532             begin
533               axi_rdata <= reg_data_out;     // register read data
534             end
535         end
536     end
537
538   // Add user logic here
539
540   reg start_cmd;
541   wire cmd_idle;
542   wire [135:0] cmd_resp;
543
544   assign sdio_vcc = slv_reg5[0];
545
546   always @(posedge S_AXI_ACLK)
547     begin
548       if ( S_AXI_ARESETN == 1'b0 )
549         start_cmd <= 0;
550       else if(start_cmd == 1 && cmd_idle == 0)
551         start_cmd <= 0;
552        else if(slv_reg_wren && axi_awaddr[ADDR_LSB+OPT_MEM_ADDR_BITS:
ADDR_LSB] == 6)
553         start_cmd <= 1;
554     end
555
556   wire dat_idle;
557   reg [7:0] send_data;
558   reg       send_en;
```

```
559    reg       send_ready;
560
561    always @(posedge S_AXI_ACLK)
562      begin
563        if ( S_AXI_ARESETN == 1'b0 )
564          begin
565            send_en <= 0;
566            send_data <= 0;
567            send_ready <= 0;
568          end
569         if(slv_reg_wren && axi_awaddr[ADDR_LSB+OPT_MEM_ADDR_BITS:ADDR_
LSB] == 3)
570          begin
571            send_en <= 0;
572            send_data <= 0;
573            send_ready <= 1;
574          end
575        else if(send_ready == 1)
576          begin
577            send_en <= 1;
578            send_data <= slv_reg3[7:0];
579            send_ready <= 0;
580          end
581        else
582          begin
583            send_en <= 0;
584            send_data <= 0;
585            send_ready <= 0;
586          end
587      end
588
589    wire [7:0] recv_data;
590    reg        recv_en;
591
592    always @(posedge S_AXI_ACLK)
593      begin
594        if( S_AXI_ARESETN == 1'b0 )
595          recv_en <= 0;
596         else if(slv_reg_rden && axi_araddr[ADDR_LSB+OPT_MEM_ADDR_BITS:
ADDR_LSB] == 12)
597          recv_en <= 1;
598        else
599          recv_en <= 0;
600      end
601
602    reg start_write;
603    reg write_ready;
```

```
604
605   always @(posedge sdio_clk or negedge S_AXI_ARESETN)
606     begin
607        if(S_AXI_ARESETN == 1'b0)
608          begin
609             start_read <= 0;
610             read_ready <= 0;
611          end
612        else
613          begin
614             if(start_read == 1 && dat_idle == 0)
615               start_read <= 0;
616             else if(read_ready == 0 && slv_reg2[13:8] == 17 && cmd_idle
== 0)
617               read_ready <= 1;
618             else if(read_ready == 1 && cmd_idle == 1)
619               begin
620                  read_ready <= 0;
621                  start_read <= 1;
622               end
623          end
624     end
625
626   reg [3:0] write_cnt;
627   reg       start_read;
628   reg       read_ready;
629
630   always @(posedge sdio_clk or negedge S_AXI_ARESETN)
631     begin
632        if(S_AXI_ARESETN == 1'b0)
633          begin
634             start_write <= 0;
635             write_ready <= 0;
636             write_cnt <= 0;
637          end
638        else
639          begin
640             if(start_write == 1 && dat_idle == 0)
641               start_write <= 0;
642             else if(write_ready == 0 && slv_reg2[13:8] == 24 && cmd_idle
== 0)
643               begin
644                  write_ready <= 1;
645                  write_cnt <= 0;
646               end
647             else if(write_cnt > 4)
648               begin
```

```
649                 start_write <= 1;
650                 write_ready <= 0;
651                 write_cnt <= 0;
652               end
653             else if(write_ready == 1 && cmd_idle == 1)
654               write_cnt <= write_cnt + 1;
655
656           end
657       end
658
659     sdio4_ctrl u_sdio4_ctrl
660       (
661        .clk(S_AXI_ACLK),
662        .reset_n(S_AXI_ARESETN),
663        .clk_sel(slv_reg0[0]),
664
665        .long_or_short(slv_reg2[16]),
666        .cmd_arg_crc({slv_reg2[15:8],slv_reg1,slv_reg2[7:0]}),
667        .start_cmd(start_cmd),
668        .cmd_idle(cmd_idle),
669        .cmd_resp(cmd_resp),
670
671        .send_data(send_data),
672        .send_en(send_en),
673        .send_reset(slv_reg4[0]),
674        .start_write(start_write),
675
676        .recv_data(recv_data),
677        .recv_en(recv_en),
678        .recv_reset(slv_reg4[0]),
679        .start_read(start_read),
680
681        .dat_idle(dat_idle),
682
683        .sdio_clk(sdio_clk),
684        .sdio_cmd(sdio_cmd),
685        .sdio_dat(sdio_dat),
686        .m_sdio_cmd(m_sdio_cmd),
687        .m_sdio_dat(m_sdio_dat)
688        );
689
690     // User logic ends
691
692 endmodule
sd_soc_v1_0_S00_AXI.v
```

AXI 接口电路代码如下。

```
10
11 module sd_soc_v1_0 #
12   (
13    // Users to add parameters here
14
15    // User parameters ends
16    // Do not modify the parameters beyond this line
17
18
19    // Parameters of Axi Slave Bus Interface S00_AXI
20    parameter integer C_S00_AXI_DATA_WIDTH = 32,
21    parameter integer C_S00_AXI_ADDR_WIDTH = 6
22    )
23    (
24     // Users to add ports here
25
26     output wire                              sdio_clk,
27     inout wire                               sdio_cmd,
28     inout wire [3:0]                          sdio_dat,
29     output wire                              sdio_vcc,
30
31     // User ports ends
32     // Do not modify the ports beyond this line
33
34
35     // Ports of Axi Slave Bus Interface S00_AXI
36     input wire                               s00_axi_aclk,
37     input wire                               s00_axi_aresetn,
38     input wire [C_S00_AXI_ADDR_WIDTH-1 : 0]     s00_axi_awaddr,
39     input wire [2 : 0]                         s00_axi_awprot,
40     input wire                               s00_axi_awvalid,
41     output wire                              s00_axi_awready,
42     input wire [C_S00_AXI_DATA_WIDTH-1 : 0]     s00_axi_wdata,
43     input wire [(C_S00_AXI_DATA_WIDTH/8)-1 : 0] s00_axi_wstrb,
44     input wire                               s00_axi_wvalid,
45     output wire                              s00_axi_wready,
46     output wire [1 : 0]                        s00_axi_bresp,
47     output wire                              s00_axi_bvalid,
48     input wire                               s00_axi_bready,
49     input wire [C_S00_AXI_ADDR_WIDTH-1 : 0]     s00_axi_araddr,
50     input wire [2 : 0]                         s00_axi_arprot,
51     input wire                               s00_axi_arvalid,
52     output wire                              s00_axi_arready,
53     output wire [C_S00_AXI_DATA_WIDTH-1 : 0]    s00_axi_rdata,
54     output wire [1 : 0]                        s00_axi_rresp,
```

```
55    output wire                          s00_axi_rvalid,
56    input wire                           s00_axi_rready
57    );
58   wire                                 m_sdio_clk;
59   wire                                 m_sdio_cmd;
60   wire [3:0]                            m_sdio_dat;
61   wire                                 m_sdio_vcc;
62   // Instantiation of Axi Bus Interface S00_AXI
63   sd_soc_v1_0_S00_AXI #
64     (
65       .C_S_AXI_DATA_WIDTH(C_S00_AXI_DATA_WIDTH),
66       .C_S_AXI_ADDR_WIDTH(C_S00_AXI_ADDR_WIDTH)
67     ) sd_soc_v1_0_S00_AXI_inst
68     (
69       .sdio_clk(sdio_clk),
70       .sdio_cmd(sdio_cmd),
71       .sdio_dat(sdio_dat),
72       .sdio_vcc(sdio_vcc),
73       .m_sdio_cmd(m_sdio_cmd),
74       .m_sdio_dat(m_sdio_dat),
75
76       .S_AXI_ACLK(s00_axi_aclk),
77       .S_AXI_ARESETN(s00_axi_aresetn),
78       .S_AXI_AWADDR(s00_axi_awaddr),
79       .S_AXI_AWPROT(s00_axi_awprot),
80       .S_AXI_AWVALID(s00_axi_awvalid),
81       .S_AXI_AWREADY(s00_axi_awready),
82       .S_AXI_WDATA(s00_axi_wdata),
83       .S_AXI_WSTRB(s00_axi_wstrb),
84       .S_AXI_WVALID(s00_axi_wvalid),
85       .S_AXI_WREADY(s00_axi_wready),
86       .S_AXI_BRESP(s00_axi_bresp),
87       .S_AXI_BVALID(s00_axi_bvalid),
88       .S_AXI_BREADY(s00_axi_bready),
89       .S_AXI_ARADDR(s00_axi_araddr),
90       .S_AXI_ARPROT(s00_axi_arprot),
91       .S_AXI_ARVALID(s00_axi_arvalid),
92       .S_AXI_ARREADY(s00_axi_arready),
93       .S_AXI_RDATA(s00_axi_rdata),
94       .S_AXI_RRESP(s00_axi_rresp),
95       .S_AXI_RVALID(s00_axi_rvalid),
96       .S_AXI_RREADY(s00_axi_rready)
97       );
98
99   // Add user logic here
100
101  assign m_sdio_clk = sdio_clk;
```

```
102   assign m_sdio_vcc = sdio_vcc;
103
104   // User logic ends
105
106 endmodule
sd_soc_v1_0.v
```

硬件代码实现了基本的硬件发送和接收，要实现 SD 卡的初始化和读写，需要由驱动软件实现相应的控制。驱动代码如下，其中 0x40600000 为 UART 串口在 SoC 中的基地址。

```
 1 //-------------------------------------------------------------------
 2 //
 3 // IMPORTANT: This document is for use only in the <Embedded System Design>
 4 //
 5 // College of Electrical Engineering, Zhejiang University
 6 //
 7 // Wang Yubo, wangyubo_vlsi@qq.com
 8 //
 9 //-------------------------------------------------------------------
10
11 #include "ff.h"
12 Fatfs fs;
13
14 void print(char *a)
15 {
16   unsigned int *data = (unsigned int *)0x40600000;
17   while((*a) != '\0')
18     {
19       data[1]=(*a);
20       a++;
21       int i;
22       for(i=0;i<1000;i++);
23     }
24 }
25
26 int main() {
27   int result;
28   UINT br;
29   BYTE buff[512]={"sd test: read and write!!@!!"};
30   result=f_mount(&fs,"0:/",1);
31   if(result == 0)
32     print("mount success\r\n");
33   else
34     {
35       print("mount failed\r\n");
36       return 0;
37     }
```

```
38  print("start write\r\n");
39  FIL sd;
40  f_open(&sd,"0:/sd2.txt",FA_WRITE | FA_OPEN_ALWAYS);
41  f_write(&sd,buff,512,&br);
42  f_close(&sd);
43  print("finish write\r\n");
44  print("start read\r\n");
45  FIL txt;
46  f_open(&txt,"0:/sd2.txt",FA_READ);
47  f_read(&txt,buff,512,&br);
48  print("read txt:");
49  print(buff);
50
51  return 0;
52 }
初始化和读写 SD 代码
```

SD 卡完成初始化和读写数据后，只能按照扇区读写数据，无法读写指定的文件。因此需要驱动软件实现文件系统，才可以实现对文件的操作。移植 Fatfs 实现文件系统的操作是比较常见的方法。Fatfs 的移植主要对 diskio.c 进行修改移植，SD 协议中的 CRC 校验也在这里完成。

```
10 #include "diskio.h"      /* Fatfs lower layer API */
11 /* Definitions of physical drive number for each drive */
12 #define DEV_RAM      0   /* Example: Map Ramdisk to physical drive 0 */
13 #define DEV_MMC      1   /* Example: Map MMC/SD card to physical drive 1 */
14 #define DEV_USB      2   /* Example: Map USB MSD to physical drive 2 */
15
16 #define XPAR_SD_SOC_0_S00_AXI_BASEADDR 0x44A00000  //SD 的基地址
17
18
19 typedef unsigned int uint;
20 typedef unsigned short ushort;
21
22 //往寄存器内写数据
23 void SD_SOC_mWriteReg(uint a,int b,int c)
24 {
25  uint *data=(uint *)a;
26  data[b/4]=c;
27 }
28 //从寄存器中读取数据
29 uint SD_SOC_mReadReg(uint a,int b)
30 {
31  uint *data=(uint *)a;
32  return data[b/4];
33 }
34
35 #define SD_POWER_OFF SD_SOC_mWriteReg(XPAR_SD_SOC_0_S00_AXI_BASEADDR,
```

```
20,1)
        36 #define  SD_POWER_ON   SD_SOC_mWriteReg(XPAR_SD_SOC_0_S00_AXI_BASEADDR,
20,0)
        37 #define  SD_CLK_SLOW   SD_SOC_mWriteReg(XPAR_SD_SOC_0_S00_AXI_BASEADDR,
0,0)
        38 #define  SD_CLK_FAST   SD_SOC_mWriteReg(XPAR_SD_SOC_0_S00_AXI_BASEADDR,
0,1)
        39 #define SD_CMD_IDLE   (SD_SOC_mReadReg(XPAR_SD_SOC_0_S00_AXI_BASEADDR,28)
&0x1) //判断SD命令是否完成
        40 #define  SD_RW_IDLE   ((SD_SOC_mReadReg(XPAR_SD_SOC_0_S00_AXI_BASEADDR,
28)&0x2)>>1) //判断SD数据读写是否完成
        41
        42 #define  SD_FIFO_RST   SD_SOC_mWriteReg(XPAR_SD_SOC_0_S00_AXI_BASEADDR,
16,1);  //复位数据读写FIFO
        43 #define  SD_FIFO_USE   SD_SOC_mWriteReg(XPAR_SD_SOC_0_S00_AXI_BASEADDR,
16,0);  //清除FIFO复位状态
        44
        45 //初始化7位CRC校验
        46 BYTE  sd_crc7_look_up_table[256];
        47 void SD_calc_crc7_table(BYTE *table)
        48 {
        49  int i, k, d;
        50  BYTE g = 0x9; /* x7+ x3 +1 */
        51
        52  for (i=0; i<256; i++){
        53    d = i;
        54    for (k=0; k<7; k++){
        55      if(d&0x80)
        56        d ^= g;
        57      d <<= 1;
        58    }
        59    if(d&0x80)
        60      d ^= g;
        61    table[i] = d&0x7f;
        62  }
        63 }
        64 //计算7位CRC校验
        65 BYTE SD_calc_crc7(BYTE *data, ushort count)
        66 {
        67  BYTE fcs = 0x0; /* initial FCS value */
        68  ushort i;
        69  BYTE  g = 0x9;
        70  BYTE t;
        71
        72  for (i=0; i<count; i++)
        73    {
        74      t = sd_crc7_look_up_table[fcs];
```

```
 75      t <<= 1;
 76      if(t&0x80)
 77        fcs = (t&0x7f)^g;
 78      else
 79        fcs = t;
 80      t = sd_crc7_look_up_table[*data++];
 81      fcs ^= t;
 82    }
 83  return(fcs);
 84 }
 85
 86 //初始化16位CRC校验
 87 unsigned short sd_crc16_look_up_table[256];
 88 void SD_calc_crc16_table(ushort *table)
 89 {
 90  int d, i, k;
 91  ushort g = 0x1021; /* x16+ x12 +x5+1 */
 92
 93  for (i=0; i<256; i++)
 94    {
 95      d = i<<8;
 96      for (k=0; k<8; k++)
 97        {
 98          d <<= 1;
 99          if(d&0x10000)
100            d ^= g;
101        }
102      table[i] = d&0xffff;
103    }
104 }
105 //计算16位CRC校验
106 ushort SD_calc_crc16_4_bit(const BYTE *data, ushort count, BYTE *crc)
107 {
108  ushort fcs[4]={0,0,0,0}; /* initial FCS value */
109  ushort i, j ;
110  uint tmp;
111
112  ushort d0,d1,d2,d3;
113  ushort tt0,tt1,tt2,tt3;
114
115
116  for (i=0; i<count; i++)
117    {
118       tmp = (data[4*i]<<24)+(data[4*i+1]<<16)+(data[4*i+2]<<8)+(data
[4*i+3]);
119      d3 = ((tmp & 0x80000000) >> 24); /* 0 */
120      d3 |= ((tmp & 0x08000000) >> 21); /* 1 */
```

```
121      d3 |= ((tmp & 0x00800000) >> 18); /* 2 */
122      d3 |= ((tmp & 0x00080000) >> 15); /* 3 */
123      d3 |= ((tmp & 0x00008000) >> 12); /* 4 */
124      d3 |= ((tmp & 0x00000800) >>  9); /* 5 */
125      d3 |= ((tmp & 0x00000080) >>  6); /* 6 */
126      d3 |= ((tmp & 0x00000008) >>  3);      /* 7 */
127      d2  = ((tmp & 0x40000000) >> 23); /* 0 */
128      d2 |= ((tmp & 0x04000000) >> 20); /* 1 */
129      d2 |= ((tmp & 0x00400000) >> 17); /* 2 */
130      d2 |= ((tmp & 0x00040000) >> 14); /* 3 */
131      d2 |= ((tmp & 0x00004000) >> 11); /* 4 */
132      d2 |= ((tmp & 0x00000400) >>  8); /* 5 */
133      d2 |= ((tmp & 0x00000040) >>  5); /* 6 */
134      d2 |= ((tmp & 0x00000004) >>  2); /* 7 */
135      d1  = ((tmp & 0x20000000) >> 22); /* 0 */
136      d1 |= ((tmp & 0x02000000) >> 19); /* 1 */
137      d1 |= ((tmp & 0x00200000) >> 16); /* 2 */
138      d1 |= ((tmp & 0x00020000) >> 13); /* 3 */
139      d1 |= ((tmp & 0x00002000) >> 10); /* 4 */
140      d1 |= ((tmp & 0x00000200) >>  7); /* 5 */
141      d1 |= ((tmp & 0x00000020) >>  4); /* 6 */
142      d1 |= ((tmp & 0x00000002) >>  1); /* 7 */
143      d0  = ((tmp & 0x10000000) >> 21); /* 0 */
144      d0 |= ((tmp & 0x01000000) >> 18); /* 1 */
145      d0 |= ((tmp & 0x00100000) >> 15); /* 2 */
146      d0 |= ((tmp & 0x00010000) >> 12); /* 3 */
147      d0 |= ((tmp & 0x00001000) >>  9); /* 4 */
148      d0 |= ((tmp & 0x00000100) >>  6); /* 5 */
149      d0 |= ((tmp & 0x00000010) >>  3); /* 6 */
150      d0 |= ((tmp & 0x00000001) );      /* 7 */
151
152      //        PRINTF(("wanted : %x tmp %x, filter %x\n",
153      //                 data_wanted, tmp, filter));
154      tt0 = fcs[0];
155      tt1 = fcs[1];
156      tt2 = fcs[2];
157      tt3 = fcs[3];
158      fcs[0] = sd_crc16_look_up_table[(tt0>>8) ^ d0];
159      fcs[1] = sd_crc16_look_up_table[(tt1>>8) ^ d1];
160      fcs[2] = sd_crc16_look_up_table[(tt2>>8) ^ d2];
161      fcs[3] = sd_crc16_look_up_table[(tt3>>8) ^ d3];
162      fcs[0] = fcs[0] ^ (tt0<<8);
163      fcs[1] = fcs[1] ^ (tt1<<8);
164      fcs[2] = fcs[2] ^ (tt2<<8);
165      fcs[3] = fcs[3] ^ (tt3<<8);
166
167    }
```

```
168
169  for(i=0;i<8;i++)
170    {
171      crc[i] = 0;
172      for(j=0;j<8;j++)
173        {
174          crc[i] <<= 1;
175          crc[i] += ((fcs[3-j%4]&0x8000)>>15);
176          fcs[3-j%4] <<= 1;
177        }
178    }
179  return(0);
180 }
181
182 /*-----------------------------------------------------------------------*/
183 /* Get Drive Status                                                      */
184 /*-----------------------------------------------------------------------*/
185
186 //不需要，但不能删除，直接返回 0 即可
187 DSTATUS disk_status (
188                         BYTE pdrv          /* Physical drive number to identify
the drive */
189                         )
190 {
191
192  return RES_OK;
193 }
194
195 void my_sleep(int a)
196 {
197  int i;
198  for(i=0;i<a;i++);
199 }
200
201 //发送 cmd 命令，type 为 0 代表短响应，1 代表长响应
202 uint send_cmd(BYTE cmd,uint arg,BYTE type)
203 {
204  BYTE d_out[6];
205  d_out[0]=0x40|(cmd & 0x3f);  //计算 7 位 CRC 校验
206  d_out[1] = (arg>>24) & 0xff;
207  d_out[2] = (arg>>16)& 0xff;
208  d_out[3] = (arg>>8) &0xff;
209  d_out[4] = arg & 0xff;
210  d_out[5] = SD_calc_crc7(d_out,5);
211  d_out[5] = (d_out[5] << 1) | 1;
212  uint data0 = ((type&0x01)<<16)+(d_out[0]<<8)+d_out[5];
213  SD_SOC_mWriteReg(XPAR_SD_SOC_0_S00_AXI_BASEADDR,4,arg);
```

```
    214  SD_SOC_mWriteReg(XPAR_SD_SOC_0_S00_AXI_BASEADDR,8,data0);
    215  SD_SOC_mWriteReg(XPAR_SD_SOC_0_S00_AXI_BASEADDR,24,0);  /*往这个寄存器
中写任意值代表开始 cmd 命令*/
    216  my_sleep(1000);
    217  while(SD_CMD_IDLE == 0);
    218  while(SD_CMD_IDLE == 0);
    219  return SD_SOC_mReadReg(XPAR_SD_SOC_0_S00_AXI_BASEADDR,32);  /*获取结果
长命令的返回也可以获取，但这里只获取短命令的结果或长命令的最高 32 位数据*/
    220
    221 }
    222
    223 /*-----------------------------------------------------------------------*/
    224 /* Inidialize a Drive                                                    */
    225 /*-----------------------------------------------------------------------*/
    226
    227 //SD 卡初始化
    228 DSTATUS disk_initialize (
    229                          BYTE pdrv          /* Physical drive number to identify
the drive */
    230                          )
    231 {
    232  SD_calc_crc7_table(sd_crc7_look_up_table);
    233  SD_calc_crc16_table(sd_crc16_look_up_table);
    234  SD_CLK_SLOW;
    235  SD_POWER_OFF;
    236  my_sleep(1000);
    237  SD_POWER_ON;
    238  my_sleep(2000);
    239  send_cmd(0,0,0);   //使得卡回到初始状态
    240  send_cmd(8,0x1AA,0);  //给卡主机能够提供的电压范围
    241  uint response1,response2;
    242  uint SDType=0x40000000;
    243 #define SD_VOLTAGE_WINDOW_SD ((uint)0x80100000)
    244  do
    245    {
    246      response1=send_cmd(55, 0,0);
    247      response2=send_cmd(41,SD_VOLTAGE_WINDOW_SD|SDType,0);
    248    }while(!(response2 &0x80000000));  //等待上电完成
    249  send_cmd(2,0,1);  //获得 CID，不发送这个后面的 cmd3 就不会响应
    250  int res=send_cmd(3,0,0); //获得 RCA
    251  send_cmd(9,res&0xffff0000,1);
    252  send_cmd(7,res&0xffff0000,0);
    253  send_cmd(55,res&0xffff0000,0);//enable sdio4
    254  send_cmd(6,2,0); //
    255  //SD_CLK_FAST;   //初始化完成后就可以用高速时钟，但写入会失败，低速时钟写入正常
    256  return 0;
    257 }
```

```
    258
    259
    260
    261 /*-----------------------------------------------------------------------*/
    262 /* Read Sector(s)                                                        */
    263 /*-----------------------------------------------------------------------*/
    264
    265 DRESULT disk_read (
    266                 BYTE pdrv,          /* Physical drive nmuber to identify
the drive */
    267                 BYTE *buff,         /* Data buffer to store read data */
    268                 DWORD sector,        /* Start sector in LBA */
    269                 UINT count          /* Number of sectors to read */
    270                 )
    271 {
    272  int i,j;
    273  for(i=0;i<count;i++)
    274    {
    275     SD_FIFO_RST;
    276     SD_FIFO_USE;
    277     send_cmd(17,sector+i,0);
    278     my_sleep(1000);
    279     while(SD_RW_IDLE == 0)
    280       {
    281        my_sleep(1000);
    282       }
    283      SD_SOC_mReadReg(XPAR_SD_SOC_0_S00_AXI_BASEADDR,48)&0xff;  /*因为
FIFO时序的问题需要先读一次*/
    284     for(j=0;j<512;j++)
    285
buff[512*i+j]=SD_SOC_mReadReg(XPAR_SD_SOC_0_S00_AXI_BASEADDR,48)&0xff;
    286    }
    287  return 0;
    288
    289 }
    290
    291
    292
    293 /*-----------------------------------------------------------------------*/
    294 /* Write Sector(s)                                                       */
    295 /*-----------------------------------------------------------------------*/
    296
    297 DRESULT disk_write (
    298                  BYTE pdrv,              /* Physical drive number to
identify the drive */
    299                 const BYTE *buff,   /* Data to be written */
    300                 DWORD sector,         /* Start sector in LBA */
```

```
    301                    UINT count              /* Number of sectors to write */
    302                    )
    303 {
    304   int i,j;
    305   BYTE crc[8];
    306   for(i=0;i<count;i++)
    307     {
    308       SD_FIFO_RST;
    309       SD_FIFO_USE;
    310       my_sleep(1000);
    311       SD_calc_crc16_4_bit(buff+512*i,128,crc); /*将 512 个字节的数据和 8 个
CRC 的结果写入到写 FIFO 中*/
    312       for(j=0;j<512;j++)
    313
SD_SOC_mWriteReg(XPAR_SD_SOC_0_S00_AXI_BASEADDR,12,buff[512*i+j]);
    314       for(j=0;j<8;j++)
    315         SD_SOC_mWriteReg(XPAR_SD_SOC_0_S00_AXI_BASEADDR,12,crc[j]);
    316       send_cmd(24,sector+i,0);
    317       my_sleep(1000);
    318       while(SD_RW_IDLE == 0)
    319         {
    320           my_sleep(1000);
    321         }
    322     }
    323   return 0;
    324 }
    325
    326 /*-----------------------------------------------------------------------*/
    327 /* Miscellaneous Functions                                               */
    328 /*-----------------------------------------------------------------------*/
    329 //直接返回 0 即可
    330 DRESULT disk_ioctl (
    331                    BYTE pdrv,     /* Physical drive number (0..) */
    332                    BYTE cmd,      /* Control code */
    333                    void *buff     /* Buffer to send/receive control data */
    334                    )
    335 {
    336   return 0;
    337 }
    diskio.c
```

进行 SD 卡读写测试的 SoC 如图 11.2 所示，实验步骤可参考视频 video_11.1_sd_zju.ogv。

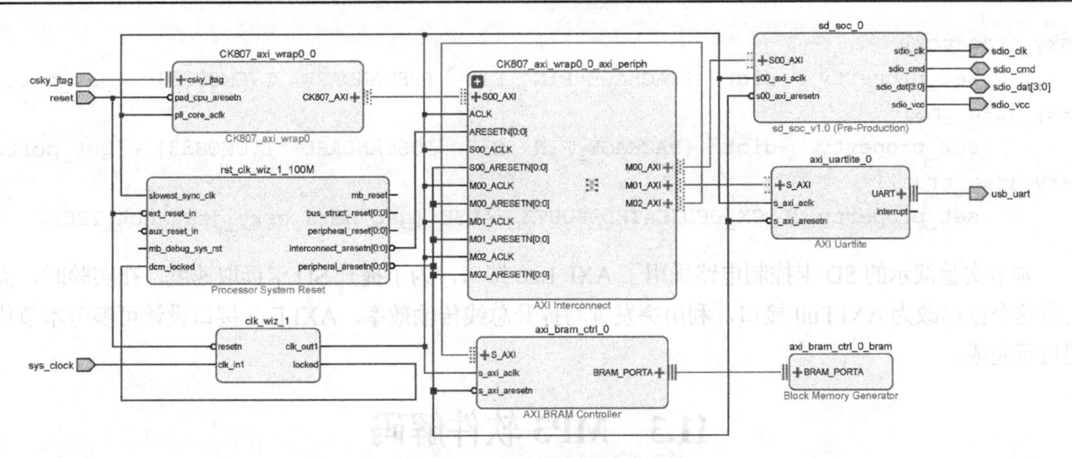

图 11.2　SD 卡读写测试的 SoC

地址分配如表 11.3 所示。

表 11.3　地址分配

Cell	Slave Interface	Base Name	Offset Address	Range	High Address
CK807_axi_wrap0_0					
CK807_AXI (32 address bits : 4G)					
sd_soc_0	S00_AXI	S00_AXI_reg	0x44A0_0000	64K	0x44A0_FFFF
axi_bram_ctrl_0	S_AXI	Mem0	0x0000_0000	256K	0x0003_FFFF
axi_uartlite_0	S_AXI	Reg	0x4060_0000	64K	0x4060_FFFF

SD 卡相关引脚绑定如下。

```
    set_property -dict {PACKAGE_PIN C2 IOSTANDARD LVCMOS33} [get_ports sdio_dat[0]]
    set_property -dict {PACKAGE_PIN E1 IOSTANDARD LVCMOS33} [get_ports sdio_dat[1]]
    set_property -dict {PACKAGE_PIN F1 IOSTANDARD LVCMOS33} [get_ports sdio_dat[2]]
    set_property -dict {PACKAGE_PIN D2 IOSTANDARD LVCMOS33} [get_ports sdio_dat[3]]
    set_property -dict {PACKAGE_PIN C1 IOSTANDARD LVCMOS33} [get_ports sdio_cmd]
    set_property -dict {PACKAGE_PIN B1 IOSTANDARD LVCMOS33} [get_ports sdio_clk]
    set_property -dict {PACKAGE_PIN E2 IOSTANDARD LVCMOS33} [get_ports sdio_vcc]
    #set_property -dict {PACKAGE_PIN A1 IOSTANDARD LVCMOS33} [get_ports sdio_detect]

    set_property -dict {PACKAGE_PIN G17 IOSTANDARD LVCMOS33} [get_ports csky_jtag_tdi]
    set_property -dict {PACKAGE_PIN D17 IOSTANDARD LVCMOS33} [get_ports csky_jtag_tdo]
    set_property -dict {PACKAGE_PIN E17 IOSTANDARD LVCMOS33} [get_ports
```

```
csky_jtag_tck]
      set_property  -dict  {PACKAGE_PIN  F18  IOSTANDARD  LVCMOS33}  [get_ports
csky_jtag_tms]
      set_property  -dict  {PACKAGE_PIN  G18  IOSTANDARD  LVCMOS33}  [get_ports
csky_jtag_trst]
      set_property CLOCK_DEDICATED_ROUTE FALSE [get_nets csky_jtag_tck_IBUF]
```

本节实验演示的 SD 卡控制电路采用了 AXI Lite 接口，为了提升 SD 卡读取速度，在实验时，需要将这个接口改为 AXI Full 接口，利用突发读写提升总线传输效率。AXI Full 接口设计可参考本节代码自行完成。

11.3 MP3 软件解码

MP3 文件通常可以软件解码或硬件解码，软件解码直接利用 CPU 进行计算，不需要设计专门的解码硬件。硬件解码通常可以实现更高的效率，降低功耗，但会提高硬件成本。本实验采用 CK807 CPU 软件解码。

libmad（lib MPEG Audio Decoder）是一个高质量的音频解码库。它支持 MP3 解码。由于 libmad 采用 C 语言实现，并且全部采用整数计算（没有浮点数计算），因此将 libmad 移植到 CK807 CPU 并不复杂。

由于本实验的 SoC 并未移植 Linux，因此无法使用 Linux 的标准输入/输出，需要在解码中加入 FatFs 文件系统实现 MP3 文件的读入。实现 MP3 解码时，可以将整首 MP3 文件一次性读入内存，再作为 libmad 的数据流输入。

libmad 通过 fstat 函数获取 MP3 文件的大小，通过 mmap 函数实现将 MP3 读入内存，并且返回内存地址。由于 fstat 和 mmap 函数为 Linux 的系统调用函数，因此这部分内容需要修改，修改后可以使用 FatFs 的 f_size 函数获取文件大小，使用 f_open 和 f_read 函数将 MP3 文件读入内存。这部分代码的修改参考 spi_sd_lcd_demo。

本实验 libmad 不依靠 Linux 操作系统，直接在 CPU 上运行，因此需要将 libmad 解码所需的源文件（.c, .h, .dat）手工导入工程文件，生成可执行 elf 文件。移植 libmad 需要修改的部分如下。

（1）config.h 中将芯片架构选择选项改为 FPM_DEFAULT，即不使用任何与平台相关汇编进行加速。

（2）config.h 中的开启 OPT_SPEED 选项使用速度优先模式。

（3）自动生成的链接文件中没有 heap 段的定义，程序中不能使用 malloc 函数等，需要在链接文件中根据 SoC 平台的存储空间设置添加__heap_start 和__heap_end。

（4）默认 gcc 编译器没有开启编译优化，默认为-O0，程序运行较慢，在“project→properties→c/c++build→settings→CSky Elf C Compiler→Optimization”中，将 Optimization Level（优化等级）开到-O3。

如果程序中使用了 while 循环，开启-O3 优化后，while 循环的判断条件（如位于 DDR 内存中的变量）将优化为寄存器，程序执行时不会每次读 DDR 中的值，这样 while 循环会出错。因此要给 while 循环判断条件变量加上 volatile 关键字，说明这个变量不能被优化。

（5）CK807 带了 ICache 和 DCache，为了加速解码过程，工程 INC 文件夹下自动生成的头文件中 CONFIG_CKCPU_ICACHE 和 CONFIG_CKCPU_DCACHE 宏应使能，这样 CPU 可以使用缓存，性能得到很大的提升。

由于 libmad 只依靠 CPU 计算，因此只要在 CK807 的 SoC 上移植 libmad 即可实现 MP3 的解码。图 11.2 所示的电路中不含 DDR，需要加上 DDR 模块。

11.4　PWM 音频播放

Nexys-4 DDR FPGA 板载音频输出由四阶低通巴特沃斯滤波器驱动。滤波器的输入信号 AUD_PWM 与 FPGA 板上的 A11 引脚相连。

本节实验采用 PWM 数字信号来驱动音频电路，通过改变每个周期的占空比来表示不同幅值大小的模拟信号。由于音频文件在采样时已将模拟信号转化为数字信号，因此 PWM 的输出信号只要将输出的音频数值转换成占空比即可。PWM 输出音频的方法不需要使用 DAC。

以本实验为例，读取的 MP3 文件，采样率为 44.1kHz。PWM 输出以 44.1kHz 频率改变输出数字信号的占空比，这个数字信号经过 FPGA 板上的四阶低通巴特沃斯滤波器，过滤掉大部分高频谐波，即可实现音频的输出。

经过 libmad 解码得到的音频为 16 位的有符号数，当这个数为 32767 时，占空比为 100%，为 0 时，占空比为 50%。转换公式如下。

$$占空比=(x+32768)\div 65535$$

由于 AXI 时钟为 100MHz，因此占空比为 50%时，只需要用计数 1134 个周期。

$$(100M\div 44.1k)\times 50\% = 1134$$

PMW 模块每 1/44.1ks 输出一个逻辑“1”信号，如果这个逻辑“1”维持 1134 个 AXI 时钟周期，就实现了 50%的占空比，如果维持了 567 个周期，就实现了 25%占空比，其余类推。在下个 1/44.1ks，输出下个音频数据对应的占空比，这样以 44.1kHz 频率不停地改变输出占空比，就实现了音频的输出。

由于 Nexys-4 DDR 只支持单声道输出，因此只要将 libmad 解码得到的双声道音频数据中的一个声道经过 PWM 输出即可。

PWM 模块设计参考 spi_sd_lcd_demo，加上 PWM 音频模块后，即可实现声音的输出。MP3 实验参考视频 video_11.2_mp3_zju.ogv。

嵌入式系统芯片设计——实验手册

Chapter 11：MP3 播放器设计

Module A：SD 卡读写电路

浙江大学超大规模集成电路研究所

http://vlsi.zju.edu.cn

实验简介

设计 SD 卡控制器，读写 SD 卡内文件。

本章实验较复杂，需要自行设计。

目标

1. 设计 SD 卡控制器并通过读写文件验证。
2. 将 SD 卡控制器改为 AXI Full 接口，提升读写性能。

背景知识

SD 协议

实验难度与所需时间

实验难度：■■■■▒

所需时间：6.0h

实验所需资料

11.1 节和 11.2 节

实验设备

1. Nexys-4 DDR FPGA 开发板
2. CK807 IP
3. CKCPU 下载器

参考视频

video_11.1_sd4_zju.ogv（video_11.1）

实验步骤

A. SD 控制器设计

1. 参考视频 video_11.1。
2. 设计并封装 SD 控制器。
3. 参考图 11.2，设计 SoC。
4. 参考 11.2 节，移植 Fatfs。
5. 读写 SD 卡，测量读文件速度。

B. AXI Full 接口 SD 控制器设计

1. 将 SD 控制器的 AXI 接口改为 AXI Full。
2. 测量读文件速度。

实验提示

先用 11.2 节提供的代码实现 AXI Lite 接口 SD 控制器。

SD 卡必须为 FAT 格式。

拓展实验

1. CRC 硬件实现，提升性能。
2. 进一步提升 SD 卡读取速度。

嵌入式系统芯片设计——实验手册

Chapter 11：MP3 播放器设计

Module B：PWM 电路设计

浙江大学超大规模集成电路研究所
http://vlsi.zju.edu.cn

实验简介

设计 PWM 模块。

目标

设计 PWM 模块，输出不同频率的声音。

背景知识

PWM

实验难度与所需时间

实验难度：█ █ ░ ░ ░

所需时间：3.0h

实验所需资料

11.4 节

实验设备

1. Nexys-4 DDR FPGA 开发板
2. CK807IP
3. CKCPU 下载器

参考视频

video_11.2_mp3_zju.mov（video_11.2）

实验步骤

PWM 控制器设计

1. 参考 11.4 节，设计 PWM 模块。
2. 给 PWM 模块加上 AXI Lite 接口。
3. 设计 SoC，将 PWM 输出接到音频接口。
4. 通过 CPU 控制 PWM 输出不同频率声音，用示波器/逻辑分析仪观察

实验提示

复制 PWM 输出信号到 FPGA 的输出引脚，用示波器/逻辑分析仪观察输出。

拓展实验

嵌入式系统芯片设计——实验手册

Chapter 11：MP3 播放器设计

Module C：MP3 SoC 设计

浙江大学超大规模集成电路研究所
http://vlsi.zju.edu.cn

实验简介

设计 MP3 播放器 SoC。

目标

1. 移植 libmad。
2. 播放 MP3 音频。

背景知识

MP3 格式

实验难度与所需时间

实验难度：■ ■ ■ ■ ░

所需时间：6.0h

实验所需资料

11.3 节

实验设备

1. Nexys-4 DDR FPGA 开发板
2. CK807IP
3. CKCPU 下载器

参考视频

video_11.2_mp3_zju.mov（video_11.2）

实验步骤

1. MP3 播放器设计
2. 参考视频 video_11.2。
3. 设计 SoC，包含 UART、DDR、SD 卡控制器 和 PWM 模块。
4. 参考 11.3 节，移植 libmad。
5. 设计软件，读取 MP3 文件并解码，由 PWM 模块输出音频。

实验提示

本节实验难点在于 libmad 的移植和性能优化，ICache 和 DCache 打开有助于提升性能。

拓展实验

给 MP3 播放器加上 LCD 显示。

第 12 章　MJPEG 视频播放器设计

本章介绍 MJPEG 视频播放 SoC 的设计。CK803/CK807 CPU 通过 SD 控制器读取 MJPEG 文件，发送到 MJPEG 硬件解码器解码，由 HDMI 显示器或并行 LCD 显示视频。

嵌入式 CPU 软件解码无法达到流畅播放高清 MJPEG 视频的要求，因此需要设计硬件电路提升解码速度。MJPEG 解码相对比较复杂，采用硬件描述语言设计电路需要较长的开发周期。本章实验采用高层次综合（High-Level Synthesis，HLS）将 C 语言代码综合成硬件电路，这样可以加快开发速度，在设计时方便进行架构优化。

MJPEG（Motion-JPEG）可以简单地理解为由一帧一帧的 JPEG（Joint Photographic Experts Group）照片组合成的视频格式。每帧的照片都由 JPEG 算法压缩，而 MJPEG 视频内的每帧 JPEG 间是没有压缩的。由于 MJPEG 帧间没有压缩，所以 MJPEG 的视频文件很大，不适合存储和传输。帧间没有压缩是 MJPEG 格式区别于 H264/H265/AVS 等视频编码的主要不同之处。由于不需要帧间压缩，所以实现 MJPEG 的编码和解码相对简单，应用于一些简单的网络摄像头等场合。

12.1　JPEG 编码原理

JPEG 是一种常见的有损图像压缩标准，它将图像分割成 8×8 的像素块，然后利用离散余弦变换将高频分量和低频分量分离，这样可以舍弃一些不重要的高频分量。这种压缩在一定程度上会造成图像信息的损失，压缩比率越大图像质量越低。在本章实验中，MJPEG 中的 JPEG 压缩比率为 10∶1 左右。在这种压缩比下，图像质量基本不会受到影响。

JPEG 编码在很多数字图像处理书籍中有详细介绍，本节从设计 MJPEG 硬件解码器的角度简单介绍 JPEG 编码原理，解码 JPEG 是编码的逆操作。JPEG 编码分为以下几个步骤。

1．原始图片转换成 YUV

图片原始格式通常为 RGB 格式，为了便于压缩，JPEG 首先将 RGB 格式转换成 YUV 格式。MJPEG 视频通常取 1/2 或 1/4 的 U/V（subsampling），每 2 个或 4 个像素点公用一个 U 和 V。每 2 个像素点公用一个 U/V 就是第 4 章采用的 YUV422 格式，每 4 个像素点公用一个 U/V 是 YUV420 格式。这样要处理的信息会减少 1/3～1/2。RGB 转 YUV 请参考第 4 章的内容。

由于人眼对亮度（Y）敏感，而对 U 和 V 不敏感，因此在后续的压缩过程中对 Y/U/V 可以有不同的压缩率，通常 Y 压缩较少，U 和 V 压缩较多。JPEG 的 Y/U/V 采用同样的算法进行压缩，但是参数不同，Y/U/V 这 3 个分量在编码和解码时都互不相关，单独处理。不同的软件和硬件（相机、摄像机等）有不同的参数。

2．离散余弦变换（Discrete Cosine Transform，DCT）

DCT 变换的目的是将图像的高频分量和低频分量分离，这样可以舍弃一些不重要的高频分量，这是 JPEG 可以压缩文件大小的主要原因。DCT 变换本身是无损的，只是分离高频分量和低频分量，因此在 JPEG 编码的这一步并不会对信号进行压缩。

经过步骤 1 得到的 Y/U/V 图像数据，会被切割成 8×8 的像素块（Minimum Coded Unit，MCU），

不足 8×8 的部分需要补齐，后续处理都基于 8×8 的 MCU，MCU 之间互不相关。对于 1920 像素×1080 像素的图像，如果采用视频常用的 YUV420 编码，则 Y 被切割成 32400 个 MCU（1920/8×1080/8），U 被切割成 8160 个 MCU（960/8×540/8），V 被切割成 8160 个 MCU（同 U）。由于 540/8 等于 67.5，不是整数，所以需要补齐为 68。

8×8 的 DCT 变换公式如下。

$$D(i,j)=\frac{1}{4}C(i)C(j)\sum_{x=0}^{7}\sum_{y=0}^{7}p(x,y)\cos\left[\frac{(2x+1)i\pi}{16}\right]\cos\left[\frac{(2y+1)j\pi}{16}\right]$$

$$C(u)=1/\sqrt{2},\ u=0$$

$$C(u)=1,\ u>0$$

经过变换后，DCT 变换可以用矩阵乘法实现。

$$D=TMT'$$

其中 M 是 8×8 的像素块，T 是 8×8 的矩阵，T 的计算如下。

$$T=1/\sqrt{N},\ i=0$$

$$T=\sqrt{\frac{2}{N}}\cos\left[\frac{(2j+1)j\pi}{2N}\right],\ i>0$$

以下是计算 DCT 和 iDCT 的 Matlab 代码及解释。

```
1 clear all;
2
3 RGB = imread('autumn.tif');
4 %imshow(RGB);
```

//第 3 行读入图片

```
5
6 for i = 0:7
7   for j = 0:7
8     if i == 0
9       T(i+1,j+1) = sqrt(1/8)*cos(pi*(j+0.5)*i/8);
10    else
11      T(i+1,j+1) = sqrt(2/8)*cos(pi*(j+0.5)*i/8);
12    end
13  end
14 end
```

//第 6～14 行计算出变换矩阵 T

```
T =
        0.3536      0.3536      0.3536      0.3536      0.3536      0.3536      0.3536
0.3536
        0.4904      0.4157      0.2778      0.0975     -0.0975     -0.2778     -0.4157
-0.4904
        0.4619      0.1913     -0.1913     -0.4619     -0.4619     -0.1913      0.1913
0.4619
```

```
        0.4157   -0.0975   -0.4904   -0.2778    0.2778    0.4904    0.0975
-0.4157
        0.3536   -0.3536   -0.3536    0.3536    0.3536   -0.3536   -0.3536
0.3536
        0.2778   -0.4904    0.0975    0.4157   -0.4157   -0.0975    0.4904
-0.2778
        0.1913   -0.4619    0.4619   -0.1913   -0.1913    0.4619   -0.4619
0.1913
        0.0975   -0.2778    0.4157   -0.4904    0.4904   -0.4157    0.2778
-0.0975


15
16 YUV = rgb2ycbcr(RGB);
17 M = YUV(120:127,120:127,1)
18 M = double(M) - 128

// 第 16 行将 RGB 格式转为 YUV 格式
// 第 17 行从图片的 Y 中取 8×8
// 第 18 行将 8×8 的 M 每个点都减去 128，DCT 算法要求 M 的取值为 -128～127
M =
   -41  -40  -42  -51  -58  -66  -78  -77
   -56  -60  -53  -61  -67  -70  -78  -75
   -63  -63  -58  -65  -74  -74  -76  -73
   -75  -70  -65  -63  -74  -74  -75  -77
   -76  -67  -61  -55  -59  -59  -58  -66
   -53  -52  -50  -48  -48  -43  -41  -40
   -48  -49  -44  -43  -39  -43  -42  -44
   -55  -48  -48  -53  -43  -47  -43  -41


19
20 DCT = T*M*T'
21
22 iDCT = T'*DCT*T

 // 第 20 行进行 DCT 计算
DCT =
  -462.2500   16.8761  -12.5448   -9.4216   -3.0000    0.5490    3.0315
0.8682
   -56.9742   45.9337   -2.6881   -4.2386    0.6816    1.3617    6.1822
-3.2919
    43.0017   17.7900    5.5784    3.7585    2.3493   -7.5819    2.3033
4.8255
    31.4893    0.2274   -3.9104    4.5234    0.3880    0.5337   -1.0586
-1.7934
   -14.0000    3.2241   -6.7406   -1.2229   -2.7500   -2.2582   -4.5141
```

```
-0.9409
        5.2817     9.8112    -0.1662    -0.0950     1.6852     0.8670    -0.2890
-0.9368
        8.4361    -0.1161     8.3033    -1.2125    -1.5143    -2.2526    -0.0784
-1.0312
        1.2621     1.5794    -4.3883     0.3025    -0.8184     0.2436    -1.4228
1.1760
```

/*M 是经过 DCT 变换后得到的 8×8 矩阵，通常左上角（低频信号）的绝对值比较大，右下角（高频）较小。人眼对左上角对应的低频信息比较敏感，而对右下角对应的高频信息不敏感，因此可以在后续处理中将右下角的信息舍弃，这是 JPEG 压缩的主要方法。

左上角的 DCT(1,1)是直流分量（DC coefficient，本例等于 -462.25），直流分量代表了整个 MCU 的基本色调，相邻 MCU 的直流分量一般都接近或相同。剩余的 63 个数据为交流分量（AC coefficients）。

本例中 -462.25 超出了-128～127 的范围，在电路中无法只用 8 位来表示，因此在设计电路时，可以使用更多的位数以暂存数据。

第 22 行进行 iDCT 变换，也就是 DCT 的反变换。*/

```
iDCT =
  -41.0000   -40.0000   -42.0000   -51.0000   -58.0000   -66.0000   -78.0000
-77.0000
  -56.0000   -60.0000   -53.0000   -61.0000   -67.0000   -70.0000   -78.0000
-75.0000
  -63.0000   -63.0000   -58.0000   -65.0000   -74.0000   -74.0000   -76.0000
-73.0000
  -75.0000   -70.0000   -65.0000   -63.0000   -74.0000   -74.0000   -75.0000
-77.0000
  -76.0000   -67.0000   -61.0000   -55.0000   -59.0000   -59.0000   -58.0000
-66.0000
  -53.0000   -52.0000   -50.0000   -48.0000   -48.0000   -43.0000   -41.0000
-40.0000
  -48.0000   -49.0000   -44.0000   -43.0000   -39.0000   -43.0000   -42.0000
-44.0000
  -55.0000   -48.0000   -48.0000   -53.0000   -43.0000   -47.0000   -43.0000
-41.0000
```

/*比较 iDCT 和 M，可以看出 iDCT 变换可以还原原始数据。由于第 20 行得到的 DCT 没有舍弃右下角的高频信号，因此 iDCT 反变换可以无损地恢复原始数据。*/

jpeg.m

上述 Matlab 代码演示了 DCT 和 iDCT 变换的过程，DCT 变换可以理解为类似傅里叶变换，用一系列的不同频率的信号叠加来表示一个信号。当高频信号被舍弃后，就可以用较少的数据近似地表示原始信号。第 24～30 行给出了 DCT 变换用到的不同频率的图像，如图 12.1 所示。

```
24 figure; colormap(gray);
25 for i = 1:8
```

```
26   for j = 1:8
27     X = T(i,:)' * T(j,:);
28     subplot(8,8,8*(i-1)+j); imagesc(X);
29   end
30 end
jpeg.m
```

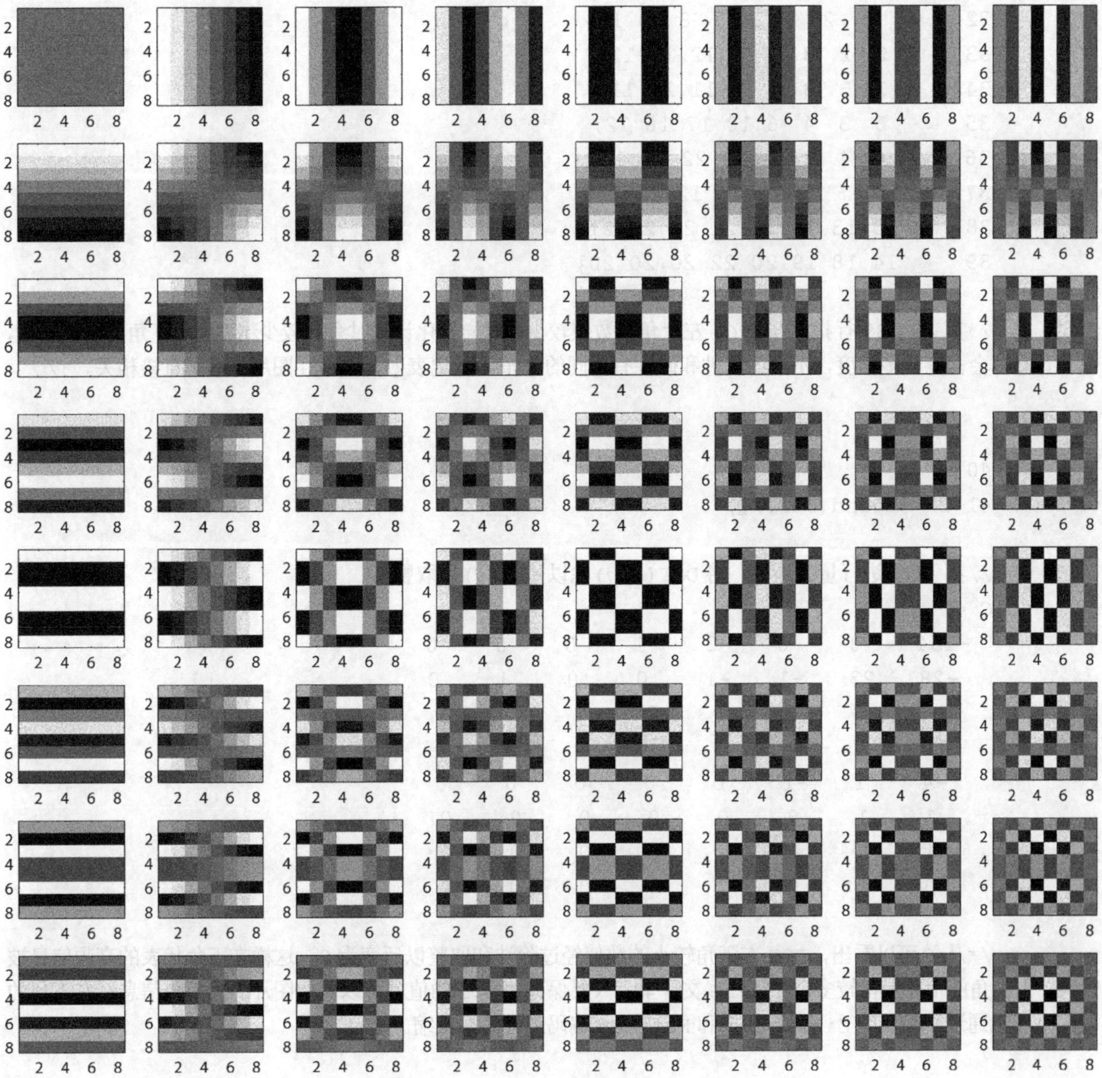

图 12.1 8×8 DCT Basis

3. 量化（Quantization）

jpeg.m 第 20 行 DCT 变换得到的 8×8 矩阵包含了不同频率的信息，由于人眼对右下角代表的高频信息不敏感，因此可以通过量化将高频信息丢弃。

量化的方法如下。

$$C = \mathrm{round}(\mathrm{DCT} / Q)$$

其中 Q 是一个 8×8 的矩阵，如果某个点的信息不重要，那么这一点的 $Q(i,j)$ 可以取较大的值，这样经过量化再反量化，这个点的精度就会下降很多。对于不同的设备或不同的软件，Q 的值是不一样的，因此 JPEG 需要将 Q 保存在文件中，解码时用这个 Q 进行反量化。

在解码时，需要反量化还原量化以前的值。

$$\mathrm{DCT} = C * Q$$

下面的 Matlab 代码演示了量化的步骤，可以从中看出如何通过量化舍弃高频信息。

```
32 Q = [ 3  2  2  3  5  8 10 12;
33       2  2  3  4  5 12 12 11;
34       3  3  3  5  8 11 14 11;
35       3  3  4  6 10 17 16 12;
36       4  4  7 11 14 22 21 15;
37       5  7 11 13 16 12 23 18;
38      10 13 16 17 21 24 24 21;
39      14 18 19 20 22 20 20 20]
```

/*第 32～39 行指定一个 Q，左上角的数值较小，这样量化计算时舍弃较少精度，右下角的数值较大，量化计算时会舍弃较多精度，不同的软件和硬件有不同的 Q 值。量化表 Q 与 JPEG 图片压缩率直接相关。*/

```
40
41 C = round(DCT./Q)
```

//第 41 行进行量化计算，将 DCT(*i*,*j*)除以 Q(*i*,*j*)后取整

```
C =
  -154    8   -6   -3   -1    0    0    0
   -28   23   -1   -1    0    0    1    0
    14    6    2    1    0   -1    0    0
    10    0   -1    1    0    0    0    0
    -4    1   -1    0    0    0    0    0
     1    1    0    0    0    0    0    0
     1    0    1    0    0    0    0    0
     0    0    0    0    0    0    0    0
```

/*从 C 可以看出，DCT 右下角较小的数值经过除法和取整以后变为 0，这样右下角代表的高频信息被舍弃。左上角的信息保留较多。在 JPEG 文件里，只要保存 Q 和 C 的值就可以保留图片的大部分信息。右下角的很多 0 可以通过下一步的 Zigzag 扫描和 Huffman 编码进行无损压缩。*/

```
42
43 M_iDCT = T'*(C.*Q)*T
```

//第 43 行反量化后再反 DCT 变换，恢复原始数据

```
M_iDCT =
   -40.3697   -40.7770   -42.1592   -55.0447   -58.7901   -63.6617   -78.9930
-76.3865
   -59.4215   -56.8634   -51.5658   -59.5097   -64.8058   -68.5307   -79.2384
-77.4613
```

```
        -60.7140   -61.6345   -58.2105   -66.7965   -75.8798   -74.5780   -73.0247
-69.0572
        -75.9584   -72.7866   -62.1114   -62.0485   -71.6677   -73.9249   -74.3919
-78.5401
        -74.4219   -70.2848   -60.7212   -55.1448   -59.5922   -60.2806   -58.7864
-65.9140
        -51.8063   -49.9121   -51.2549   -48.2990   -47.6261   -44.7142   -37.3359
-40.4856
        -53.7938   -45.1463   -47.1600   -42.4373   -39.1129   -42.2800   -40.5508
-44.7931
        -54.5835   -44.7927   -52.2683   -50.5550   -45.3322   -47.5902   -42.4704
-41.6507


        //比较原始数据 M 和 M_iDCT，可以看出 M_iDCT 基本接近原始数据 M，这样完成了 JPEG 图像的解码



        44
        45 figure; colormap(gray);
        46 subplot(1,2,1); imagesc(uint8(M+128));
        47 subplot(1,2,2); imagesc(uint8(M_iDCT+128));

        //第 45～47 行比较了原始图像 M 和压缩并还原后的图像 M_iDCT
        jpeg.m
```

如图 12.2 所示，比较了的原始图像和压缩并还原后的图像，每个小方块代表一个像素点。可以看出，虽然两个图像并不一样，但是很接近。相对于原始图像的矩阵 M，JPEG 只需要保存包含很多 0 的 C 矩阵，这样就实现了信息的压缩。

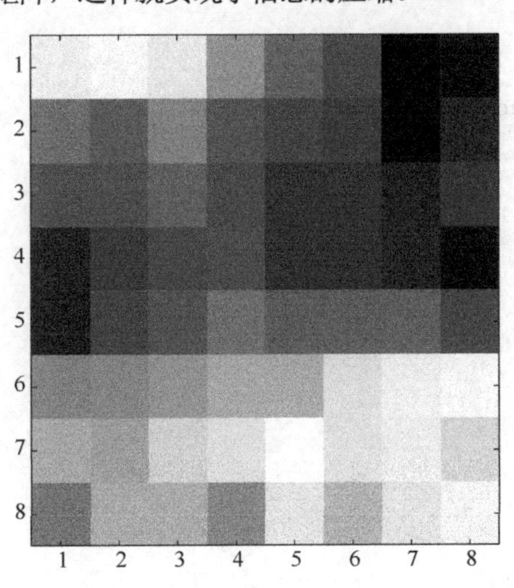

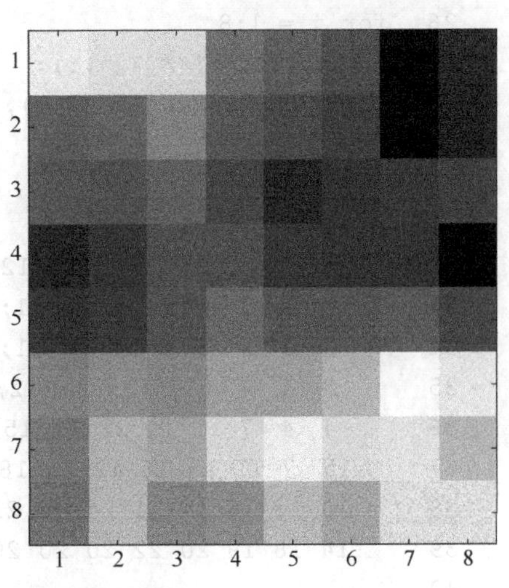

图 12.2　原始图像和压缩并还原后的图像

JPEG 图片需要保存量化表 Q 和量化后的值 C，每张图片通常只需要保存 2 个量化表。由于人眼对 Y 比较敏感，对 U 和 V 不敏感，所以 Y 的量化表会保留更多高频信息，而 U/V 的量化表保留较少的高频信息。Y/U/V 可以视为 3 张图片，每张图片的每 8×8 个像素就需要保存一个量化后的 C，C 包

含了很多 0，因此需要进一步处理以压缩图片的大小。

完整的 DCT/iDCT 演示 Matlab 代码如下。

```
 1 clear all;
 2
 3 RGB = imread('autumn.tif');
 4 %imshow(RGB);
 5
 6 for i = 0:7
 7   for j = 0:7
 8     if i == 0
 9       T(i+1,j+1) = sqrt(1/8)*cos(pi*(j+0.5)*i/8);
10     else
11       T(i+1,j+1) = sqrt(2/8)*cos(pi*(j+0.5)*i/8);
12     end
13   end
14 end
15
16 YUV = rgb2ycbcr(RGB);
17 M = YUV(120:127,120:127,1)
18 M = double(M) - 128
19
20 DCT = T*M*T'
21
22 iDCT = T'*DCT*T
23
24 figure; colormap(gray);
25 for i = 1:8
26   for j = 1:8
27     X = T(i,:)' * T(j,:);
28     subplot(8,8,8*(i-1)+j); imagesc(X);
29   end
30 end
31
32 Q = [ 3  2  2  3  5  8 10 12;
33       2  2  3  4  5 12 12 11;
34       3  3  3  5  8 11 14 11;
35       3  3  4  6 10 17 16 12;
36       4  4  7 11 14 22 21 15;
37       5  7 11 13 16 12 23 18;
38      10 13 16 17 21 24 24 21;
39      14 18 19 20 22 20 20 20]
40
41 C = round(DCT./Q)
42
43 M_iDCT = T'*(C.*Q)*T
44
```

```
45 figure; colormap(gray);
46 subplot(1,2,1); imagesc(uint8(M+128));
47 subplot(1,2,2); imagesc(uint8(M_iDCT+128));
jpeg.m
```

在MJPEG编码解码计算中，第20行的DCT变换和第22行的iDCT变换都需要进行两次[8*8]*[8*8]的矩阵乘法，这个计算量很大，目前存在很多速度更快的DCT和iDCT快速算法，如Arai Algorithm等。

4．Zigzag扫描

为了高效地存储量化后的8×8矩阵*C*（jpeg.m第41行），需要采用Zigzag扫描后进行Huffman编码，Zigzag扫描和Huffman编码是无损的。

以jpeg.m生成的*C*为例。

```
C =
  -154     8    -6    -3    -1     0     0     0
   -28    23    -1    -1     0     0     1     0
    14     6     2     1     0    -1     0     0
    10     0    -1     1     0     0     0     0
    -4     1    -1     0     0     0     0     0
     1     1     0     0     0     0     0     0
     1     0     1     0     0     0     0     0
     0     0     0     0     0     0     0     0
```

C(1,1)=−154是量化后的直流分量，剩余的63个数据是量化后的交流分量。为了高效地对*C*进行编码，需要用Zigzag扫描重新排列矩阵*C*，将8×8的矩阵转化成1×64的数组。图12.3是对MCU进行Zigzag扫描的示意图。采用Zigzag方法重新编码，可以将有效数据集中，同时将0也集中，有助于接下来的Huffman编码。

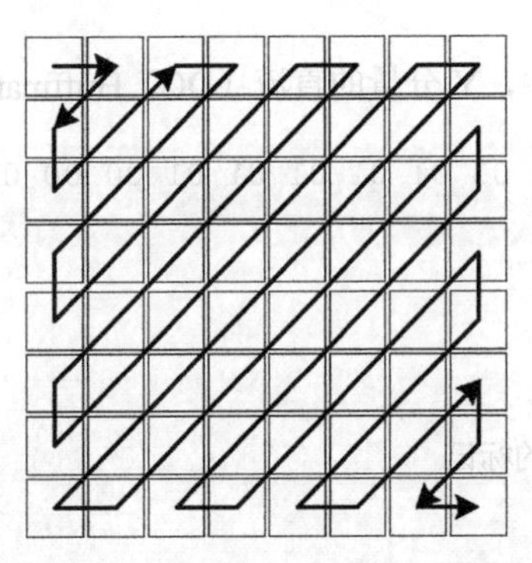

图12.3 对MCU进行Zigzag扫描

Zigzag扫描后，本节例子的*C*被重新排列成如下1×64数组。

```
-154, 8, -28, 14, 23, -6, ... ..., 0, 0
```

对于1920像素×1080像素分辨率的图片，亮度信号Y有32400个MCU(8×8)，MCU的第一个值为直流分量，它采用差值编码（Differential Pulse Code Modulation，DPCM），然后用Huffman编码进行无损压缩。

MCU的剩余63个值为交流分量，交流分量采用行程编码（Run Length Encoding，RLE）后用

Huffman 编码进行无损压缩。

每个 MCU 编码时，要对 1 个直流分量进行差值编码再用 Huffman 编码，对 63 个交流分量进行 RLE 编码再用 Huffman 编码。

色度信号 U 和 V 采用相同的方法。

5. 直流分量的差值编码（Differential Pulse Code Modulation，DPCM）

直流分量采用差值编码，差值编码只需记录和前一个直流分量的差值，由于相邻 MCU 的直流分量通常接近或相同，因此需要记录的数值较小。

原始数据（十进制）：

```
    45，54，55，54，56，56，56，70，56 ……
```

差值编码后（十进制）：

```
    45， 9， 1，-1， 2， 0， 0， 4，-14 ……
```

在 JPEG 文件中，直流分量和交流分量是混合在一起的，每个 MCU 第一个值为直流分量，接下来为 63 个交流分量。

6. 直流分量的 Huffman 编码

直流分量经过差值编码后，需要通过 Huffman 编码进行无损压缩。Huffman 编码是一种无损的熵编码（Entropy Coding），它根据字符出现的次数决定编码，次数出现多的字符使用短编码，次数出现少的字符使用长编码。

在 Huffman 编码前，由字符出现的频率设定 Huffman 表，Huffman 表和 Huffman 编码结果会同时存入 JPEG 文件，解码时根据 Huffman 表进行解码。不同的 JPEG 图片或 MJPEG 视频可能会使用不同的 Huffman 表。同一张图片里 Y 和 UV 使用不同的 Huffman 表，同时直流分量和交流分量也会使用不同的 Huffman 表。

本节实验提供的 test.jpg 文件中，Y 分量的直流（DC）Huffman 表如下。

```
    FF C4 00 1D 00 00 02 03 01 01 01 01 01 00 00 00 00 00 00 00 00 01 02 00 03
04 05 06 07 08 09
```

这个表的各字节含义如下。

```
    FF C4 (DHT)
    //DHT，Huffman 表开始的标记


    00 1D (Length)
    /*Length=29，表的长度为 29 个字节，包含了“00 1D”这两个字节本身。接下来有 29-2=27 个
字节属于这个 Huffman 表。*/


    00 (Class,ID)
    /*这个表 Class=0，ID=0。
    Class=0、ID=0，Y 的 DC 表。
    Class=1、ID=0，Y 的 AC 表。
```

```
        Class=0、ID=1，UV 的 DC 表。
        Class=1、ID=1，UV 的 AC 表。*/

        00 02 03 01 01 01 01 01 00 00 00 00 00 00 00 00 (16, 10 Codes)
        /*16 个字节。第 1 个字节表明码长为 1 的 Code 个数，本例为 0 个；第 2 个字节表明码长为 2 的
Code 个数，本例为 2 个；第 3 个字节表明码长为 3 的 Code 个数，本例为 3 个；第 4 个字节表明码长为 4 的
Code 个数，本例为 1 个。以下类推，一共 16 个，最长的码长为 16。这 16 个字节长度是固定的。
        02+03+01+01+01+01+01=10，所以一共有 10 个 Code。*/

        01 02 00 03 04 05 06 07 08 09
        /*10 个 Code 对应的字长，按顺序排列。其中：
        01 02 属于码长为 2 的字长；
        00 03 04 属于码长为 3 的字长；
        05 属于码长为 4 的字长；
        06 属于码长为 5 的字长。
        以下类推。*/
```

JPEG 文件中存储的 Huffman 表只包含了部分参数，需要根据这些参数推导出代码（Code）和对应的值（Value）。

以 test.jpg 为例，DC 的 Huffman 表 Code 按照以下方法实现。

码长为 2 的 Code 有 2 个：

第 1 个 Code 为 00；

第 2 个 Code 为前面的 Code 加 1，等于 01。

码长为 3 的 Code 有 3 个：

第 1 个 Code 为前面的 Code 加 1，再左移一位，等于 100；

第 2 个 Code 为前面的 Code 加 1，等于 101；

第 3 个 Code 为前面的 Code 加 1，等于 110。

码长为 4 的 Code 有 1 个：

第 1 个 Code 为前面的 Code 加 1，再左移一位，等于 1110。

码长为 5 的 Code 有 1 个：

第 1 个 Code 为前面的 Code 加 1，再左移一位，等于 11110。

以下类推，直到得到全部 Code。这样得到表 12.1 所示的左边两列，表中第 3 列 Size 是 Code 对应的字长，存储在 JPEG 文件 Huffman 表的最后，Code 和 Size 按照顺序一一对应。

表 12.1 Code 构成

码长（Code Length）	编码（Code）	字长（Size）
2	00	01
2	01	02
3	100	00
3	101	03
3	110	04

续表

码长（Code Length）	编码（Code）	字长（Size）
4	1110	05
5	11110	06
6	111110	07
7	1111110	08
8	11111110	09

字长用来表明当前 Code 后面跟随了多少位数据。以 test.jpg 的第一个 MCU 的 DC 分量为例，读到的数据是

```
11110111010010…
```

其中 11110 匹配到 Code，对应 Code 的字长为 06，因此再读 6 位，数据为 111010。这个数据对应的数值是 58。接下来的 010…是 Y 的 AC 分量，需要查 Y 的 AC Huffman 表。

数据对应的数值有正、有负，按以下规则设置。

（1）最高位为 1。

等于无符号数。

例如，111010 解码为 58。

（2）最高位为 0。

等于数据-11…1（字长个 1）。

例如，011010 解码为 011010−111111 = −37。

根据以上规则，可以推导出 DC 的完整 Huffman 表，如表 12.2 所示。“_”在 jpeg 文件中并不存在，只是为了容易分辨 Code 和 Data。

表 12.2 DC 的完整 Huffman 表

码长 Code Length	编码 Code	字长 Size	范围 Value	Code+Data
2	00	01	−1, 1	000,001
2	01	02	−3,−2, 2,3	0100,0101,0110,0111
3	100	00	0	100
3	101	03	−7,−6,−5,−4, 4,5,6,7	101000,101001,101010,101011, 101100,101101,101110,101111
3	110	04	−15,…,−8, 8,…,15	110_0000,…,110_0111, 110_1000,…,110_1111
4	1110	05	−31,…,−16, 16,…,31	1110_00000,…,1110_01111, 1110_10000,…,1110_11111
5	11110	06	−63,…,−32, 32,…,63	11110_000000,…,11110_011111, 11110_100000,…,11110_111111
6	111110	07	−127,…,−64, 64,…,127	111110_0000000,…, 111110_0111111, 111110_1000000,…, 111110_1111111

续表

码长 Code Length	编码 Code	字长 Size	范围 Value	Code+Data
7	1111110	08	−255,…,−128 128,…,255	1111110_00000000,…, 1111110_10000000, 1111110_10000000,…, 1111110_11111111
8	11111110	09	−511,…,−256 256,…,511	11111110_000000000,…, 11111110_100000000, 11111110_100000000,…, 11111110_111111111

根据以上 Huffman 表，可以对 Y 的 DC 分量进行编码和解码。

以差值编码后 Y 的 DC 分量为例。

```
45， 9， 1，-1， 2， 0， 0， 4，-14，…

/*45 编码为 11110_101101
  9  编码为 110_1001
  1  编码为 00_1
  -1 编码为 00_0
  2  编码为 01_10
  0  编码为 100
  0  编码为 100
  4  编码为 101_1000
  -14 编码为 110_0001
  …*/
```

注意，DC 分量编码后并不存储在一起，而是根据 MCU（1DC+63AC）存储，每个 MCU 只有一个 DC。

解码过程是编码的反过程，先匹配 Code，然后根据 Code 对应的字长读取数据后解码成数值。

7．交流分量的行程编码（Run Length Encoding，RLE）

每个 MCU 有 63 个交流分量（AC），交流分量先要行程编码以减小体积。行程编码后再进行 Huffman 编码。

以本节 jpeg.m 生成的 C 为例。

```
C =
 -154    8   -6   -3   -1    0    0    0
  -28   23   -1   -1    0    0    1    0
   14    6    2    1    0   -1    0    0
   10    0   -1    1    0    0    0    0
   -4    1   -1    0    0    0    0    0
    1    1    0    0    0    0    0    0
    1    0    1    0    0    0    0    0
    0    0    0    0    0    0    0    0
```

Zigzag 扫描后：

```
    -154,8,-28,14,23,-6,-3,-1,6,10,-4,0,2,-1,-1,0,0,1,-1,1,1,1,1,-1,1,0,0,0,0
,1,-1,0,0,0,0,0,0,1,0,0,0,0,0,0,0,0,0,0,0,0,0,0,0,0,0,0,0,0,0,0,0,0,0
```

其中-154 为直流分量，应当使用 DC Huffman 表编码，编码结果为 1111110_01100101。

接下来 63 个 AC 分量采用行程编码。

```
    (0,8),(0,-28),(0,14),(0,23),(0,-1),(0,6),(0,10),(0,-4),(1,2),(0,-1),(0,-1),
(2,1),(0,-1),(0,1),(0,1),(0,1),(0,1),(0,-1),(0,1),(4,1),(0,-1),(6,1),(0,0)
```

行程编码括号左边的值表明当前数值前有几个 0，右边的值为数值本身。例如：

(0,8)代表 8；

(1,2)代表 0,2；

(2,1)代表 0,0,1；

(4,1)代表 0,0,0,0,1；

(0,0)代表 EOB(End Of Block)，MCU 的交流分量结束。

括号左边的行程最大值为 15，对应于十六进制的 F。

如果行程码需要大于 15 的行程，如表示 20 个 0 后的 5，那么可以插入 ZRL，这时行程码为：

```
    (15,0),(4,5)
```

(15,0)被称为 ZRL(Zero Run Length)，它代表 15 个 0 后再加一个 0，等于 16 个 0。

8．交流分量的 Huffman 编码

63 个交流分量（AC）经过行程编码后，再用 AC Huffman 表进行编码。AC 的 Huffman 表和 DC 的 Huffman 表类似，但是 AC 表格还需要表示行程（括号左边的值），因此 AC 表格通常更长。

本节实验提供的 test.jpg 文件中，Y 分量的交流（AC）Huffman 表如下。

```
    FF C4 00 54 10 00 01 02 02 06 06 08 05 02 04 05 02 04 04 01 0D 01 00 02 03
11 04 12 21 31 41 F0 05 22 51 61 71 91 06 13 32 42 81 A1 B1 C1 07 52 D1 E1 F1 14 62
15 23 72 92 08 33 43 53 82 16 A2 17 24 34 B2 44 54 63 C2 73 83 93 A3 D2 F2 35 64 E2
18 25 45 55 74
```

这个表的各字节含义如下。

```
    FF C4 (DHT)
    //DHT，Huffman 表开始的标记


    00 54 (Length=84)
    /*Length=84，表格长度为 84 字节，包含了“00 54”这两个字节本身。接下来有 84-2=82 个
字节属于这个 Huffman 表。*/


    10 (Class,ID)
    /*这个表格 Class=1，ID=0。
    Class=0、ID=0，Y 的 DC 表；
```

```
        Class=1、ID=0，Y 的 AC 表；
        Class=0、ID=1，UV 的 DC 表；
        Class=1、ID=1，UV 的 AC 表。*/

        00 01 02 02 06 06 08 05 02 04 05 02 04 04 01 0D (16, 65 Codes)
        /*16 个字节。第 1 个字节表明码长为 1 的 Code 个数，本例为 0 个；第 2 个字节表明码长为 2
的 Code 个数，本例为 1 个；……
        这部分和 DC Huffman 格式一样。
        本例共有 65 个 Code。*/

        01 00 02 03 11 04 12 21 31 41 F0 05 22 51 61 71 91 06 13 32 42 81 A1 B1 C1
07 52 D1 E1 F1 14 62 15 23 72 92 08 33 43 53 82 16 A2 17 24 34 B2 44 54 63 C2 73 83
93 A3 D2 F2 35 64 E2 18 25 45 55 74

        /*65 个 Code 对应的行程+字长，按顺序排列。其中：
        01 属于码长为 2 的 行程+字长；
        00 02 属于码长为 3 的 行程+字长；
        03 11 属于码长为 4 的 行程+字长；
        04 12 21 31 41 F0 属于码长为 5 的 行程+字长；
        ……

        高四位是行程，低四位是字长。
        00：行程为 0， 字长为 0，00 是个特殊字符，EOB(End of Block)，表示 AC 表的结束。
        03：行程为 0， 字长为 3。
        21：行程为 2， 字长为 1。
        41：行程为 4， 字长为 1。
        ……
        F0：行程为 15，字长为 0，F0 是个特殊字符，ZRL(Zero Run Length)，表示连续的 16 个 0。*/
```

可以看出，AC Huffman 表和 DC Huffman 表类似，差别在于 AC 表包含了行程。

AC 的 Huffman Code 构成方法与 DC 的 Huffman Code 相同。从上面的数据可以得到表 12.3。

表 12.3　Code 构成

码长（Code Length）	编码（Code）	行程+步长
2	00	01
3	010	00 (EOB)
3	011	02
4	1000	03
4	1001	11
5	10100	04
5	10101	12
5	10110	21

续表

码长（Code Length）	编码（Code）	行程+步长
5	10111	31
5	11000	41
5	11001	F0 (ZRL)
6	110100	05
6	110101	22
6	110110	51
6	110111	61
6	111000	71
6	111001	91
7	1110100	06
7	1110101	13
7	1110110	32
7	1110111	42
7	1111000	81
7	1111001	A1
7	1111010	B1
7	1111011	C1
8	11111000	07
8	11111001	52
8	11111010	D1
8	11111011	E1
8	11111100	F1
9	111111010	14
9	111111011	62
10	1111111000	15
10	1111111001	23
10	1111111010	72
10	1111111011	92
11	11111111000	08
11	11111111001	33
11	11111111010	43
11	11111111011	53
11	11111111100	82
12	111111111010	16
12	111111111011	A2
13	1111111111000	17

续表

码长（Code Length）	编码（Code）	行程+步长
13	1111111111001	24
13	1111111111010	34
13	1111111111011	B2
14	11111111111000	44
14	11111111111001	54
14	11111111111010	63
14	11111111111011	C2
15	111111111111000	73
16	1111111111110010	83
16	1111111111110011	93
16	1111111111110100	A3
16	1111111111110101	D2
16	1111111111110110	F2
16	1111111111110111	35
16	1111111111111000	64
16	1111111111111001	E2
16	1111111111111010	18
16	1111111111111011	25
16	1111111111111100	45
16	1111111111111101	55
16	1111111111111110	74

其中行程+步长的高四位为行程，低四位为步长。从 AC 编码得到数值的方法与 DC Huffman 相同。以本节实验的 jpeg.m 得到的 AC 为例。

```
    (0,8),(0,-28),(0,14),(0,23),(0,-1),(0,6),(0,10),(0,-4),(1,2),(0,-1),(0,
-1),(2,1),(0,-1),(0,1),(0,1),(0,1),(0,1),(0,-1),(0,1),(4,1),(0,-1),(6,1),(0,0)
```

(0,8)：行程为 0，步长为 4，Code 查表为 10100，编码为 10100_1000。

(0,-28)：行程为 0，步长为 5，Code 查表为 110100，编码为 110100_00011；-28 的计算过程为 28 = 0x1C = b11100，11111-11100 = 00011。

……

(1,2)：行程为 1，步长为 2，Code 查表为 10101，编码为 10101_10。

……

(0,0)：EOB，编码为 010。

经过以上步骤，即可完成 JPEG 的编码，解码是编码的逆操作。

12.2 JPEG 文件格式

JPEG 文件包含了标记码和压缩数据，其中本节实验用到的标记码如下。

1. SOI（Start Of Image）

0xFFD8，标记图片的开始。

2. APP0

0xFFE0，标记接下来为 JPEG 文件信息。

3. DQT（Define Quantization Table）

0xFFDB，标记量化表。

4. SOF0（Start of Frame 0）

0xFFC0，标记一幅图像的开始。

5. DHT（Define Huffman Table）

0xFFC4，标记 Huffman 表。

6. SOS（Start Of Scan）

0xFFDA，标记数据的开始。

7. EOI（End Of Image）

0xFFD9，标记图片的结束。

所有的标记码都是两个字节，第一个字节都是 FF。为了防止混淆，所有数据中出现的 FF，都要改为 FF00。在解码时，压缩数据部分遇到 FF00 要先还原成 FF 再解码。

本节实验只实现了 JPEG 的部分标记码，只支持部分 JPEG 格式。以下是本节实验所用的 test.jpg 文件以十六进制显示。

```
0000000: FF D8 FF E0 00 10 4A 46 49 46 00 01 01 00 00 01
0000010: 00 01 00 00 FF DB 00 84 00 05 03 04 09 09 08 07
0000020: 05 05 08 08 07 07 07 06 07 07 07 07 07 07 08 08
0000030: 07 07 06 08 07 07 07 08 08 07 07 07 0A 10 0B 07
0000040: 08 0E 09 07 07 0C 15 0C 0E 11 11 13 13 13 07 0B
0000050: 16 18 16 12 18 10 12 13 12 01 05 05 05 08 07 08
0000060: 0C 08 08 0C 12 0C 0C 0C 12 12 12 12 12 12 12 12
0000070: 12 12 12 12 12 12 12 12 12 12 12 12 12 12 12 12
0000080: 12 12 12 12 12 12 12 12 12 12 12 12 12 12 12 12
0000090: 12 12 12 12 12 12 12 12 12 12 FF C0 00 11 08 04
00000A0: 38 07 80 03 01 22 00 02 11 01 03 11 01 FF C4 00
00000B0: 1D 00 00 02 03 01 01 01 01 01 00 00 00 00 00 00
00000C0: 00 00 01 02 00 03 04 05 06 07 08 09 FF C4 00 54
00000D0: 10 00 01 02 02 06 06 08 05 02 04 05 02 04 04 01
00000E0: 0D 01 00 02 03 11 04 12 21 31 41 F0 05 22 51 61
00000F0: 71 91 06 13 32 42 81 A1 B1 C1 07 52 D1 E1 F1 14
```

```
0000100: 62 15 23 72 92 08 33 43 53 82 16 A2 17 24 34 B2
0000110: 44 54 63 C2 73 83 93 A3 D2 F2 35 64 E2 18 25 45
0000120: 55 74 FF C4 00 1A 01 01 01 01 01 01 01 00 00
0000130: 00 00 00 00 00 00 00 01 02 03 04 05 06 FF C4
0000140: 00 34 11 01 01 00 02 01 03 04 01 03 03 04 01 04
0000150: 03 01 01 00 01 02 11 03 12 21 31 04 13 41 51 61
0000160: 14 22 71 05 32 91 42 52 81 A1 B1 15 23 C1 D1 33
0000170: E1 F0 62 06 FF DA 00 0C 03 01 00 02 11 03 11 00
0000180: 3F 00 F7 49 42 20 4D 15 D9 E7 80 11 40 28 51 A1
0000190: 52 4A 28 8C 6D 14 51 44 DA 6D 14 51 44 6A 00 46
00001A0: 4A 28 82 28 A2 04 20 2A 05 00 51 19 A0 54 92 33
00001B0: 51 21 E0 24 A0 08 A0 42 D2 F9 05 24 A2 81 4A 88
00001C0: 8B 90 52 6A 42 21 08 49 15 02 34 81 45 10 2A D6
00001D0: 41 19 20 99 64 DA 0F A2 32 45 44 5A 52 A1 46 68
00001E0: A2 42 B5 44 42 2A B4 12 F6 42 49 8A 13 42 0A 81
00001F0: 02 8A 8D 22 32 4B B9 39 0A 56 32 00 88 45 45 2A
0000200: 42 94 CA 15 14 6B 60 11 92 00 A6 21 22 C4 51 44

……
002A320: F2 44 D2 DC 3B 41 45 16 E6 31 1F FF D9
```

各字节含义如下。

```
FF D8 (SOI)
//SOI 标记，Start of Image
FF E0 (APP0)
//APP0 标记，接下来为 APP0 块

00 10 (Length=16)
//APP0 块共有 16 个字节，包括“00 10”

4A 46 49 46 00 (JFIF)
//JFIF 的 ASCII 码，以空字符结束。本 JPEG 文件为 JFIF 格式

01 01
//JFIF 版本，本例为 1.1 版

00
//像素密度单位，本例没定义

00 01
//水平密度，本例为 1

00 01
//垂直密度，本例为 1

00 00
//缩略图大小，本例没有缩略图，所以为 0
```

```
//APP0 块结束



FF DB (DQT)
//DQT 标记，接下来为量化表(DQT 块)

00 84 (length=132)
//DQT 块长度为 132 字节（包含自身 2 字节）

00 (ID=0)
//ID=0，Y 的量化表，接下来的量化表是 Y 的

05 03 04 09 09 08 07 05 05 08 08 07 07 07 06 07 07 07 07 07 07 08 08 07 07
06 08 07 07 07 08 08 07 07 07 0A 10 0B 07 08 0E 09 07 07 0C 15 0C 0E 11 11 13 13 13
07 0B 16 18 16 12 18 10 12 13 12 (64 zigzag)
//64 个字节的量化表，按照 Zigzag 顺序。


01 (ID=1)
//ID=1，U 和 V 的量化表，接下来的量化表是 U 和 V 的。

05 05 05 08 07 08 0C 08 08 0C 12 0C 0C 0C 12 12 12 12 12 12 12 12 12 12 12
12 12 12 12 12 12 12 12 12 12 12 12 12 12 12 12 12 12 12 12 12 12 12 12 12 12 12
12
12 12 12 12 12 12 12 12 12 12 (64 zigzag)
//64 个字节的量化表，按照 Zigzag 顺序

//DQT 块结束



FF C0 (SOF0)
//SOF0 标记，接下来为 Start Of Frame 0 块，定义了图片的分辨率等信息

00 11 (Length=17)
//SOF0 块长度为 17 字节（包含自身 2 字节）

08 (Precision)
//精度为 8，每个像素点每个颜色由 8 位表示，一般的软件和硬件只支持这个值为 8

04 38 (Image height)
//图像高度为 1080 像素
```

```
07 80 (Image width)
//图像宽度为 1920 像素

03 (Number of color components)
//图像有 3 个颜色

01 22 00
/*ID=01，第 1 个 Component（Y）。
Vertical sample factor = 2 , Horizontal sample factor = 2。 2×2 采样。
量化表=00，表示选择 Y 量化表。*/

02 11 01
/*ID=02，第 2 个 Component（U）。
Vertical sample factor = 1 , Horizontal sample factor = 1。 1×1 采样。
量化表=01，表示选择 UV 量化表。*/

03 11 01
/*ID=03，第 3 个 Component（V）。
Vertical sample factor = 1 , Horizontal sample factor = 1。 1×1 采样。
量化表=01，表示选择 UV 量化表。

从 YUV 的采样可知，本例为 YUV420。

SOF0 块结束。*/



FF C4 (DHT)
//DHT 标记，接下来为 Huffman 表

00 1D (length=29)
//DHT 块长度为 29 字节（包含自身 2 字节）

00 (Class,ID)
//Class=0、ID=0，Y 的 DC 表

00 02 03 01 01 01 01 01 00 00 00 00 00 00 00 00 (16, 10 codes)
//16 字节，1～16 码长的 Code 个数

01 02 00 03 04 05 06 07 08 09
/*Code 对应的字长。
详细解释可参考 12.1 节。

DHT 块结束。*/
```

```
FF C4 (DHT)
//DHT 标记，接下来为 Huffman 表

00 54 (length=84)
//DHT 块长度为 84 字节（包含自身 2 字节）

10 (Class,ID)
//Class=1、ID=0，Y 的 AC 表

00 01 02 02 06 06 08 05 02 04 05 02 04 04 01 0D (16, 65 codes)
//16 字节，1～16 码长的 Code 个数

01 00 02 03 11 04 12 21 31 41 F0 05 22 51 61 71 91 06 13 32 42 81 A1 B1 C1
07 52 D1 E1 F1 14 62 15 23 72 92 08 33 43 53 82 16 A2 17 24 34 B2 44 54 63 C2 73 83
93 A3 D2 F2 35 64 E2 18 25 45 55 74
/*Code 对应的 行程+字长。
详细解释可参考 12.1 节。

DHT 块结束。*/



FF C4 (DHT)
//DHT 标记，接下来为 Huffman 表

00 1A (length=26)
//DHT 块长度为 26 字节（包含自身 2 字节）

01 (Class,ID)
//Class=0、ID=1，UV 的 DC 表

01 01 01 01 01 01 01 00 00 00 00 00 00 00 00 00 (16, 7 codes)
//16 字节，1～16 码长的 Code 个数

00 01 02 03 04 05 06
/*Code 对应的字长。
详细解释可参考 12.1 节。

DHT 块结束。*/



FF C4 (DHT)
```

```
//DHT 标记，接下来为 Huffman 表

00 34 (length=52)
//DHT 块长度为 52 字节（包含自身 2 字节）

11 (Class,ID)
//Class=0、ID=1，UV 的 AC 表

01 01 00 02 01 03 04 01 03 03 04 01 04 03 01 01 (16, 33 codes)
//16 字节，1～16 码长的 Code 个数

00 01 02 11 03 12 21 31 04 13 41 51 61 14 22 71 05 32 91 42 52 81 A1 B1 15
23 C1 D1 33 E1 F0 62 06
/*Code 对应的行程+字长。
详细解释可参考 12.1 节。

DHT 块结束。*/



FF DA (SOS)
//SOS 标记，Start Of Scan

00 0C (length=12)
//SOS 块长度为 12 字节（包含自身 2 字节）

03 (number of image components = 3)
//图像有 3 个分量

01 00 (component 1: 0-0)
//第 1 个分量(Y)选择 Y Huffman 表 DC-AC

02 11 (component 2: 1-1)
//第 2 个分量（U）选择 UV Huffman 表 DC-AC

03 11 (component 3: 1-1)
//第 3 个分量（V）选择 UV Huffman 表 DC-AC

00 3F (0-63)
//start/end spectral selector，这两个字节没有用到

00
/*successive approximation bit high/low，这个字节没有用到。

SOS 块结束。*/
```

```
//接下来是压缩的数据

F7 49 42 20 4D 15 D9 E7 80 11 40 28 51 A1 52 4A 28 8C 6D 14 51 44 DA 6D 14
51 44 6A 00 46 4A 28 82 28 A2 04 20 2A 05 00 51 19 A0 54 92 33 51 21 E0 24 A0 08 A0
42 D2 F9 05 24 A2 81 4A 88 8B 90 52 6A 42 21 08 49 15 02 34 81 45 10 2A D6 41 19 20
99 64 DA 0F A2 32 45 44 5A 52 A1 46 68 A2 42 B5 44 42 2A B4 12 F6 42 49 8A 13 42 0A
81 02 8A 8D 22 32 4B B9 39 0A 56 32 00 88 45 45 2A 42 94 CA 15 14 6B 60 11 92 00 A6
21 22 C4 51 44 … … … … F2 44 D2 DC 3B 41 45 16 E6 31 1F FF D9

/*由于本例为 YUV420 格式，因此解码顺序为：连续 4 个 8×8 的 Y 后 1 个 8×8 的 U 和 1 个
8×8 的 V。

编码顺序为：Y1 Y2 Y3 Y4 U1 V1 Y5 Y6 Y7 Y8 U2 V2 …，其中 Y U V 都是 8×8 的 MCU。

其空间顺序如图 12.4 所示。

F7 49   11110111 010-----   解码为 Y 的 DC，值为 58。
49      ---010--           解码为 Y 的 AC，值为 0。

Huffman 解码步骤可参考 12.1 节。建议使用 JPEGsnoop 软件解码 test.jpg 文件辅助理解。

最后两个字节 FF D9（EOI）表明文件结束。*/
```

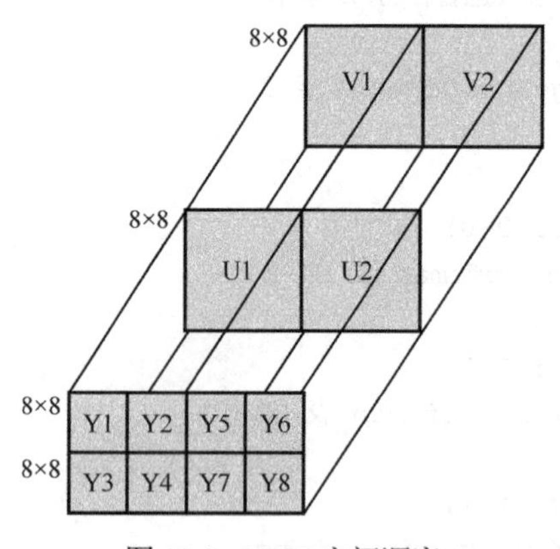

图 12.4　MCU 空间顺序

12.3　HLS 设计 iDCT 电路

MJPEG 视频是由一帧一帧的 JPEG 图片构成的，为了实现解码 MJPEG 视频，需要设计 JPEG 硬件解码电路实现快速解码。

从 JPEG 文件的格式可以看出，JPEG 文件开始部分包含了量化表和 Huffman 表，这些表格需要处理后才能使用。这部分处理工作由于结构复杂，所以使用软件实现比较简单。因为 JPEG 文件中的表

格只需要处理一次，因此软件处理对解码速度没有什么影响。而 iDCT 变换和 Huffman 解码等步骤，由于每个 MCU 都要处理，因此需要由硬件电路来实现以满足对解码速度的要求。

本章实验，先由 CK807 CPU 通过 SD 卡模块读取文件，然后由 CPU 处理量化表和 Huffman 表，再将处理后的各种表格和压缩的图像数据发送给硬件解码电路。硬件解码电路进行解码，输出图片解码后的 YUV。

Vivado HLS 可以将符合规则的 C/C++代码综合成硬件电路，这样在项目的初期可以直接采用 C/C++代码进行设计验证。功能达到要求后，对于某些要求较高的模块可以选择手工 HDL 重写。

由于硬件电路与软件的不同，不是所有的 C/C++代码都可以综合成硬件电路，不同风格的 C/C++代码综合成硬件电路可能会有不同的性能。本节以 iDCT 电路为例，介绍如何用 HLS 设计硬件电路。

流畅的播放 MJPEG 视频，需要每秒解码 30 帧 1920 像素×1080 像素分辨率 JPEG 图片。

每帧照片的 Y 包含 32400 个 MCU，U 和 V 各包含 8160 个 MCU，因此每秒需要解码：(32400+8160+8160)×30=1461600 个 MCU。

FPGA 实现的解码器工作在 150MHz，因此每个 MCU 的解码不能超过：1461600/150MHz = 102 个时钟周期。

本节以 100 个时钟周期为目标，采用不同的优化方法，逐步实现符合性能要求的硬件 iDCT 电路。

1. 浮点计算 iDCT 电路

首先采用直接实现的方法，将 jpeg.m 的第 43 行代码改写为 C/C++代码。这个电路将用于演示如何利用 Vivado HLS 设计、仿真、验证和综合硬件电路。

```
......
31
32 Q = [ 3  2  2  3  5  8 10 12;
33       2  2  3  4  5 12 12 11;
34       3  3  3  5  8 11 14 11;
35       3  3  4  6 10 17 16 12;
36       4  4  7 11 14 22 21 15;
37       5  7 11 13 16 12 23 18;
38      10 13 16 17 21 24 24 21;
39      14 18 19 20 22 20 20 20]
40
41 C = round(DCT./Q)
42
43 M_iDCT = T'*(C.*Q)*T
jpeg.m
```

jpeg.m 第 43 行的 iDCT 运算是两个矩阵乘法，其中 C.*Q 部分不属于 iDCT，将在 iDCT 电路外实现。

idct.cpp 的第 18～23 行实现了第一次矩阵乘法，第 25～30 行实现了第二次矩阵乘法。其中 T0 在 idct.h 文件中定义。

```
1 //-----------------------------------------------------------------------
2 //
3 // IMPORTANT: This document is for use only in the <Embedded System Design>
4 //
```

```
 5 // College of Electrical Engineering, Zhejiang University
 6 //
 7 // zhangpy@vlsi.zju.edu.cn
 8 //
 9 //----------------------------------------------------------------------
10
11 #include "idct.h"
12
13 void idct(double idctin[64], double idctout[64])
14 {
15   int i,j,k;
16   double m[64];
17
18   for (i = 0; i < 8; i++)
19     for (j = 0; j < 8; j++) {
20       m[i*8+j] = 0;
21       for (k = 0; k < 8; k++)
22         m[i*8+j] += T0[i+k*8] * idctin[j+k*8];         // T'*DCT_Q
23     }
24
25   for (i = 0; i < 8; i++)
26     for (j = 0; j < 8; j++) {
27       idctout[i*8+j] = 0;
28       for (k = 0; k < 8; k++)
29         idctout[i*8+j] +=  m[i*8+k] * T0[j+k*8];      // (T'*DCT_Q)*T
30     }
31
32 }
idct.cpp
```

```
#include "ap_int.h"

static const double T0[64] = {
0.3536,  0.3536,  0.3536,  0.3536,  0.3536,  0.3536,  0.3536,  0.3536,
0.4904,  0.4157,  0.2778,  0.0975, -0.0975, -0.2778, -0.4157, -0.4904,
0.4619,  0.1913, -0.1913, -0.4619, -0.4619, -0.1913,  0.1913,  0.4619,
0.4157, -0.0975, -0.4904, -0.2778,  0.2778,  0.4904,  0.0975, -0.4157,
0.3536, -0.3536, -0.3536,  0.3536,  0.3536, -0.3536, -0.3536,  0.3536,
0.2778, -0.4904,  0.0975,  0.4157, -0.4157, -0.0975,  0.4904, -0.2778,
0.1913, -0.4619,  0.4619, -0.1913, -0.1913,  0.4619, -0.4619,  0.1913,
0.0975, -0.2778,  0.4157, -0.4904,  0.4904, -0.4157,  0.2778, -0.0975
};

void idct(double idctin[64], double idctout[64]);
idct.h
```

idct.cpp 采用直接矩阵相乘的方法实现了 iDCT 算法，tb_idct.cpp 用于验证它。

```
 1 //-----------------------------------------------------------------------
 2 //
 3 // IMPORTANT: This document is for use only in the <Embedded System Design>
 4 //
 5 // College of Electrical Engineering, Zhejiang University
 6 //
 7 // zhangpy@vlsi.zju.edu.cn
 8 //
 9 //-----------------------------------------------------------------------
10
11 #include "idct.h"
12
13 int main() {
14
15  int C[64] = {
16  -154,  8, -6, -3, -1,  0,  0,  0,
17   -28, 23, -1, -1,  0,  0,  1,  0,
18    14,  6,  2,  1,  0, -1,  0,  0,
19    10,  0, -1,  1,  0,  0,  0,  0,
20    -4,  1, -1,  0,  0,  0,  0,  0,
21     1,  1,  0,  0,  0,  0,  0,  0,
22     1,  0,  1,  0,  0,  0,  0,  0,
23     0,  0,  0,  0,  0,  0,  0,  0
24 };
25
26  int Q[64] = {
27    3,  2,  2,  3,  5,  8, 10, 12,
28    2,  2,  3,  4,  5, 12, 12, 11,
29    3,  3,  3,  5,  8, 11, 14, 11,
30    3,  3,  4,  6, 10, 17, 16, 12,
31    4,  4,  7, 11, 14, 22, 21, 15,
32    5,  7, 11, 13, 16, 12, 23, 18,
33   10, 13, 16, 17, 21, 24, 24, 21,
34   14, 18, 19, 20, 22, 20, 20, 20
35 };
36
37  double a[64], b[64];
38
39  int retval = 0, i;
40
41  FILE *fp;
42
43  for (i = 0 ; i < 64; i++) {
44    a[i] = C[i] * Q[i];
45  }
46
47  idct(a, b);
```

```
48
49 printf("\n\n");
50
51 fp=fopen("out.dat","w");
52 for (i=0;i<8;i++) {
53   fprintf(fp, "%.2f %.2f %.2f %.2f %.2f %.2f %.2f %.2f \n",
54      b[i*8+0],b[i*8+1],b[i*8+2],b[i*8+3],b[i*8+4],b[i*8+5],b[i*8+6],
b[i*8+7] );
55   printf(     "%.2f %.2f %.2f %.2f %.2f %.2f %.2f %.2f \n",
56      b[i*8+0],b[i*8+1],b[i*8+2],b[i*8+3],b[i*8+4],b[i*8+5],b[i*8+6],
b[i*8+7] );
57
58 fclose(fp);
59
60 retval = system("diff --brief -w out.dat out.golden.dat");
61 if (retval != 0) {
62   printf("\n\nTest failed  !!!\n\n\n");
63   retval=1;
64 } else {
65   printf("\n\nTest passed !\n\n\n");
66 }
67
68 return retval;
69 }
tb_idct.cpp
```

测试文件 tb_idct.cpp 中 C 和 Q 采用 jpeg.m 中的数据，在第 43～45 行相乘。第 47 行调用 idct.cpp 进行运算。得到的 idct 值在第 53～54 行写入文件 out.dat，在第 60 行将 idct 的值与标准答案 out.golden.dat 进行比较，如果比较结果相同，就能证明 idct.cpp 正确。由于整数和浮点数之间转换时可能会有误差，因此 out.golden.dat 中的 idct 数据与 jpeg.m 中得到的 idct 数据略有不同，对于本实验，这个误差可以接受。

```
-40.39 -40.79 -42.17 -55.06 -58.80 -63.68 -79.01 -76.40
-59.44 -56.88 -51.58 -59.53 -64.82 -68.55 -79.25 -77.48
-60.73 -61.65 -58.23 -66.81 -75.90 -74.59 -73.04 -69.08
-75.97 -72.80 -62.13 -62.07 -71.68 -73.94 -74.41 -78.56
-74.44 -70.30 -60.74 -55.16 -59.61 -60.30 -58.80 -65.93
-51.82 -49.92 -51.27 -48.31 -47.64 -44.73 -37.35 -40.50
-53.81 -45.16 -47.17 -42.45 -39.13 -42.30 -40.57 -44.81
-54.60 -44.81 -52.28 -50.57 -45.35 -47.60 -42.49 -41.67
out.golden.dat
```

Vivado HLS 命令行方式进行仿真、调试和综合的方法可参考视频 video_12.1_idct_hls_tcl_zju.ogv，脚本如下。

```
open_project  -reset hls.idct.01

add_files "idct.cpp idct.h"
```

```
add_files -tb "tb_idct.cpp out.golden.dat"
set_top idct

open_solution -reset idct.float

set_part  {xc7a100tcsg324-1}
create_clock -period 6.5
set_clock_uncertainty 0.10

csim_design

exit
sim_idct.tcl
```

图形界面操作可参考视频 video_12.2_idct_hls_gui_zju.ogv。

经过综合以后得到 iDCT 的硬件电路，电路的时序性能如表 12.4 所示。

表 12.4　电路的时序性能

Latency		Interval		Type
min	max	min	max	
18722	18722	18723	18723	none

Latency 是从数据进入 iDCT 电路到数据输出 iDCT 电路的时钟周期，需要 18722 个周期。Interval 是两次计算之间的间距，由于没有任何优化（没有 pipeline），所以只能在第一次 iDCT 计算全部完成后才能进行第二次 iDCT 计算。因此计算间距为计算延时加 1 个时钟周期。iDCT 内部具体的时钟周期占用情况如表 12.5 所示。

表 12.5　iDCT 内部具体的时钟周期占用情况

Loop Name	Latency		Iteration Latency	Trip Count	Pipelined
	min	max			
- Loop 1	9360	9360	1170	8	no
+ Loop 1.1	1168	1168	146	8	no
++ Loop 1.1.1	144	144	18	8	no
- Loop 2	9360	9360	1170	8	no
+ Loop 2.1	1168	1168	146	8	no
++ Loop 2.1.1	144	144	18	8	no

Loop 1.1.1 对应 idct.cpp 的第 21 行的 for 循环，这个 for 循环内的计算（第 22 行）每次需要 18 个时钟周期（Iteration Latency），一共需要循环 8 次（Trip Count），这样每进入这个循环，就需要 144 个时钟周期（Latency）。

Loop 1.1 对应 idct.cpp 的第 19 行的 for 循环，这个循环需要执行 8 次，每次 146 个周期。

Loop 1 对应 idct.cpp 的第 18 行的 for 循环，这个循环需要执行 8 次，每次 1179 个周期。

C/C++代码具体实现可以用 Vivado HLS 软件的 Analysis 功能进行分析。

iDCT 电路消耗资源如表 12.6 所示，资源消耗用于评估电路占用了多少资源。本例占用了 4 个

BRAM_18K、14 个 DSP48E、1585 个 D 触发器和 1520 个 LUT。

表 12.6　iDCT 电路消耗资源

Name	BRAM_18K	DSP48E	FF	LUT
DSP	—	—	—	—
Expression	—	—	0	234
FIFO	—	—	—	—
Instance	—	14	1082	954
Memory	4	—	0	0
Multiplexer	—	—	—	332
Register	—	—	503	—
Total	4	14	1585	1520
Available	270	240	126800	63400
Utilization (%)	1	5	1	2

18723 个时钟周期不能满足视频播放的要求，因此需要进行优化。从 idct.cpp 可以看出，矩阵计算采用的是浮点乘法，T0 存储的值也是浮点数。浮点乘法相对整数乘法需要更多的时钟周期，并且消耗更多的资源。为了提升性能，首先要将 iDCT 改为整数计算。

2．整数计算 iDCT 电路

为了用整数计算 iDCT，需要用整数乘法替换浮点乘法。采用的方法是先将浮点数乘以一个足够大的整数系数，这样浮点数就转化为整数。整数进行加、减、乘、除等操作后，再除以系数，恢复为浮点数。由于电路中除法非常消耗资源，因此一般采用移位代替除法运算。这种方法通常会带来一定的精度损失，但会带来性能的提升。

本节采用的方法是将小数乘以 4096，计算的结果右移 12 位还原。

```
1 #include "ap_int.h"
2
3 static const int T1[64] = {
4 4096*0.3536,  4096*0.3536,  4096*0.3536,  4096*0.3536,  4096*0.3536,
4096*0.3536,  4096*0.3536,  4096*0.3536,
5 4096*0.4904,  4096*0.4157,  4096*0.2778,  4096*0.0975,  -4096*0.0975,
-4096*0.2778, -4096*0.4157, -4096*0.4904,
6 4096*0.4619,  4096*0.1913,  -4096*0.1913,  -4096*0.4619,  -4096*0.4619,
-4096*0.1913,  4096*0.1913,  4096*0.4619,
7 4096*0.4157,  -4096*0.0975,  -4096*0.4904,  -4096*0.2778,  4096*0.2778,
4096*0.4904,  4096*0.0975, -4096*0.4157,
8 4096*0.3536,  -4096*0.3536,  -4096*0.3536,  4096*0.3536,  4096*0.3536,
-4096*0.3536, -4096*0.3536,  4096*0.3536,
9 4096*0.2778,  -4096*0.4904,  4096*0.0975,  4096*0.4157,  -4096*0.4157,
-4096*0.0975,  4096*0.4904, -4096*0.2778,
10 4096*0.1913,  -4096*0.4619,  4096*0.4619,  -4096*0.1913,  -4096*0.1913,
4096*0.4619, -4096*0.4619,  4096*0.1913,
11 4096*0.0975,  -4096*0.2778,  4096*0.4157,  -4096*0.4904,  4096*0.4904,
```

```
-4096*0.4157,  4096*0.2778, -4096*0.0975
    12 };
    13
    14 void idct(int idctin[64], int idctout[64]);
    idct.h
```

idct.h 中，将 T1 换为 4096 乘以系数。idct 的输入和输出都改为整数。

```
 1 //--------------------------------------------------------------------------
 2 //
 3 // IMPORTANT: This document is for use only in the <Embedded System Design>
 4 //
 5 // College of Electrical Engineering, Zhejiang University
 6 //
 7 // zhangpy@vlsi.zju.edu.cn
 8 //
 9 //--------------------------------------------------------------------------
10
11 #include "idct.h"
12
13 void idct(int idctin[64], int idctout[64])
14 {
15  int i,j,k;
16  int m[64];
17
18  for (i = 0; i < 8; i++)
19   for (j = 0; j < 8; j++) {
20    m[i*8+j] = 0;
21    for (k = 0; k < 8; k++) {
22     m[i*8+j] += T1[i+k*8] * idctin[j+k*8];        // T'*DCT_Q
23    }
24    m[i*8+j] = m[i*8+j] >> 10;
25   }
26
27  for (i = 0; i < 8; i++)
28   for (j = 0; j < 8; j++) {
29    idctout[i*8+j] = 0;
30    for (k = 0; k < 8; k++) {
31     idctout[i*8+j] +=  m[i*8+k] * T1[j+k*8];      // (T'*DCT_Q)*T
32    }
33    idctout[i*8+j] = idctout[i*8+j] >> 14;
34   }
35
36 }
idct.cpp
```

idct.cpp 的第 24 行本来应该右移 12 位，但是为了提高精度，只移位了 10 位。在第 33 行多移 2 位补上。也可以在第 24 行不移位，在第 33 行一次移动 24 位，这样做精度会更好，但会导致第 31 行的整数乘法器需要处理更大的乘数，乘法器位数越多，速度越慢。

由于整数计算会带来精度的损失，所以最终得到的 iDCT 值会存在一些误差，由于误差不大，本节实验可以接受这些误差。标准答案 out.golden.dat 修改如下。

```
-41 -41 -43 -56 -59 -64 -79 -77
-60 -57 -52 -60 -65 -69 -80 -78
-61 -62 -59 -67 -76 -75 -74 -70
-77 -73 -63 -63 -72 -74 -75 -79
-75 -71 -61 -56 -60 -61 -59 -67
-53 -50 -52 -49 -48 -45 -38 -41
-55 -46 -48 -43 -40 -43 -41 -45
-56 -45 -53 -51 -46 -48 -43 -42
out.golden.dat
```

由于 iDCT 的计算从浮点数换成了整数计算，因此性能得到了提升。电路时序性能如表 12.7 所示。

表 12.7 电路时序性能

Latency		Interval		Type
min	max	min	max	
6562	6562	6563	6563	none

可以看出，整数 iDCT 电路的时钟周期为 6563，虽然还不能满足性能要求，但性能比浮点 iDCT 电路的 18723 个时钟周期提升了很多。iDCT 内部具体的时钟周期占用情况如表 12.8 所示。

表 12.8 iDCT 内部具体的时钟周期占用情况

Loop Name	Latency		Iteration Latency	Trip Count	Pipelined
	min	max			
- Loop 1	3280	3280	410	8	no
+ Loop 1.1	408	408	51	8	no
++ Loop 1.1.1	48	48	6	8	no
- Loop 2	3280	3280	410	8	no
+ Loop 2.1	408	408	51	8	no
++ Loop 2.1.1	48	48	6	8	no

整数计算的资源消耗也远小于浮点计算，整数 iDCT 电路资源消耗如表 12.9 所示。

表 12.9 整数 iDCT 电路资源消耗

Name	BRAM_18K	DSP48E	FF	LUT
DSP	—	—	—	—
Expression	—	—	0	312
FIFO	—	—	—	—
Instance	—	8	332	98
Memory	1	—	12	12

续表

Name	BRAM_18K	DSP48E	FF	LUT
Multiplexer	—	—	—	229
Register	—	—	301	—
Total	1	8	645	651
Available	270	240	126800	63400
Utilization (%)	~0	3	~0	1

和浮点数 iDCT 电路相比，BRAM_18K 是 1 : 4，DSP48E 是 8 : 14，D 触发器是 645 : 1585，LUT 是 651 : 1520。整数计算比浮点数计算占用的资源少很多。

3. 任意精度（Arbitrary Precision）整数计算 iDCT 电路

默认情况下，整数为 32 位，这样进行矩阵运算时，采用的是 32 位乘法器和 64 位加法器，而 iDCT 计算并不需要 32 位的乘法器。为了进一步提升性能，需要采用任意精度（Arbitrary Precision）的整数计算。

包含了 ap_int.h 后，可以使用任意位数的整数，例如：

```
#include "ap_int.h"
ap_int<24> m[64], n[64];
ap_int<7> a;
ap_uint<11> b;
```

其中 ap_int 是任意位数的有符号整数，ap_uint 是任意位数的无符号整数。通过精确指定位数，可以控制整数运算采用的加法器、乘法器的位数，这样可以提升性能并降低资源消耗。

```
#include "ap_int.h"

static const ap_int<13> T1[64] = {
4096*0.3536,  4096*0.3536,  4096*0.3536,  4096*0.3536,  4096*0.3536,
4096*0.3536, 4096*0.3536, 4096*0.3536,
4096*0.4904,  4096*0.4157,  4096*0.2778,  4096*0.0975, -4096*0.0975,
-4096*0.2778, -4096*0.4157, -4096*0.4904,
4096*0.4619,  4096*0.1913, -4096*0.1913, -4096*0.4619, -4096*0.4619,
-4096*0.1913, 4096*0.1913, 4096*0.4619,
4096*0.4157, -4096*0.0975, -4096*0.4904, -4096*0.2778,  4096*0.2778,
4096*0.4904, 4096*0.0975, -4096*0.4157,
4096*0.3536, -4096*0.3536, -4096*0.3536,  4096*0.3536,  4096*0.3536,
-4096*0.3536, -4096*0.3536, 4096*0.3536,
4096*0.2778, -4096*0.4904,  4096*0.0975,  4096*0.4157, -4096*0.4157,
-4096*0.0975, 4096*0.4904, -4096*0.2778,
4096*0.1913, -4096*0.4619,  4096*0.4619, -4096*0.1913, -4096*0.1913,
4096*0.4619, -4096*0.4619, 4096*0.1913,
4096*0.0975, -4096*0.2778,  4096*0.4157, -4096*0.4904,  4096*0.4904,
-4096*0.4157, 4096*0.2778, -4096*0.0975
};
```

```
void idct(ap_int<10> idctin[64], ap_int<10> idctout[64]);
idct.h
```

idct.h 中，T1[64]被替换为 ap_int<13>，idctin[64]和 idctout[64]被替换为 ap_int<10>。

```
 1 //-----------------------------------------------------------------------
 2 //
 3 // IMPORTANT: This document is for use only in the <Embedded System Design>
 4 //
 5 // College of Electrical Engineering, Zhejiang University
 6 //
 7 // zhangpy@vlsi.zju.edu.cn
 8 //
 9 //-----------------------------------------------------------------------
10
11 #include "idct.h"
12
13 void idct(ap_int<10> idctin[64], ap_int<10> idctout[64])
14 {
15   int i,j,k;
16   ap_int<24> m[64], n[64];
17
18   for (i = 0; i < 8; i++)
19     for (j = 0; j < 8; j++) {
20       m[i*8+j] = 0;
21       for (k = 0; k < 8; k++) {
22         m[i*8+j] += T1[i+k*8] * idctin[j+k*8];        // T'*DCT_Q
23       }
24       m[i*8+j] = m[i*8+j] >> 10;
25     }
26
27   for (i = 0; i < 8; i++)
28     for (j = 0; j < 8; j++) {
29       n[i*8+j] = 0;
30       for (k = 0; k < 8; k++) {
31         n[i*8+j] +=  m[i*8+k] * T1[j+k*8];          // (T'*DCT_Q)*T
32       }
33       idctout[i*8+j] = n[i*8+j] >> 14;
34     }
35
36 }
idct.cpp
```

idct.cpp 中，第 22 行和第 31 行的乘法器被指定为 12 位乘法器，加法器为 24 位。

int i,j,k;虽然也可以指定为 ap_int<>，但 i、j 和 k 这种用于指定循环次数的变量并不会被综合为 32 位 D 触发器，因此改为 ap_int<>不会改变硬件电路。

由于接口数据类型改变，因此测试代码也需要相应改变。

```
 1 //----------------------------------------------------------------------------
 2 //
 3 // IMPORTANT: This document is for use only in the <Embedded System Design>
 4 //
 5 // College of Electrical Engineering, Zhejiang University
 6 //
 7 // zhangpy@vlsi.zju.edu.cn
 8 //
 9 //----------------------------------------------------------------------------
10
11 #include "idct.h"
12
13 int main() {
14
15  int   C[64] = {
16  -154,  8, -6, -3, -1,  0,  0,  0,
17   -28, 23, -1, -1,  0,  0,  1,  0,
18    14,  6,  2,  1,  0, -1,  0,  0,
19    10,  0, -1,  1,  0,  0,  0,  0,
20    -4,  1, -1,  0,  0,  0,  0,  0,
21     1,  1,  0,  0,  0,  0,  0,  0,
22     1,  0,  1,  0,  0,  0,  0,  0,
23     0,  0,  0,  0,  0,  0,  0,  0
24 };
25
26  int   Q[64] = {
27    3,  2,  2,  3,  5,  8, 10, 12,
28    2,  2,  3,  4,  5, 12, 12, 11,
29    3,  3,  3,  5,  8, 11, 14, 11,
30    3,  3,  4,  6, 10, 17, 16, 12,
31    4,  4,  7, 11, 14, 22, 21, 15,
32    5,  7, 11, 13, 16, 12, 23, 18,
33   10, 13, 16, 17, 21, 24, 24, 21,
34   14, 18, 19, 20, 22, 20, 20, 20
35 };
36
37  ap_int<10> a[64], b[64];
38  int c[64];
39
40  int retval = 0, i;
41
42  FILE *fp;
43
44  for (i = 0 ; i < 64; i++) {
45    a[i] = C[i] * Q[i];
46  }
47
```

```
48 idct(a, b);
49
50 for (i = 0 ; i < 64; i++) {
51   c[i] = b[i];
52 }
53
54 printf("\n\n");
55
56 fp=fopen("out.dat","w");
57 for (i=0;i<8;i++) {
58   fprintf(fp, "%d %d %d %d %d %d %d %d \n",
59     c[i*8+0], c[i*8+1], c[i*8+2], c[i*8+3], c[i*8+4], c[i*8+5], c[i*8+6],
c[i*8+7] );
60   printf(    "%d %d %d %d %d %d %d %d \n",
61     c[i*8+0], c[i*8+1], c[i*8+2], c[i*8+3], c[i*8+4], c[i*8+5], c[i*8+6],
c[i*8+7] );
62 }
63 fclose(fp);
64
65 retval = system("diff --brief -w out.dat out.golden.dat");
66 if (retval != 0) {
67   printf("\n\nTest failed  !!!\n\n\n");
68   retval=1;
69 } else {
70   printf("\n\nTest passed !\n\n\n");
71 }
72
73 return retval;
74 }
tb_idct.cpp
```

精确的指定数据宽度有助于提升性能降低资源消耗，避免不必要的性能损失和资源消耗。电路性能如表 12.10 所示，性能从 6563 提升到 4451 个时钟周期。

表 12.10　电路性能

Latency		Interval		Type
min	max	min	max	
4450	4450	4451	4451	none

Loop Name	Latency		Iteration Latency	Trip Count	Pipelined
	min	max			
- Loop 1	2256	2256	282	8	no
+ Loop 1.1	280	280	35	8	no
++ Loop 1.1.1	32	32	4	8	no
- Loop 2	2192	2192	274	8	no
+ Loop 2.1	272	272	34	8	no
++ Loop 2.1.1	32	32	4	8	no

由于乘法器和加法器等从默认的32位优化为指定的位数，因此资源消耗下降明显，如表12.11所示。相对整数iDCT电路，DSP48E为2∶8，D触发器为198∶645，LUT为425∶651。

表12.11　资源消耗情况

Name	BRAM_18K	DSP48E	FF	LUT
DSP	—	2	—	—
Expression	—	—	0	234
FIFO	—	—	—	—
Instance	—	—	—	—
Memory	1	—	12	12
Multiplexer	—	—	—	179
Register	—	—	186	—
Total	1	2	198	425
Available	270	240	126800	63400
Utilization (%)	~0	~0	~0	~0

4451个时钟周期还是不能达到性能要求，因此需要继续优化。

4．流水线（pipeline）iDCT电路

为了进一步提高性能，需要利用硬件电路的特性，采用流水线和并行计算等方法，用硬件的资源消耗来换取性能的提升。

Vivado HLS支持很多种硬件优化方法，通过指定代码的优化方法，可以生成不同结构的硬件电路。

为了方便优化，idct.cpp的每个for循环被加上一个label，idct_label0～idct_label5是6个for循环的名字。

```
 1 //-----------------------------------------------------------------------
 2 //
 3 // IMPORTANT: This document is for use only in the <Embedded System Design>
 4 //
 5 // College of Electrical Engineering, Zhejiang University
 6 //
 7 // zhangpy@vlsi.zju.edu.cn
 8 //
 9 //-----------------------------------------------------------------------
10
11 #include "idct.h"
12
13 void idct(ap_int<10> idctin[64], ap_int<10> idctout[64])
14 {
15  int i,j,k;
16  ap_int<22> m[64], n[64];
17
18  idct_label0:for (i = 0; i < 8; i++)
19  idct_label1:for (j = 0; j < 8; j++) {
```

```
20    m[i*8+j] = 0;
21     idct_label2:for (k = 0; k < 8; k++) {
22       m[i*8+j] += T1[i+k*8] * idctin[j+k*8];         // T'*DCT_Q
23      }
24      m[i*8+j] = m[i*8+j] >> 10;
25    }
26
27  idct_label3:for (i = 0; i < 8; i++)
28   idct_label4:for (j = 0; j < 8; j++) {
29      n[i*8+j] = 0;
30     idct_label5:for (k = 0; k < 8; k++) {
31       n[i*8+j] +=  m[i*8+k] * T1[j+k*8];              // (T'*DCT_Q)*T
32      }
33      idctout[i*8+j] = n[i*8+j] >> 14;
34    }
35
36 }
idct.cpp
```

为了提高性能，对 idct_label0 和 idct_label3 指定为 pipeline 优化，指定输入输出接口为 array_partition。

```
set_directive_pipeline "idct/idct_label0"
set_directive_pipeline "idct/idct_label3"

set_directive_array_partition -type complete -dim 1 "idct" idctin
set_directive_array_partition -type complete -dim 1 "idct" idctout

set_directive_dataflow "idct"
directives.tcl
```

指定优化的方法参考视频 video_12.2_idct_hls_gui_zju.ogv。tcl 命令行如下。

```
open_project  -reset hls.idct.01

add_files "idct.cpp idct.h"
add_files -tb "tb_idct.cpp out.golden.dat"
set_top idct

open_solution -reset idct.pipeline

set_part  {xc7a100tcsg324-1}
create_clock -period 6.5
set_clock_uncertainty 0.10

source directives.tcl

csim_design
```

```
csynth_design

cosim_design -trace_level all

exit
syn_idct.tcl
```

综合后得到电路的性能如表 12.12 所示。可以看出经过优化后，虽然 idct.cpp 没有修改，但性能从 4451 提升到了 43 个时钟周期，已经达到了性能要求。

表 12.12 综合后得到电路的性能

Latency		Interval		Type
min	max	min	max	
82	82	43	43	dataflow

Instance	Module	Latency		Interval		Type
		min	max	min	max	
Loop_idct_label0_pro_U0	Loop_idct_label0_pro	42	42	42	42	none
Loop_idct_label3_pro_U0	Loop_idct_label3_pro	39	39	39	39	none

性能的提升是以资源消耗提高为代价的，虽然只指定了 pipeline 优化，但综合时使用了 unroll 等优化。从表 12.13 所示的资源消耗可以看出，优化以后的 iDCT 电路，消耗了大量的 DSP48E（用于乘加运算）、D 触发器和 LUT。

表 12.13 资源消耗

Name	BRAM_18K	DSP48E	FF	LUT
DSP	—	—	—	—
Expression	—	—	0	8
FIFO	—	—	—	—
Instance	0	107	3484	1931
Memory	1	—	0	0
Multiplexer	—	—	—	—
Register	—	—	—	—
Total	1	107	3484	1939
Available	270	240	126800	63400
Utilization (%)	~0	44	2	3

不同的硬件优化方法会得到不同的性能和资源消耗，需要根据项目需求进行平衡。对于本章实验，这个资源消耗可以接受，性能也达到要求。

目前存在很多基于整数乘法、加法和移位的快速 DCT/iDCT 算法，可以用更少的资源实现更快的计算，具体算法可参考相关论文。

12.4 HLS设计JPEG解码电路

JPEG解码电路主要包括iDCT电路和Huffman解码电路。Huffman解码对性能的要求比较高，因此需要用硬件电路来实现。

为了加快处理速度，按照如下步骤进行Huffman解码。

1．存储哈夫曼表数据

将哈夫曼表按照码长1～16，存储每种长度的最大码字（记为max(*N*)）及该码字在哈夫曼表中的地址（记为loc(*N*)）。

2．判断码长

读入*N*位二进制数*X*。如果*X*小于或等于max(*N*)，则该码字的长度为*N*。

3. loc(*N*) + *X* - max(*N*)即为该码字在哈夫曼表中的具体位置，读出对应的值即可知道数据长度。

Huffman解码得到MCU的数值，反量化后进行iDCT变换就得到了解码后的JPEG数据。JPEG解码流程如图12.5所示。

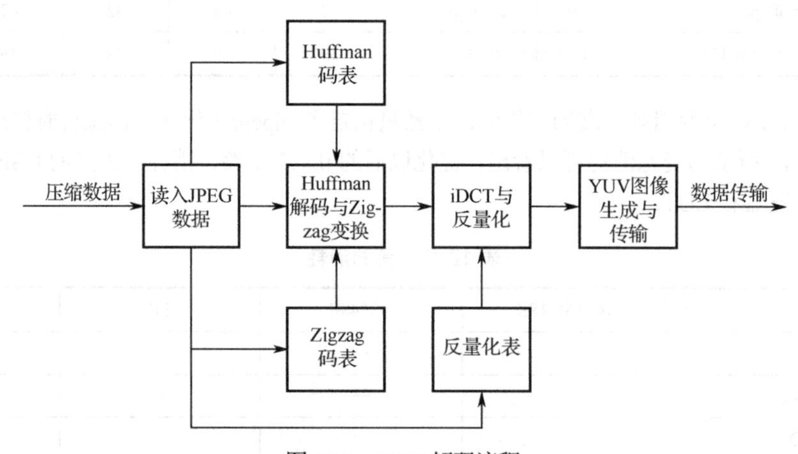

图12.5 JPEG解码流程

本节设计的JPEG解码电路只支持YUV420格式的JPEG图片，输出为YUV422格式，如需要支持其他格式，只需对电路进行修改。

```
 1 #include "ap_int.h"
 2
 3 typedef unsigned char  u8;
 4 typedef unsigned short u16;
 5 typedef unsigned int   u32;
 6
 7 typedef  char  int8;
 8 typedef  short int16;
 9 typedef  int   int32;
10
11 static const u8 Zig[64]={
```

```
12  0, 1, 8, 16, 9, 2, 3, 10,
13  17, 24, 32, 25, 18, 11, 4, 5,
14  12, 19, 26, 33, 40, 48, 41, 34,
15  27, 20, 13, 6, 7, 14, 21, 28,
16  35, 42, 49, 56, 57, 50, 43, 36,
17  29, 22, 15, 23, 30, 37, 44, 51,
18  58, 59, 52, 45, 38, 31, 39, 46,
19  53, 60, 61, 54, 47, 55, 62, 63
20 };
21
22 typedef struct
23 {
24  u16 data_used;
25  u32 ddr_index;
26  u16 bits_used;
27 } JDECODE;
28
29 void jpeg_decoder(u8 data[1000000],u32 yuv422[1050000]);
jpeg_decoder.h
```

jpeg_decoder.h 中定义了 Zigzag 编码顺序，在 Zigzag 反编码时，只需查找这张表格即可。Zig[64]在硬件综合时，由一个 ROM 实现。

JDECODE 定义了解码时内存和 bit-cache 的指针。

输入 JPEG 文件大小为 1000000 BYTE（data），一般 MJPEG 视频包含的 JPEG 图片小于这个数值。由于成本的关系，FPGA 或芯片无法实现 1MB 大小的存储空间，因此这个存储空间位于 SoC 系统的 DDR 内存。由于 DDR 存储通常容量很大，因此可以设置较大的存储空间用于存储待解码数据，CPU 向这个 DDR 写入待解码数据，jpeg_decoder 通过 AXI 总线读取。CPU 和 jpeg_decoder 通过相同的地址访问 data，如果需要解码大于 1MB 的图片，可以简单地设置 data 接口 AXI 访问地址大于 1MB。

YUV422 是输出数据，解码后的数据为 YUV422 格式，大小为 1920 像素×1080 像素×16 位，jpeg_decoder 通过 AXI 总线将数据写入 DDR 内存，HDMI 控制器通过 AXI 总线读取这个内存的内容，将解码后的视频通过 HDMI 显示器输出。

由于 Vivado HLS 可以从 C/C++代码生成 AXI 接口，因此只需简单地定义输入、输出接口即可。本实验将每个输入、输出变量生成一个 AXI 接口，因此需要减少接口的数量以简化设计。输入信号 data 包含了 Huffman 表、DQT 表和 JPEG 数据等，结构如表 12.14 所示。

表 12.14 输入信号 data 的结构

地址（字节）	变 量	用 途
0～127	huf_code[4][16]	4 组 Huffman Code，每个 Code 16 位
128～192	huf_loc[4][16]	4 组 Huffman Code 对应存储地址
192～319	dqt[2][64]	2 组量化表 DQT
320～1343	dht[4][256]	4 组 Huffman 表
1344～	jpeg	待解码数据

将这些不同用途的数据通过同一个 data 接口输入，这样可以减少接口数量。

DDR 内存的访问与片内 SRAM 不同，读取 DDR 内存需要较长的时间才能得到数据，因此适合按块访问连续的存储空间，将 Huffman 表和 DQT 量化表等放在连续的地址空间，有助于提升读取速度。

为了将 JPEG 文件转化成 jpeg_decoder 所需的输入格式，需要用 CPU 预处理 JPEG 文件，CPU 将 JPEG 文件内的 Huffman 表和 DQT 量化表按照格式存入 data，并且将 JPEG 数据段的“FF00”恢复为“FF”。

tb_jpeg_decoder.cpp 是 jpeg_decoder 的测试代码，包含了 JPEG 文件的预处理。

```
 1 //--------------------------------------------------------------------------
 2 //
 3 // IMPORTANT: This document is for use only in the <Embedded System Design>
 4 //
 5 // College of Electrical Engineering, Zhejiang University
 6 //
 7 // Wang Yubo
 8 //
 9 //--------------------------------------------------------------------------
10 #include "idct.h"
11 #include "jpeg_decoder.h"
12 #include <stdio.h>
13
14 static u8 filedata[1000000]={0};
15 static u8 jpgdata[1000000]={0};
16 u32 data_num;

//  filedata 存储读取的 JPEG 文件内容
//  jpgdata 存储发送给 jpeg_decoder 的数据

17
18 u8 jpg_preparex()
19 {
20   u16 huf_code[4][16];
21   u8 huf_loc[4][16];
22   u8 huf_codenum[4][16];
23
24   u8 marker;
25   u32 len,i;
26   u8 table;

/*
  jpg_preparex 对 JPEG 文件进行预处理。
  huf_code[4][16] 存储 Huffman Code。
  huf_loc[4][16] 存储 Huffman Code 的存储地址。
  huf_codenum[4][16] 存储码长对应的编码个数。
```

以本节实验的 test.jpg 为例，Y 的 DC Huffman 表原始数据如下。

FF C4 (DHT)
DHT 标记，接下来为 Huffman 表。

00 1D (length=29)
DHT 块长度为 29 字节（包含自身 2 字节）。

00 (Class,ID)
Class=0 ID=0 Y 的 DC 表。

00 02 03 01 01 01 01 01 00 00 00 00 00 00 00 00 (16, 10 codes)
16 字节，1～16 码长的 Code 个数。

01 02 00 03 04 05 06 07 08 09
Code 对应的字长。

经过预处理后：

```
 huf_codenum[0][0]=0
 huf_codenum[0][1]=2
 huf_codenum[0][2]=3
 huf_codenum[0][3]=1
 huf_codenum[0][4]=1
 huf_codenum[0][5]=1
 huf_codenum[0][6]=1
 huf_codenum[0][7]=1
 huf_codenum[0][8]=0
 huf_codenum[0][9]=0
huf_codenum[0][10]=0
huf_codenum[0][11]=0
huf_codenum[0][12]=0
huf_codenum[0][13]=0
huf_codenum[0][14]=0
huf_codenum[0][15]=0
```

huf_codenum 用于存储码长对应的 Code 个数。

由于 C/C++数组是从 0 开始的，所以 huf_codenum[0][2]=3 表明 Code 长度为 3 的 Huffman Code 有 3 个。其余类推。

huf_codenum 用于计算 huf_loc 和 huf_code，huf_loc、huf_code 和 DHT 传递给 jpeg_decoder。

```
 huf_code[0]=0b0
 huf_code[1]=0b10
 huf_code[2]=0b111
 huf_code[3]=0b1111
```

```
 huf_code[4]=0b11111
 huf_code[5]=0b111111
 huf_code[6]=0b1111111
 huf_code[7]=0b1111111
 huf_code[8]=0b1111111
 huf_code[9]=0b1111111
huf_code[10]=0b1111111
huf_code[11]=0b1111111
huf_code[12]=0b1111111
huf_code[13]=0b1111111
huf_code[14]=0b1111111
huf_code[15]=0b1111111
```

huf_code 存储了 1～16 字长的 Code 对应的最大编码 +1。

例如，huf_code[3] 存储了 code 长为 4 的最大编码 (0b1110)+1=0b1111。

```
 huf_loc[0][0]=0
 huf_loc[0][1]=2
 huf_loc[0][2]=5
 huf_loc[0][3]=6
 huf_loc[0][4]=7
 huf_loc[0][5]=8
 huf_loc[0][6]=9
 huf_loc[0][7]=10
 huf_loc[0][8]=10
 huf_loc[0][9]=10
huf_loc[0][10]=10
huf_loc[0][11]=10
huf_loc[0][12]=10
huf_loc[0][13]=10
huf_loc[0][14]=10
huf_loc[0][15]=10
```

huf_loc 是对应 Code 在 Huffman 表中的位置。

例如，huf_loc[0][4]=7 表明码长为 5 的最大 Huffman Code 在 DHT 中的位置为 7，这个位置存储的值为 6，表明接下来要读 6 个位。

dht[0]的 256 个数组存储的内容为 **01 02 00 03 04 05 06 07 08 09 00…00。**

Y 的 AC Huffman 表原始数据如下。

FF C4 (DHT)
DHT 标记，接下来为 Huffman 表。

00 54 (length=84)
DHT 块长度为 84 字节（包含自身 2 字节）。

10 (Class,ID)
Class=1、ID=0，Y 的 AC 表。

00 01 02 02 06 06 08 05 02 04 05 02 04 04 01 0D (16, 65 codes)
16 字节，1～16 码长的 Code 个数。

01 00 02 03 11 04 12 21 31 41 F0 05 22 51 61 71 91 06 13 32 42 81 A1 B1 C1 07 52 D1 E1 F1 14 62 15 23 72 92 08 33 43 53 82 16 A2 17 24 34 B2 44 54 63 C2 73 83 93 A3 D2 F2 35 64 E2 18 25 45 55 74
Code 对应的行程+字长。

经过预处理后：

```
huf_codenum[2][0]=0
huf_codenum[2][1]=1
huf_codenum[2][2]=2
huf_codenum[2][3]=2
huf_codenum[2][4]=6
huf_codenum[2][5]=6
huf_codenum[2][6]=8
huf_codenum[2][7]=5
huf_codenum[2][8]=2
huf_codenum[2][9]=4
huf_codenum[2][10]=5
huf_codenum[2][11]=2
huf_codenum[2][12]=4
huf_codenum[2][13]=4
huf_codenum[2][14]=1
huf_codenum[2][15]=13
```

```
huf_code[2][0]=0b0
huf_code[2][1]=0b1
huf_code[2][2]=0b100
huf_code[2][3]=0b1010
huf_code[2][4]=0b11010
huf_code[2][5]=0b111010
huf_code[2][6]=0b1111100
huf_code[2][7]=0b11111101
huf_code[2][8]=0b111111100
```

```
 huf_code[2][9]=0b1111111100
huf_code[2][10]=0b11111111101
huf_code[2][11]=0b111111111100
huf_code[2][12]=0b1111111111100
huf_code[2][13]=0b11111111111100
huf_code[2][14]=0b111111111111001
huf_code[2][15]=0b1111111111111111


 huf_loc[2][0]=0
 huf_loc[2][1]=1
 huf_loc[2][2]=3
 huf_loc[2][3]=5
 huf_loc[2][4]=11
 huf_loc[2][5]=17
 huf_loc[2][6]=25
 huf_loc[2][7]=30
 huf_loc[2][8]=32
 huf_loc[2][9]=36
huf_loc[2][10]=41
huf_loc[2][11]=43
huf_loc[2][12]=47
huf_loc[2][13]=51
huf_loc[2][14]=52
huf_loc[2][15]=65
```

dht[2] 的 256 个数组存储的内容为 **01 00 02 03 11 04 12 21 31 41 F0 05 22 51 61 71 91 06 13 32 42 81 A1 B1 C1 07 52 D1 E1 F1 14 62 15 23 72 92 08 33 43 53 82 16 A2 17 24 34 B2 44 54 63 C2 73 83 93 A3 D2 F2 35 64 E2 18 25 45 55 74 00...000。**

UV 的 DC 和 AC Huffman 表格采用同样的预处理方法。

```
*/



27
28   data_num=0;
29   if((filedata[data_num]<<8|filedata[(data_num+1)])!=0xFFD8)  return 1;
//   FFD8 为 JPEG 文件 SOI 标记
```

```
30  data_num+=2;
31  while(1)
32    {
33      if(filedata[data_num]!=0xFF) return 1;
34      marker=filedata[(data_num+1)];
//      jpeg 的标记为 "FF"+ marker
35      len=filedata[data_num+2]<<8|filedata[data_num+3];
//      len 为当前块的大小， len = filedata[data_num+2]*256 + filedata[data_
//      num+3]
//      a 和 b 都为 8 位时，"a<<8|b"等效于 a*256+b，硬件电路乘法和加法消耗较多资源，
//      因此用 "<<8" 代替乘以 256，用 "|"代替加法
36      data_num+=4;
37      if(len<=2) return 1;
38      len-=2;
39      switch(marker){
40      case 0xC0:  //SOFO
41        {
42          data_num+=len;
43          break;
44        }
45
46      case 0xC4: //DHT
47        {
48          u8  jclass,jid;
49          u16 total_codes;
50          u16 num;
51          num=len;
52          while(num)
53            {
54              total_codes=0;
55              if (num<17) return 1;
56              table=filedata[data_num];
57              jclass=table>>4;
58              jid=table&0x0f;
59              table=(jclass<<1)+jid;
60              if(table>3) return 1;
```

```
/*
        table=0 : class=0, id=0,   Y的DC
        table=1 : class=1, id=0,   Y的AC
        table=2 : class=0, id=1,  UV的DC
        table=3 : class=1, id=1,  UV的AC
*/
61
62          for(i=0;i<16;i++)
63            {
64              total_codes+=filedata[data_num+i+1];
65              huf_codenum[table][i]=filedata[data_num+i+1];
66            }
//              读取 huf_codenum
67          if(num<total_codes+17) return 1;
68          for(i=0;i<total_codes;i++)          // DHT
69            jpgdata[64*5+table*256+i]=filedata[data_num+i+17];
70
//            将 DHT 数据传输给 jpeg_decoder
//             64×5 = 64×2 + 64 + 64×2
//                  = huf_code 字节数 + huf_loc 字节数 + DQT 字节数
//            传输给 jpeg_decoder 时，DHT 的地址位于 huf_code、huf_loc 和 DQT 后
71          huf_code[table][0]=huf_codenum[table][0];
72          for(i=1;i<16;i++)
73
huf_code[table][i]=(huf_code[table][i-1]<<1)+huf_codenum[table][i];
74
//           计算码长对应的（最大 Huffman code） + 1
75          huf_loc[table][0]=huf_codenum[table][0];
```

```
76              for(i=1;i<16;i++)
77                {
78                    if(huf_codenum[table][i]==0)  huf_code[table][i]=huf_
code[table][i-1];
79                        huf_loc[table][i]=huf_loc[table][i-1]+huf_codenum
[table][i];
80                }
81

//                计算 huf_loc，最大码长 Code 对应的存储地址
//                如果 huf_codenum[table][i]==0，则说明该长度没有 Huffman code
//                因此保持 huf_code[table][i] 与前一位的 huf_code 相同

82              for(i=0;i<16;i++)   //huf_code
83                {
84                                              jpgdata[((table*16+i)<<1)]=(u8)
(huf_code[table][i]&0x00ff);
85                                            jpgdata[((table*16+i)<<1)+1]=(u8)
(huf_code[table][i]>>8);
86                }
87

//            将 huf_code 传递给 jpeg_decoder
//            由于 huf_code 长度为 16 位，jpeg_decoder 的 data 为 8 位，因此分为 2
//            个字节传输

88              for(i=0;i<16;i++)   //huf_loc
89                jpgdata[table*16+i+64*2]=huf_loc[table][i];
90

//                将 huf_loc 传递给 jpeg_decoder
//                64*2 是排在 huf_loc 前面的 huf_code 占用的字节数

91              data_num+=(17+total_codes);
92              num=num-17-total_codes;
93            }
94          break;
95        }
```

```
 96

//         提取量化表 DQT

 97        case 0xDB:   //DQT
 98          {
 99            u16 ndata;
100            u8 jid,d,j;
101            ndata=len;
102            while(ndata)
103              {
104                if(ndata<65) return 1;
105                d=filedata[data_num];
106                jid=d&0x0f;
107                j=d&0xf0;
108                if( j || jid>3)  return 1;  //Err: not 8-bit resolution
109
110                for(int i=0;i<64;i++)
111                  {
112                    u8 zig_num;
113                    zig_num=Zig[i];
114                    jpgdata[192+jid*64+zig_num]=filedata[(data_num+1+i)];
115                  }

//                 将 DQT 传递给 jpeg_decoder
//                 zig_num=Zig[i] 用于查找 Zigzag 表
//                 192=64*2+64，DQT 排在 huf_code 和 huf_loc 后

116                data_num+=65;
117                ndata-=65;
118              }
119            break;
120          }
121

//         SOS 等标记本节实验设计的 jpeg_decoder 都不支持

122        case 0xDA: //SOS
123          {
```

```
124          u8 d;
125          if(filedata[data_num] != 3) return 3;  //Err: unsupport format
126
127          for(i=0;i<3;i++)
128            d=filedata[(data_num+2+2*i)];
129          data_num+=len;
130
131          return 0;
132          break;
133        }
134      default:
135        data_num+=len;
136      }
137    }
138  return 0;
139 }
140
141 int main()
142 {
143
144  static u32 yuv[1050000]={0};
145
146  FILE *fp,*fw;
147  u32 mcu_num=0;
148  u32 count,x,y;
149  u32 i,k,j;
150
151  fp=fopen("test.jpg","rb");
152  if(fp==NULL)
153    {
154      printf("test.jpg do not exist!\n");
155      return 1;
156    }
157
158  fread(filedata,1,1000000,fp);
159

//    读取 test.jpg 文件，读 1000000 个字节，如果 test.jpg 小于 1000000，
//    filedata[1000000] 多出的位都为 0




160  jpg_preparex();
161  printf("%d\r\n",data_num);

//    对 JPEG 文件进行预处理，提取出 Huffman 表格和量化表 DQT 等
```

```
162
163  k=data_num;
164  for(i=0;i<900000;i++)
165    {
166      jpgdata[i+1344]=filedata[i+k];
167      if(filedata[i+k]==0xff)
168        k++;
169    }
170

//   将 JPEG 压缩数据传递给 jpgdata，"FF00"还原为"FF"
//   1344=64*2+64+64*2+256*4
//       =huf_code 字节数 + huf_loc 字节数 + DQT 字节数 + DHT 字节数
//   在 1344 后的 jpgdata 为待解码数据。
//   data_num 为 JPEG 文件标记块占用的字节数，JPEG 文件 data_num 后为压缩 JPEG 数据。
//   读取 900000 字节

171  jpeg_decoder(jpgdata,yuv);
172

//   jpeg_decoder 对 jpgdata 解码，解码后数据为 YUV

173  fw=fopen("output.dat","wb");
174  if(fw==NULL)
175    {
176      printf("Open output.dat failed!\n");
177      return 1;
178    }
179
180  count=fwrite(yuv,4,1920*1080/2,fw);
181  if(count!=1920*1080/2)
182    {
183      printf("Write failed!\n");
184      return 1;
185    }
186
187  fclose(fp);
188  fclose(fw);
```

```
189
190   if(system("diff --brief -w output.dat out.golden.dat"))
191     {
192       printf("FAIL\n");
193       return 1;
194     }
195   else printf("\n\n\nSUCCESS\n\n\n");

//     比较解码得到的数据，判断是否解码正确

196
197   return 0;
198 }
tb_jpeg_decoder.cpp
```

为了解码 JPEG 文件，需要 SoC 中的 CPU 将 JPEG 文件预处理，提取 Huffman 表等信息，预处理后数据通过 AXI 总线传递给 jpeg_decoder 进行硬件解码。采用 CPU 进行预处理是因为软件预处理 JPEG 文件比较方便，每帧 JPEG 解码只需要处理一次 JPEG 文件包含的 Huffman 表等信息，计算量不大。如果用硬件直接处理 JPEG 文件，可能会使 JPEG 解码电路比较复杂。

jpeg_decoder.cpp 对 data 进行解码，解码后数据传给 YUV422，代码如下。

```
 1 //---------------------------------------------------------------------
 2 //
 3 // IMPORTANT: This document is for use only in the <Embedded System Design>
 4 //
 5 // College of Electrical Engineering, Zhejiang University
 6 //
 7 // zhangpy@vlsi.zju.edu.cn
 8 //
 9 //---------------------------------------------------------------------
10 #include "jpeg_decoder.h"
11 #include "idct.h"
12
13 JDECODE j;
14
15 u16 huf_code[4][16];
16 u8 huf_loc[4][16];
17 u8 dqt[2][64];
18 u8 dht[4][256];
19
20 u8 j_data[1024];                // data from DDR
21 ap_uint<288> j_bits;             // bit cache
22 ap_int<10>   dc_pre[3];          // previous mcu's dc value

//  j_data[1024] 为缓存，待解码数据从 DDR 里每次读取 1024 个字节存入 j_data[]
```

```
//  j_data[1024] 在硬件综合时，由一个片内 SRAM 实现
//  j_bits 为 288 位的缓存，每次从 j_data 读取 256 位存入 j_bits

 23
 24 void read_ddr(u8 *data_in){
 25  read_ddr_label1: for(int i=0;i<1024;i++)
 26     j_data[i]=data_in[i+j.ddr_index];
 27   j.ddr_index+=1024;
 28   j.data_used=0;
 29 }

//     每次从 DDR 读取 1024 字节，由于 DDR 适合连续地址读写，连续读 1024 字节效率较高

 30
 31 void read_bits(u8 *data_in){
 32   if(j.bits_used>255){
 33     if(j.data_used==1024)
 34       read_ddr(data_in);
 35     j_bits.range(31,0)=j_bits.range(287,256);
 36   read_bits_label1:for(int i=0;i<32;i++)
 37       j_bits.range(32+(i<<3),39+(i<<3))=j_data[j.data_used+i];
 38     j.data_used+=32;
 39     j.bits_used-=256;
 40   }
 41 }

//      每次读取 256 位，剩余的 288-256=32 位移入最低位置
//      j_bits.range(31,0)用于读取 31:0 位

 42
 43 void jpeg_decoder(u8 data[1000000],u32 yuv422[1050000]){
 44
 45  datain_label1:for(int i=0;i<64;i++)
 46     huf_code[(i>>4)][i&0xf]=(u16)(((data[(i<<1)+1])<<8)|data[i<<1]);
 47
 48  datain_label2:for(int i=0;i<64;i++)
 49     huf_loc[(i>>4)][i&0xf]=(u8)data[i+64*2];
 50
```

```
51 datain_label3:for(int i=0;i<128;i++)
52   dqt[i>>6][i&0x3f]=(u8)data[i+64*3];
53
54 datain_label4:for(int i=0;i<1024;i++)
55   dht[i>>8][i&0xff]=(u8)data[i+64*3+128];
56

//   读取 huf_code、huf_loc、DQT 和 DHT

57  j.data_used=1024;
58  j.ddr_index=1344;
59  j.bits_used=288;
60  for(int i=0;i<3;i++) dc_pre[i]=0;
61

//    j.data_used=1024 表明 j_data[1024] 内的数据已经全部用完
//    j.bits_used=288 表明 j_bits[288] 内的数据已经全部用完
//    j.ddr_index=1344 jpeg 待解码数据位于 1344 以后的地址

62 jpg_label1:for(int y=0;y<68;y++){            //1080/16
63  jpg_label2:for(int x=0;x<120;x++){          //1920/16
64     static ap_int<10> mcu[6][64],dct[6][64];
65
66    mcu_label1:for(int i=0;i<6;i++){            // YUV420, 4Y, 1U, 1V, 6MCUs
67        u8  jclass,jid,table;
68        ap_uint<2>  mcu_yuv;
69        ap_uint<10> dht_loc;
70        ap_uint<4>  rle,dlen;
71        u16 hdata1;
72        int16 hdata2;
73
74        jid=(i<4)?0:1;
75        mcu_yuv=(i<4)?0:i-3;                     //  Y/U/V MCU. Y=0, U=1, V=2
76
77      m_label1:for(int m=0;m<64;m++){
78          ap_uint<5> hlen;
79          jclass=m?1:0;
80          table=(jclass<<1)+jid;
81          read_bits(data);
82
```

```
//        每个 MCU 内 64 个分量，在处理每个分量之前读取数据
//        因为每个分量不超过 32 位(Huffman Code 最长为 16 位，数据最长为 16 位)
//        j_bits 剩余数据小于 32 位，则通过 read_bits() 从 j_data 里读取 256 位存入
//        j_bits
//        如果 j_data 已经用完，则通过 read_ddr()从 DDR 里读取 1024 字节存入 j_data

    83      hlen_label1:for(hlen=1;hlen<16;hlen++)     //huffman code length
    84          if(j_bits.range(j.bits_used,hlen-1+j.bits_used)<huf_code
[table][hlen-1]) break;
    85

//          判断 Huffman Code 的码长 hlen

    86        dht_loc=huf_loc[table][hlen-1]+j_bits.range(j.bits_used,hlen-
1+j.bits_used)
    87          -huf_code[table][hlen-1];
    88

//          计算 Huffman Code 对应在 DHT 里存储的位置

    89        (rle,dlen)=dht[table][dht_loc];
    90        j.bits_used+=hlen;
    91

//          从 DHT 里读取 Huffman Code 对应的 rle 和数据长度 dlen
//          DC 分量 rle 始终为 0，AC 分量的 rle 表明 MCU 里有多少个分量为 0
//          dlen 表明接下来读取数据的长度

    92        if(m && ((rle,dlen)==0))              // AC EOB
    93         {
    94          zig_label1:for(;m<64;m++) mcu[i][Zig[m]]=0;
    95           break;
    96         }
    97

//          AC 分量，如果(rle,dlen)==0，则表明是 EOB，接下来所有的分量都为 0
```

```
//            如果是 DC 分量(rle,dlen)==0，则表明 DC=0

 98        zig_label2:for(int n=m+rle;m<n;m++) mcu[i][Zig[m]]=0;
 99

//            rle>0，表明 MCU 接下来有 rle 个分量为 0

100           if(dlen==0){
101             hdata2=0;                      // 1 zero
102           }else{
103             hdata1=j_bits.range(j.bits_used,dlen-1+j.bits_used);
104              hdata2=j_bits.range(j.bits_used,j.bits_used)?hdata1:(int16)
(hdata1+1-(1<<dlen));
105           }
106             mcu[i][Zig[m]]=(ap_uint<10>)hdata2;
107                mcu[i][Zig[m]]=m?(ap_uint<10>)hdata2:(ap_uint<10>)(dc_pre
[mcu_yuv]+=hdata2);
108             mcu[i][Zig[m]]*=dqt[jid][Zig[m]];
109           j.bits_used+=dlen;
110         }

//            计算出当前向量的值，Zig[m]用于查找 Zigzag 表
//            mcu[i][Zig[m]]*=dqt[jid][Zig[m]] 用于反量化

111        idct(mcu[i],dct[i]);
112      }
113

//            对 MCU 进行 iDCT 变换，得到 DCT

114     dataout_label1:for(int n1=0;n1<16;n1++)
115       dataout_label2:for(int n2=0;n2<8;n2++){
116           u8 y1,y2,u1,v1;
117           u32 addr;
118                y1=(dct[(n1>7) ? (n2 > 3 ? 3 : 2) : (n2 > 3 ? 1 :
```

```
0)][(n1&7)<<3+(n2&3)*2]+128)&0xff;
        119          u1=(dct[4][(n1/2)*8+n2]+128)&0xff;
        120              y2=(dct[(n1>7)  ?  (n2  >  3  ?  3  :  2)  :  (n2  >  3  ?  1  :
0)][(n1&7)<<3+(n2&3)*2+1]+128)&0xff;
        121          v1=(dct[5][(n1/2)*8+n2]+128)&0xff;
        122          addr=(y*16+n1)*960+(x<<3)+n2;
        123          yuv422[addr]=(y1<<24|u1<<16|y2<<8|v1);

        //      将解码数据传送给 YUV422，由于 MCU 对应的地址参考图 12.4


        124        }
        125     }
        126   }
        127 }
        jpeg_decoder.cpp
```

jpeg_decoder.cpp 包含了 Huffman 解码和反量化等操作，为了将 C++代码综合为 AXI 接口的 IP，需要指定输入、输出接口格式。

```
        set_directive_pipeline "idct/idct_label0"
        set_directive_pipeline "idct/idct_label3"

        set_directive_array_partition -type complete -dim 1 "idct" idctin
        set_directive_array_partition -type complete -dim 1 "idct" idctout

        set_directive_dataflow "idct"

        set_directive_interface -mode s_axilite "jpeg_decoder"
        set_directive_interface -mode m_axi "jpeg_decoder" data
        set_directive_interface -mode m_axi "jpeg_decoder" yuv422

        # 指定 data 和 YUV422 接口为 axi master


        set_directive_dataflow "read_ddr/read_ddr_label1"
        set_directive_dataflow "read_bits/read_bits_label1"
        set_directive_dataflow "jpeg_decoder/dataout_label1"
        set_directive_pipeline "jpeg_decoder/dataout_label2"
        directives.tcl
```

本节设计的 JPEG 解码电路完成了基本的解码功能，iDCT 和 Huffman 解码电路可以进一步优化以提高性能。jpeg_decoder 的仿真验证 tcl 命令如下。

```
        open_project  -reset hls.jpeg_decoder.01

        add_files "idct.cpp idct.h jpeg_decoder.cpp jpeg_decoder.h"
        add_files -tb "tb_jpeg_decoder.cpp out.golden.dat test.jpg"
```

```
set_top jpeg_decoder

open_solution -reset hls.01

set_part  {xc7a100tcsg324-1}
create_clock -period 6.5
set_clock_uncertainty 0.10

source directives.tcl

csim_design -clean

exit
sim_jpeg_decoder.tcl
```

将 C++代码综合并封装成 IP 的 tcl 命令如下。

```
open_project  -reset hls.jpeg_decoder.01

add_files "idct.cpp idct.h jpeg_decoder.cpp jpeg_decoder.h"
add_files -tb "tb_jpeg_decoder.cpp out.golden.dat test.jpg"
set_top jpeg_decoder

open_solution -reset hls.01

set_part  {xc7a100tcsg324-1}
create_clock -period 6.5
set_clock_uncertainty 0.10

source directives.tcl

csynth_design

export_design -format ip_catalog -display_name axi_jpeg_decoder -vendor vlsi.zju.edu.cn -description "Mjpeg 1080p Decoder with AXI interface"

exit
syn_jpeg_decoder.tcl
```

12.5 节将介绍如何在 MJPEG SoC 设计中使用已封装的 jpeg_decoder IP。

采用命令行仿真验证 jpeg_decoder 可参考视频 video_12.3_sim_jpeg_tcl.mp4。

图形界面解码仿真验证可参考视频 video_12.4_sim_jpeg_gui.mp4。

命令行综合并封装可参考视频 video_12.5_syn_jpeg_tcl_zju.ogv。

图形界面综合并封装可参考视频 video_12.6_syn_jpeg_gui_zju.ogv。

12.5　MJPEG SoC 设计

1. MJPEG SoC 硬件设计

播放 MJPEG 视频只需解码并显示视频文件中的每帧 JPEG 图片，CPU 读取 MJPEG 文件后，将每帧 JPEG 图片通过 AXI 接口传递给 jpeg_decoder 解码器，解码后的数据通过 HDMI 或并行 LCD 输出，就实现了 MJPEG 的视频播放。

综合并封装 jpeg_decoder 后，在 SoC 设计中就可以把它当作一个 IP 使用。为了播放 MJPEG 视频，SoC 中需要包含 SD 卡控制器、HDMI 控制器/并行 LCD 控制器和 jpeg_decoder 解码器等。MJPEG SoC 原理图如图 12.6 所示，由于 CK807 需要较多的资源，为了在 Nexys-4 DDR 开发板上实现 MJPEG 解码，因此选用 CK803，实现并行 LCD 分辨率的 MJPEG 解码。全高清分辨率的 MJPEG 解码方法相同，可参考视频 video_12.8_mjpeg_soc_hdmi_zju.ogv。

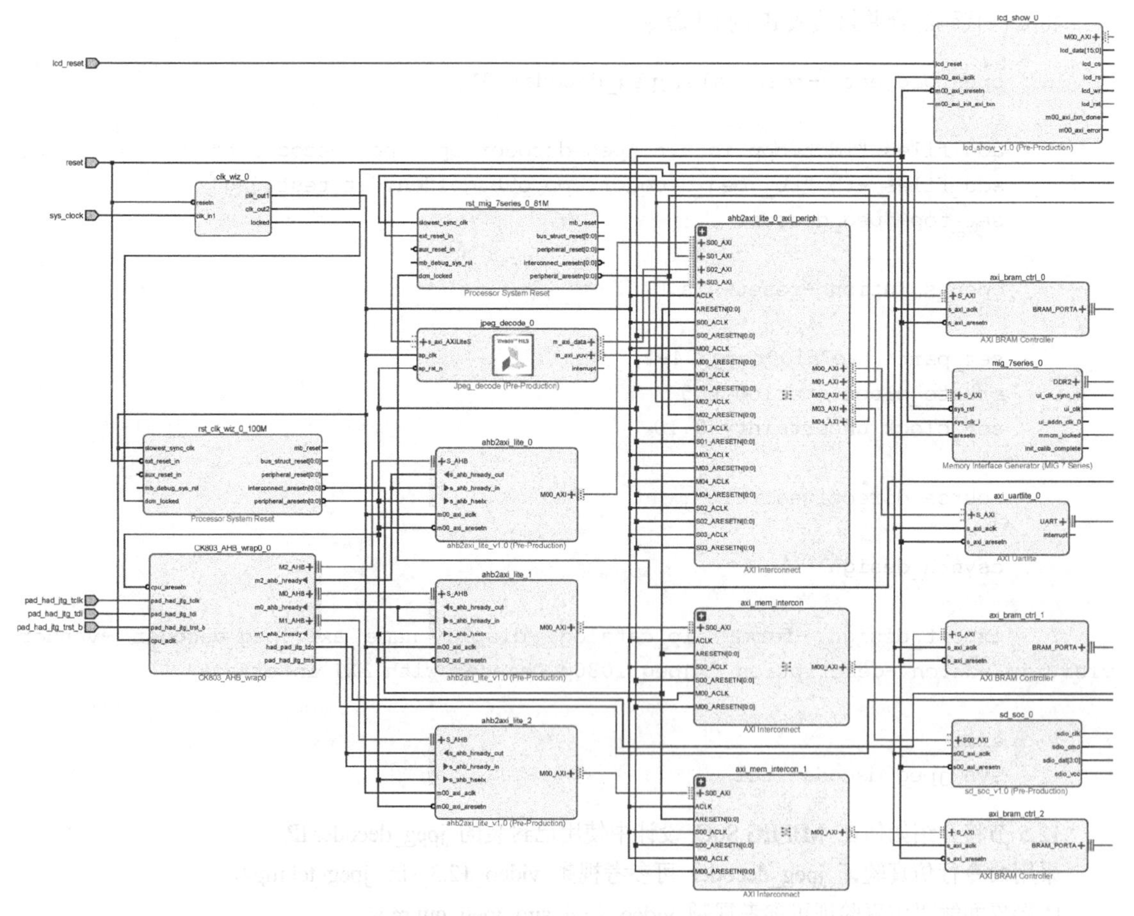

图 12.6　MJPEG SoC 原理图

SoC 地址设置如表 12.15 所示。

表 12.15　SoC 地址设置

Cell	Slave Interface	Base Name	Offset Address	Range	High Address
CK803_AHB_wrap0_0					
M2_AHB (32 address bits : 4G)					
M0_AHB (32 address bits : 4G)					
M1_AHB (32 address bits : 4G)					
ahb2axi_lite_0					
M00_AXI (32 address bits : 4G)					
axi_uartlite_0	S_AXI	Reg	0x4060_0000	64K	0x4060_FFFF
mig_7series_0	S_AXI	memaddr	0x8000_0000	128M	0x87FF_FFFF
sd_soc_0	S00_AXI	S00_AXI_reg	0x44A0_0000	64K	0x44A0_FFFF
axi_bram_ctrl_0	S_AXI	Mem0	0x0000_0000	256K	0x0003_FFFF
jpeg_decode_0	s_axi_AXILiteS	Reg	0x44A1_0000	64K	0x44A1_FFFF
Unmapped Slaves (1)					
ahb2axi_lite_0_axi_periph/s00_couplers/auto_us	S_AXI	Reg			
ahb2axi_lite_1					
M00_AXI (32 address bits : 4G)					
axi_bram_ctrl_1	S_AXI	Mem0	0x1000_0000	8K	0x1000_1FFF
ahb2axi_lite_2					
M00_AXI (32 address bits : 4G)					
axi_bram_ctrl_2	S_AXI	Mem0	0x2000_0000	8K	0x2000_1FFF
jpeg_decode_0					
Data_m_axi_data (32 address bits : 4G)					
axi_bram_ctrl_0	S_AXI	Mem0	0x0000_0000	256K	0x0003_FFFF
mig_7series_0	S_AXI	memaddr	0x8000_0000	128M	0x87FF_FFFF
Unmapped Slaves (1)					
ahb2axi_lite_0_axi_periph/s02_couplers/auto_us	S_AXI	Reg			
Excluded Address Segments (3)					
axi_uartlite_0	S_AXI	Reg	0x4060_0000	64K	0x4060_FFFF
jpeg_decode_0	s_axi_AXILiteS	Reg	0x44A1_0000	64K	0x44A1_FFFF
sd_soc_0	S00_AXI	S00_AXI_reg	0x44A0_0000	64K	0x44A0_FFFF
Data_m_axi_yuv (32 address bits : 4G)					
axi_bram_ctrl_0	S_AXI	Mem0	0x0000_0000	256K	0x0003_FFFF
mig_7series_0	S_AXI	memaddr	0x8000_0000	128M	0x87FF_FFFF
Unmapped Slaves (1)					
ahb2axi_lite_0_axi_periph/s03_couplers/auto_us	S_AXI	Reg			

续表

Cell	Slave Interface	Base Name	Offset Address	Range	High Address
Excluded Address Segments (3)					
axi_uartlite_0	S_AXI	Reg	0x4060_0000	64K	0x4060_FFFF
jpeg_decode_0	s_axi_AXILiteS	Reg	0x44A1_0000	64K	0x44A1_FFFF
sd_soc_0	S00_AXI	S00_AXI_reg	0x44A0_0000	64K	0x44A0_FFFF
lcd_show_0					
M00_AXI (32 address bits : 4G)					
axi_bram_ctrl_0	S_AXI	Mem0	0x0000_0000	256K	0x0003_FFFF
mig_7series_0	S_AXI	memaddr	0x8000_0000	128M	0x87FF_FFFF
axi_uartlite_0	S_AXI	Reg	0x4060_0000	64K	0x4060_FFFF
jpeg_decode_0	s_axi_AXILiteS	Reg	0x44A1_0000	64K	0x44A1_FFFF
sd_soc_0	S00_AXI	S00_AXI_reg	0x44A0_0000	64K	0x44A0_FFFF
Unmapped Slaves (1)					
ahb2axi_lite_0_axi_periph/s01_couplers/auto_us	S_AXI	Reg			

2. MJPEG SoC 软件设计

AVI 文件的图像信息数据开头以“movi”这 4 个 ASCII 字母来表征。在找到这 4 个字母之后就可以获得 AVI 文件中包含的图像和音频数据。音频数据和图像数据的结构：先是 2 个无效的字节，紧接着的 2 个字节代表接下来的数据是音频还是视频（视频标志为 0x6463，音频标志为 0x7762），接下来 4 个字节代表数据的长度（如果数据长度为奇数时，则会在数据之后再存储一个无效的字节）。

```
00026d0: 0000 0000 0000 0000 0000 0000 0000 0000  ................
00026e0: 0000 0000 0000 0000 0000 0000 0000 0000  ................
00026f0: 0000 0000 0000 4C49 5354 7275 D128 6D6F  ......LISTru.(mo
0002700: 7669 3030 6463 23CB 0300 FFD8 FFE0 0010  vi00dc#.........
0002710: 4A46 4946 0001 0200 0001 0001 0000 FFFE  JFIF............
0002720: 0010 4C61 7663 3535 2E35 322E 3130 3200  ..Lavc55.52.102.
0002730: FFDB 0043 0008 0404 0404 0405 0505 0505  ...C............
0002740: 0506 0606 0606 0606 0606 0606 0606 0707  ................
0002750: 0708 0808 0707 0706 0607 0708 0808 0809  ................
0002760: 0909 0808 0808 0909 0A0A 0A0C 0C0B 0B0E  ................
0002770: 0E0E 1111 14FF C401 A200 0001 0501 0101  ................
test.avi
```

如 test.avi 文件十六进制所示，0x6D6F7669(movi)代表了接下来的数据为视频和音频。其后跟随了 2 个无效的字节 0x3030，之后的 2 个字节 0x6463 代表存放的是视频数据，再之后的 4 个字节 0x23CB0300 代表了该帧视频数据的大小（这里的大小采用的是小端模式，因此实际的数据量大小为 0x0003CB23）。这之后的 0x0003CB23 个字节的数据就是 JPEG 图像数据。将 JPEG 图像数据经过预处理后发送到 jpeg_decoder 解码后视频输出，即可实现 MJPEG 视频的播放。

并行 LCD 输出的 MJPEG SoC 实验可参考视频 video_12.7_mjpeg_soc_lcd_zju.ogv。

HDMI 输出的全高清 MJPEG SoC 可参考视频 video_12.8_mjpeg_soc_hdmi_zju.ogv。

嵌入式系统芯片设计——实验手册

Chapter 12：MJPEG 视频播放器设计

Module A：JPEG 解码

浙江大学超大规模集成电路研究所

http://vlsi.zju.edu.cn

实验简介

设计实现 JPEG 解码电路。

本章实验较复杂。

目标

1. 利用 Matlab 实现 JPEG 文件的解码。
2. 设计 JPEG 解码电路，仿真验证，与 Matlab 解码得到的结果进行比较。
3. 将 JPEG 解码电路封装为 AXI 接口 IP。

背景知识

1. Matlab
2. JPEG 编码

实验难度与所需时间

实验难度：■ ■ ■ ■ ░

所需时间：10.0h

实验所需资料

12.1 节至 12.5 节

实验设备

Nexys-4 DDR/Genesys 2 FPGA 开发板

参考视频

1. video_12.1_idct_hls_tcl_zju.ogv（video_12.1）
2. video_12.2_idct_hls_gui_zju.ogv（video_12.2）
3. video_12.3_sim_jpeg_tcl.mp4（video_12.3）
4. video_12.4_sim_jpeg_gui.mp4（video_12.4）
5. video_12.5_syn_jpeg_tcl_zju.ogv（video_12.5）
6. video_12.6_syn_jpeg_gui_zju.ogv（video_12.6）

实验步骤

A. JPEG 解码

1. 参考 jpeg.m，修改量化表，观察量化表对图像的影响。
2. 编写 Matlab 代码，解码 test.jpg 和 test2.jpg 文件，将 YUV422 格式解码结果保存为 out.golden.dat 和 out2.golden.dat。

注意本章提供的 out.golden.dat 内数值并不正确。

B. JPEG 硬件电路设计

1. 参考 video_12.1 至 video_12.6。
2. 设计 JPEG 硬件解码电路。
3. 仿真验证，与实验 A 得到的 out.golden.dat 进行比较。
4. 解码 test2.jpg，修改遇到的问题。
5. 验证通过后将 jpeg_decoder 封装为 IP。

注意本章提供的 jpeg 代码有 bug，需要在实验中找到并改正。

实验提示

本章提供的 JPEG 代码有 bug，仿真时打印出 MCU 解码结果，与 Matlab 计算结果进行比较，改正 bug。

test2.jpg 由于包含很多信息，因此压缩率很低。

某些 JPEG 文件的 DQT 表格格式不能被提供的 tb_jpeg_decoder.cpp 处理，需要修改代码。

拓展实验

查找论文，用快速 iDCT 算法加速 JPEG 解码。

改变 directives，采用不同优化策略实现 JPEG 硬件电路。

嵌入式系统芯片设计——实验手册

Chapter 12：MJPEG 视频播放器设计

Module B：MJPEG 播放器设计

浙江大学超大规模集成电路研究所

http://vlsi.zju.edu.cn

实验简介

设计实现 MJPEG 播放器。

目标

1. 解码 MJPEG。
2. 用并行 LCD 或 HDMI 输出视频。

背景知识

JPEG 编码

实验难度与所需时间

实验难度：■ ■ ■ ■ ░

所需时间：10.0h

实验所需资料

12.6 节

实验设备

1. Nexys-4 DDR/Genesys 2 FPGA 开发板
2. CK807/CK803 IP
3. CKCPU 下载器
4. HDMI 显示器/并行 LCD

参考视频

1. video_12.7_mjpeg_soc_lcd_zju.ogv（video_12.7）
2. video_12.8_mjpeg_soc_hdmi_zju.ogv（video_12.8）

实验步骤

MJPEG 解码

1. 参考 video_12.7，设计 MJPEG SoC。
2. 从 SD 卡读取 test.avi 文件，从中逐帧提取 JPEG。
3. 将当前帧 JPEG 的 FF00 改为 FF，发送给 JPEG 解码器解码并输出。
4. 在文件结束前重复步骤 3。

观察视频输出结果，改正错误。

实验提示

参考 video_12.8，优化解码速度，实现 video_12.8 的显示效果。

拓展实验